嵌入式 DSP 的原理与应用
——基于 TMS320F28335

马骏杰 编著

北京航空航天大学出版社

内容简介

本书以 TMS320F28335（简称 F28335）的工程应用为主线，从电力电子产品的嵌入式应用角度出发，介绍了其软硬件的开发方法；例程内容力求涵盖电力电子技术中所有的控制、算法、逻辑等操作。本书以提高读者的 DSP 应用水平为目的，本着循序渐进的原则，前半部分基础简单，后半部分难度较高，详细介绍了浮点算法开发、程序固化、FLASH 片上升级优化、用户自定义 BootLoader 等内容。本书例程不仅调试通过而且其基本思想均应用于目前主流电力电子产品中，具有很高的参考和实用价值。

本书摒弃以往翻译 TI 数据手册的弊端，结构更加严谨，内容更加注重理论与实际的结合，可作为自动化专业、电气工程专业研究生和工程技术人员的参考用书。

图书在版编目(CIP)数据

嵌入式 DSP 的原理与应用：基于 TMS320F28335 / 马骏杰编著. -- 北京：北京航空航天大学出版社，2016.3
ISBN 978 - 7 - 5124 - 2067 - 0

Ⅰ.①嵌… Ⅱ.①马… Ⅲ.①数字信号处理 Ⅳ.①TN911.72

中国版本图书馆 CIP 数据核字(2016)第 046896 号

版权所有，侵权必究。

嵌入式 DSP 的原理与应用——基于 TMS320F28335
马骏杰　编著
责任编辑　冯　颖
*
北京航空航天大学出版社出版发行

北京市海淀区学院路 37 号（邮编 100191）　http://www.buaapress.com.cn
发行部电话：(010)82317024　传真：(010)82328026
读者信箱：emsbook@buaacm.com.cn　邮购电话：(010)82316936
北京泽宇印刷有限公司印装　各地书店经销
*
开本：710×1 000　1/16　印张：26.25　字数：559 千字
2016 年 3 月第 1 版　2017 年 6 月第 2 次印刷　印数：3 001～5 000 册
ISBN 978 - 7 - 5124 - 2067 - 0　定价：59.00 元

若本书有倒页、脱页、缺页等印装质量问题，请与本社发行部联系调换。联系电话：(010)82317024

前　言

随着电力电子技术及相关控制理论的快速发展,高性能、高精度、高集成度的电力电子产品目前已经成为市场主流,这也对控制器性能的要求越来越高。TMS320F2833x(简称F2833x)属于TI公司TMS320C2000(简称C2000)系列DSP产品,具有强大的数字信号处理功能。

2004年我第一次接触的DSP是2812,遗憾的是只应用了其中的某几个模块。后来加入到全球知名的某电力电子公司从事嵌入式开发工作,系统地在TI公司开发的2812、2803x、28016等Piccolo系列DSP、F2833x系列Delfino以及TMS320F2837xD双核系列DSP的基础上进行了产品开发。如果说实验室的工作只是在DSP的基础上做一些理论研究,分散、独立地使用DSP的各个模块,那么工作中尤其是对于产品的设计,我们会尽可能地去挖掘DSP的功能,甚至觉得原本丰富的资源都变得如此紧张了。我在参观TI公司总部时与其工程师的交谈更加明确了这一点:C2000系列并非只是功能强大的"单片机",而是各个模块内部相互强化,应用在电力电子控制领域的数字信号处理器。

本书是在严格参考TI数据手册的基础上结合作者多年的DSP开发经验整理、归纳而成的,旨在达到理论与实践的结合、知识与案例的统一,注重培养读者运用知识创新能力和解决实际问题的工程能力。

全书共分为12章。第1~8章为F2833x的基本应用,内容涵盖F28335几乎所有模块,对比了2812、2808等DSP与F2833x系列的不同点,旨在希望读者快速掌握不同系列的特点。每章的应用实例不仅调试通过且其思想均已应用在市场主流电力电子产品中,具有很高的应用和参考价值。第9~12章属于DSP的高级应用,难度较高但工程实用性很强。第9章系统地分析了FPU模块,归纳总结了浮点指令及库函数应用,其中加入了大量的例程也是希望读者能够掌握其指令特点。第10章和第11章系统、详尽地分析了API的使用,BootLoader和目前常见的片上FLASH升级方案。其中如何自行建立Boot使其具有远程FLASH升级功能有相当高的工程应用价值。第12章为电力电子技术的应用,采用电力电子技术基本理论与DSP应用相结合,其中所包含的内容均代表了当下电力电子控制领域核心、常用、流行的元素,书中所给出的程序及其思想也为读者扩展思维提供了帮助。

本书由哈尔滨理工大学的马骏杰编写并统稿,张思艳老师参与编写了第4章和

前言

第 6 章。感谢李全利教授、王旭东教授和王哈力教授对本书出版的关心,感谢那些年陪伴我在电力电子科研道路上奋斗过的小伙伴们,感谢 TI 深圳办事处的工程师对本书编写提出的宝贵意见,还要感谢我的父母、岳父母、妻子给我的关爱和支持,并将此书献给我即将出生的宝贝"子越"。

此外,本书还得到了汽车电子驱动控制与系统集成教育部工程研究中心、国家自然科学基金(51177031)、黑龙江省科技攻关项目(GB08A306)的大力支持,在此对相关的老师与同学表示衷心感谢!

由于作者水平有限,书中不妥之处在所难免,敬请读者提出宝贵意见和建议(作者邮箱:mazhencheng1982@sina.com)。

作 者

2015 年 9 月 13 日

目 录

第1章 绪 论 ··· 1
 1.1 数字信号处理 ·· 1
  1.1.1 模拟和数字信号的处理方式 ······································ 1
  1.1.2 数字信号处理的优缺点 ·· 2
 1.2 DSP 的发展及特点 ··· 3
 1.3 DSP 产品简介 ·· 5
  1.3.1 TI 公司的 DSP 产品 ·· 5
  1.3.2 TMS320C28x 产品简介 ·· 6

第2章 F28335 的结构原理 ·· 8
 2.1 F28335 的内部结构 ··· 8
 2.2 F28335 的 CPU ·· 10
  2.2.1 CPU 运算单元 ·· 10
  2.2.2 CPU 寄存器组 ·· 12
  2.2.3 辅助寄存器算术单元 ARAU ····································· 14
  2.2.4 FPU 浮点运算单元 ·· 15
 2.3 F28335 的存储器及应用 ··· 15
  2.3.1 SARAM 存储器 ·· 17
  2.3.2 FLASH 及使用详解 ··· 17
  2.3.3 Boot ROM ·· 22
  2.3.4 CSM 代码安全模块及使用详解 ································· 24
  2.3.5 OTP 存储器 ·· 31
  2.3.6 外设帧 ··· 31
  2.3.7 外部存储器接口 ··· 32
 2.4 外设及引脚功能 ··· 33

目 录

- 2.5 F28335 的时钟及控制 …… 36
  - 2.5.1 系统时钟的产生 …… 36
  - 2.5.2 系统时钟的分配 …… 37
  - 2.5.3 F28335 的低功耗模式及相关寄存器 …… 42
  - 2.5.4 F28335 的看门狗模块 …… 44
- 2.6 F28335 的 CPU 定时器 …… 47
  - 2.6.1 定时器结构 …… 47
  - 2.6.2 定时器中断申请 …… 48
  - 2.6.3 定时器寄存器及位域结构体定义 …… 48
  - 2.6.4 定时器应用例程——如何记录函数的运行时间 …… 51

第 3 章 集成开发环境及程序开发语言 …… 53

- 3.1 CCS 集成开发环境 …… 53
  - 3.1.1 CCS 集成的工具软件 …… 53
  - 3.1.2 CCSv5.4 安装及基本配置 …… 55
  - 3.1.3 Control Suite 简介 …… 59
  - 3.1.4 在 CCSv5.4 下运行工程项目 …… 59
  - 3.1.5 CCSv3.3 到 CCSv5.4 的项目迁移 …… 66
  - 3.1.6 在 CCSv5.4 下新建一个工程文件 …… 68
- 3.2 F28335 汇编语言概述 …… 74
  - 3.2.1 F28335 汇编指令描述 …… 75
  - 3.2.2 寻址方式及常用汇编指令 …… 76
  - 3.2.3 CMD 文件及汇编程序示例 …… 80
  - 3.2.4 汇编语言应用例程 …… 82
- 3.3 F28335 的 C 语言编程基础 …… 83
  - 3.3.1 F28335 的 C 语言数据类型 …… 84
  - 3.3.2 C 语言的重要关键字 …… 85
  - 3.3.3 C 语言 CMD 文件的编写 …… 86

第 4 章 F28335 的通用 I/O 口 …… 90

- 4.1 GPIO 的功能结构 …… 90
- 4.2 GPIO 寄存器及传统定义方法示例 …… 92
  - 4.2.1 GPIO 控制类寄存器 …… 92
  - 4.2.2 GPIO 数据类寄存器 …… 94
  - 4.2.3 传统寄存器定义方法示例 …… 95
- 4.3 寄存器的位域结构方法示例 …… 96

4.3.1 GPIO 寄存器组类型定义 …… 96

4.3.2 定义存放寄存器组的存储器段 …… 101

4.3.3 寄存器组的存储器段地址定位 …… 102

4.3.4 寄存器位结构定义的使用 …… 102

4.4 GPIO 应用例程 …… 103

第 5 章 F28335 的中断系统 …… 104

5.1 中断系统的结构 …… 104

5.1.1 中断管理机制 …… 104

5.1.2 中断处理及响应过程 …… 106

5.1.3 CPU 中断向量 …… 106

5.1.4 CPU 级中断相关寄存器 …… 108

5.2 PIE 外设中断扩展模块 …… 109

5.2.1 PIE 模块的结构 …… 109

5.2.2 PIE 中断向量表映射 …… 110

5.2.3 PIE 模块相关寄存器 …… 117

5.2.4 PIE 模块寄存器的程序操作 …… 119

5.3 非屏蔽中断 …… 123

5.3.1 软件中断 …… 123

5.3.2 非法指令中断 …… 124

5.3.3 硬件 NMI 中断 …… 124

5.3.4 硬件复位中断 XRS …… 125

5.4 中断应用实例——如何创建中断嵌套服务程序 …… 125

第 6 章 模/数转换单元 ADC …… 127

6.1 ADC 模块概述 …… 127

6.1.1 ADC 模块构成及原理 …… 127

6.1.2 时钟及采样频率 …… 130

6.1.3 ADC 采样工作方式 …… 131

6.2 ADC 模块校准功能及使用详解 …… 134

6.3 ADC 模块寄存器 …… 136

6.4 ADC 性能实验分析 …… 143

6.5 ADC 模块的应用——如何进行数据处理及程序校准 …… 146

第 7 章 F28335 片上控制外设 …… 148

7.1 增强型脉宽调制模块 ePWM …… 148

目 录

    7.1.1 时间基准子模块 TB 原理及应用 ……………………………… 150
    7.1.2 计数器比较子模块 CC 原理及应用 …………………………… 155
    7.1.3 动作限定子模块 AQ 原理及应用 ……………………………… 157
    7.1.4 死区控制子模块 DB 原理及应用 ……………………………… 163
    7.1.5 错误控制子模块 TZ 原理及应用 ……………………………… 165
    7.1.6 事件触发子模块 ET 原理及应用 ……………………………… 169
  7.2 增强型捕获模块 eCAP ………………………………………………… 174
    7.2.1 eCAP 工作模式 ………………………………………………… 174
    7.2.2 捕获模块寄存器 ………………………………………………… 177
    7.2.3 eCAP 程序例程——如何捕获外部脉冲信号 ………………… 183

第 8 章 F28335 的片上串行通信单元 …………………………………… 185

  8.1 串行通信的基本概念 …………………………………………………… 185
    8.1.1 异步通信和同步通信 …………………………………………… 185
    8.1.2 串行通信的传输方向 …………………………………………… 186
    8.1.3 串行通信的错误校验 …………………………………………… 186
  8.2 SCI 通信模块及应用 …………………………………………………… 187
    8.2.1 SCI 通信模块简介 ……………………………………………… 187
    8.2.2 SCI 工作原理 …………………………………………………… 188
    8.2.3 SCI 基本数据格式 ……………………………………………… 188
    8.2.4 多处理器通信方式 ……………………………………………… 190
    8.2.5 SCI 相关寄存器 ………………………………………………… 191
    8.2.6 SCI 应用实例——如何实现异步通信数据的收发 …………… 194
  8.3 SPI 通信模块及应用 …………………………………………………… 195
    8.3.1 SPI 模块简介 …………………………………………………… 195
    8.3.2 SPI 工作原理 …………………………………………………… 196
    8.3.3 SPI 的时钟与波特率 …………………………………………… 198
    8.3.4 SPI 相关寄存器 ………………………………………………… 198
    8.3.5 SPI 模块应用实例——如何建立有效的全双工数据通信 …… 202
  8.4 McBSP 模块及应用 …………………………………………………… 203
    8.4.1 McBSP 数据收发原理 ………………………………………… 204
    8.4.2 数据的压缩和扩展 ……………………………………………… 205
    8.4.3 McBSP 数据帧 ………………………………………………… 205
    8.4.4 时钟及采样率发生器 …………………………………………… 207
    8.4.5 McBSP 工作模式简介 ………………………………………… 210
    8.4.6 McBSP 相关寄存器 …………………………………………… 210

8.4.7　McBSP 的应用——如何实现在 SPI 模式下的数据收发 …………… 218
8.5　I²C 通信模块及应用 ……………………………………………………… 220
　8.5.1　I²C 总线基础 ………………………………………………………… 220
　8.5.2　I²C 相关寄存器 ……………………………………………………… 223
　8.5.3　I²C 应用实例——EEPROM 数据的读/写 ………………………… 227
　8.5.4　I²C 真实波形数据格式分析 ………………………………………… 229
8.6　CAN 通信模块 …………………………………………………………… 232
　8.6.1　CAN 模块简介 ……………………………………………………… 232
　8.6.2　CAN 相应寄存器 …………………………………………………… 233
　8.6.3　CAN 应用注意事项及数据收发程序详解 ………………………… 239

第 9 章　浮点运算单元　245

9.1　浮点单元简介 ……………………………………………………………… 245
　9.1.1　C28x+FPU 的特点 ………………………………………………… 245
　9.1.2　浮点指令流水线结构 ………………………………………………… 246
　9.1.3　IEEE754 单精度浮点格式 …………………………………………… 247
9.2　FPU 的寄存器 ……………………………………………………………… 248
9.3　浮点汇编指令详解 ………………………………………………………… 250
　9.3.1　移动指令 ……………………………………………………………… 251
　9.3.2　浮点算术运算指令 …………………………………………………… 259
　9.3.3　寄存器数据传递指令 ………………………………………………… 272
　9.3.4　特殊运算指令 ………………………………………………………… 275
　9.3.5　寄存器清 0 指令 ……………………………………………………… 276
9.4　F28335 库函数使用详解 …………………………………………………… 277
　9.4.1　FPU Fast RTS 库简介 ……………………………………………… 278
　9.4.2　FPU Fast RTS 库使用方法 ………………………………………… 279
　9.4.3　FPU Fast RTS 库软件优化 ………………………………………… 280
　9.4.4　FPU 软件应用实例 ………………………………………………… 281

第 10 章　BootLoader 原理及应用　283

10.1　BootLoader 基本工作流程 ……………………………………………… 283
　10.1.1　F2833x 片内引导过程 ……………………………………………… 284
　10.1.2　基本工作流程代码解析 …………………………………………… 285
10.2　BootLoader 基本数据传输协议 ………………………………………… 289
　10.2.1　16 位数据流结构 …………………………………………………… 289
　10.2.2　8 位数据流结构 …………………………………………………… 290

目 录

　10.2.3　数据引导装载过程 ……………………………………………… 291
　10.2.4　数据格式转换 …………………………………………………… 292
10.3　引导模式之跳转模式 ………………………………………………………… 294
　10.3.1　FLASH 上电复位跳转模式及代码解析 ………………………… 294
　10.3.2　片上其他跳转模式 ……………………………………………… 296
10.4　引导模式之加载模式 ………………………………………………………… 297

第 11 章　打开 FLASH 升级的"潘多拉"盒子 …………………………………… 299

11.1　F2833x FLASH 烧录基础 …………………………………………………… 299
　11.1.1　FLASH 烧录的一般要求 ………………………………………… 299
　11.1.2　FLASH 烧录步骤 ………………………………………………… 300
11.2　CCS 插件升级方式 …………………………………………………………… 300
　11.2.1　CCSv3.3 版本下的 FLASH 升级 ………………………………… 300
　11.2.2　CCSv5.4 版本下的 FLASH 升级 ………………………………… 301
11.3　SDFLASH 插件操作方式 …………………………………………………… 305
　11.3.1　SDFLASH 的串行升级基本操作 ………………………………… 305
　11.3.2　如何更改串行升级文件 ………………………………………… 310
11.4　用户自定义升级方式 ………………………………………………………… 311
　11.4.1　FLASH API 的应用解析 ………………………………………… 311
　11.4.2　基于 SCI 总线的远程 FLASH 加载方案 ………………………… 315

第 12 章　基于 F28335 的电力电子应用案例分析 ……………………………… 323

12.1　数据定标 ……………………………………………………………………… 323
12.2　电路基本变量数学建模及实现 ……………………………………………… 324
　12.2.1　数学模型的搭建 ………………………………………………… 324
　12.2.2　数学模型的软件实现 …………………………………………… 327
12.3　电力电子常见拓扑及发波算法分析 ………………………………………… 328
　12.3.1　单相半桥电路及 SPWM 的 DSP 应用 …………………………… 328
　12.3.2　单相全桥电路及单极倍频 SPWM ……………………………… 334
　12.3.3　三相桥式电路及 SVPWM 相关算法应用 ……………………… 342
　12.3.4　三相四桥臂电路及 3D-SVPWM 算法应用 ……………………… 356
　12.3.5　三电平电路及 DSP 应用 ………………………………………… 366
12.4　三相 PWM 整流器设计 ……………………………………………………… 371
　12.4.1　三相坐标变换基础 ……………………………………………… 371
　12.4.2　三相 PWM 整流器的数学模型 …………………………………… 372
　12.4.3　控制器的数学模型及系统设计 ………………………………… 376

12.5 数字锁相环设计 ································· 379
　12.5.1 锁相环的工作原理 ························ 379
　12.5.2 锁相环的数学建模 ························ 380
　12.5.3 算法分析 ······························· 381
　12.5.4 软件代码详解 ···························· 383
12.6 数字滤波器的设计 ······························· 385
　12.6.1 FIR 滤波器的数学模型及算法设计 ············· 385
　12.6.2 IIR 滤波器的数学模型及算法设计 ············· 387
12.7 基于 F28335 有源滤波器设计 ······················ 389
　12.7.1 谐波的基本概念 ··························· 390
　12.7.2 并联 APF 工作原理 ························ 391
　12.7.3 数学模型及算法分析 ······················· 393
　12.7.4 DFT 变换法控制器系统设计 ·················· 395
　12.7.5 软件算法关键代码解析 ······················ 396

附录 A　CRC 数据表 ································· 402

附录 B　SCI Boot 参考代码 ·························· 404

参考文献 ··· 407

第 1 章

绪 论

随着计算机技术和集成电路技术的飞速发展,数字信号处理 DSP 技术在国防科技、工业控制、消费类产品等诸多领域得到了广泛的应用。

为了使读者对数字信号处理技术在控制领域及数字信号处理领域的应用有一个整体的认识,本章将对数字信号处理的概念、数字信号处理器的特点、数字信号处理系统的开发过程等进行介绍。

1.1 数字信号处理

数字信号处理的英文简称为 DSP,对它可以有两种理解:

① Digital Signal Processing,即数字信号处理技术,讨论数字信号的理论方法,是一个重要学科。

② Digital Signal Processor,即数字信号处理器,它是一个微处理器(Micro Processor),是专门用于数字信号处理的处理器。本书讨论的 DSP 技术即是通过数字信号处理器来实现数字信号的理论方法。

1.1.1 模拟和数字信号的处理方式

1. 模拟信号

模拟信号(Analog Signal)是与离散的数字信号相对的,在幅值和时间上都是连续变化的信号,例如现实生活中的电压信号、电流信号、温度信号等。

2. 数字信号

数字信号(Digital Signal)是离散时间信号(Discrete-Time Signal)的数字化表示,通常可由模拟信号(Analog Signal)经过模/数(Analog to Digital)采样获得,在时间上是离散的。

3. 信号处理的方式

信号是信息的载体,信息反映系统的特征。一方面,可用频谱仪进行信号分析,了解其频谱分布、噪声、杂散等,从而加深对信号特性的理解;另一方面,可对信号进行处理,即改变信号的某些特性来满足要求。

第 1 章 绪 论

信号处理分为模拟和数字两种方式：前者可使用集成运算放大器及 R、L、C 电路元件来构成 PID 调节器，从而实现信号的提取和处理；后者采用模拟信号的数字化方式来进行数字的 PID 调节，如图 1.1 所示。

图 1.1　数字信号处理方式

首先模拟信号输入，经过信号调理(Signal Conditioning)去噪、整形处理后，达到理想的模拟信号；然后进行模/数转换，将模拟信号通过 A/D 模块变为数字量输入 DSP 进行相关的数字算法处理，一方面可用于数据传输(Data Transmission)，另一方面可通过 D/A 输出，在经过 Filter(信号滤波)和功率放大后作为系统输出。

1.1.2　数字信号处理的优缺点

1. 数字信号处理的优点

数字信号处理伴随数字系统的发展从 20 世纪 40 年代开始，发展历史并不长，它具有数字系统的一些共同优点，例如抗干扰、可靠性强、便于大规模集成等。与传统的模拟信号处理方法相比较，它具有以下优点。

(1) 灵活性高

模拟处理系统：需要修改硬件设计或调整硬件参数。

数字处理系统：只需要改变软件参数设置。

以滤波器的设计为例：对于模拟滤波器，若要改变滤波器的参数，则需要改变元器件的值，或是改变运放的工作状态；对于数字滤波器，只需要改变程序的参数就可以了。由此可明显看出，数字处理系统的灵活性更高。

(2) 精度高

模拟处理系统的精度严重依赖于元器件精度，但元器件都有很大的离散性，因此构成的系统误差较大。

数字处理系统的精度依赖于 A/D 转换的位数、计算机字长及相关的算法。这样不仅可以估算出所设计系统的精度，还可以采用适当的处理方式来进一步提高其处理精度。

(3) 可靠性高，可重复性好

模拟系统受环境温度、噪声、电磁场等影响较大，即使两个设计参数完全相同的运算放大器，在输入同源的情况下其输出也会不同；但数字系统不同，在任何时间、任何地点、任何环境下，只要系统工作正常，那么计算结果肯定相同。

2. 数字信号处理的缺点

尽管数字信号处理有其明显的优势，但不能说明模拟信号处理能够被完全替代。

例如在乘法器的设计中,如果原始数据和所需要的输出均为模拟形式,那么完成从模拟信号向数字信号转换所需要的模/数转换器和数/模转换器的成本及其复杂程度通常会超过模拟乘法器设计本身。数字信号处理的劣势体现在如下几个方面。

(1) 实时性差

数字系统由计算机的处理速度决定。尽管计算机技术不断发展,处理速度也得到了极大的提高,但 DSP 都是由一个系统时钟来决定它的一个机器周期。机器周期是 DSP 处理速度的最小单位。因此在要求实时性能极高的情况下,模拟系统不能够被完全替代。

(2) 高频信号的处理

模拟系统可处理很高的频率,包括微波信号、光信号;而数字系统必须按照奈奎斯特准则的要求,受模/数转换和处理速度的限制。对于高频信号的处理,目前使用数字系统是很难实现的。

(3) 模拟与数字信号的转换

现实世界的信号绝大部分是模拟的,例如温度、湿度、压力等通过相应的传感器转换成的电信号也是模拟的。要实现数字处理就必须要进行模/数转换,因此这部分处理电路也必须是模拟的,所以模拟处理的环节肯定不能被替代。

1.2 DSP 的发展及特点

20 世纪 70 年代大规模集成电路的发展导致微处理器的产生,之后微处理器一直沿着以下几个方向发展:

① 通用处理器 General Purpose Processor:简称 GPP,以大家熟知的 286、386、486、奔腾系列 CPU 为代表。

② 单片机 Single Chip Computer:更多的时候被称之为 MCU(Micro Controller Unit,微控制器),它是为中、低成本控制领域而设计开发的。

③ 数字信号处理器 DSP:DSP 的产生发展同前面讲到的 GPP、MCU 几乎是同时的,随着应用市场的变化,20 世纪 90 年代后期得到了非常广泛的应用。尤其在 2000 年之后,DSP 在硬件结构上更适合数字信号处理的要求,能进行硬件乘法和单指令滤波处理。

DSP、单片机以及 GPP 三者各有所长,随着技术的发展使得三者之间相互借鉴对方的优点,取长补短。

DSP 可以看作是单片机的一个分支,也可看作是一个微型 CPU。DSP 具有较高的集成度,具有速度更快的 CPU 和容量更大的存储器。它采用改进的哈佛结构,具有独立的程序和数据空间,并内置高速的硬件乘法器以及增强的多级流水线,使 DSP 器件具有高速的数据运算能力。DSP 器件还提供了高度专业化的指令集,提高了 DFT 快速傅里叶变换和滤波器的运算速度。此外,DSP 器件提供外部 JTAG 接

第1章 绪 论

口,具有更先进的开发手段,不占用用户任何资源。软件配有汇编/链接 C 编译器、C 源码调试器等。

DSP 作为一种微处理器,其结构总是与其他处理器有类似的地方,如包含 CPU、存储器、总线、外设、接口等,但又有自己独特的特点。

1. 哈佛结构

计算机和微处理器有两大结构:冯·诺依曼(von Neuman)结构(如图 1.2 所示)和哈佛(Harvard)结构(如图 1.3 所示)。从 20 世纪 40 年代开始,这两种结构共存。

图 1.2 冯·诺依曼结构　　　　　图 1.3 哈佛结构

以奔腾为代表的通用 CPU 无一例外地都采用了冯·诺依曼结构,它将程序和数据都存储在一起,然后通过总线与 CPU 相连。哈佛结构则把程序和数据空间分开了,分别使用程序和数据总线与 CPU 相连。几乎所有厂家的 DSP 都采用了哈佛结构,该结构使得取指和读数可以同时进行,提高了运算的速度。目前已到了每秒进行 90 亿次浮点运算(9 000 MFLOPS)的水平。

2. 流水线操作

DSP 的另一个重要特点是流水线操作(Pipeline),也有不少文献将其翻译成"管道"操作。TMS320F28x 系列 DSP 将指令执行分成 8 个阶段,如图 1.4 所示。

指令地址生成	取指	指令译码	操作数地址生成	操作数寻址	取操作数	执行	存储		
	指令地址生成	取指	指令译码	操作数地址生成	操作数寻址	取操作数	执行	存储	
		指令地址生成	取指	指令译码	操作数地址生成	操作数寻址	取操作数	执行	存储

图 1.4 TMS320F28x 流水线保护机制

DSP 采用了哈佛结构,这为实施流水线设计提供了条件。其操作步骤如图 1.4 所示:每一个操作都可以认为是一个节拍,假设一个节拍需要一个机器周期,那么完成这个操作需要 8 个机器周期。

通用的 CPU 采用串行操作,完成前一条之后才能操作后面一条。DSP 不是这样,在第一条指令执行译码的时候,取址功能已经释放,可供第二条使用。以此类推,后一条指令比上一条推迟一拍,每一条指令都会完成这 8 个操作。当流水线填满时,它可同时执行 8 条指令,平均每一条指令只需要一个机器周期,这也是很多 DSP 文档中所说的"单周期指令"。近年来,像奔腾之类的 CPU 也大量应用这种流水线操作方式。

3. 独立的乘加器

在数字信号的理论学习中可以知道,在进行卷积、数字滤波、FFT、矩阵等一类运算时,需大量重复的乘法和累加。为提高其运算速度,DSP 中设立了独立的硬件乘法器,即用 MAC 单元。

该硬件乘法器可以实现 32 位×32 位或 2 个 16 位×16 位的乘法。将乘法中的一个乘数通过数据总线传给 T 寄存器,被乘数通过数据总线或程序总线直接送到 MAC 单元,经硬件乘法器相乘后将结果存在 P 寄存器。P 寄存器中的结果经过加速器(Accelerator,在此为 Shift 移位器)后送入算术逻辑单元(ALU),实现与其他数据的算术逻辑运算。计算的结果一方面通过数据总线存入数据空间,另一方面作为 ALU 的输入,以此实现如公式 $ACC = \sum_{i} X_i \times Y_i$ 所示的累加运算。

4. 独立的 DMA 总线和控制器

前面看到的 MAC 硬件乘加器能够使数据运算速度大大提高,但取数的过程需要通过总线从存储器存取。DMA 指的是存储器的直接存取(Direct Memory Access),包含读、写两个过程。所谓的"直接"是指不经过 CPU 干预,通过独立的 DMA 控制器和 DMA 总线完成上述操作。

DMA 并不是 DSP 独有的,通用 CPU 中也存在这种概念。尽管通用 CPU 存在独立的 DMA 控制器,但存取过程依旧占用 CPU 总线,所以 CPU 在这个 DMA 过程只能空闲,算是间接占用 CPU 资源。因此,通常所说的 DSP 运算速度快,不仅需要 MAC 单元参与工作,还与运算的吞吐率有关。随着 DSP 技术的发展,DMA 的吞吐率还再提高,目前已达到 900 MB/s。

1.3 DSP 产品简介

目前,DSP 芯片产品市场主要由以下公司把控:TI(Texas Instrumental)、ADI(Analog Devices)、Freescale(Motorola)和 Agere(Lucent)。由于 TI 公司优秀的大学计划、灵活广泛的产品类别,其产品占有一半以上的市场份额。本书主要介绍 TI 公司 2000 系列的产品。

1.3.1 TI 公司的 DSP 产品

TI 公司自 20 世纪 90 年代推出第二代 DSP 芯片 TMS32010,2000 年之后推出 TMS320C1x 系列后,又陆续推出了上百种 DSP 芯片。这些芯片尽管品种繁多,但依面向领域可以分成三大类:TMS320C2000 系列(实时控制)、TMS320C5000 系列(低功耗)和 TMS320C6000 系列(高性能)。

① TMS320C2000 系列,称为 DSP 控制器(DSC)。集成了 FLASH(或 ROM)存储器、高速 A/D 转换器、完备的通信接口及数字电动机控制的外围电路,适用于三相

电动机、变频器、UPS、风能及光伏等需数字化控制的高速实时领域。

② TMS320C5000 系列，包含两个子系列 C54x 和 C55x。该系列是业界功耗最低的 16 位 DSP，主要用于通信领域。

③ TMS320C6000 系列，采用新的超长指令字结构设计的芯片。包含 3 个子类，其中 C62x 和 C64x 是 32 位定点 DSP，C67x 是 32 位浮点 DSP，均属 TI 公司的高端产品，主要应用于数字通信、音频和视频技术领域。

1.3.2 TMS320C28x 产品简介

TMS320C28x 系列是 C2000 的子系列，由于其优秀的运算与控制性能，使原来 C24x 子系列的产品快速淘汰。此外在 C28x 系列的基础上，TI 公司又推出了新的子系列。图 1.5 所示为 TI 公司 DSP 的演进过程。

1. C28x 系列定点 DSP

TMS320C2000/F2000 系列 32 位微控制器专为实时控制应用设计，集成了实时控制外设，优化内核能高速运行多种复杂的控制算法。功能强大的外设还提供了 SPI、UART、I^2C、CAN、McBSP 通信外设接口，使 C2000 器件成为完美的系统控制解决方案。

TMS320F280x 器件提供 60~100 MHz 系统时钟，兼容 100pin 封装，拥有一个片上 12.5 MSPS(Mega Samples per Second)12 位 ADC，多个独立 PWM，高分辨率 PWM 外设 eQEP（正交编码器引脚）和 eCAP（事件捕获器），以及高达 256 KB 的 FLASH 存储器。

TMS320F281x 器件拥有一个 150 MHz 内核，包含计数器、全比较器、PWM 单元、捕获器、正交编码器单元。

TMS320F2823x/F2833x 器件的定点版本系统时钟高达 150 MHz，512 KB 的 FLASH 及 68 KB RAM。除了 FPU 单元外，与 F2833x 浮点系列的引脚、外设、功能相同。

2. Delfino 系列浮点 MCU

TMS320C2834x/F2834x 建立在现有 F2833x 高性能浮点微控制器的基础上，C2834x 提供高达 300 MHz(600 MFLOPS)的浮点性能，以及高达 516 KB 的 RAM、65 ps 分辨率的 PWM 模块。

除此之外，该系列集成的浮点运算单元 FPU(Floating Point Unit)使得数字信号处理环节提供了硬件平台，使控制速度平均提高了 50%。

3. Piccolo 系列浮点 MCU

TMS320F2802x：32 位定点微控制器提供 40~60 MHz 性能，多达 64 KB 片上 FLASH，少引脚(38pin)封装选择。它具有 150 ps 高分辨率增强型脉宽调制模块、1 个 4.6 MSPS 的 12 位 ADC、高精度片上振荡器、模拟比较器以及高速 12 位 ADC

并支持 I^2C、SPI 与 SCI。

TMS320F2803x：32 位定点微控制器提供 60 MHz 性能，多达 128 KB 的 FLASH 存储器，64 引脚或 80 引脚封装。F2803x 器件具有 F2803x 所有外设，为了提高控制效率，在 F2802x 器件基础上又加了控制算法加速器 CLA（Control Law Accelerator）。

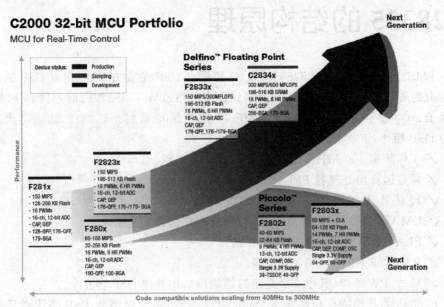

图 1.5　C28x 系列 DSP 的演进过程

第2章

F28335 的结构原理

TMS320F28335(简称 F28335)是 32 位浮点 DSP,它是在 2812 定点 DSP 的基础上推出的典型产品。TMS320F2833x(简称 F2833x)与 TMS320F281x(简称 F281x)同属于 2000 数字信号控制器家族,属于 TI 公司 2000 系列。与 2812、2808 等大家熟知的 DSP 相比,该款 DSP 具有以下特点:

- ✓ 工作频率 150 MHz,比 2808 高,与 2812 一致。
- ✓ 浮点运算协处理器 FPU,为高速运算特别准备。
- ✓ 12 位 A/D 精度,实际精度比 2812 高。
- ✓ DMA 控制器,可以提高 CPU 与外设的数据交互速度。
- ✓ FLASH:512 KB,比 2812 高 1 倍。
- ✓ RAM:68 KB,比 2812 高 1 倍。
- ✓ 18 个 PWM 口(其中 6 个是定时器端口),比其他 DSP 多 6 个。

F28335 的其他特点和性能与 2808、2812 一致,熟悉这两款 DSP 的读者只需将上述特点进行学习和调试,就可基本掌握 F28335 的性能特点了,无须对各个功能模块投入过多的精力。该系列的其他产品(如 F28334 和 F28332)以及后续产品(如 F2837xD 双核 DSP)均是在其基本结构的基础上进行了资源的简化或增强而派生出的 DSP 产品,用户可以根据实际需求进行选择。

2.1 F28335 的内部结构

F28335 的内部结构由 4 部分组成:中央处理器 CPU(即 C28x+FPU)、存储器、系统控制逻辑及片上外设,如图 2.1 所示。F28335 的各部分通过内部系统总线有机地联系在一起,其组成结构决定了该款 DSP 在 CPU 数据处理能力、存储器的容量和使用灵活性、片上外设的种类和功能等方面具有优秀品质。

1. 中央处理器单元(C28x+FPU)

- ✓ 32 位 ALU,能够快速高效地完成读—修改—写类原子操作(不中断)指令。
- ✓ 硬件乘法器,能完成 32 位×32 位或双 16 位×16 位定点乘法操作。
- ✓ 辅助寄存器组,在辅助寄存器算术单元(ARAU)的支持下参与数据的间接寻址。

第 2 章 F28335 的结构原理

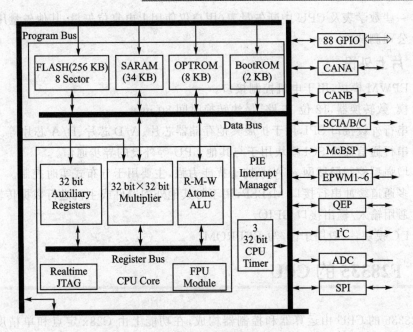

图 2.1 F28335 的内部结构

✓ 支持 IEEE754 标准的单精度浮点运算单元 FPU,使得用户可快速编写控制算法而无须在处理小数操作上耗费过多的精力,从而缩短开发周期,降低开发成本。

F28335 中第一次将浮点运算单元加入 CPU 中。这种结构是 C28x 标准结构的延伸,也就意味着在 C28x 定点 CPU 下工作的代码与在 C28x+FPU 结构下完全兼容。

2. 系统控制逻辑

✓ 系统时钟产生与控制。
✓ 看门狗定时器。
✓ 3 个 32 位定时器,Timer2 用于实时操作系统,Timer0 和 Timer1 供用户使用。
✓ 外设中断扩展(PIE)模块,最多支持 96 个外部中断。
✓ JTAG 实时仿真逻辑。

3. F28335 的存储器

✓ FLASH 存储器,共 256K×16 位,分成 8 个 32K×16 位区段,各区段可以单独擦写。FLASH 存储器可以映射到程序空间,也可以映射到数据空间。
✓ SARAM 随机访问存储器,共有 34K×16 位。SARAM 也可以映射到数据空间,也可以映射到程序空间。
✓ OTP 一次可编程存储器,1K×16 位。
✓ Boot ROM 引导 ROM,共 8K×16 位。存有 TI 公司产品版本号等信息,以及一些数学表及 CPU 中断矢量表(用户仅使用上电复位矢量,其他矢量用于 TI 公司测试)。

4. 片上外设

- ✓ EPWM 模块,用于电机控制接口。
- ✓ 模/数转换器,12 位 16 路,最快转换时间 80 ns。
- ✓ 串行外设接口 SPI,用于扩展其他存储器芯片、A/D 芯片、D/A 芯片等。
- ✓ 串行通信接口 SCI 模块用于与其他 CPU 等外设的异步通信。
- ✓ 增强型控制局域网 eCAN,抗干扰能力强,主要用于分布式实时控制。
- ✓ 多通道缓冲串行接口 McBSP,用于与其他外围器件或主机进行数据传输。
- ✓ 通用输入/输出接口 GPIO。
- ✓ I^2C 模块,一般用于读/写 EEPROM。

2.2 F28335 的 CPU

F28335 的 CPU 由运算器和控制器构成,在功能上由 C28x 定点和单精度浮点 FPU 单元构成。本节只为大家总结 C28x 定点 CPU 的特点、功能及相应的寄存器,由于 FPU 的内容较多,因此 FPU 的结构特点、FPU 汇编代码及相关应用将在后续章节为大家详细介绍。

2.2.1 CPU 运算单元

C28x 的定点 CPU 运算单元由运算器和控制器构成,从应用角度出发更多的是关心运算器的操作。运算器由运算执行单元和寄存器组构成,如图 2.2 所示。

1. MAC 乘法器

MAC 乘法器可执行 32 位×32 位或 16 位×16 位乘法,还可执行双 16 位×16 位乘法。

(1) 32 位×32 位乘法

乘法器的输入来自于 32 位被乘数寄存器 XT、数据存储器、程序存储器或寄存器。得到的乘积为 64 位,其中 32 位存储于乘积寄存器 P 中。存储高 32 位还是低 32 位,是有符号数还是无符号数,都要由指令确定。

(2) 16 位×16 位乘法

乘法器的输入来自于输入被乘数寄存器 T(16 位)、数据存储器、寄存器,或包含在指令码中的操作数。得到的乘积根据指令的不同存于乘积寄存器 P 或累加器 ACC 中。

(3) 双 16 位×16 位乘法

乘法器的输入是 2 个 32 位的操作数。这时 ACC 存储 32 位操作数高位字相乘

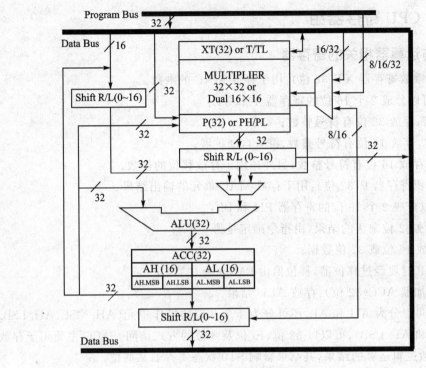

图 2.2 C28x 的运算执行单元

的积,P 寄存器存储 32 位操作数低位字相乘的积。

2. ALU 算术逻辑单元

算术运算和逻辑操作包括 32 位加法运算、32 位减法运算、布尔逻辑操作和位操作(位测试、移位)。

ALU 的一个输入来自 ACC 输出,另一个操作数由指令选择,可来自输入移位器(Input Shifter)、乘积移位器(Product Shifter)或直接来自乘法器。

ALU 的输出直接送到 ACC,然后可以重新作为输入或经过输出移位器送到数据存储器。

3. 移位器

移位器能够快速完成移位操作,主要用于对数据的缩放以避免发生上溢或下溢,还可用于进行定点数与浮点数间的转换。

32 位的输入定标移位器的作用是把来自存储器的 16 位数据与 32 位的 ALU 对齐,它还可以对来自 ACC 的数据进行缩放;32 位的乘积移位器可以把补码乘法产生的额外符号位去除,还可以通过移位防止累加器溢出,乘积移位模式由状态寄存器 ST1 中的乘积移位模式位(PM)的设置决定;累加器输出移位器用于完成数据的储前处理。

2.2.2 CPU 寄存器组

1. 与运算器相关的寄存器

① 被乘数寄存器 XT(32 位):用于存放 MAC 的乘数。

XT 可以分成 2 个 16 位的寄存器 T 和 TL:

✓ XT,存放 32 位有符号整数;

✓ TL,存放 16 位有符号整数,符号自动扩展;

✓ T,存放 16 位有符号整数,另外还用于存放移位的位数。

② 乘积寄存器 P(32 位):用于存放 MAC 单元的输出结果。

P 可以分成 2 个 16 位的寄存器 PH 和 PL:

✓ 存放 32 位乘法的结果(由指令确定是哪一半);

✓ 存放 16 位或 32 位数据;

✓ 读 P 时要经过移位器,移位值由 PM(ST0 中)决定。

③ 累加器 ACC(32 位):存放 ALU 结果。

ACC 可以分为 AH 和 AL,还可分为 4 个 8 位的操作单元(AH.MSB、AH.LSB、AL.MSB 和 AL.LSB),可以以 32 位、16 位及 8 位的方式访问。ACC 主要用于存放大部分算数逻辑运算的结果,其结果影响 ST0 状态寄存器某些位。

2. 辅助寄存器 XAR0~XAR7(32 位)

辅助寄存器 XAR0~XAR7(注意:低 16 位可单独访问,高 16 位不能单独访问)常用于间接寻址,主要用于:

✓ 操作数地址指针;

✓ 通用寄存器;

✓ 低 16 位 AR0~AR7:循环控制或 16 位通用寄存器(注意:高 16 位可能受影响)。

3. 与中断相关的寄存器

中断允许寄存器 IER、中断标志寄存器 IFR 和调试中断允许寄存器 DBGIER,它们的定义及功能将在 5.1 节介绍。

4. 状态寄存器

F28335 有两个非常重要的状态寄存器:ST0 和 ST1。它们控制 DSP 的工作模式并反映 DSP 的运行状态,用户可通过 CCS 下的寄存器窗口去观测该状态寄存器。

ST0 包含有指令操作使用或影响的控制位或标志位,如图 2.3 所示。状态寄存器 ST0 各位的含义如表 2.1 所列。

ST1 包含有处理器运行模式、寻址模式及中断控制位等,如图 2.4 所示。状态寄存器 ST1 各位的含义如表 2.2 所列。

D15~D10	D9~D7	D6	D5	D4	D3	D2	D1	D0
OVC/OVCU	PM	V	N	Z	C	TC	OVM	SXM
R/W-0	R/W-0	R/W-0	R/W-0	R/W-0	R/W-0	R/W-0	R/W-0	R/W-0

注:"R"表示可读,"W"表示可写,"-"之后表示复位后默认值。

图 2.3 状态寄存器 ST0 的格式

表 2.1 状态寄存器 ST0 功能描述

符 号	含 义
SXM	符号扩展模式。32 位累加器进行 16 位操作时。 1:进行符号扩展;0:不扩展
OVM	溢出模式。ACC 中加减运算结果有溢出时。 1:进行饱和处理;0:不处理
TC	测试/控制标志
C	进位标志。 1:运算结果有进位/借位;0:运算结果无进位/借位
Z	零标志位。 1:运算结果为 0;0:运算结果为非 0
N	负数标志。 1:运算结果为负数;0:运算结果为非负数
V	溢出标志。 1:运算结果发生了溢出;0:运算结果未发生溢出
PM	乘积移位方式。 000:左移 1 位,低位填 0;001:不移位;010:右移 1 位,低位丢弃,符号扩展; 011:右移 2 位,低位丢弃,符号扩展;……;111:右移 6 位,低位丢弃,符号扩展。 应特别注意此 3 位与 SPM 指令参数的特殊关系
OVC/OVCU	有符号运算时为 ACC 溢出计数器 OVC(-32~+31),若 OVM 为 0,则每次正向溢出时加 1,负向溢出减 1(但是,如果 OVM 为 1,则 OVC 不受影响,此时 ACC 被填为正或负的饱和值);无符号运算时为 OVCU,有进位时 OVCU 增量,有借位时 OVCU 减量

D15~D13			D12	D11	D10	D9	D8
ARP			XF	M0M1MAP	Reserved	OBJMODE	AMODE
R/W-000			R/W-0	R/W-1	R/W-0	R/W-0	R/W-0
D7	D6	D5	D4	D3	D2	D1	D0
IDLESTAT	EALLOW	LOOP	SPA	VMAP	PAGE0	DBGM	INTM
R/W-0	R/W-0	R/W-0	R/W-0	R/W-1	R/W-0	R/W-1	R/W-1

注:"R"表示可读,"W"表示可写,"-"之后表示复位后默认值。

图 2.4 状态寄存器 ST1 的格式

表 2.2 状态寄存器 ST1 各位的含义

符号	含义
INTM	全局中断屏蔽。 1:禁止全局中断屏蔽;0:允许全局中断屏蔽
DBGM	调试使能屏蔽。 1:调试使能屏蔽禁止;0:调试使能屏蔽允许
PAGE0	PAGE0 寻址模式。对于 C28x 器件,应该设为 0
VMAP	向量映射。 1:向量映射到 0x3F FFC0~0x3F FFFF;0:向量映射到 0x00 0000~0x00 003F
SPA	堆栈指针偶地址对齐。 1:堆栈指针已对齐偶地址;0:堆栈指针未对齐偶地址
LOOP	循环指令状态。 1:循环指令正进行;0:循环指令完成
EALLOW	寄存器访问使能。 1:允许访问被保护的寄存器;0:禁止访问被保护的寄存器
IDLESTAT	IDLE 指令状态。 1:IDLE 指令正执行;0:IDLE 指令执行结束
AMODE	寻址模式。对于 C28x 器件,该位应为 0
OBJMODE	目标兼容模式。对于 C28x 器件,该位应为 1(复位后为 0,需用指令置 1)
M0M1MAP	M0 和 M1 映射模式。对于 C28x 器件,该位应为 1(0:仅用于 TI 内部测试)
XF	XF 状态。 1:XF 输出高电平;0:XF 输出低电平
ARP	辅助寄存器指针。 000:选择 XAR0;001:选择 XAR1;……;111:选择 XAR7

2.2.3 辅助寄存器算术单元 ARAU

C28x 设置有一个与 ALU 无关的算术单元 ARAU(如图 2.5 所示),为了使 8 个辅助寄存器完成灵活高效的间接寻址功能,其作用是与 ALU 中进行的操作并行地实现对 8 个辅助寄存器(XAR0~XAR7)的算术运算。

指令执行时,当前 XARn 的内容用作访问数据存储器的地址:如果是从数据存储器中读数据,ARAU 就把这个地址送到数据读地址总线;如果是向数据存储器中写数据,ARAU 就把这个地址送到数据写地址总线。ARAU 能够对 XARn 进行加/减 1 或某一常数的运算,以产生新的地址。辅助寄存器还可用作通用寄存器、暂存单元或软件计数器。

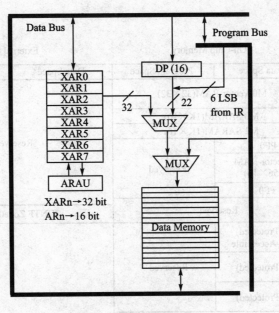

图 2.5 算术单元 ARAU

2.2.4 FPU 浮点运算单元

TMS320F283x 系列处理器首次在 C28x 处理单元的基础上增加了浮点处理器单元构成 C28x+FPU 单元。该架构除了具有与其他 C28x 处理器相同的 32 位定点架构外，还包括一个单精度 32 位 IEEE754 浮点处理单元。这部分内容将在第 9 章进行详细讨论。

2.3 F28335 的存储器及应用

存储器是存放 DSP 运行过程中指令、代码、数据的地方。存储器的大小也是衡量 DSP 性能的重要指标之一，且直接影响到我们所编写的程序。因此，应避免程序量较大但选择存储空间小 DSP 的情况（工作中也经常遇到这样的问题，解决方式之一就是充分分析代码，看看能否压缩或将 C 语言改写成汇编语言节省代码空间；或者是调整 CMD 文件，进行存储器的适当分配）。

F28335 采用改进的哈佛结构，在逻辑上有 4M×16 位的程序空间和 4M×16 位的数据空间，但在物理上已将程序空间和数据空间统一成一个 4M×16 位的空间。

F28335 片上有 256K×16 位的 FLASH、34K×16 位的 SRAM、8K×16 位的 Boot ROM 以及 2K×16 位的 OTP ROM。图 2.6 所示为 F28335 存储器映射图。

存储空间分成两部分：一是片内存储空间，即图 2.6 的左侧部分；二是扩展的片外存储空间，即图 2.6 的右侧部分。

第 2 章 F28335 的结构原理

Start Address	On-Chip Memory		External Memory	
	Data Space	Program Space	Data Space	Program Space
0x00 0000	M0 Vector-RAM(32×32)			
0x00 0040	M0 SARAM(1K×16)			
0x00 0400	M1 SARAM(1K×16)			
0x00 0800	PF0		Reserved	
0x00 0D00	PIE Vector-RAM (256×16)	Reserved		
0x00 0E00	PF0			
0x00 2000	Reserved			
0x00 5000	PF3(Protected) DMA-Accessible		XINTF Zone0(4K×16) 0x00 4000 0x00 5000	
0x00 6000	PF1(Protected)	Reserved		
0x00 7000	PF2(Protected)			
0x00 8000	L0 SARAM(4K×16,SecureZone,Dual-Mapped)			
0x00 9000	L1 SARAM(4K×16,SecureZone,Dual-Mapped)		Reserved	
0x00 A000	L2 SARAM(4K×16,SecureZone,Dual-Mapped)			
0x00 B000	L3 SARAM(4K×16,SecureZone,Dual-Mapped)			
0x00 C000	L4 SARAM(4K×16,DMA-Accessible)			
0x00 D000	L5 SARAM(4K×16,DMA-Accessible)			
0x00 E000	L6 SARAM(4K×16,DMA-Accessible)			
0x00 F000	L7 SARAM(4K×16,DMA-Accessible)			
0x01 0000	Reserved		XINTF Zone6(1M×16) 0x10 0000	
			XINTF Zone7(1M×16) 0x20 0000	
0x30 0000	FLASH(256×16, Secure Zone)		0x30 0000	
0x33 FFF8	128-bit Password			
0x34 0000	Reserved			
0x38 0080	ADC Calibration Data			
0x38 0090	Reserved			
0x38 0400	User OTP(1K×16,Secure Zone)			
0x38 0080	Reserved			
0x3F 8000	L0 SARAM(4K×16,SecureZone,Dual-Mapped)		Reserved	
0x3F 9000	L1 SARAM(4K×16,SecureZone,Dual-Mapped)			
0x3F A000	L2 SARAM(4K×16,SecureZone,Dual-Mapped)			
0x3F B000	L3 SARAM(4K×16,SecureZone,Dual-Mapped)			
0x3F C000	Reserved			
0x3F E000	Boot ROM(8K×16)			
0x3F FFC0	BROM Vector-ROM(32×32)			

图 2.6　F28335 的存储器映射

对于片内存储空间,除了外设帧 0(PF0)、外设帧 1(PF1)、外设帧 2(PF2)和外设帧 3(PF3)外,其余空间即可以映射为数据存储空间,又可以映射为程序存储空间。

2.3.1 SARAM 存储器

F28335 在物理上提供了 34K×16 位的 SARAM 存储器,它们分布在几个不同的存储区域。

1. M0 和 M1

M0 和 M1 均为 1K×16 位。M0 地址为 0x00 0000~0x00 03FF,M1 地址为 0x00 0400~0x00 07FF。M0 和 M1 可以映射为数据存储空间,也可以映射为程序存储空间。由于复位后堆栈指针 SP=0x400,因而 M1 默认作为堆栈。

2. L0~L7

L0~L7 均为 4K×16 位,共同构成 32K×16 位的 SARAM 空间。L0~L7 地址如表 2.3 所列。L0~L7 均可映射为数据存储空间或程序存储空间,其中:L0~L3 可映射到两块不同的地址空间并受到片上 CSM 中的密码保护,以免存在上面的程序或数据被非法复制;L4~L7 可用于 DMA 控制器访问。

表 2.3 L0~L7 地址表

名 称	地 址		名 称	地 址	
	起始地址	结束地址		起始地址	结束地址
L0 SARAM	0x00 8000	0x00 8FFF	L3 SARAM	0x00 B000	0x00 BFFF
	0x3F 8000	0x3F 8FFF		0x3F B000	0x3F BFFF
L1 SARAM	0x00 9000	0x00 9FFF	L4 SARAM	0x00 C000	0x00 CFFF
	0x3F 9000	0x3F 9FFF	L5 SARAM	0x00 D000	0x00 DFFF
L2 SARAM	0x00 A000	0x00 AFFF	L6 SARAM	0x00 E000	0x00 EFFF
	0x3F A000	0x3F AFFF	L7 SARAM	0x00 F000	0x00 FFFF

2.3.2 FLASH 及使用详解

F28335 片上有 256K×16 位嵌入式 FLASH 存储器,受 CSM 保护。地址为 0x30 0000~0x33 FFFF。FLASH 存储器通常映射为程序存储空间,但也有映射为数据存储空间的情况。为方便起见,FLASH 存储器又分为 8 个区段,用户可以对其中任何一个扇区进行擦除、编程和校验,而其他扇区不变。各区段名称、容量及地址范围见表 2.4。

其中 A 区地址 0x33 C000~0x33 FF7F 可用于 FLASH,段尾部 128 个单元具有以下特殊用途:

✓ 0x33 FF80~0x33 FFF5:若使用 CSM 时,该区域要清 0;若不使用 CSM,地

第 2 章　F28335 的结构原理

址 0x33 FF80～0x33 FFEF 可用于程序空间或数据空间,地址 0x33 FFF0～0x33 FFF5 被保留用于数据空间,不能含有程序代码。

✓ 0x33 FFF6 是 FLASH 引导程序入口,即应在 0x33 FFF6 和 0x33 FFF7 存储跳转指令。

✓ 0x33 FFF8～0x33 FFFF,8 个单元共 128 位用于存储密码。

表 2.4　F28335 片内 FLASH 分段表

名　称	起始地址	结束地址
Sector H(32K×16)	0x30 0000	0x30 7FFF
Sector G(32K×16)	0x30 8000	0x30 FFFF
Sector F(32K×16)	0x31 0000	0x31 7FFF
Sector E(32K×16)	0x31 8000	0x31 FFFF
Sector D(32K×16)	0x32 0000	0x32 7FFF
Sector C(32K×16)	0x32 8000	0x32 FFFF
Sector B(32K×16)	0x33 0000	0x33 7FFF
Sector A(32K×16)	0x33 8000	0x33 FFFF

　　DSP 片内存储器种类多、容量大,系统需要有合适的方法来配置各个存储器,而这些方法一般都与片内 FLASH 有关。下面采用问答的方式来讨论 FLASH 的使用方法。

　　问 1:为什么需要将一些段从 FLASH 中复制到 RAM 中运行?

　　答 1:有两种情况 FLASH 初始化必须在 RAM 中执行:初始化中断向量和初始化 FLASH 控制寄存器。

　　(1) 复位后 PIE 中断向量必须位于 FLASH 中,初始化时必须要把中断向量从 FLASH 中复制到 PIEVECT RAM 中,完成中断向量表的初始化。

　　(2) FLASH 控制寄存器 FOPT、FPWR、FSTDBY-WAIT、FACTIVEWAIT、FBANKWAIT、FOTPWAIT 的初始化代码不能在 FLASH 存储器当中运行,否则就会发生不可预料的结果。FLASH 控制寄存器的初始化函数在运行时必须从 FLASH(其装载地址)复制到 RAM(其运行地址)。需要特别注意的是:FLASH 控制寄存器受 CSM 保护,只能复制到 RAM 空间的 L0～L3 执行初始化。

　　问 2:如何将代码存入 FLASH,如何进行 FLASH 的初始化?

　　答 2:在学习一款新的 DSP 时,不少读者会登录 TI 官网,下载该系列的 C/C++ Header Files and Peripheral Examples 中的例程。F2833x 也不例外,在大多数情况下 TI 所提供的例程是从 SARAM 执行,而我们希望程序存放在 FLASH 中并由 FLASH 加载模式执行。对于如何编写相关的代码很多读者都一筹莫展,一般而言,只需要对 TI 提供的 C/C++ Header Files and Peripheral Examples 部分文件进行

修改,而几乎所有 28x 系列的 DSP 都遵循这些步骤:

(1) 将 28335_RAM_lnk.cmd 文件从工程中移除,并由 F28335.cmd 文件替代。

(2) 将 DSP2833x_CSMPasswords.asm 文件加入到工程中,在调试过程中建议不要将密码写入 PWL 区。

(3) 更改 TI 提供的源代码,使存放在 FLASH 中的部分代码复制至 RAM 区执行,在这里特指 FLASH 等待状态初始化函数 void InitFlash(),一般需如下几步:

① 编写 InitFlash()代码,用于初始化 FLASH 状态寄存器,该函数在系统初始化时调用:

```
void Init_Flash(void)
{
    EALLOW;
    //使能 FLASH Pipeline 模式
    FlashRegs.FOPT.bit.ENPIPE = 1;
    //设置 FLASH 的随机等待状态
    FlashRegs.FBANKWAIT.bit.RANDWAIT = 5;
    //设置 FLASH 访问数据页等待时间
    FlashRegs.FBANKWAIT.bit.PAGEWAIT = 5;
    //设置 OTP 等待状态
    FlashRegs.FOTPWAIT.bit.OTPWAIT = 8;
    //设置休眠状态至就绪状态的周期数
    FlashRegs.FSTDBYWAIT.bit.STDBYWAIT = 0x01FF;
    //设置就绪状态至有效状态的周期数
    FlashRegs.FACTIVEWAIT.bit.ACTIVEWAIT = 0x01FF;
    EDIS;
    //延时以保证所有寄存器设置完毕
    asm(" RPT #7 || NOP");
}
```

② 通过伪指令将 InitFlash 函数分配至初始化自定义段 ramfuncs:

```
#pragma CODE_SECTION(InitFlash, "ramfuncs");
```

③ 定义初始化段 ramfuncs,并通过 SECTION 伪指令规定段将装载在存储器内何处以及在存储器内何处运行:

```
SECTION
{
    ramfuncs    : LOAD = FLASH,
                  RUN = RAML,
                  LOAD_START(_RamLoadStart),
                  LOAD_END(_RamLoadEnd),
                  RUN_START(_RamRunStart),
```

```
                    PAGE = 0
}
```

其中:

- ✓ LOAD 和 RUN 是段的两个属性,LOAD_START,LOAD_END,RUN_START 这几个并非是参数而是能够生成全局符号的指令,这里是 RamLoadStart,RamLoadEnd 和 RamRunStart,分别决定了装载的首位地址和运行地址;
- ✓ 代码段的含义指的是存放在 FLASH 中的段 ramfuncs 须调入 RAML 运行,其装载在 FLASH 的首地址为 RamLoadStart,RamLoadEnd,在 RAM 中的运行的首地址为 RamRunStart。

④ 将 DSP2833x_MemCopy.c 函数加入到工程中,或直接将 MemCopy 的代码加入到源代码中,MemCopy 函数很简单。程序代码如下:

```
void MemCopy(UINT16 * SourceAddr, UINT16 * SourceEndAddr, UINT16 * DestAddr)
{
    while(SourceAddr < SourceEndAddr)
    {
        * DestAddr ++ = * SourceAddr ++ ;
    }
    return;
}
```

⑤ 由于 RamfuncsLoadStart、RamfuncsLoadEnd、RamfuncsRunStart 是 CMD 文件定义的,为了能够在 C 语言中被 MemCopy() 调用,需要按如下格式声明:

```
extern Uint16 RamfuncsLoadStart;
extern Uint16 RamfuncsLoadEnd;
extern Uint16 RamfuncsRunStart;
```

⑥ 最后通过调用 MemCopy() 函数实现 InitFlash 从 FLASH 至 RAM 的复制。程序代码如下:

```
MemCopy(&RamfuncsLoadStart, &RamfuncsLoadEnd,
        &RamfuncsRunStart);
```

注意:TI 所提供的 memcpy() 函数与本书提到的 MemCopy() 函数有区别。采用 TI 自带的 memcpy() 函数实现第⑤步,则需要按照如下格式:

```
memcpy(&RamfuncsRunStart,&RamfuncsLoadStart,
       &RamfuncsLoadEnd - &RamfuncsLoadStart);
```

问 3:经常见到有些存在 FLASH 中的代码调入 RAM 中运行的情况,而这部分代码也并非 TI 要求必须调入 RAM 中运行的,为何要这么做?操作的步骤又是什么？

答3：为保证掉电不会丢失，用户代码只能存储在FLASH或EEPROM空间，但访问FLASH需要等待时间，大多数的应用场合并无不妥，但在系统控制环路的设计中往往需要较高的实时性，因此会极大地限制系统控制的精度；内部RAM存储器具有零等待状态，但它掉电会丢失数据。如果能够将两者有机地结合到一起，从而可解决这两者之间的矛盾。

一般而言，不会将所有的函数调入RAM中，也就是说不会为整个.text段指定独立的装载和运行地址。为了节省RAM空间，在运行时有选择地将那些参与控制器环路调节的函数调入RAM中。

例如：SVPWM发波函数GenerateSVM()从FLASH调入RAM运行，可按照如下步骤操作：

① 使用伪指令CODE_SECTION将GenerateSVM()放置在名为.ramFast的自定义段中。

```
#pragma CODE_SECTION(GenerateSVM," ramFast")
void GenerateSVM()
{
 … …         //SVPWM程序代码
}
```

② 使用伪指令SECTION连接ramFast段，并将其从FLASH装载到RAM中运行，生成全局符号来实现存储器复制。

```
SECTION
{
    ramFast    : LOAD = FLASHBCDEFGH,
                 RUN = RAML1,
                 LOAD_START(_ramFastLoadStart),
                 LOAD_END(_ramFastLoadEnd),
                 RUN_START(_ramFastRunStart),
                 PAGE = 0
}
```

③ 在C文件中声明运行地址并调用MemCopy()：

```
extern unsigned int ramFastLoadStart;
extern unsigned int ramFastLoadEnd;
extern unsigned int ramFastRunStart;
……
MemCopy(&ramFastLoadStart, & ramFastLoadEnd,
        & ramFastRunStart);
```

问4：如何从RAM中初始化PIE中断向量表？

答 4：系统上电时，所有中断向量 PIE 必须从 FLASH 复制到 PIE_VECT 中进行初始化。PIE_VECT 是 CMD 文件的块，在数据空间中的起始地址为 0x000D00，长度为 256 个字。

上述操作有许多方法可以实现。其中一个方法是创建包含函数指针的常量 C 结构体，该结构体包括 128 个 32 位向量。仿照 DSP280x 外设的结构体，这个结构体叫作 PieVectTableInit。可以使用伪指令 DATA_SECTION 创建一个非初始化的结构体 PieVectTable，并把这个变量连接到 PIE_VECT，使用 TI 提供的 memcpy() 函数。其初始化代码可以写成如下形式：

```
memcpy(&PieVectTable,&PieVectTableInit,256);
```

注意：复制长度是 256 个 16 位字，对应为 128 个 32 位字。

此外，可跳出 TI 提供的 memcpy() 函数，根据其基本思想自行设计这部分功能如下：

```
void InitPieVectTable(void)
{
    INT16 i;
    UNLONG * Source = (UNLONG *)&PieVectTableInit;
    UNLONG * Dest = (UNLONG *)&PieVectTable;
    EALLOW;
    for(i=0; i<128; i++)
        *Dest++ = *Source++;
    EDIS;
}
```

2.3.3 Boot ROM

Boot ROM 也称为引导 ROM，实现 DSP 的 BootLoader 功能。Boot ROM 存储器共 8K×16 位，地址为 0x3F E000～0x3F FFFF，共分成 3 个区域：定点及浮点数函数表、上电引导程序区、复位及中断向量。Boot ROM 存储器的映像如图 2.7 所示。

1. Boot ROM 数学表

Boot ROM 为其预留了约 4K×16 位空间。与 F281x 系列相比增加了浮点函数表，定点和浮点所提供的函数分别如表 2.5 和表 2.6 所列。需要注意的是，定点函数表与

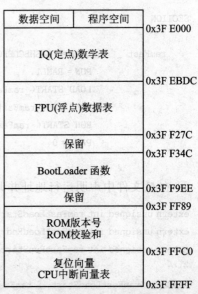

图 2.7 Boot ROM 存储器的映像

浮点函数表均是为提高系统的实时性而增加的可选项,屏蔽并不会影响代码的完整性。尽管使用 C 语言也能够完成相同功能,但在数据计算的快速性和准确性上较差。

表 2.5 定点函数表中的内容及作用

数学表名称	空间大小/位	内容及用途
Sine/Cosine 数学表	1 282×16	32 位正弦函数 1/4 周期采样值,Q30 格式
标准化倒数数学表	528×16	32 位倒数值,并加入饱和处理,Q30 格式
标准化均方根数学表	274×16	32 位均方根值,并加入饱和处理,Q30 格式
标准化反正切数学表	452×16	32 位反正切函数处理,Q30 格式
取整和饱和限值表	360×16	32 位饱和数据处理
最大/最小值数学表	120×16	用于数据的大小比较
Exp()运算函数表	20×16	使用泰勒级数实现 Exp(),Q31 格式

表 2.6 浮点函数表中的内容及作用

数学表名称	空间大小/位	内容及用途
Sine/Cosine 数学表	1 282×16	32 位正弦 1/4 周期采样值,单精度浮点格式
标准化反正切数学表	388×16	32 位反正切函数处理,单精度浮点格式
Exp()运算函数表	20×16	使用泰勒级数实现 Exp(),单精度浮点格式

注意:若用户使用定点函数表,则需要调用 28x IQmath Library 库文件;若使用浮点函数表,则需要调用 C28x FPU Fast RTS Library。若用户不希望调用 Boot ROM 中的数学表,则可在 CMD 文件中使用 TYPE=NOLOAD 关键字将其屏蔽,如例 2.1 所示。

【例 2.1】 定点函数表屏蔽:

```
MEMORY
{
    PAGE 0 :
    ……
    FPUTABLES : origin = 0x3FEBDC, length = 0x0006A0
    ……
}
SECTIONS
{
    ……
    FPUmathTables : > FPUTABLES, PAGE = 0, TYPE = NOLOAD
    ……
}
```

浮点函数表屏蔽：
```
MEMORY
{
    PAGE 0 :
    IQTABLES (R) : origin = 0x3FE000, length = 0x000b50
    IQTABLES2 (R) : origin = 0x3FEB50, length = 0x00008c
}
SECTIONS
{
    IQmathTables : load = IQTABLES, type = NOLOAD, PAGE = 0
    IQmathTables2 > IQTABLES2, type = NOLOAD, PAGE = 0
    {
        IQmath.lib<IQNexpTable.obj> (IQmathTablesRam)
    }
    IQmathTablesRam : load = DRAML1, PAGE = 1
}
```

2. 上电引导区

在地址 0x3F FC00 开始处存有上电引导程序。该程序由初始化引导函数 Init-Boot、引导模式选择函数 SelectBootMode、退出引导函数 ExitBoot 及几种加载引导函数组成。BOOT 模式及加载方式会在第 10 章中为大家详细介绍。

3. CPU 中断向量表

Boot ROM 中 0x3F E000～0x3F FFFF 地址区间为 CPU 的中断向量表，只有在 DSP 复位后 VMAP=1，ENPIE=0 的情况下 CPU 中断向量才会指向该区间。

地址 0x3F FFC0～0x3F FFC1 内容是复位向量，DSP 复位后会读取该向量，并使程序的执行转向 Boot ROM 中的引导程序(0x3F FC00～0x3F FFBF)，进而完成用户程序的定位或加载。除复位向量外的其他向量为 CPU 中断向量，这些向量仅用于 TI 公司芯片测试，用户无须关心。

2.3.4 CSM 代码安全模块及使用详解

CSM(Code Security Module)代码安全模块,其作用是为代码提供保护防止非法程序复制。当器件被保护时,只有从被保护的存储空间运行的代码可以访问其他被保护存储空间中的数据,从非保护的存储空间运行的代码则不允许访问被保护存储空间中的数据。

CSM 存放在 Code Security Password Locations(PWL)中。PWL 位于 FLASH 的 0x33 FFF8～0x33 FFFF 地址区间,也就是说 CSM 只有 128 位。这 128 位密码只能保护 DSP 片上存储器如表 2.7 所列的部分。

表 2.7 受 CSM 影响的片内资源

存储器名称	地址范围
FLASH 配置寄存器	0x00 0A80～0x00 0A87
L0 SARAM (4K×16)	0x00 8000～0x00 8FFF
L1 SARAM (4K×16)	0x00 9000～0x00 9FFF
L2 SARAM (4K×16)	0x00 A000～0x00 AFFF
L3 SARAM (4K×16)	0x00 B000～0x00 BFFF
FLASH	0x30 0000～0x33 FFFF
OTP	0x38 0000～0x38 07FF
L0 SARAM (4K×16), mirror	0x3F 8000～0x3F 8FFF
L1 SARAM (4K×16), mirror	0x3F 9000～0x3F 9FFF
L2 SARAM (4K×16), mirror	0x3F A000～0x3F AFFF
L3 SARAM (4K×16), mirror	0x3F B000～0x3F BFFF

CSM 分为加密和解密操作，使用时应特别注意以下几点：

✓ 当 FLASH 被擦除时，PWL 中的数据为 0xFFFF，此时 DSP 芯片不受密码保护；

✓ 勿将这 128 位密码全都写为 0，否则 DSP 被锁死；

✓ DSP 执行 FLASH 擦除操作时，切记勿将 DSP 复位重启，这样会在 PWL 区写入未知数；

✓ 在这里还需特别注意的是：若希望将保存在 FLASH 中的代码调用至 RAM 空间运行，则此 RAM 空间必须为 L0～L3；

✓ 使用 CSM 功能时，0x33 FF80～0x33 FFF5 存储区不能被用于数据或程序空间，只能手动写入 0x0000。

1. CSM 的加密操作及程序分析

128 位密码是存放在 PWL 中的。简单来讲只需要将这 128 位密码按要求写入这个地址空间即可。在操作这部分时，需注意以下几点：

✓ 使用 CSM 功能时，0x33 FF80～0x33 FFF5 的地址段不能用于程序或数据空间，只能写入 0x0000；若不使用 CSM 功能，则这部分地址段可用于程序或数据空间，注意此时不能写入 0x0000；

✓ 密码设置时，这 128 位密码不允许同时被设置成 0，否则 DSP 将被锁死。

TI 也提供了 CSM 加密的源代码，在 C2833x/C2823x C/C++ Header Files and Peripheral Examples Quick Start Version 1.31 中的 FLASH 例程的 DSP2833x_CSMPasswords.asm 函数中含有安全密码：

第 2 章　F28335 的结构原理

```
.sect "csmpasswds"
.int 0xFFFF ;PWL0 (128 位密码的低 16 位)
.int 0xFFFF ;PWL1
.int 0xFFFF ;PWL2
.int 0xFFFF ;PWL3
.int 0xFFFF ;PWL4
.int 0xFFFF ;PWL5
.int 0xFFFF ;PWL6
.int 0xFFFF ;PWL7 (128 位密码的高 16 位)
```

此外，在 CMD 文件中要含有 csmpasswds 段的定义：

```
MEMORY
{
    PAGE 0:
    ……
    CSM_PWL : origin = 0x33FFF8, length = 0x000008
    ……
}
SECTIONS
{
    ……
    csmpasswds : > CSM_PWL PAGE = 0
    ……
}
```

密码段初始值为 0xFFFF，在图 2.8 所示的 CCSv3.3 版本 F28xx On-Chip Programer 界面中填入期望的密码，然后单击 Lock 按钮，相当于对密码区写入以下汇编文件中的内容（注：F28xx On-Chip Programer 为 FLASH 烧写插件，CCSv3.3 以下版本需额外安装，CCSv3.3 以上版本不需要）。

这种做法虽然简单，但会带来两个新的问题：

✓ 由于密码是需要外部手动输入，因此只要知道密码即可对程序进行重新操作，这样安全性不能得到可靠的保障，存在程序泄露出去的可能性；

✓ 外部手动输入时，由于可能产生的误操作，会很容易发生密码设置错误，甚至会出现 DSP 芯片的死锁情况，一旦发生则需要重新更换 DSP 芯片。

为了避免上述情况，可以将密码嵌入到程序中，与其他程序一起编译好后生成 .out 文件直接烧录。通常把这种方法叫作隐性加密法，下面为大家介绍两种实现方式。

第 1 种：对 TI 提供的函数 DSP2833x_CSMPasswords.asm 进行修改，具体操作如下：

① 设置 8 个 16 位的密码直接写入 csmpasswds 段：

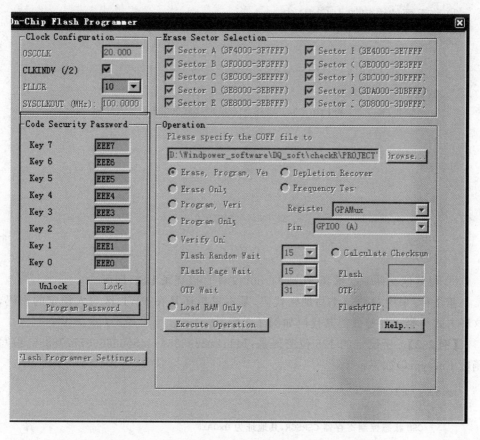

图 2.8　CCSv3.3 版本 F28xx On-Chip Programer 界面

```
.sect "csmpasswds"
.int 0xXXXX    ;PWL0 (LSW of 128 - bit password)
.int 0xXXXX    ;PWL1
.int 0xXXXX    ;PWL2
.int 0xXXXX    ;PWL3
.int 0xXXXX    ;PWL4
.int 0xXXXX    ;PWL5
.int 0xXXXX    ;PWL6
.int 0xXXXX    ;PWL7 (MSW of 128 - bit password)
.sect "csm_rsvd"
.loop (33FF80h - 33FFF5h + 1)
.int 0x0000
.endloop
```

其中 PWL0 表示 Key0，PWL1 表示 Key1，其余以此类推，并将程序保存为 .asm 文件，添加到工程中。

第 2 章　F28335 的结构原理

② 将下面的语句加入 CMD 中：

```
MEMORY
{
    ……
    PAGE 0:
        CSM_PWL    : origin = 0x33FFF8, length = 0x000008    //PWL
    ……
}
SECTION
{
    ……
        csmpasswds        :> CSM_PWL    PAGE = 0
    ……
}
```

③ 与其他文件一起编译，生成的.out 文件直接烧录 DSP 即可。

第 2 种：采用 C 语言编写加密代码，基本思想还是在 PWL 区写入预定的密码，这种方式与第 1 种等效。其代码如例 2.2 所示。

【例 2.2】 所设定的 128 位密码是：11112222333344445555666677778888，编写函数 Encrypt()如下：

```
void Encrypt(void)
{
    //CSM 状态控制寄存器 CSMSCR,其地址为 0x0AEF
    volatile INT16  * CSMSCR = (volatile INT16 * )0x00AEF;
    volatile UINT16   * Passaddr;
    UINT16 i;
    //将 0x33 FF80～0x33 FFF5 这部分内容清 0
    Passaddr = (UINT16 * ) 0x33FF80;
    for (i = 0x0000; i < 0x76; i++)
    {
        * (Passaddr + i) = 0x0;
    }
    //写密码到 PWL 寄存器,128 位密码共占用 8 个字
    //0x1111 0x2222 0x3333 0x4444 0x5555 0x6666 0x7777 0x8888.
    asm(".sect csmpasswds ");
    asm(".WORD 1111H,2222H,3333H,4444H,5555H,6666H,7777H,8888H ");
    asm(".text ");
    EALLOW;
    * CSMSCR = 0x8000;                            //FORCESEC = 1
    EDIS;
}
```

其中：CSMSCR 为 CSM 状态控制寄存器，也是 CSM 设置中唯一涉及的寄存器。寄存器 CSMSCR 的各位信息如图 2.9 所示，相应的功能描述如表 2.8 所列。

D15	D14~D1	D0
FORCESEC	Reserved	SECURE
R/W-1	R-0	R-1

图 2.9　寄存器 CSMSCR 各位信息

表 2.8　寄存器 CSMSCR 功能描述

位	域	说　明
D15	FORCESEC	1：清除 CSM 关键字寄存器，CSM 锁定，读此位总返回 0
D14~D1	Reserved	保留
D0	SECURE	只读位，反映器件安全状态。0：CSM 未锁定；1：CSM 锁定

csmpasswds 是初始化自定义段，其实就是存放密码的 PWL 区，在 CMD 文件中的加入方式与第 1 种方式相同，此处不再赘述。

2. CSM 的解锁操作及程序分析

CSM 的解锁有两种途径：利用 CCS 的烧写插件；用户自行编辑代码。

(1) 使用烧写插件 F28xx On-Chip Programer

该方式的实现可分成如下几个步骤：

① 在 CCS 下打开 F28xx On-Chip Programer；

② 在 Code Security Password 区域中输入 128 位密码；

③ 单击 Unlock 即可解锁。

注意：这种方式依然会出现 DSP 密码泄漏的可能性。

(2) 用户自行编辑解密代码

这种方法无须手动介入，程序会自动解锁并完成程序的升级，在使用 boot 加载模式升级 DSP 源代码时经常用到。此外，由于解锁密码依旧存放在代码中，因此保密性较强。使用这种方式进行芯片的解锁可按照如下步骤：

① 从 PWL 处伪读 128 位密码；

② 向 CSM 关键字寄存器(0x00 0AE0~0x00 0AE7)写入密码；

③ 若密码正确则 DSP 解锁，否则 DSP 状态不变。

图 2.10 所示为 CSM 解锁的软件流程图，其 CSM 解锁代码见例 2.3。

【例 2.3】　CSM 解锁代码：

```
void CSM_Unlock()
{
    //CSM 寄存器
    volatile int * CSM = (volatile int * )0x000AE0;
```

第 2 章 F28335 的结构原理

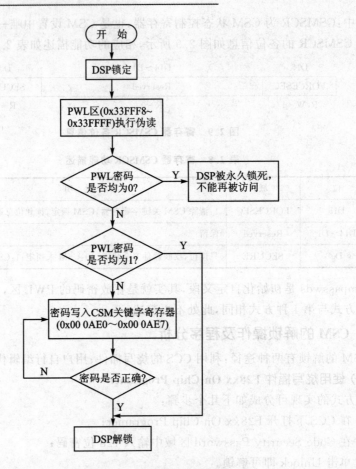

图 2.10 CSM 解锁软件流程图

```
//PWL 密码存储区
volatile int * PWL = (volatile int * )0x0033FFF8;
volatile int tmp;
int i;
//读取 PWL(0x33 FFF8～0x33 FFFF)128 位密码
//由于读取的值并不会放入 temp 中,因此称为伪读
for (i = 0; i<8; i++) tmp = * PWL++;
/* 若 PWL 中的密码都为 1,则 DSP 解锁;否则需要将密码写入关键字寄存器 */
asm(" EALLOW");
//CSM 关键字寄存器受保护,修改须使用 EALLOW 和 EDIS
* CSM++ = 0xyyyy;          //将密码写入 KEY0(0xAE0)
* CSM++ = 0xyyyy;          //将密码写入 KEY1(0xAE1)
* CSM++ = 0xyyyy;          //将密码写入 KEY2(0xAE2)
* CSM++ = 0xyyyy;          //将密码写入 KEY3(0xAE3)
```

```
    * CSM ++ = 0xyyyy;           //将密码写入 KEY4(0xAE4)
    * CSM ++ = 0xyyyy;           //将密码写入 KEY5(0xAE5)
    * CSM ++ = 0xyyyy;           //将密码写入 KEY6(0xAE6)
    * CSM ++ = 0xyyyy;           //将密码写入 KEY7(0xAE7)
    asm(" EDIS");
}
```

2.3.5 OTP 存储器

OTP 存储器为 One-Time Program 的缩写,即一次可编程 EEPROM 存储器。顾名思义,该存储器只能被写一次数据,因而存放的数据需要编程人员仔细斟酌。其地址范围为 0x38 0400～0x38 07FF,共 1K×16 位,受片上 FLASH 密码保护。

2.3.6 外设帧

外设帧(PFn)包含 4 部分:PF0、PF1、PF2 和 PF3。除了 CPU 寄存器之外的寄存器,包括 CPU 定时器、中断向量和各种片内外设的寄存器均配置在该区域。

外设帧 PF0 包含以下寄存器:
- ✓ 器件仿真寄存器;
- ✓ FLASH 寄存器;
- ✓ CSM 寄存器;
- ✓ A/D 结果寄存器,也可映射到 PF2 中;
- ✓ 外部接口寄存器;
- ✓ CPU 定时器寄存器;
- ✓ PIE 中断控制寄存器和 PIE 中断向量表;
- ✓ DMA 寄存器。

外设帧 PF1 包含以下寄存器:
- ✓ 增强型 CAN 邮箱和控制寄存器;
- ✓ 增强型 PWM 寄存器,也可映射到 PF3 中;
- ✓ 增强型 CAP 寄存器;
- ✓ 增强型正交编码电路寄存器;
- ✓ GPIO 复用和配置控制寄存器。

外设帧 PF2 包含以下寄存器:
- ✓ 系统控制寄存器;
- ✓ SCI 控制和收发寄存器;
- ✓ SPI 控制和收发寄存器;
- ✓ ADC 状态、控制和结果寄存器(结果寄存器可映射到 PF0 中);
- ✓ I^2C 电路模块及寄存器;

✓ XINT 外部中断寄存器。

外设帧 PF3 包含以下寄存器：

✓ McBSP 寄存器；

✓ 增强型 PWM 寄存器，也可映射到 PF1 中。

2.3.7 外部存储器接口

F28335 的外部存储器接口包括 20 位地址线、32 位数据线、3 个片选控制线及读/写控制线，如图 2.11 所示。这 3 个片选线映射到 3 个存储区域：Zone0、Zone6 和 Zone7。这 3 个存储区可分别设置不同的等待周期。

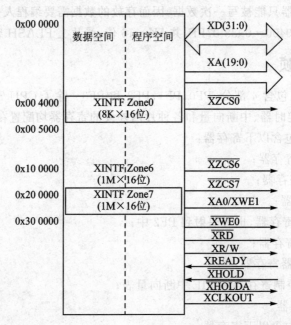

注：Zone1～5 保留；若寄存器 PCLKCR3 中的 XINTF 使能，则所有存储区域有效。

图 2.11 外部接口信号

Zone0 存储区域：对应物理空间 0x00 4000～0x00 4FFF，使用地址总线 XA 的 0x00 0000～0x00 0FFF 去寻址 4K×16 位空间，使用 XZCS0 作为该区域的片选信号，可编程最少一个等待周期。

Zone6 存储区域：对应物理空间 0x10 0000～0x1F FFFF，使用地址总线 XA 的 0x00 0000～0x0F FFFF 去寻址 1M×16 位空间，使用 XZCS6 作为该区域片选信号，最少一个等待周期。

Zone7 存储区域：对应物理空间 0x20 0000～0x2F FFFF，使用地址总线 XA 的 0x00 0000～0x0F FFFF 去寻址 1M×16 位空间，使用 XZCS7 作为该区域片选信号，最少一个等待周期。

XINTF 的配置要通过设置 XINTF 寄存器实现,可以查阅 TI 的用户手册 *TMS320F2833x/2823x DSC External Interface(XINTF) Reference Guide*。

2.4 外设及引脚功能

F28335 的外设与 F281x 相比有了很大的提升,大致上具有增强型控制外设、3 个 32 位 CPU 定时器、串行通信、16 通道 12 位的 A/D 转换器、高达 88 个独立的可编程 GPIO 接口及 JTAG 端口。本书将会在第 6~8 章为大家介绍其各个外设的使用方法,并给出例程供读者参考。

1. XINTF(外部接口)相关功能

XA[0]~XA[19]:20 位地址总线。

XD[0]~XD[31]:32 位数据总线。

XMP/MC:1 为微处理器模式(片外引导);0 为微控制器模式(片内引导)。

XHOLD:外部 DMA 保持请求信号。该引脚为 0 时请求 XINTF 释放外部总线。

XHOLDA:外部 DMA 保持确认信号。响应 XHOLD 的请求时 XHOLDA 呈低电平。

$\overline{\text{XZCS0}}$:访问区域 0 片选信号,低有效。

$\overline{\text{XZCS6}}$:访问区域 6 片选信号,低有效。

$\overline{\text{XZCS7}}$:访问区域 7 片选信号,低有效。

$\overline{\text{XWE0}}$:外部接口 0 写使能。

$\overline{\text{XWE1}}$:外部接口 1 写使能。

$\overline{\text{XRD}}$:读使能。

XR/W:为低电平时表示处于写周期,为高电平时表示处于读周期。

XREADY:数据准备好信号,置 1 表示外设已为访问做好准备。

2. 时钟、复位及 JTAG 引脚

X1/XCLKIN:振荡器输入/外部时钟输入。注意外部时钟的高电平不能超过 1.8 V。

X2:振荡器输出。

XCLKOUT:来自 SYSCLKOUT,用来产生等待状态,作为通用时钟源。XCLKOUT 与 SYSCLKOUT 的频率或者相等,或是它的 1/2,或是 1/4。复位时 XCLKOUT=SYSCLKOUT/4。

TESTSEL:测试引脚,TI 保留,必须接地。

$\overline{\text{XRS}}$:器件复位(输入)及看门狗复位(输出)。

TEST1:测试引脚,TI 保留,必须悬空。

第 2 章　F28335 的结构原理

TEST2：测试引脚，TI 保留，必须悬空。
TEST2：测试引脚，TI 保留，必须悬空。
TCK：JTAG 测试时钟。
TMS：JTAG 测试模式选择端。
TDI：JTAG 测试数据输入端。
TDO：JTAG 扫描输出，测试数据输出。
EMU0：仿真器引脚 0。
EMU1：仿真器引脚 1。

3. ADC 引脚

ADCINA7～ADCINA0：采样/保持器 A 的 8 路模拟输入。
ADCINB7～ADCINB0：采样/保持器 B 的 8 路模拟输入。
ADCREFP：ADC 参考电压输出，该端口接 2.2 μF 陶瓷电容接地。
ADCREFM：ADC 参考电压输出，该端口接 2.2 μF 陶瓷电容接地。
ADCRESEXT：ADC 外部偏置电阻(22 kΩ)接地。
ADCREFIN：外部参考输入。
ADCLO：公共侧模拟输入，接地。
$V_{SS1AGND}$、$V_{SS2AGND}$、V_{SSA2}：ADC 模拟地。
VSS：ADC 数字地。
V_{DD2A18}、V_{DD1A18}、V_{DDA2}：ADC 模拟电源(3.3 V)。
VDD：ADC 数字电源(1.8～1.9 V)。
V_{DDAIO}：ADC 模拟 I/O 电源(3.3 V)。
V_{SSAIO}：ADC 模拟 I/O 地。

4. 电源引脚

VDD：1.8 V 或 1.9 V 内核数字电源。
VDDIO：I/O 数字电源(3.3 V)。
VSS：内核及数字 I/O 地。

5. 中断信号

ADCSOCAO：ADC 转换启动 A 组。
ADCSOCBO：ADC 转换启动 B 组。
XNMI：外部 NMI 中断，可与 CPU 的 NMI 中断相连接。
XINT1～XINT7：外部 XINT1～XINT7 中断，XINT1～XINT2 中断可接收 GPIO0～GPIO31 引脚输入，XINT3～XINT7 中断可接收 GPIO32～GPIO63 引脚输入。

6. SPIA 信号

SPISIMOA：SPI 从入，主出。
SPISOMIA：SPI 从出，主入。

SPICLKA：SPI 时钟。
SPISTEA：SPI 从发送使能。

7. SCI – A/B/C 信号

SCITXDA/B/C：SCI – A/B/C 发送。
SCIRXDA/B/C：SCI – A/B/C 接收。

8. CAN – A/B 信号

CANTXA/B：CAN – A/B 发送。
CANRXA/B：CAN – A/B 接收。

9. McBSP – A/B 信号

MCLKXA/B、MCLKRA/B：发送、接收时钟。
MFSXA/B、MSXRA/B：发送、接收帧同步信号。
MDXA/B、MDRA/B：发送、接收串行数据。

10. 增强型 PWM

EPWM1A/EPWM1B：PWM1 组输出引脚。
EPWM2A/EPWM2B：PWM2 组输出引脚。
EPWM3A/EPWM3B：PWM3 组输出引脚。
EPWM4A/EPWM4B：PWM4 组输出引脚。
EPWM5A/EPWM5B：PWM5 组输出引脚。
EPWM6A/EPWM6B：PWM6 组输出引脚。
EPWMSYNCI：外部 PWM 同步脉冲输入。
EPWMSYNCO：外部 PWM 同步脉冲输出。
TZ1～TZ6：故障区域信号，用来报警 ePWM 模块的外部故障。

11. 增强型 CAP

ECAP1：增强型 CAP1 输入。
ECAP2：增强型 CAP2 输入。
ECAP3：增强型 CAP3 输入。
ECAP4：增强型 CAP4 输入。

12. 增强型 QEP 正交编码

EQEP1A/EQEP2A/EQEP1B/EQEP2B：正交时钟模式或方向计数模式的引脚。
EQEP1I/EQEP2I：索引信号用以决定绝对起始位置。
EQEP1S/EQEP2S：锁存目标位置计数器。

2.5 F28335 的时钟及控制

稳定的系统时钟是芯片工作的基本条件。F28335 的时钟电路由片上振荡器和锁相环组成,利用相应的控制寄存器可以方便地进行时钟设置。

2.5.1 系统时钟的产生

1. F28335 的振荡器及锁相环

F28335 片内振荡器及锁相环 PLL(Phase Locked Loop)电路如图 2.12 所示。F28335 设有片内振荡电路(OSC),只要在 X1/XCLKIN 引脚与 X2 引脚接入晶振,片内振荡电路就能输出时钟信号 OSCCLK;也可以让 X2 悬空,而在 X1/XCLKIN 引脚接入外部时钟。振荡电路输出的时钟信号 OSCCLK 送往 F28335 的 CPU,同时也是 PLL 模块的输入时钟。PLL 模块输出时钟的频率受锁相环控制寄存器 PLLCR 中分频系数 DIV 的影响。

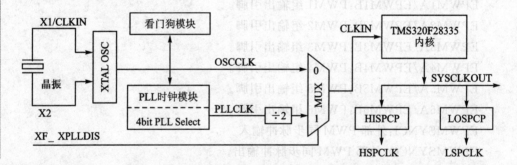

图 2.12　F28335 片内振荡器及锁相环原理图

当 F28335 外接晶振频率为 30 MHz 时,DIV 设置 0x1010,PLL 模块输出时钟(也是 CPU 的输入时钟)CLKIN 频率为

$$CLKIN = (OSCCLK \times 10.0)/2 = (30 \text{ MHz} \times 10)/2 = 150 \text{ MHz}$$

CPU 输入时钟是来自于振荡电路输出的时钟信号 OSCCLK,还是来自于 PLL 模块的输出,这是取决于多路器的控制信号 XPLLDIS;而该信号又取决于 F28335 复位期间 XF_XPLLDIS 引脚的电平。在实际电路中,XF_XPLLDIS 引脚常拉成高电平,这时 CLKIN 就是 PLL 模块的输出。

2. 锁相环控制寄存器 PLLCR

锁相环控制寄存器 PLLCR 各位信息如图 2.13 所示。寄存器 PLLCR 低 4 位为分频参数,其功能描述如表 2.9 所列。

D15~D4		D3~D0	
Reserved		DIV	
R-0		RW-0	

图 2.13 寄存器 PLLCR 各位信息

表 2.9 寄存器 PLLCR 功能描述

位	域	说 明
D15~D4	Reserved	保留
D3~D0	DIV	利用此 4 位控制 PLL 是否旁路，在非旁路时设置时钟倍率： 0000:CLKIN=OSCCLK/2,PLL 旁路； 0001:CLKIN=(OSCCLK×1.0)/2; 0010:CLKIN=(OSCCLK×2.0)/2; 0011:CLKIN=(OSCCLK×3.0)/2; 0100:CLKIN=(OSCCLK×4.0)/2; 0101:CLKIN=(OSCCLK×5.0)/2; 0110:CLKIN=(OSCCLK×6.0)/2; 0111:CLKIN=(OSCCLK×7.0)/2; 1000:CLKIN=(OSCCLK×8.0)/2; 1001:CLKIN=(OSCCLK×9.0)/2; 1010:CLKIN=(OSCCLK×10.0)/2; 1011~1111:保留

2.5.2 系统时钟的分配

1. F28335 系统时钟的分配

CLKIN 经 CPU 后，作为系统时钟 SYSCLKOUT 分发给系统各单元，如图 2.14 所示。

2. 时钟控制寄存器

表 2.10 所列为与时钟控制相关的重要寄存器总汇。

表 2.10 时钟控制相关的寄存器总汇

地 址	名 称	说 明
0x7010	Reserved	保留
0x7011	PLLSTS	PLL 状态寄存器
0x7012~0x7019	Reserved	保留
0x701A	HISPCP	高速外设时钟预定标寄存器，低 3 位配置 HSPCLX
0x701B	LOSPCP	低速外设时钟预定标寄存器，低 3 位配置 LSPCLK

续表 2.10

地 址	名 称	说 明
0x701C	PCLKCR0	外设时钟控制寄存器 0，开放或禁止各外设时钟信号
0x701D	PCLKCR1	外设时钟控制寄存器 1，开放或禁止各外设时钟信号
0x701E	LPMCR0	低功耗模式控制寄存器 0
0x701F	LPMCR1	低功耗模式控制寄存器 1
0x7020	PCLKCR3	外设时钟控制寄存器 3，开放或禁止各外设时钟信号
0x7021	PLLCR	锁相环控制寄存器，低 4 位配置 DIV
0x7022	SCSR	系统控制及状态寄存器
0x7023	WDCNTR	看门狗计数寄存器，低 8 位配置 WDCNTR
0x7024	Reserved	保留
0x7025	WDKEY	看门狗复位密钥寄存器，低 8 位先写 0x55，再写 0xAA
0x7026～0x7028	Reserved	保留
0x7029	WDCR	看门狗控制寄存器
0x702A～0x702F	Reserved	保留

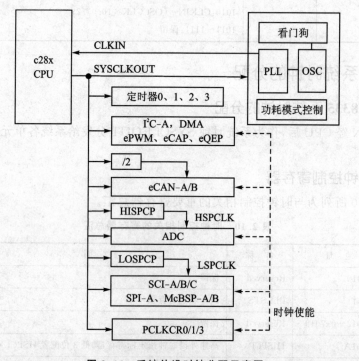

图 2.14 系统外设时钟分配示意图

注:表 2.10 中所有寄存器只能通过执行 EALLOW 指令才能访问;只能通过 XRS 将 PLLCR 寄存器复位至已知状态。仿真复位(通过 CCS)不会复位 PLLCR。

(1) 外设时钟控制寄存器 PCLKCR0

外设时钟控制寄存器 PCLKCR0 的各位信息如图 2.15 所示,功能描述如表 2.11 所列。

D15	D14	D13	D12	D11	D10	D9	D8
ECANBENCLK	ECANAENCLK	MCBSPBENCLK	MCBSPAENCLK	SCIBENCLK	SCIAENCLK	Reserved	SPIAENCLK
R/W-0	R/W-0	R/W-0	R/W-0	R/W-0	R/W-0	R-0	R/W-0

D7~D6	D5	D4	D3	D2	D1~D0
Reserved	SCICENCLK	I2CAENCLK	ADCENCLK	TBCLKSYNC	Reserved
R-0	R/W-0	R/W-0	R/W-0	R/W-0	R-0

图 2.15 寄存器 PCLKCR0 各位信息

表 2.11 寄存器 PCLKCR0 功能描述

位	域	说明
D15	ECANBENCLK	若该位置 1,则 eCANB 模块时钟 SYSCLKOUT 有效
D14	ECANAENCLK	若该位置 1,则 eCANA 模块时钟 SYSCLKOUT 有效
D13	MCBSPBENCLK	若该位置 1,则 McBSPB 模块时钟 LSPCLK 有效
D12	MCBSPAENCLK	若该位置 1,则 McBSPA 模块时钟 LSPCLK 有效
D11	SCIBENCLK	若该位置 1,则 SCIB 模块时钟 LSPCLK 有效
D10	SCIAENCLK	若该位置 1,则 SCIA 模块时钟 LSPCLK 有效
D9	Reserved	保留
D8	SPIAENCLK	若该位置 1,则 SPIA 模块时钟 LSPCLK 有效
D7~D6	Reserved	保留
D5	SCICENCLK	若该位置 1,则 SCIC 模块时钟 LSPCLK 有效
D4	I2CAENCLK	若该位置 1,则 I2CA 模块时钟 LSPCLK 有效
D3	ADCENCLK	若该位置 1,则 ADC 模块时钟 HSPCLK 有效
D2	TBCLKSYNC	若该位置 1,则使能所有的 EPWM 模块
D1~D0	Reserved	保留

(2) 外设时钟控制寄存器 PCLKCR1

外设时钟控制寄存器 PCLKCR1 的各位信息如图 2.16 所示,功能描述如表 2.12 所列。

第 2 章 F28335 的结构原理

D15	D14	D13	D12	D11	D10	D9	D8
EQEP2 ENCLK	EQEP1 ENCLK	ECAP6 ENCLK	ECAP5 ENCLK	ECAP4 ENCLK	ECAP3 ENCLK	ECAP2 ENCLK	ECAP1 ENCLK
R/W-0	R/W-0	R/W-0	R/W-0	R/W-0	R/W-0	R/W-0	R/W-0

D7~D6	D5	D4	D3	D2	D1	D0
Reserved	EPWM6 ENCLK	EPWM5 ENCLK	EPWM4 ENCLK	EPWM3 ENCLK	EPWM2 ENCLK	EPWM1 ENCLK
R-0	R/W-0	R/W-0	R/W-0	R/W-0	R/W-0	R/W-0

图 2.16 寄存器 PCLKCR1 各位信息

表 2.12 寄存器 PCLKCR1 功能描述

位	域	说 明
D15	EQEP2ENCLK	若该位置 1,则 eQEP2 模块时钟 SYSCLKOUT 有效
D14	EQEP1ENCLK	若该位置 1,则 eQEP1 模块时钟 SYSCLKOUT 有效
D13	ECAP6ENCLK	若该位置 1,则 eCAP6 模块时钟 SYSCLKOUT 有效
D12	ECAP5ENCLK	若该位置 1,则 eCAP5 模块时钟 SYSCLKOUT 有效
D11	ECAP4ENCLK	若该位置 1,则 eCAP4 模块时钟 SYSCLKOUT 有效
D10	ECAP3ENCLK	若该位置 1,则 eCAP3 模块时钟 SYSCLKOUT 有效
D9	ECAP2ENCLK	若该位置 1,则 eCAP2 模块时钟 SYSCLKOUT 有效
D8	ECAP1ENCLK	若该位置 1,则 eCAP1 模块时钟 SYSCLKOUT 有效
D7~D6	Reserved	保留
D5	EPWM6ENCLK	若该位置 1,则 ePWM6 模块时钟 SYSCLKOUT 有效
D4	EPWM5ENCLK	若该位置 1,则 ePWM5 模块时钟 SYSCLKOUT 有效
D3	EPWM4ENCLK	若该位置 1,则 ePWM4 模块时钟 SYSCLKOUT 有效
D2	EPWM3ENCLK	若该位置 1,则 ePWM3 模块时钟 SYSCLKOUT 有效
D1	EPWM2ENCLK	若该位置 1,则 ePWM2 模块时钟 SYSCLKOUT 有效
D0	EPWM1ENCLK	若该位置 1,则 ePWM1 模块时钟 SYSCLKOUT 有效

(3) 外设时钟控制寄存器 PCLKCR3

外设时钟控制寄存器 PCLKCR3 的各位信息如图 2.17 所示,功能描述如表 2.13 所列。

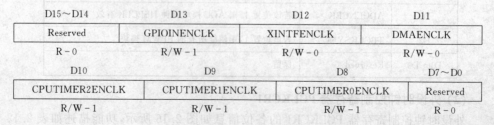

D15~D14	D13	D12	D11
Reserved	GPIOINENCLK	XINTFENCLK	DMAENCLK
R-0	R/W-1	R/W-0	R/W-0

D10	D9	D8	D7~D0
CPUTIMER2ENCLK	CPUTIMER1ENCLK	CPUTIMER0ENCLK	Reserved
R/W-1	R/W-1	R/W-1	R-0

图 2.17 寄存器 PCLKCR3 各位信息

表 2.13 寄存器 PCLKCR3 功能描述

位	域	说明
D15~D14	Reserved	保留
D13	GPIOINENCLK	若该位置 1,则使能 GPIO 模块输入时钟
D12	XINTFENCLK	若该位置 1,则使能 XINTF 模块时钟
D11	DMAENCLK	若该位置 1,则使能 DMA 模块时钟
D10	CPUTIMER2ENCLK	若该位置 1,则使能 CPUTIMER2 模块时钟
D9	CPUTIMER1ENCLK	若该位置 1,则使能 CPUTIMER1 模块时钟
D8	CPUTIMER0ENCLK	若该位置 1,则使能 CPUTIMER0 模块时钟
D7~D0	Reserved	保留

(4) 高速外设时钟预定标寄存器 HISPCP

高速外设时钟预定标寄存器 HISPCP 各位信息如图 2.18 所示,功能描述如表 2.14 所列。

D15~D3	D2~D0
Reserved	HSPCLK
R-0	RW-001

图 2.18 寄存器 HISPCP 各位信息

表 2.14 寄存器 HISPCP 功能描述

位	域	说明
D15~D3	Reserved	保留
D2~D0	HSPCLK	利用此 3 位对 HSPCLK 速率进行设置: 000:HSPCLK=SYSCLKOUT/1; 001:HSPCLK=SYSCLKOUT/2(复位后默认值); 010:HSPCLK=SYSCLKOUT/4; 011:HSPCLK=SYSCLKOUT/6; 100:HSPCLK=SYSCLKOUT/8; 101:HSPCLK=SYSCLKOUT/10; 110:HSPCLK=SYSCLKOUT/12; 111:HSPCLK=SYSCLKOUT/14

(5) 低速外设时钟预定标寄存器 LOSPCP

低速外设时钟预定标寄存器 LOSPCP 各位信息如图 2.19 所示,功能描述如表 2.15 所列。

第 2 章 F28335 的结构原理

D15~D3	D2~D0
Reserved	LSPCLK
R-0	RW-010

图 2.19 寄存器 LOSPCP 各位信息

表 2.15 寄存器 LOSPCP 功能描述

位	域	说 明
D15~D3	Reserved	保留
D2~D0	LSPCLK	利用此 3 位对 LSPCLK 速率进行设置： 000:LSPCLK=SYSCLKOUT/1； 001:LSPCLK=SYSCLKOUT/2； 010:LSPCLK=SYSCLKOUT/4(复位后默认值)； 011:LSPCLK=SYSCLKOUT/6； 100:LSPCLK=SYSCLKOUT/8； 101:LSPCLK=SYSCLKOUT/10； 110:LSPCLK=SYSCLKOUT/12； 111:LSPCLK=SYSCLKOUT/14

(6) 系统控制与状态寄存器 SCSR

系统控制与状态寄存器 SCSR 各位信息如图 2.20 所示，功能描述如表 2.16 所列。

D15~D3	D2	D1	D0
Reserved	WDINTS	WDENINT	WDOVERRIDE
R-0	R-1	R/W-0	R/W-1

图 2.20 寄存器 SCSR 各位信息

表 2.16 寄存器 SCSR 功能描述

位	域	说 明
D15~D3	Reserved	保留
D2	WDINTS	看门狗中断状态位
D1	WDENINT	看门狗中断使能位
D0	WDOVERRIDE	WDDIS 修改保护位

2.5.3 F28335 的低功耗模式及相关寄存器

1. F28335 的低功耗模式

配置好 2 个低功耗模式控制寄存器，然后执行 IDLE 指令，F28335 就可以进入低功耗模式。IDLE 指令执行时，CPU 停止所有操作、清除流水线、结束内存访问周期、状态寄存器 ST1 的 IDLESTAT 位置位、器件处于低功耗模式工作。F28335 低功耗模式有如下 3 种。

(1) IDLE 模式

进入 IDLE 模式后，指令计数器 PC 不再增量，即 CPU 停止执行指令，处于休眠状态。任何使能的中断或 XNMI 中断均可以退出 IDLE 模式。

(2) STANDBY 模式

在该模式，进出 CPU 的时钟均关闭。但进入看门狗模块的时钟未关闭，即看门狗模块仍然工作。有多个信号能够使 F28335 从该模式退出，这些信号由 LPMCR1 相应位指定。

(3) HALT 模式

在该模式下，晶振和 PLL 模块关闭，看门狗模块也停止工作。退出该模式只能通过复位信号 XRS 或外部中断信号 XNMI。

上述 3 种低功耗模式的比较如表 2.17 所列。

表 2.17　3 种低功耗模式的比较

功耗模式	LPMCR0	OSCCLK	CLKIN	SYSCLKOUT		唤醒信号
IDLE	00	On	On	On	XRS XNMI 调试器	WDINT 及任何使能的中断
STANDBY	01	On	Off	Off		WDINT 及 LPMCR1 指定的信号
HALT	1X	Off	Off	Off		

2. 低功耗模式相关寄存器

低功耗模式控制寄存器 0(LPMCR0)各位信息如图 2.21 所示，功能描述如表 2.18 所列。

D15	D14～D8	D7～D2	D1～D0
WDINTE	Reserved	QUALBTDBY	LPM
RW-0	R-0	RW-1	RW-0

图 2.21　寄存器 LPMCR0 各位信息

表 2.18　寄存器 LPMCR0 功能描述

位	域	说明
D15	WDINTE	看门狗中断使能位
D14～D8	Reserved	保留

第 2 章 F28335 的结构原理

续表 2.18

位	域	说 明
D7～D2	QUALSTDBY	设置从 STANDBY 模式唤醒至正常模式所需 OSCCLK 时钟的周期数。 000000＝2×OSCCLKs； 000001＝3×OSCCLKs； …… 111111＝65×OSCCLKs
D1～D0	LPM	设置低功耗模式。 00:IDEL；01:STANDBY；1x:HALT

2.5.4 F28335 的看门狗模块

所谓看门狗电路，其实就是一个定时器电路。该定时器只要被使能，就会不停地进行计数。如果没有在规定的时间内对看门狗电路的计数值进行清 0，它就会计满溢出，并产生复位中断。

正常情况下，DSP 程序会在规定的时间内对看门狗定时器进行清 0（称之为"喂狗"），看门狗定时器在这种情况下是不会溢出的。当程序跑飞或死机时，看门狗定时器由于没有被按时清 0 而发生溢出，从而使系统由不正常的状态进入复位状态，使系统重新开始运行。

1. 看门狗电路组成原理

看门狗电路组成原理如图 2.22 所示。看门狗电路的核心部件是看门狗计数器。

看门狗计数器 WDCNTR 是一个 8 位的可复位计数器，是否允许计数时钟 WDCLK 的输入是由看门狗控制寄存器 WDCR 中的 WDDIS 位控制的。WDCLK 时钟是由晶振时钟 OSCCLK 先除以 512 再经预定标产生。预定标因子由 WDCR 寄存器设置。在计数过程中，该计数器的清 0 端可输入"清计数器"信号，使计数器清 0 开始重新计数。如果没有清 0，则计满溢出信号会送到脉冲发生器，产生复位信号。

为了不使计数器计满溢出，就需要不断在计数器未满之前产生"清计数器"信号。该信号一方面由复位信号产生，另一方面可由看门狗关键字寄存器 WDKEY 产生。WDKEY 寄存器的特点是，先写入 55H，再写入 AAH 时，就会发出"清计数器"信号。写入其他任何值及组合不但不会发出"清计数器"信号，而且还会使看门狗电路产生复位动作。

看门狗电路复位还会由另一路"WDCHK 错误"控制信号产生。WDCR 控制寄存器中的检查位 WDCHK 必须要写入二进制的 101，因为这 3 位的值要与二进制常量 101 进行连续比较，如果不匹配，看门狗电路就会产生复位信号。

应该注意的是，系统上电时默认看门狗为使能状态。对于 30 MHz 的晶振频率，对应的 WD 计数溢出时间大约是 4.37 ms。为了避免看门狗使系统过早复位，应该

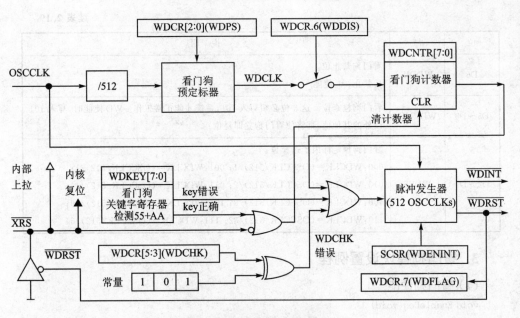

图 2.22 看门狗电路组成原理

在系统初始化部分首先对看门狗寄存器进行配置。

2. 看门狗电路相关寄存器

① 看门狗计数寄存器 WDCNTR：存放计数器的当前值。复位后为 00H，写寄存器无效。

② 看门狗关键字寄存器 WDKEY：这是一个 8 位的读/写寄存器，复位后为 00H。读该寄存器并不能返回关键字的值，返回的是 WDCR 的内容。按照先写 55H，再写 AAH 的顺序写入关键字时，将产生"清计数器"信号，写入其他任何值及组合无效，并且使看门狗电路产生复位动作。

③ 看门狗控制寄存器 WDCR：其各位信息如图 2.23 所示，功能描述如表 2.19 所列。

D15~D8	D7	D6	D5~D3	D2~D0
Reserved	WDFLAG	WDDIS	WDCHK	WDPS
R-0	R/W-0	R/W-0	R/W-0	R/W-0

图 2.23 看门狗控制寄存器各位信息

表 2.19 看门狗控制寄存器功能描述

位	域	说明
D15~D8	Reserved	保留
D7	WDFLAG	看门狗复位状态标志位。 1：清 0；0：无效

第 2 章 F28335 的结构原理

续表 2.19

位	域	说 明
D6	WDDIS	看门狗禁止位。 1:禁止;0:使能
D5~D3	WDCHK	看门狗检查位。这 3 位必须写入 101,系统才能正常工作。WD 使能时,写入 101 以外的其他值,都将使看门狗立即复位
D2~D0	WDPS	看门狗预定标因子选择位。 000:WDCLK=(OSCCLK/512)/1; 001:WDCLK=(OSCCLK/512)/1; 010:WDCLK=(OSCCLK/512)/2; 011:WDCLK=(OSCCLK/512)/4; 100:WDCLK=(OSCCLK/512)/8; 101:WDCLK=(OSCCLK/512)/16; 110:WDCLK=(OSCCLK/512)/32; 111:WDCLK=(OSCCLK/512)/64

3. 看门狗模块设置例程

(1) 看门狗使能

```
void EnableDog(void)
{
    EALLOW;
    SysCtrlRegs.WDCR = 0x002B;
    EDIS;
}
```

(2) 看门狗禁止

```
void DisableDog(void)
{
    EALLOW;
    SysCtrlRegs.WDCR = 0x006B;
    EDIS;
}
```

(3) 喂狗程序

```
void KickDog(void)
{
    EALLOW;
    SysCtrlRegs.WDKEY = 0x0055;
    SysCtrlRegs.WDKEY = 0x00AA;
EDIS;
}
```

2.6 F28335 的 CPU 定时器

F28335 片上有 3 个 32 位的 CPU 定时器,分别称为 Timer0、Timer1 和 Timer2。其中 Timer2 保留给 DSP/BIOS 使用。如果应用不使用 DSP/BIOS,则 3 个定时器都可以供用户使用。

2.6.1 定时器结构

F28335 的 CPU 定时器结构如图 2.24 所示。

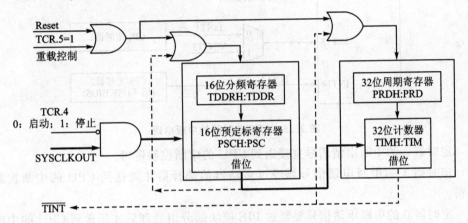

图 2.24 F28335 的 CPU 定时器结构

当定时器控制寄存器的位 TCR.4 为 0 时,定时器启动,16 位的预定标计数器(PSCH:PSC)对系统时钟 SYSCLKOUT 进行减 1 计数,计数器下溢时产生借位信号,32 位的计数器(TIMH:TIM)对此借位信号再进行减 1 计数。

16 位分频寄存器(TDDRH:TDDR)用于预定标计数器的重载,当预定标计数器下溢时,分频寄存器中的内容都会装入预定标计数器。与此类似,计数器(TIMH:TIM)的重载会由 32 位的周期寄存器(PRDH:PRD)来完成。

当计数器(TIMH:TIM)下溢时,借位信号会产生中断信号 TINT。但应注意,3 个 CPU 定时器产生的中断信号向 CPU 传递通道是不同的。F28335 复位时,3 个 CPU 定时器均处于使能状态。在复位信号的控制下,16 位预定标计数器和 32 位计数器都会装入预置好的计数值。

假设系统时钟 SYSCLKOUT 为 150 MHz,那么计数器的定时频率为

$$\text{TIMCLK} = \frac{150}{\text{TDDRH:TDDR}+1} \quad (\text{单位:MHz})$$

因为 CPU 定时器一个周期计数(PRDH:PRD+1)次,故 CPU 定时器一个周期的时间可用如下公式表示:

第 2 章 F28335 的结构原理

$$T = \frac{(PRDH:PRD+1) * (PSCH:PSC+1)}{150} \quad (单位:s)$$

2.6.2 定时器中断申请

虽然 3 个 CPU 定时器的工作原理基本相同,但它们向 CPU 申请中断的途径是不同的,如图 2.25 所示。

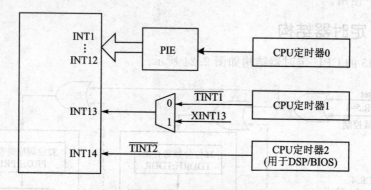

图 2.25 CPU 定时器的中断申请

定时器 2 的中断申请信号直接送到 CPU 的中断控制逻辑。

定时器 1 的中断申请信号要经过多路器的选择后才能送到 CPU 的中断控制逻辑。

定时器 0 的中断申请信号要经过 PIE 模块的分组处理后才能送到 CPU 的中断控制逻辑。

2.6.3 定时器寄存器及位域结构体定义

1. 定时器相关寄存器

表 2.20 所列为定时器相关寄存器总汇。

表 2.20 定时器寄存器总汇

名 称	地 址	长度(×16 位)	说 明
0x00 0C00	TIMER0TIM	1	CPU 定时器 0 计数器
0x00 0C01	TIMER0TIMH	1	CPU 定时器 0 计数器高 16 位
0x00 0C02	TIMER0PRD	1	CPU 定时器 0 周期寄存器
0x00 0C03	TIMER0PRDH	1	CPU 定时器 0 周期寄存器高 16 位
0x00 0C04	TIMER0TCR	1	CPU 定时器 0 控制寄存器
0x00 0C05	Reserved	1	保留
0x00 0C06	TIMER0TPR	1	CPU 定时器 0 预定标寄存器

续表 2.20

名 称	地 址	长度（×16 位）	说 明
0x00 0C07	TIMER0TPRH	1	CPU 定时器 0 预定标寄存器高 16 位
0x00 0C08	TIMER1TIM	1	CPU 定时器 1 计数器
0x00 0C09	TIMER1TIMH	1	CPU 定时器 1 计数器高 16 位
0x00 0C0A	TIMER1PRD	1	CPU 定时器 1 周期寄存器
0x00 0C0B	TIMER1PRDH	1	CPU 定时器 1 周期寄存器高 16 位
0x00 0C0C	TIMER1TCR	1	CPU 定时器 1 控制寄存器
0x00 0C0D	Reserved	1	保留
0x00 0C0E	TIMER1TPR	1	CPU 定时器 1 预定标寄存器
0x00 0C0F	TIMER1TPRH	1	CPU 定时器 1 预定标寄存器高 16 位
0x00 0C10	TIMER2TIM	1	CPU 定时器 2 计数器
0x00 0C11	TIMER2TIMH	1	CPU 定时器 2 计数器高 16 位
0x00 0C12	TIMER2PRD	1	CPU 定时器 2 周期寄存器
0x00 0C13	TIMER2PRDH	1	CPU 定时器 2 周期寄存器高 16 位
0x00 0C14	TIMER2TCR	1	CPU 定时器 2 控制寄存器
0x00 0C15	Reserved	1	保留
0x00 0C16	TIMER2TPR	1	CPU 定时器 2 预定标寄存器
0x00 0C17	TIMER2TPRH	1	CPU 定时器 2 预定标寄存器高 16 位

(1) 定时器控制寄存器 TIMERxTCR($x=0,1,2$)

有 3 个定时器控制寄存器，地址分别为 0x0c04、0x0c04 和 0x0c04。这些寄存器的各位信息如图 2.26 所示，功能描述如表 2.21 所列。

D15	D14	D13~D12	D11	D10	D9~D6	D5	D4	D3~D0
TIF	TIE	Reserved	FREE	SOFT	Reserved	TRB	TSS	Reserved
R/W-0	R/W-0	R/W-0	R/W-0	R/W-0	R/W-0	R/W-0	R/W-0	R-0

图 2.26 TIMERxTCR 各位信息

表 2.21 TIMERxTCR 功能描述

位	域	说 明
D15	TIF	CPU 定时器中断标志位。计数器减到 0 时置 1。该位写 1 清 0，写 0 无效
D14	TIE	CPU 定时器中断使能位。该位置 1 时若计数器减到 0，则中断生效
D13~D12	Reserved	保留

第 2 章　F28335 的结构原理

续表 2.21

位	域	说　明
D11~D10	FREE、SOFT	CPU 定时器仿真模式位。 00：遇到断点后，定时器在 TIMH：TIM 计数器下次减 1 后停止 (Hard Stop)； 01：遇到断点后，定时器在 TIMH：TIM 计数器减到 0 后停止 (Soft Stop)； 1x：遇到断点后，定时器运行不受影响
D9~D6	Reserved	保留
D5	TRB	CPU 定时器重载控制位。该位写 0，无影响；写 1，产生重载动作
D4	TSS	CPU 定时器启停控制位。该位写 0，定时器启动；写 1，定时器停止
D3~D0	Reserved	保留

(2) CPU 定时其他寄存器

CPU 定时器计数寄存器 TIMERxTIMH：TIMERxTIM($x=0,1,2$)。
CPU 定时器周期寄存器 TIMERxPRDH：TIMERxPRD($x=0,1,2$)。
CPU 定时器分频寄存器 TIMERxTPRH：TIMERxTPR($x=0,1,2$)。
这些寄存器的位信息如图 2.27 所示。

```
        D15~D0                           D15~D0
    ┌─────────────┐                  ┌─────────────┐
    │  TIMH//PRDH │                  │   TIM/PRD   │
    └─────────────┘                  └─────────────┘
        R/W-0                            R/W-0

        TIMERxTPRH                       TIMERxTPR
    D15~D8      D7~D0                D15~D8      D7~D0
    ┌────────┬────────┐              ┌────────┬────────┐
    │  PSCH  │  TRRDH │              │  PSC   │  TRRD  │
    └────────┴────────┘              └────────┴────────┘
      R-0      R/W-0                   R-0      R/W-0
```

图 2.27　定时器周期寄存器、定时器分频寄存器的各位信息

计数和周期寄存器均为 32 位，TIMERxTIMH、TIMERxPRDH 为高 16 位，TIMERxTIM、TIMERxPRD 为低 16 位。预定标寄存器为 16 位，PSCH 为高 8 位，PSC 为低 8 位。PSCH：PSC 是只读的，用户只能对 TRRDH：TRRD 寄存器进行写操作，之后 DSP 会自动将 TRRDH：TRRD 复制到 PSCH：PSC 中。

每经过 PSCH：PSC+1 个时钟，TIMH：TIM 就减 1，减到 0 时保存在 PRDH：PRD 寄存器中的周期值将被重新载入 TIMH：TIM 寄存器中。

2. 定时器控制寄存器的位定义

F28335 外设的位域结构体定义采用 C 语言结构体方式，将属于某个指定外设的所有寄存器组成一个集合，每个结构体就是外设寄存器的内存映射。采用映射方法可以使用数据页指针直接访问外设寄存器。由于这些寄存器都定义了位域，从而使编译器能方便操作某个寄存器的单个位域。下面以 TCR 寄存器为例可得出相应的 C 语言位结构。由于篇幅有限，更多内容请读者参见 TI 官网发布的 controlSUITE

安装包中的 DSP2833x_CpuTimers.h 头文件。同时,用户进行程序设计时也可将该头文件直接载入工程中,使用 C 或 C++ 语言调用即可。

```
//TCR: Control register bit definitions:
struct TCR_BITS {       //bits description
    Uint16 rsvd1:4;     //3:0 reserved
    Uint16 TSS:1;       //4 Timer Start/Stop
    Uint16 TRB:1;       //5 Timer reload
    Uint16 rsvd2:4;     //9:6 reserved
    Uint16 SOFT:1;      //10 Emulation modes
    Uint16 FREE:1;      //11
    Uint16 rsvd3:2;     //12:13 reserved
    Uint16 TIE:1;       //14 Output enable
    Uint16 TIF:1;       //15 Interrupt flag
};
```

2.6.4 定时器应用例程——如何记录函数的运行时间

1. CPU 定时器初始化子函数

```
//SYSCLKOUT 为 150 MHz,CPU 定时器工作频率为 1 MHz
void    InitCpuTimers(void)
{
    CpuTimer0Regs.PRD.all = 0xFFFFFFFF;
    CpuTimer0Regs.TPR.all = 0x95;          //预分频寄存器
    CpuTimer0Regs.TPRH.all = 0;
    CpuTimer0Regs.TCR.bit.TSS = 1;         //CPU 定时器停止工作
    CpuTimer0Regs.TCR.bit.TRB = 1;         //重载定时器相关寄存器
    CpuTimer0Regs.TCR.all = 0x4001;        //启动 CPU 定时器工作
}
```

2. 记录最长运行时间子函数

```
UINT16 MaxRunTime(UINT32 u32_TimeStart,UINT32 u32_TimeEnd,UINT16 u16_TimeMax)
{
    UINT16 u16_Tmp_RunTime = 0;
    u16_Tmp_RunTime = u32_TimeStart - u32_TimeEnd;
    if(u16_TimeMax < u16_Tmp_RunTime)
    {
        u16_TimeMax = u16_Tmp_RunTime;
    }
    return(u16_TimeMax);
}
```

第 2 章 F28335 的结构原理

3. main 函数

```
void Main()
{
    UINT32 u32_StartTime,u32_EndTime;
    DisableDog();
    //系统初始化
    InitPll(0x0A);
    InitSysCtrl();
    InitPieCtrl();
    InitPieVectTable();
    IER |= 0x0000;
    IFR = 0x0000;
    InitCpuTimers();
    while(1)
    {
        u32_StartTime = CpuTimer0Regs.TIM.all;
        ServiceDog();
        u32_EndTime = CpuTimer0Regs.TIM.all;
        u16_RunMaxTime = MaxRunTime(u32_StartTime,u32_EndTime,u16_RunMaxTime);
    }
}
```

第 3 章

集成开发环境及程序开发语言

3.1 CCS 集成开发环境

CCS(Code Composer Studio)是 TI 公司推出的用于开发 DSP 芯片的集成开发环境,它集编辑、编译、链接、仿真调试和实时跟踪等功能于一体,极大地方便了 DSP 应用系统的开发,是目前使用最广泛的 DSP 开发软件平台。

3.1.1 CCS 集成的工具软件

图 3.1 所示为典型的 DSP 软件开发流程图,阴影部分为 C 语言源程序到可执行目标程序的主要流程,其他部分是增强的功能扩展。

1. 主要工具软件

(1) C/C++编译器(C/C++ Complier)

C/C++编译器用于将 C 源文件(或 C++源文件)翻译成 C28x 汇编语言源文件。

(2) 汇编器(Assembler)

汇编器用于将汇编语言源文件翻译成 COFF 格式的目标文件,这种格式文件的特点是将目标程序的代码和数据分成段(Section)。段是目标文件中的最小单位,每个段的代码或数据要占用一段连续的地址单元,目标程序中的各段都是相互独立的。汇编语言生成的目标程序通常包含以下 3 个默认段:

.text 段——存储指令代码;

.data 段——存储数据表或需要初始化的变量(如全局变量);

.bss 段——给未初始化的变量保留的空间(如局部变量)。

(3) 链接器(Linker)

链接器用于将多个目标文件(.obj)及库文件组合成单个可执行目标文件(.out),并完成符号与代码的存储器重新定位,存储器由链接命令文件(.cmd)进行描述。

(4) 调试器(Debugging Tools)

调试器具有如下功能:

第3章 集成开发环境及程序开发语言

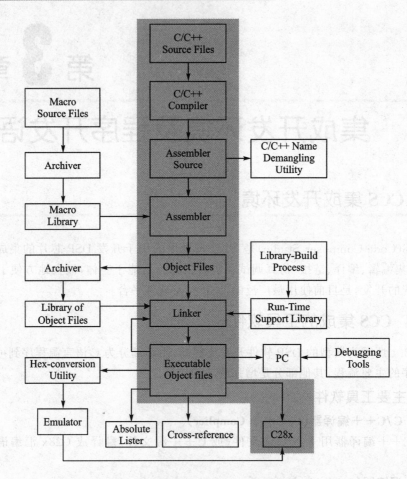

图 3.1 典型的 DSP 软件开发流程图

基本工具——单步及全速运行、断点设置、变量查看、寄存器查看及存储器查看、反汇编等；

图形工具——对连续内存区域的数据进行图示；

探针工具——实现调试过程中数据的导入与导出。

2. 库管理工具软件

(1) 归档器(Archiver)

归档器可以将多个文件归档到一个库文件中(即创建库文件)。这些文件可以是源文件,也可以是汇编后的目标文件。归档器能够对库文件进行操作,完成删除、替换及添加等操作。

(2) 运行时支持库建库器(Library-Build Process)

利用 C 语言编写应用程序,经常要调用字符串处理函数、数学函数及标准输入/输出函数等。这些函数虽然不是 C 语言的内部函数,但可以像内部函数一样进行调用,只要在源程序中加入对应的头文件(string.h、math.h 及 stdio.h)即可。这些函数就是 C 编译器的运行时支持函数。

CCS 系统提供两个经过编译的、运行时支持的函数库文件:rts2800.lib 和 rts2800_ml.lib。其中 rts2800_ml.lib 是大内存模式支持库,支持 4M(22 位地址)存储器空间寻址。

建库器也能够同归档器一样用于建立用户自己的运行时支持库,并且可以更加方便灵活。

3. 列表工具软件

(1) 绝对列表器(Absolute Lister)

绝对列表器可以通过输入链接后的目标文件生成绝对列表文件(.abs),在绝对列表文件中可以方便地查看链接后的目标代码的绝对地址。

(2) 交叉引用列表器(Cross-Reference Lister)

交叉引用列表器可以通过输入链接后的目标文件生成交叉引用列表文件(.xrf)。在交叉引用列表文件中,编程人员可以方便地查看链接后的目标文件的所有符号名、它们的定义以及在链接源文件中的引用位置。

4. 转换工具软件

(1) 十六进制转换器(Hex-Conversion Utility)

COFF 格式通常不能被通用的 EPROM 编程器识别,这时可以用十六进制转换器把 COFF 格式的目标文件转换成其他十六进制目标文件格式,以便于对 EPROM 存储器的写入。

(2) C/C++名称复原器(C/C++ Name Demangling Utility)

C/C++源程序中的函数经过编译后将被修改成链接层的名称,用户在查看生成的汇编语言文件时往往不容易与原来的源文件中的名称对应起来。C/C++名称复原器可以用于将修改后的名称复原成源文件中的名称。

3.1.2 CCSv5.4 安装及基本配置

CCS 早期的版本是 CCSv2.2,后来 TI 公司又推出了 CCSv3.1、CCSv3.2、CCSv3.3 及 CCSv4.x 等。目前最新的版本是 CCSv6.x。尽管目前多数用户仍使用 CCSv3.3 版本,但 F2833x 只支持 CCSv3.3.78 之后的版本,并且要安装如下升级包:

- ✓ ti_cgt_c2000_5.0.2_setup_win32.exe;
- ✓ Setup_C28XFPU_CSP_v3[1].3.1207;
- ✓ CCS_v3.3_SR11_81.6.2.exe;
- ✓ F2823X_RevA_CSP.exe。

自 CCSv4.x 开始,CCS 采用了开源 Eclipse 软件框架。Eclipse 能够为构建软件开发环境提供出色的软件框架,已成为众多嵌入式软件供应商采用的标准框架。下

第3章 集成开发环境及程序开发语言

面以CCSv5.4版本为例介绍其安装步骤及相应的操作。

① 从TI官网http://processors.wiki.ti.com/index.php/Download_CCS选择CCSv5.4版本并下载至本地电脑,如图3.2所示。解压缩后运行ccs_setup_5.4.0.00091.exe。

名称	日期	类型	大小
.artifactlock	2013/5/2 11:16	文件夹	
baserepo	2013/5/2 10:39	文件夹	
binary	2013/5/2 11:16	文件夹	
featurerepo	2013/5/2 10:54	文件夹	
features	2013/5/2 11:16	文件夹	
plugins	2013/5/2 11:16	文件夹	
artifacts.jar	2013/5/2 11:16	WinRAR 压缩文件	1 KB
ccs_setup_5.4.0.00091.exe	2013/5/2 11:15	应用程序	3,614 KB
content.jar	2013/5/2 11:16	WinRAR 压缩文件	2 KB
README_FIRST.txt	2013/4/17 10:04	文本文档	3 KB
timestamp.txt	2013/5/2 11:15	文本文档	1 KB

图 3.2 下载安装包中的安装文件

② 在如图3.3所示的安装界面中选择"I accept the terms of the license agreement",然后单击Next按钮。

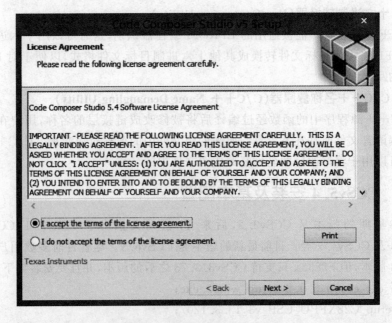

图 3.3 License Agreement 界面

③ 选择默认安装路径,然后单击Next按钮,如图3.4所示。

④ 根据使用的TI的平台选择custom(用户安装选项)。针对C2000,请选择"C28x 32-bit Real-time MCUs",然后单击Next按钮,如图3.5所示。

第3章 集成开发环境及程序开发语言

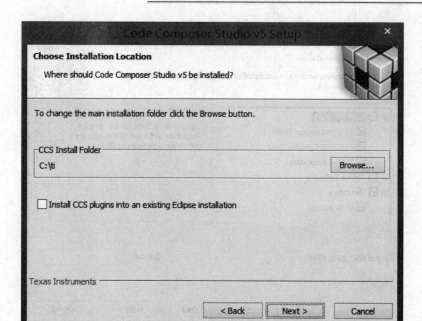

图 3.4 安装路径选择界面

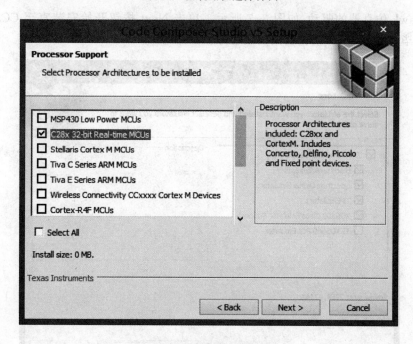

图 3.5 处理器安装选择界面

⑤ 选择需要安装的编译器、链接器等组件,单击 Next 按钮,如图 3.6 所示。
⑥ 安装仿真器。默认情况下,系统会自行安装 XDS100、Spectrum Digital、

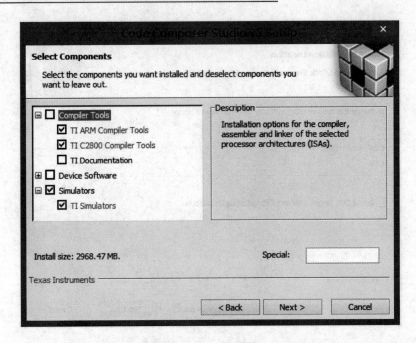

图 3.6 编译器、链接器组件安装界面

Blackhawk 仿真器的驱动,如图 3.7 所示。单击 Next 按钮开始安装直至 CCSv5.4 安装完毕,单击 Finish 按钮退出安装程序。

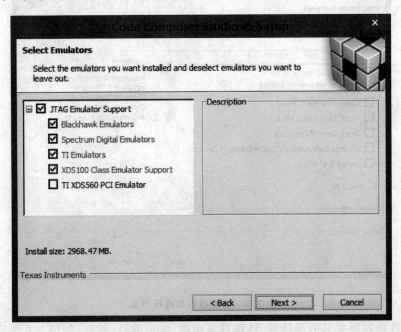

图 3.7 仿真器安装界面

3.1.3 Control Suite 简介

对于 C2000 微处理器来说，Control Suite 是一个多软件集合。通过它，用户可以大大缩短开发时间。软件中包含了很多可以增强软件可用性的特性。Control Suite 既是一个学习平台也是一个开发平台，能够适应不同用户的开发经验和编程偏好。

1. Control Suite 的特性

Control Suite 的主要特性如下：
- ✓ 它是所有 C2000 软件的一个集合体，降低了版本之间的依赖性和兼容性；
- ✓ 软件安装之后会产生直观的生成文件组织结构；
- ✓ 针对典型应用领域的应用软件库和程序框架，例如数字电机控制和数字电源；
- ✓ 完整的系统开发套件，硬件和软件完全源码开放；
- ✓ 丰富的说明文档提供原理及执行的细致描述；
- ✓ 支持包含 F2802x、F2803x、F2833x、F2834x 在内的所有 Piccolo 和 Delfino 芯片。

2. Control Suite 的下载及安装

① 登录 www.ti.com/c2000 寻找最新版 Control Suite。
② 注册一个 TI 的账户即可免费下载 Control Suite。
③ 双击下载的 controlsuiteinstaller.exe 文件，并完成安装。

3. Control Suite 开发库

Control Suite 包含了 C2000 的一些开发套件和库文件，在进行程序开发时用户只需利用这些底层文件进行修改即可，极大地缩短了开发时间。其中芯片(device_support)、开发套件(development_kits)和库(libs)中分别包含了该选项的概览、历程、说明文档、在线资源等。

3.1.4 在 CCSv5.4 下运行工程项目

步骤 1：每次启动 CCSv5.4 时，将弹出工作区路径选择对话框，如图 3.8 所示。该工作区用于保存个人计算机所有 CCSv5.4 自定义设置。例如，如果关闭 CCSv5.4 时计算机正在处理多个项目，同时开着多个内存窗口和图形窗口，则当重新打开 CCSv5.4 时，将显示与关闭前相同的项目和设置。

首次启动 CCS 时，还会弹出如图 3.9 所示的序列号设置对话框。用户可输入已购买的 License，也可使用 TI 提供的 Free License 版本（在该版本下只能使用 XDS100 仿真器）。

步骤 2：如图 3.10 所示，启动 CCS 选择 Project→Import Existing CCS/CCE Eclipse Project 命令，准备加入一个 CCSv5.4 项目工程。

第3章 集成开发环境及程序开发语言

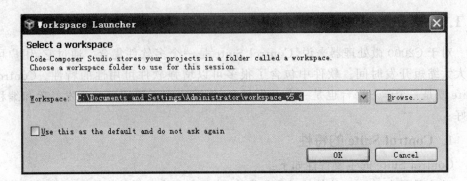

图 3.8 工作区路径选择对话框

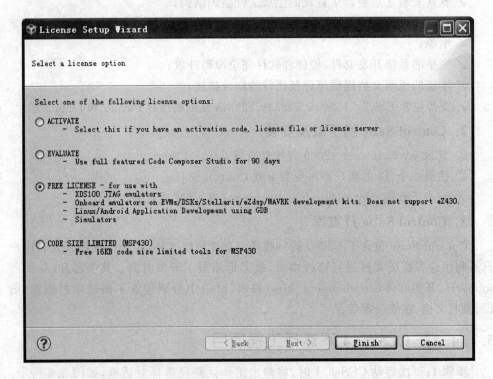

图 3.9 序列号设置对话框

步骤 3：如图 3.11 所示，单击 Select search-directory 选项旁边的 Browse 按钮，在 Control Suite 开发库中找到 \cpu_timer 文件夹（参考路径为..\device_support\f2833x\v132\DSP2833x_exampes_ccsv4），单击 OK 按钮。确保在 Discovered projects 栏中选中 Example_2833xCpuTimer。切记不要选中 Copy projects into workspace 选项。

步骤 4：单击 Finish 按钮，项目文件将显示在 C/C++ Projects 窗口中，如图 3.12 所示。

第3章 集成开发环境及程序开发语言

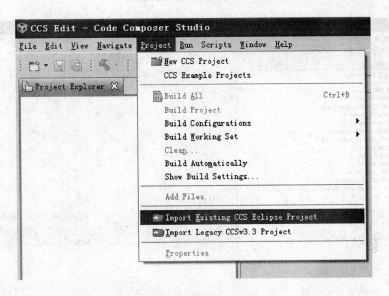

图 3.10　加入 Eclipse 工程文件

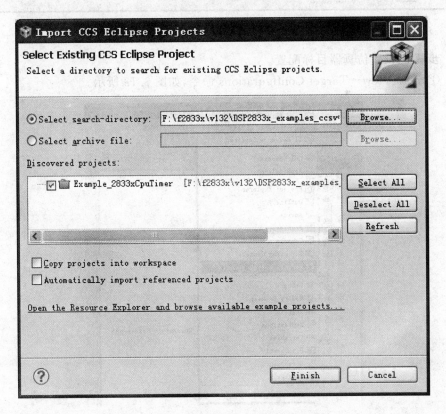

图 3.11　选择现有的 CCS Eclipse 工程

第 3 章 集成开发环境及程序开发语言

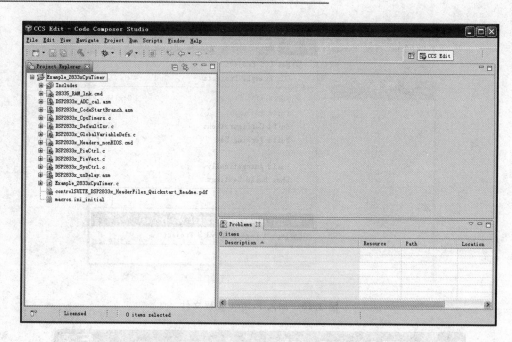

图 3.12 C/C++ Projects 功能界面

步骤 5：设置仿真器目标配置。

① 选择 View→Target Configurations 命令，如图 3.13 所示。

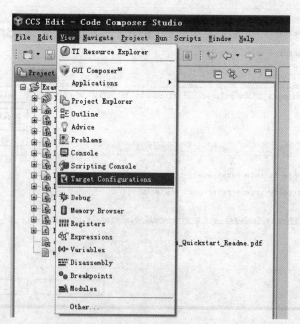

图 3.13 选择 View→Target Configurations 命令

② 在 Target Configurations 窗口中右击 User Defined,在弹出的快捷菜单中选择 New Target Configuration 命令,如图 3.14 所示。

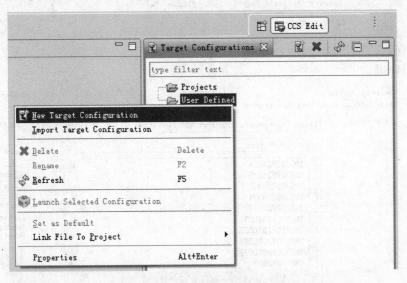

图 3.14 右击 User Defined 后在快捷菜单中选择 New Target Configuration 命令

③ 键入目标配置文件的名称,该文件的后缀为.ccxml。勾选 Use shared location 复选框,然后单击 Finish 按钮,如图 3.15 所示。

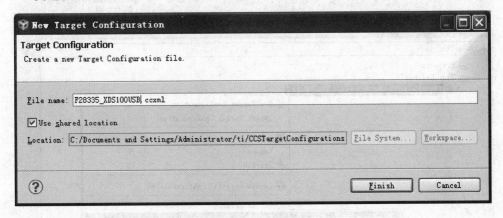

图 3.15 建立目标配置文件名称

④ 在如图 3.16 所示的窗口的 Connection 下拉列表中选择仿真器,在 Board or Device 列表中选择设备,最后单击 Save 按钮。在本示例中,选择 Texas Instruments XDS100v3 USB Emulator 和 TMS320F28335 设备复选框。

⑤ 选择 View→Target Configurations 命令,然后在 User Defined 文件夹下选择新的目标配置.ccxml 文件,右击该文件在快捷菜单中选择 Link File To Project→Example_2833xCpuTimer 命令将文件链接到工程文件,如图 3.17 所示。

第3章 集成开发环境及程序开发语言

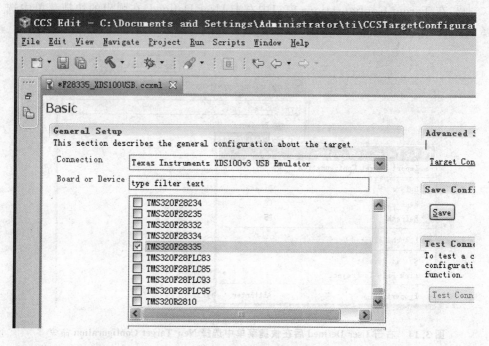

图 3.16 仿真器型号选择

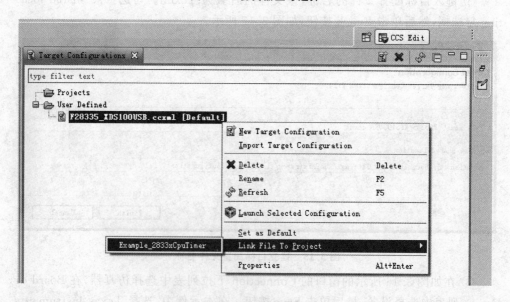

图 3.17 将文件链接到工程文件

⑥ 最后,在工程界面中可以看到新建的目标配置文件 F28335_XDS100USB.ccxml 已加入到工程中,如图 3.18 所示。

步骤 6: 编译及加载项目。

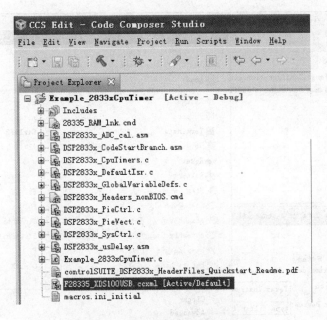

图 3.18　目标配置文件配置完成

①　单击工具栏上的绿色昆虫图样按钮,或选择 Run→Debug 命令,CCS 会转到调试页面,如图 3.19 所示。

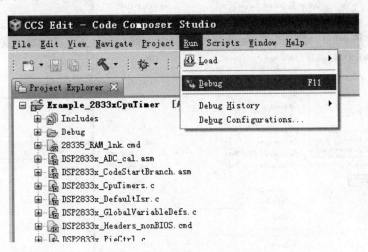

图 3.19　CCS 转到调试窗口操作

②　在调试窗口中,选择 Run→Connect Target 命令,完成仿真器、开发板和 PC 的连接,如图 3.20 所示。

③　选择 Run→Load→Load Programs 命令,完成 DSP 的烧录,如图 3.21 所示。此外菜单栏的 Run 中的其他选项与 CCSv3.3 版本下对应选项的功能相同。

第 3 章 集成开发环境及程序开发语言

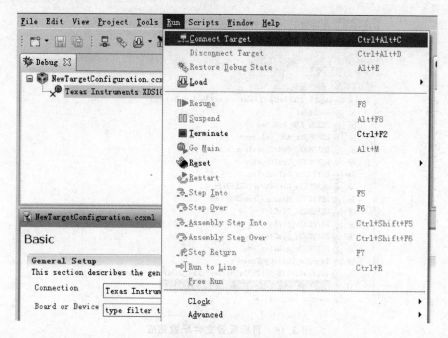

图 3.20 仿真器连接操作

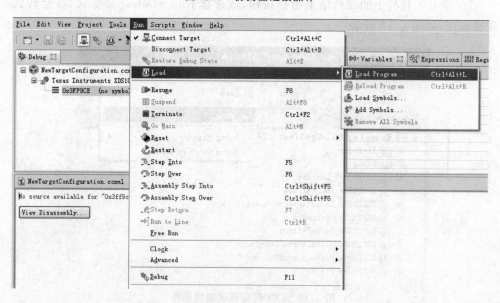

图 3.21 程序烧录操作

3.1.5 CCSv3.3 到 CCSv5.4 的项目迁移

使用 CCSv5 时,用户可以将在 CCSv3.3 版本下开发的 C2000 项目从 CCSv3.3 迁移到 CCSv5,而无须在 CCSv5 版本下新建工程重新开发。操作步骤如下:

步骤1：如图 3.22 所示，选择 Project→Import Legacy CCSv3.3 Project 命令。

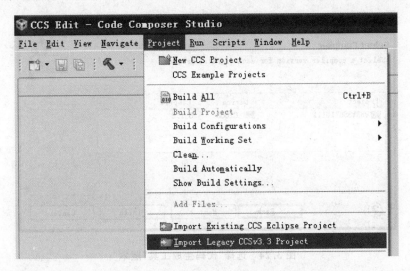

图 3.22 工程文件从 CCSv3.3 向 CCSv5.4 的迁移

步骤2：单击 Select a project file 右侧的 Browse 按钮，选择要迁移的 CCSv3.3 版本下建立的".pjt 项目文件"，然后单击 Next 按钮，如图 3.23 所示。

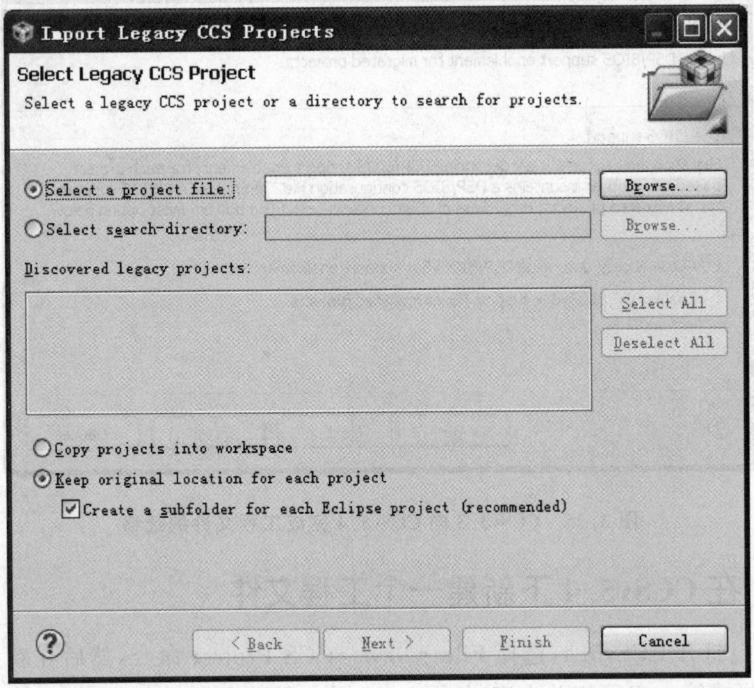

图 3.23 Project Wizard 对话框

第3章 集成开发环境及程序开发语言

步骤3：选择构建所选项目所需的"代码生成工具"版本，如图3.24所示。

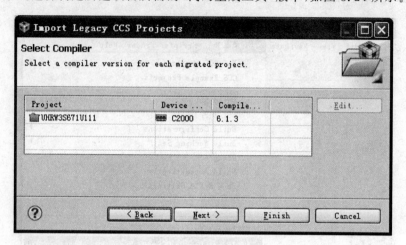

图 3.24 选择"代码生成工具"版本

步骤4：单击 Next 按钮，完成 CCSv3.3 到 CCSv5 下的工程迁移。之后工程文件可按照上述步骤在 CCSv5 版本下打开和编译，如图3.25所示。

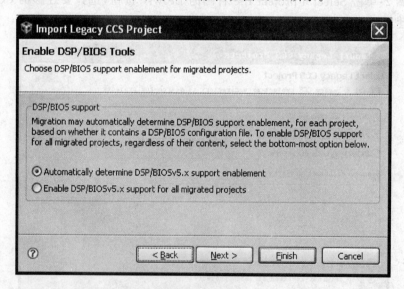

图 3.25 CCSv3.3 向 CCSv5.4 完成工程文件的迁移

3.1.6 在 CCSv5.4 下新建一个工程文件

步骤1：打开 CCSv5.4，选择 File→New→CCS Project 命令，然后在新建工程对话框中选择或输入工程相关内容，如图3.26圈中所示内容。

步骤2：单击 Finish 按钮后出现如图3.27所示的工程文件基本操作窗口。

第3章 集成开发环境及程序开发语言

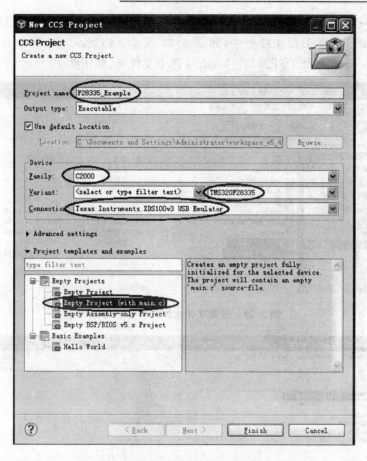

图 3.26 新建工程的基本配置

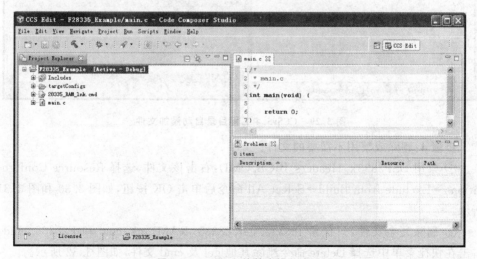

图 3.27 工程文件基本操作窗口

第3章 集成开发环境及程序开发语言

步骤3: 将Control Suite的F2833x中的DSP2833x_common和DSP2833x_headers复制到新建工程文件夹中,如图3.28所示。CCSv5.4工程中将自动显示DSP28335_common和DSP28335_headers两个文件夹,如图3.29所示。

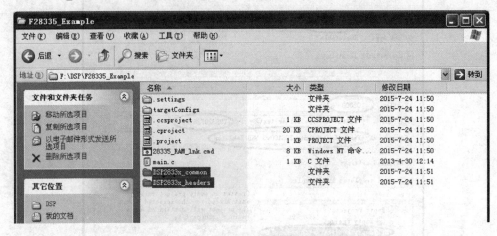

图3.28 新建文件夹加入需要的文件

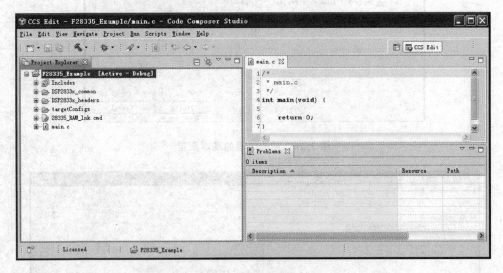

图3.29 CCSv5.4工程目录自动添加文件

步骤4: 删除或禁用不需要的文件。

① 禁用DSP2833x_Headers_BIOS.CMD:右击该文件,选择Resource Configurations→Exclude from Build→Select All命令后单击OK按钮,如图3.30和图3.31所示。

② 删除冗余文件:只保留f28335.gel、28335_RAM_lnk.cmd和F28335.cmd。右击在快捷菜单中选择Delete命令删除其他gel及cmd文件,如图3.32所示。

步骤5: 设置相关文件路径。

第 3 章　集成开发环境及程序开发语言

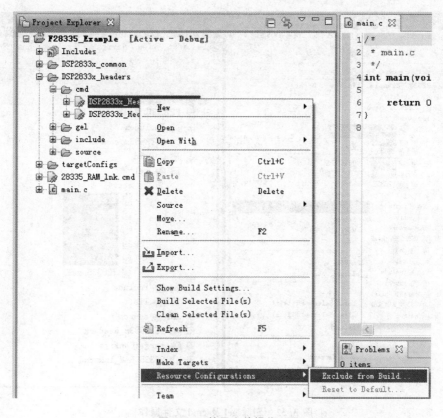

图 3.30　禁用文件操作 1

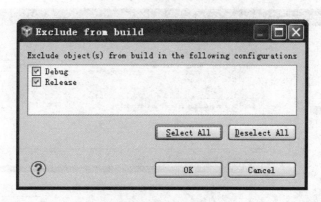

图 3.31　禁用文件操作 2

① 在 CCS 工程栏中单击工程名，右击在快捷菜单中选择 Properties 命令，即弹出如图 3.33 所示的编译选项设置对话框。

② 在图 3.33 所示对话框左侧选择 Include Options，单击右侧的 Add dir to ♯ include search path(--include_path,-I)即出现如图 3.34 所示的对话框。

第 3 章 集成开发环境及程序开发语言

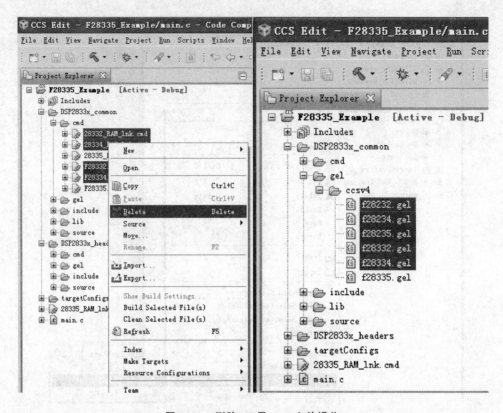

图 3.32 删除 gel 及 cmd 文件操作

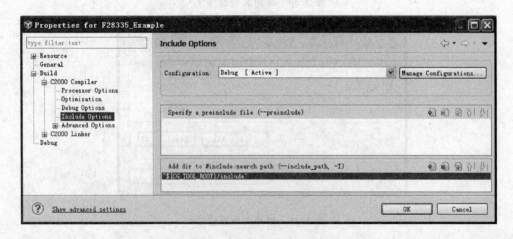

图 3.33 编译选项设置对话框

③ 在如图 3.34 所示的对话框中单击 Workspace 按钮，即弹出如图 3.35 所示的对话框，选择 CCS 工程需要的文件夹，单击 OK 按钮后即在如图 3.36 所示的 Include Options 路径选项框中出现这些文件夹的逻辑路径。

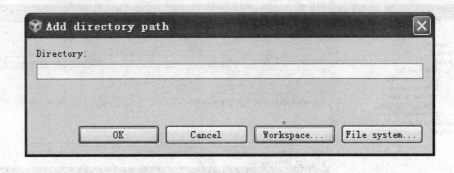

图 3.34　路径添加对话框

图 3.35　添加所需的源文件及头文件操作

步骤 6：在图 3.36 所示窗口中单击 Cancel 按钮退出并进入如图 3.37 所示窗口，完成工程文件的建立，继而进行编译、链接和烧录操作。

第3章 集成开发环境及程序开发语言

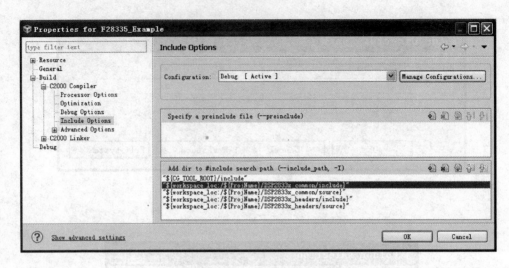

图 3.36 路径选项结果

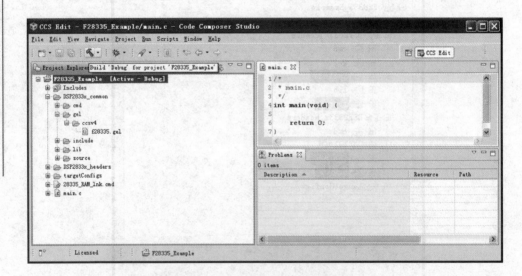

图 3.37 CCSv5.4 的工程文件建立完毕

3.2 F28335 汇编语言概述

  DSP 应用系统的软件设计常采用 C 语言与汇编语言结合的方法。C 语言具有较好的可读性和可移植性，通常用于编写程序主框架；汇编语言的运行效率较高，常用于编写对时间要求比较苛刻的中断服务子程序。采用 C 语言与汇编语言混合编程可以同时发挥两种语言的优势。

3.2.1 F28335 汇编指令描述

F28335 汇编指令包含 C28x 定点指令和 FPU 浮点运算单元指令。浮点指令部分会在第 9 章进行描述，本小节主要对 C28x 定点汇编指令进行讨论。

1. F28335 汇编语句格式

汇编语句格式如下：

［标号］［:］［||］助记符 ［操作数1,操作数2,…］［;注释］

其规定如下：

- ✓ 所有语句必须以标号、空格、星号或分号开头；
- ✓ 若用标号，它必须写在第一列的开始（否则编译出错），标号由字符（A～Z、a～z、_或$）和数字0～9构成，开头不能为数字，且最多128个字符；
- ✓ 必须用一个或多个空格分隔每一个域，制表符 TAB 同空格等效；
- ✓ 从第一列开始的注释可以用星号或者分号打头，但从其他列开始的注释必须以分号开头；
- ✓ 助记符不能从第一列开始，否则将被视为标号；
- ✓ "[]"表示可选的选项。

2. C28x 汇编指令描述符号

为方便起见，表 3.1 列出汇编命令的常用符号描述。

表 3.1 C28x 汇编指令描述符号

汇编指令描述符号	说明
XARn	32 位辅助寄存器 XAR0～XAR7
ARn,ARm	32 位辅助寄存器 XAR0～XAR7 的低 16 位
ARnH	32 位辅助寄存器 XAR0～XAR7 的高 16 位
ARPn	32 位辅助寄存器指针，ARP0 指向 XAR0，ARP1 指向 XAR1，……
AR(ARP)	ARP 指向的辅助寄存器的低 16 位
XAR(ARP)	ARP 指向的辅助寄存器
AX	累加器的高 16 位寄存器 AH 或者低 16 位寄存器 AL
#	立即数
PM	乘积移位方式(+4,1,0,-1,-2,-3,-4,-5,-6)
~	按位取反
[loc16]	16 位地址内容
0:[loc16]	16 位地址内容进行零扩展

续表 3.1

汇编指令描述符号	说 明
S:[loc16]	16 位地址内容进行符号扩展
0:[loc32]	32 位地址内容进行零扩展
S:[loc32]	32 位地址内容进行符号扩展
7bit	表示 7 位立即数
0:7bit	7 位立即数,零扩展
S:7bit	7 位立即数,符号扩展
8bit	8 位立即数
0:8bit	8 位立即数,零扩展
S:8bit	8 位立即数,符号扩展
10bit	表示 10 位立即数
0:10bit	10 位立即数,零扩展
S:10bit	10 位立即数,符号扩展
16bit	表示 16 位立即数
0:16bit	16 位立即数,零扩展
S:16bit	16 位立即数,符号扩展
22bit	表示 22 位立即数
0:22bit	22 位立即数,零扩展
S:22bit	22 位立即数,符号扩展
LSb	最低有效位
LSB	最低有效字节
LSW	最低有效字
MSb	最高有效位
MSB	最高有效字节
MSW	最高有效字
OBJ	对于某条指令,位 OBJMODE 的状态
N	重复次数($N=0,1,2,3,4,5,6,\cdots$)
{}	可选字段

3.2.2 寻址方式及常用汇编指令

1. 寻址方式

F28335 的寻址方式受 CPU 状态寄存器 ST1 中的寻址方式选择位 AMODE 的

影响。为了叙述方便,不考虑向下的兼容性,默认 AMODE＝0,这也是复位默认值。F28335 的寻址方式有寄存器寻址、堆栈寻址、直接寻址、间接寻址、循环地址等。

(1) 寄存器寻址

寄存器寻址时,操作数在寄存器中。寄存器寻址有 32 位和 16 位两种形式。

32 位寄存器寻址指令如下:

```
MOVL ACC,P      ;将 P 寄存器中的 32 位操作数送 ACC
```

16 位寄存器寻址指令如下:

```
MOV AL,SP       ;将 SP 寄存器中的 16 位操作数送到 AL,SP 前可加前缀@
```

(2) 堆栈寻址

对于堆栈寻址,操作数的地址由堆栈指针 SP 直接给出或变址给出,寻址空间为数据存储器的低端 64K 字。堆栈寻址有以下 3 种不同形式。

* SP++(先寻址后增量)指令如下:

```
MOV *SP++,AL    ;AL 的 16 位内容送 SP 指向的单元,然后 SP = SP + 1
MOVL *SP++,P    ;P 寄存器 32 位内容送 SP 指向的单元,然后 SP = SP + 2
```

*--SP(先减量后寻址)指令如下:

```
ADD AL,*--SP    ;先完成 SP = SP - 1,然后将 SP 指向单元的 16 位数据加到 AL
ADDL ACC,*--SP  ;先完成 SP = SP - 2,然后将 SP 指向单元的 32 位数据加到 ACC
```

*-SP[6bit](SP 减偏移量寻址)指令如下:

```
MOV SP, #0x0408   ;SP 指向 408H 单元
ADD AL, *-SP[3]   ;408H - 3 = 405H 单元内容加到 AL 寄存器
```

(3) 直接寻址

在直接寻址方式中,操作数的 22 位地址被分成两部分:高 16 位放在 DP 寄存器中作为页地址(每页有 64 个地址),低 6 位页内的偏移地址由指令提供。采用直接寻址必须首先确定 DP 决定的页地址,然后才能采用直接寻址方式实现操作数的访问。例如:

```
MOVW DP, #0x204   ;
MOV AL,@2H        ;"@"表示数据页,与其后的偏移量一起给出存储单元地址
```

第一条指令执行后,确定的数据页为 10 0000 0100B,可访问的空间为 10 0000 0100 000000B～10 0000 0100 111111B,即 8100H～813FH 共 64 个单元。第二条指令实现的功能是将 8102H 单元的内容送入 AL。直接寻址能访问数据存储器低端的 4M 字空间。

(4) 间接寻址

数据空间间接寻址即操作数地址存放在 32 位辅助寄存器 XAR0～XAR7 中。

有以下几种形式:
- ✓ *XARn++,先寻址后增量。
- ✓ *--XARn,先减量后寻址。
- ✓ *+XARn[AR0],加 AR0 变址寻址。
- ✓ *+XARn[AR1],加 AR1 变址寻址。
- ✓ *+XARn[3bit],加偏移量变址寻址。

程序空间间接寻址有以下几种形式:
- ✓ *AL,操作数的 22 位程序空间地址为 0x3F:AL,访问高 64K 字空间。若指令重复执行,AL 内容被复制到影子寄存器,每执行一次地址都会增加,但 AL 的内容不变。
- ✓ *XAR7,操作数的 22 位程序空间地址为 XAR7 的低 22 位。重复执行 XPREAD 和 XPWRITE 指令时,XAR7 内容被复制到影子寄存器,每执行一次地址都会增加,但 XAR7 的内容不变,重复执行其他指令时,地址不会增加。
- ✓ *XAR7++,操作数的 22 位程序空间地址为 XAR7 的低 22 位,操作后 XAR7 增量。

(5) 循环间址

循环间址要用到 XAR6 和 XAR1 寄存器,形式为 *AR6%++,操作数的 32 位地址在 XAR6 中。若 XAR6 的低 8 位内容与 XAR1 的低 8 位相同,则 XAR6 低 8 位清 0、高位不变;否则 XAR6 的低 16 位增量,高 16 位不变。

F28335 还可以利用立即寻址访问数据空间、I/O 空间和程序空间。读者可以查阅 TI 公司的相关手册。

2. F28335 常用定点汇编指令

F28335 DSP 有超过 150 条的定点汇编指令。表 3.2 所列为最常用的汇编指令。

表 3.2 常用的汇编指令

助记符	功能说明
MOVZ ARn,loc16	加载 XARn 的低 16 位清除高 16 位
MOVL XARn,loc32	[loc32]加载 32 位辅助寄存器
MOVL loc32,XARn	存 32 位辅助寄存器内容到 loc32
MOVL XARn,#22bit	用 22 位立即数加载 32 位辅助寄存器 XARn
MOVW DP,#16bit	加载完整 DP
PUSH ACC	[SP]=ACC,SP=SP+2
POP ACC	SP=SP-2,ACC=[SP]
SUB AX,loc16	AX=AX-[loc16]

续表 3.2

助记符	功能说明
ADD AX,loc16	AX=AX+[loc16]
ADDU ACC,loc16	ACC=ACC+0:[loc16]
MOV ACC,loc16{<<0~16}	将[loc16]移位后加载 ACC,默认不移位
MOV ACC,#16bit{<<0~15}	16 位立即数移位后加载 ACC,AH 受 SXM 影响
SUBB ACC,#8bit	ACC 减去 8 位立即数
PREAD loc16,*XAR7	[loc16]=Prog[*XAR7]
PWRITE *XAR7,loc16	Prog[*XAR7]=[loc16]
XPREAD loc16,*(pma)	[loc16]=Prog[0x3F:pma]
B 16bitoff,COND	条件跳转,PC=PC+16 位偏移地址
BANZ 16bitoff,ARn－－	若辅助寄存器为 0,进行跳转,PC=PC+16 位偏移地址
BF 16bitoff,COND	快速跳转,PC=PC+16 位偏移地址
LB 22bitAddr	长跳转,PC=22 位程序地址
LB *XAR7	间接长跳转,保存在 XAR7 中的 22 位程序地址到 PC
LCR 22bitAddr	使用 RPC 的长调用,PC=22 位程序地址
LRETR	使用 RPC 的长返回
RPT #8bit/loc16	重复下一条指令 $N+1$ 次,$N=8$ 位立即数或[loc16]
SB #8bitoff,COND	有条件短跳转,PC=PC+16 位偏移地址

其中,条件判断符号 COND 的逻辑判断如表 3.3 所列。

表 3.3　汇编指令条件判断符号

COND	符　号	描　述	测试标志位
0000	NEQ	不等于	$Z=0$
0001	EQ	等于	$Z=1$
0010	GT	大于(有符号减法)	$Z=0$ 且 $N=0$
0011	GEQ	大于或等于(有符号减法)	$N=0$
0100	LT	小于(有符号减法)	$N=1$
0101	LEQ	小于或等于(有符号减法)	$Z=1$ 或 $N=1$
0110	HI	高于(无符号减法)	$C=1$ 且 $Z=0$
0111	HIS,C	高于或相同(无符号减法)	$C=1$
1000	LO,NC	低于(无符号减法)	$C=0$
1001	LOS	低于或相同(无符号减法)	$C=1$ 或 $Z=1$

续表 3.3

COND	符号	描述	测试标志位
1010	NOV	无溢出	V=0
1011	OV	溢出	V=1
1100	NTC	测试位为 0	TC=0
1101	TC	测试位为 1	TC=1
1110	NBIO	BIO 输入等于 0	BIO=0
1111	UNC	无条件	

3.2.3　CMD 文件及汇编程序示例

1. F28335 常用汇编伪指令

表 3.4 所列为 F28335 常用汇编伪指令,其中大部分与 2808、2812 及其他 C28x 系列 DSP 兼容。

表 3.4　常用的汇编伪指令

伪指令	格式	功能说明
.text	.text	汇编到代码段
.data	.data	汇编到已初始化数据段
.bss	.bss symbol, size	在未初始化数据段保留空间
.sect	.sect "name", size	创建已初始化段,可存放数据表及可执行代码
.usect	.usect "name", size	创建未初始化段
.long	symbol .long value	初始化 32 位整数
.word	symbol .word value	初始化 16 位整数
.global	.global symbol	定义全局变量
.end	.end	汇编结束

2. CMD 文件的编写

(1) CMD 文件的概念

F28335 物理上的 FLASH 和 SARAM 存储器,在逻辑上既可以映射到程序空间,也可以映射到数据空间。到底映射到哪个空间,这要由 CMD 文件来指定。

CCS 生成的可执行文件(.out)格式采用 COFF 格式(通用可执行目标文件格式)。这种格式的突出优点是便于模块化编程,程序员能够自由地决定把由源程序文件生成的不同代码及数据定位到哪种物理存储器及确定的地址空间指定段。

由编译器生成的可重定位的代码或数据块叫作"SECTIONS"(段)。对于不同的系统资源情况,SECTION 的分配方式也不相同。链接器通过 CMD 文件的 SECTIONS 关键字来控制代码和数据的存储器分配。图 3.38 所示为汇编语言分配的段与存储器的关系。

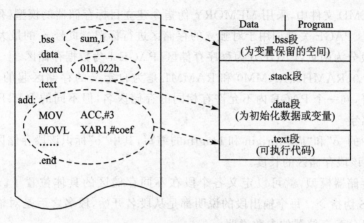

图 3.38 汇编源文件生成的段在存储器的定位

由汇编语言程序生成的段可以分为 2 类:初始化段和未初始化段。

初始化段有如下 3 种:

✓ .text 段,存放汇编生成的可执行代码;

✓ .data 段,存放数据表或已初始化的变量;

✓ .sect 段,用于创建新的初始化段。

未初始化段有如下 2 种:

✓ .bss 段,为未初始化变量保留的空间;

✓ .usect 段,用于创建新的未初始化段。

(2) 典型的 CMD 文件

下面是一个典型的 CMD 文件。

```
MEMORY
{
    PAGE 0 :
        PRAML0 : o = 0x008000,l = 0x001000
        PRAMH0 : o = 0x3F8000,l = 0x002000
    PAGE 1 :
        RAMM0 : o = 0x000000,l = 0x000400
        RAMM1 : o = 0x000400,l = 0x000400
}
SECTIONS
{
    .text :> RAMH0, PAGE = 0           /* 设置 .text 段 */
    .data :> RAML0, PAGE = 0           /* 设置 .data 段 */
```

```
        .bss : > RAMM0, PAGE = 1        /* 设置.bss 段 */
        .stack : > RAMM1, PAGE = 1       /* 设置.stack 段 */
}
```

在该 CMD 文件中,采用 MEMORY 伪指令建立目标存储器的模型(列出存储器资源清单)。PAGE 关键词用于对独立的存储区进行标记。页号 m 的最大值为 255,应用中一般分为两页:PAGE 0 为程序存储区,PAGE 1 为数据存储区。

RAML0、RAMH0、RAMM0 和 RAMM1 是为自定义的存储区起的名字,不超过 8 个字符,同一个 PAGE 内不允许有相同的存储区名,但不同的 PAGE 上可以出现相同的名字。

程序中的"o"和"l"是 origin 和 length 的缩写,其中"o"标识该段存储区的起始地址,"l"标识该段存储区的长度。

有了存储器模型,就可以定义各个段在不同存储区的具体位置了。这要用到 SECTIONS 伪指令。每个输出段的说明都是从段名开始,段名之后是对输入段进行组织和给段分配存储器的参数说明。

3.2.4 汇编语言应用例程

【例 3.1】 在 CCS 开发平台上编写汇编语言程序,将数据区的几个常数相加的结果存到内存单元。

① 启动 CCS 建立一个新工程。

② 新建一个汇编语言源文件。

```
              .global add
dataN         .set 3-1
              .data
Coef          .word 011h,022h,033h
              .bss sum,1
              .text
add:    MOV SP,#0x400          ;加载堆栈首地址
        MOV ACC,#dataN         ;加载循环个数
        MOVL XAR1,#coef        ;加载首数据地址
$1:     PUSH ACC               ;暂存循环个数
        MOVW DP,#sum           ;加载 sum 的数据页
        MOV AH,@sum            ;取 sum 内容送 AH
        ADD AH,*XAR1++         ;数据累加
        MOV @sum,AH            ;存放累加结果
        POP ACC                ;恢复循环个数
        SUBB ACC,#1            ;循环个数减 1
        BF $1,GEQ              ;判断循环是否结束
$2:     SB $2,UNC              ;踏步运行
```

```
        .end
```

③ 新建一个 CMD 文件。

```
MEMORY
{
    PAGE 0 :
        PRAML0 : origin = 0x008000, length = 0x1000
    PAGE 1 :
        RAMM0 : origin = 0x000000, length = 0x0400
        RAMM1 : origin = 0x000400, length = 0x0400
        RAML1 : origin = 0x009000, length = 0x1000
}
SECTIONS
{
    /* 仿真运行时.text 和.data 段配置在 PRAML0 区 */
    .text : > PRAML0, PAGE = 0
    .data : > PRAML0, PAGE = 0
    /* .bss 段配置在 RAML1 区 */
    .bss : > RAML1, PAGE = 1
}
```

④ 将上面的汇编文件及命令文件加入工程。

⑤ 单击 Project 菜单的 Build Options 选项，在 Linker 标签页中 Stack Size 为 0x400，设置 Code Entry Point 为 add（这里的 add 为源程序的入口地址），设置 Auoinit Model 为 No Auoinitializition。

⑥ 单击 Rebuild All 选项，生成可执行程序并装入 DSP。

⑦ 单击 View 菜单的 Memory 及 Registers 设置观察窗口。

⑧ 比对 CMD 文件与其他各文件和存储器间的关系。

⑨ 在 Debug 菜单中执行 Reset CPU 命令，观察寄存器的初始化状态。

⑩ 在 Debug 菜单中选择单步命令观察分析寄存器和存储器内容的变化。

该程序执行结果：sum 所在单元内容为 0x0066。

3.3　F28335 的 C 语言编程基础

F28335 的 C 编译器符合美国国家标准协会（ANSI）的 C 语言标准，支持国际标准化组织/国际电工技术委员会（ISO/IEC）定义的 C++语言规范。

采用 C/C++语言编程不容易产生流水线冲突，从而使程序的修改和移植变得非常方便，使开发周期大大缩短。

3.3.1 F28335 的 C 语言数据类型

F28335 的 C 编译器对于标识符的前 100 个字符可以区分,并且对于大小写敏感。另外,由于 F28335 是 16 位的 DSP,其 char 型数据是 16 位的,这与 80C51 等其他类型单片机或微控制器有区别。F28335 的 C 语言常用的数据类型如表 3.5 所列。

表 3.5 C 语言常用的数据类型

数据类型	字长/位	最小值	最大值
char,signed char	16	-32 768	32 767
unsigned char	16	0	65 535
short	16	-32 768	32 767
unsigned short	16	0	65 535
int,signed int	16	-32 768	32 767
unsigned int	16	0	65 535
long,signed long	32	-2 147 483 648	2 147 483 647
unsigned long	32	0	4 294 967 295
enum	16	-32 768	32 767
float	32	1.192 092 90e-38	3.402 823 5e+38
double	32	1.192 092 90e-38	3.402 823 5e+38
pointers	16	0	0xFFFF
far pointers	22	0	0x3F FFFF

注:64 位数据类型请参考 TI 公司手册 *TMS320C28x Optimizing C/C++ Compiler v6.0*。

为便于编写程序,在 TI 提供的 DSP2833x_Device.h 文件中对数据类型重新定义如下:

```
typedef int int16;
typedef long int32;
typedef long long int64;
typedef unsigned int Uint16;
typedef unsigned long Uint32;
typedef unsigned long long Uint64;
typedef float float32;
typedef long double float64;
```

这样,一个 16 位的无符号整数就可以直接定义为 Uint16 x。在此基础上,TI 公司对 F28335 的各种外设采用位域结构体的方法进行了定义。

3.3.2 C 语言的重要关键字

1. volatile

有的变量不仅可以被程序本身修改,还可以被硬件修改,即变量是"易变的"(volatile 的原意)。用关键字 volatile 进行修饰,就是告诉编译器,被其修饰的变量是随时可能发生变化的,每次使用该变量时必须从该变量的地址中读取。这样可以确保在用到这个变量时每次都重新读取这个变量的值,而不是使用保存在寄存器里的备份。volatile 常用于声明存储器、外设寄存器等。使用示例如下:

```
volatile struct CPUTIMER_REGS * RegsAddr;
```

2. cregister

cregister 是 F28335 的 C 语言扩充的关键字,用于声明寄存器 IER 和 IFR,表示允许高级语言直接访问控制寄存器。使用示例如下:

```
cregister volatile unsigned int IER;
cregister volatile unsigned int IFR;
```

3. interrupt

interrupt 是 F2833x 的 C 语言扩充的关键字,用于指定一个函数为中断服务函数。CCS 在编译时会自动添加保护现场、恢复现场等操作。使用示例如下:

```
interrupt void INT14_ISR(void)
{
    ……
}
```

4. const

const 通常用于定义常数表。CCS 在进行编译的时候会将这些常数放在 .const 段,并置于程序存储空间中。使用示例如下:

```
const int digits[] = {0,1,2,3,4,5,6,7,8,9};
```

5. asm

利用 asm 关键字可以在 C 语言源程序中嵌入汇编语言指令,从而使操作 F28335 的某些寄存器的位变得非常容易。使用示例如下:

```
asm("SETC INTM");
```

这里应该注意,汇编指令前面必须留有空格。

6. inline

内联 inline 是给编译器的优化提示。如果一个函数被编译成 inline 的话,那么就会把函数里面的代码直接插入到调用这个函数的地方,而不是用调用函数的形式。如果函数体代码很短的话,效率就会比较高,因为调用函数的过程也是需要消耗资源的。但是 inline 只是给编译器的提示,编译器会根据实际情况自己决定到底要不要进行内联。如果函数过大,或者有函数指针指向这个函数,或者有递归的情况下,编译器都不会进行内联。

```
inline void  GPIO_Set(void)
{
    ……
}
```

7. register

暗示编译程序相应的变量将被频繁地使用,应尽可能将其保存在 CPU 的寄存器中,以加快其存储速度。

3.3.3 C 语言 CMD 文件的编写

与汇编器类似,C 编译器也可以生成初始化段和未初始化段。

初始化段有如下几种:
- ✓ .text 段,存放编译生成的可执行代码。
- ✓ .cinit 段,存放全局变量和静态变量的初始化数据。
- ✓ const 段,存放字符串常数及用 const 限定的全局变量和静态变量的初始化数据(字符串常数及 const 由 far 限定时,要存放在 .econst 段)。
- ✓ .switch 段,存放 C 语言 switch 语句产生的跳转表。

未初始化段有如下几种:
- ✓ .bss 段,为全局变量和静态变量保留的空间。当用户程序启动时,在 .cinit 空间中的数据会由引导程序复制到 .bss 空间(在大内存模式下,在远内存中定义的变量保留的空间在 .ebss 段中)。
- ✓ .stack 段,存放 C 语言系统堆栈,用于为函数参数传递及局部变量保留空间。
- ✓ .system 段,用于调用 malloc() 函数时为动态内存分配空间(对于大内存模型,声明 far malloc() 函数时分配的空间会在 .esystem 段中)。

F28335 的 C 语言还可以自定义段,采用以下 2 条语句:
- ✓ #pragma DATA_SECTION(函数名或全局变量名,"用户自定义在数据空间的段名");
- ✓ #pragma CODE_SECTION(函数名或全局变量名,"用户自定义在程序空间的段名");

【例 3.2】 在 CCS 开发平台上编写 C 语言程序,将数据区的几个常数相加的结果存到内存单元。

① 启动 CCS,建立一个新工程。
② 新建一个 C 语言源文件。

```c
int x = 2;
int y = 7;
int main()
{
    int z;
    z = x + y;
    return z;
}
```

③ 新建一个 CMD 文件。

```
MEMORY
{
    PAGE 0 :
    /* BEGIN is used for the "boot to SARAM" bootloader mode */
        BEGIN       : origin = 0x000000, length = 0x000002
        RAMM0       : origin = 0x000050, length = 0x0003B0
        RAML0       : origin = 0x008000, length = 0x001000
        RAML1       : origin = 0x009000, length = 0x001000
        RAML2       : origin = 0x00A000, length = 0x001000
        RAML3       : origin = 0x00B000, length = 0x001000
        ZONE7A      : origin = 0x200000, length = 0x00FC00
        CSM_RSVD    : origin = 0x33FF80, length = 0x000076
        CSM_PWL     : origin = 0x33FFF8, length = 0x000008
        ADC_CAL     : origin = 0x380080, length = 0x000009
        RESET       : origin = 0x3FFFC0, length = 0x000002
        IQTABLES    : origin = 0x3FE000, length = 0x000b50
        IQTABLES2   : origin = 0x3FEB50, length = 0x00008c
        FPUTABLES   : origin = 0x3FEBDC, length = 0x0006A0
        BOOTROM     : origin = 0x3FF27C, length = 0x000D44
    PAGE 1 :
        BOOT_RSVD   : origin = 0x000002, length = 0x00004E
        RAMM1       : origin = 0x000400, length = 0x000400
        RAML4       : origin = 0x00C000, length = 0x001000
        RAML5       : origin = 0x00D000, length = 0x001000
        RAML6       : origin = 0x00E000, length = 0x001000
        RAML7       : origin = 0x00F000, length = 0x001000
        ZONE7B      : origin = 0x20FC00, length = 0x000400
}
SECTIONS
```

```
    {
        codestart       :> BEGIN,     PAGE = 0
        ramfuncs        :> RAML0,     PAGE = 0
        .text           :> RAML1,     PAGE = 0
        .cinit          :> RAML0,     PAGE = 0
        .pinit          :> RAML0,     PAGE = 0
        .switch         :> RAML0,     PAGE = 0
        .stack          :> RAMM1,     PAGE = 1
        .ebss           :> RAML4,     PAGE = 1
        .econst         :> RAML5,     PAGE = 1
        .esysmem        :> RAMM1,     PAGE = 1
        .reset          :> RESET,     PAGE = 0
        .adc_cal        : load = ADC_CAL,    PAGE = 0, TYPE = NOLOAD
        csm_rsvd        :> CSM_RSVD   PAGE = 0, TYPE = DSECT
        csmpasswds      :> CSM_PWL    PAGE = 0, TYPE = DSECT
    }
```

④ 将上面的 C 文件和命令文件加入工程。

⑤ 选择 Build Options,在 Linker 选项卡中配置 Stack Size 为 0x400,Code Entry Point 为_c_int00,设置 Auoinit Model 为 Run-Time Auoinitializition,并生成可执行文件。

⑥ 双击 Load Program 装入可执行文件;单击 View 菜单中的 Memory 及 Registers 设置观察窗口;比对 CMD 文件与其他各文件和存储器间的关系;C 语言源程序生成的段在存储器的定位如图 3.39 所示。

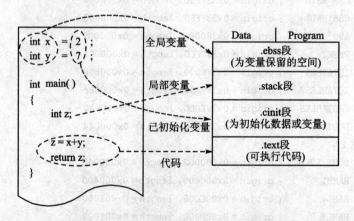

图 3.39 C 语言源程序生成的段在存储器的定位

与汇编语言编程时使用的 CMD 文件相比,C 语言编程时采用的 CMD 文件需要进行简单的调整:用.cinit 代替.data;增加.reset 段。

C 语言程序经常要调用一些标准函数,如动态内存分配、字符串操作、求绝对值、

第3章 集成开发环境及程序开发语言

计算三角函数、计算指数函数以及一些输入/输出函数等。这些函数并不是 C 语言的一部分，但是却像内部函数一样，只要在源程序中加入对应的头文件（如 stdlib.h、string.h、math.h 和 stdio.h 等）即可。这些标准函数就是 ANSI C/C++编译器运行时的支持函数。

F28335 的 ANSI C/C++编译器运行时支持函数的源代码均被存放在库文件 rts.src 中，这个源文件被编译器编译后可生成运行时支持目标库文件。该编译器包含 2 个经过编译的运行时支持目标文件库：rts2800.lib 和 rts2800_ml.lib。前者是标准 ANSI C/C++运行支持目标文件库，后者是大存储器模式运行支持目标文件库，两者都是由包含在文件 rts.src 中的源代码所创建的。

所谓大存储器模式是相对标准存储器模式而言的。在标准存储器模式下，编译器的默认地址空间被限制在存储器的低 64K 字，地址指针也是 16 位。而 F28335 的编译器支持超过 16 位的地址空间的寻址，这需要采用大存储器模式。在此模式下，编译器被强制认为地址空间是 22 位的，地址指针也是 22 位的，因此 F28335 全部 22 位地址空间均可被访问。

运行时支持库作为链接器的输入，要与用户程序一起链接以生成可执行的目标代码。

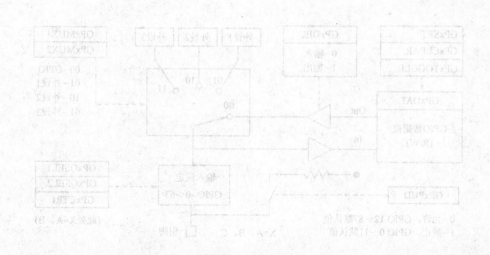

第 4 章

F28335 的通用 I/O 口

F28335 有 88 个 GPIO 引脚。这些引脚可以作为一般的输入/输出端口,实现普通 I/O 口输入或输出高、低电平信号的功能;另一方面,这些引脚可以作为片内外设的输入或输出引脚,实现片内外设相应的功能。

4.1 GPIO 的功能结构

F28335 的 GPIO 口可以分为三组,即 A 组(GPIO0~GPIO31)、B 组(GPIO32~GPIO63)和 C 组(GPIO64~GPIO87)。引脚工作于 GPIO 功能还是外设功能要由功能选择寄存器 GPxMUX 来决定。GPxMUX 相应位为 0 时,引脚功能为 GPIO 功能;GPxMUX 相应位为 1、2 或 3 时,引脚功能为外设功能。其功能选择如图 4.1 所示。

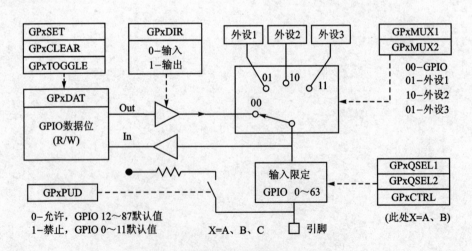

图 4.1 GPIO 功能与外设功能选择

选择 GPIO 功能后,引脚是输入还是输出要由方向寄存器 GPxDIR 决定。GPxDIR 相应位为 0 时,引脚为输入功能;GPxDIR 相应位为 1 时,引脚为输出功能。注意:由于输出引脚与输入引脚是相连的,因此要关闭外设的中断使能,避免发生不必要的中断。

每组 GPIO 内部都配有数据寄存器 GPxDAT。若引脚配置为输出功能,当 GPxDAT 相应位为 0 时引脚输出低电平,当 GPxMUX 相应位为 1 时引脚输出高电平。数据寄存器 GPxDAT 中的内容可以通过对该寄存器进行写操作来完成,还可以通过对 3 个数据控制寄存器的操作来实现。这 3 个数据控制寄存器分别是置 1 寄存器 GPxSET、清 0 寄存器 GPxCLEAR 和翻转寄存器 GPxTOGGLE。

当引脚配置为输入功能时,GPxDAT 内容反映的是当前经过量化后 GPIO 引脚输入信号的状态。量化是为了消除引脚输入噪声而采取的一种去噪措施。它是通过量化寄存器 GPxCTRL.QUxLPRD 和量化窗口选择器 GPAQSEL 实现的。其中,GPxCTRL.QUxLPRD 决定采样点之间的周期,而 GPAQSEL 决定量化的窗口宽度是 3 个采样点还是 6 个采样点。图 4.2 所示为 GPAQSEL 设置为 6 个采样点量化寄存器的配置原理图。

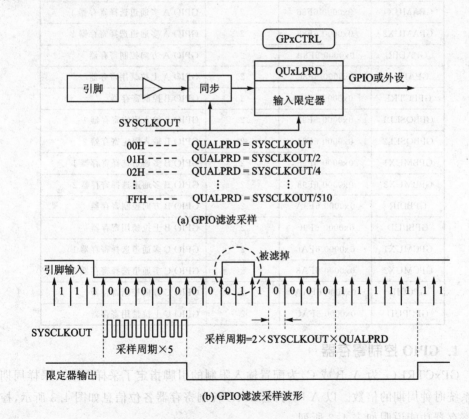

图 4.2 量化寄存器配置原理

输入必须稳定 $5 \times \text{QUALPRD} \times 2$ 个 SYSCLKOUT 周期,以保证检测时只有当 6 个采样点的采样值相同时,GPIO 引脚的电平才会发生变化。

4.2 GPIO 寄存器及传统定义方法示例

4.2.1 GPIO 控制类寄存器

表 4.1 所列为 GPIO 控制类寄存器，分为 A、B、C 三组。

表 4.1 F28335 的 GPIO 控制类寄存器

名 称	地 址	大小（×16 位）	寄存器描述
GPACTRL	0x0000 6F80	2	GPIO A 控制寄存器
GPAQSEL1	0x0000 6F82	2	GPIO A 输入限定寄存器 1
GPAQSEL2	0x0000 6F84	2	GPIO A 输入限定寄存器 2
GPAMUX1	0x0000 6F86	2	GPIO A 多通道选择寄存器 1
GPAMUX2	0x0000 6F88	2	GPIO A 多通道选择寄存器 2
GPADIR	0x0000 6F8A	2	GPIO A 方向控制寄存器
GPAPUD	0x0000 6F8C	2	GPIO A 上拉禁用寄存器
GPBCTRL	0x0000 6F90	2	GPIO B 控制寄存器
GPBQSEL1	0x0000 6F92	2	GPIO B 输入限定寄存器 1
GPBQSEL2	0x0000 6F94	2	GPIO B 输入限定寄存器 2
GPBMUX1	0x0000 6F96	2	GPIO B 多通道选择寄存器 1
GPBMUX2	0x0000 6F98	2	GPIO B 多通道选择寄存器 2
GPBDIR	0x0000 6F9A	2	GPIO B 方向控制寄存器
GPBPUD	0x0000 6F9C	2	GPIO B 上拉禁用寄存器
GPCMUX1	0x0000 6FA6	2	GPIO C 多通道选择寄存器 1
GPCMUX2	0x0000 6FA8	2	GPIO C 多通道选择寄存器 2
GPCDIR	0x0000 6FAA	2	GPIO C 方向控制寄存器
GPCPUD	0x0000 6FAC	2	GPIO C 上拉禁用寄存器

1. GPIO 控制寄存器

GPxCTRL（x 为 A、B 或 C）为配置输入限制的引脚指定了采样周期。采样周期为系统时钟周期的倍数。以 A 口为例，GPIO 控制寄存器各位信息如图 4.3 所示，控制寄存器功能说明如表 4.2 所列。

D31～D24	D23～D16	D15～D8	D7～D0
QUALPRD3	QUALPRD2	QUALPRD1	QUALPRD0

图 4.3 GPIO 控制寄存器各位信息

表 4.2 GPIO 控制寄存器功能说明

位	域	说 明
D31~D24	QUALPRD3	用于 GPIO24~GPIO31。 00：采样周期＝Tsysclkout； 01：采样周期＝2 * Tsysclkout； 02：采样周期＝4 * Tsysclkout； FF：采样周期＝510 * Tsysclkout
D23~D16	QUALPRD2	用于 GPIO16~GPIO23，数值同上
D15~D8	QUALPRD1	用于 GPIO8~GPIO15，数值同上
D7~D0	QUALPRD0	用于 GPIO0~GPIO7，数值同上

2. GPxMUX 寄存器(多路复用寄存器)

GPxMUX 寄存器(多路复用寄存器)用来配置引脚的功能,外设操作还是 I/O 操作。复位时,所有的 GPIO 引脚都配置成数字 I/O。当寄存器中某位设置成 1、2、3 时,相应的引脚配置成相应的外设。C 语言语法结构如下：

```
GpioCtrlRegs.GPBMUX2.bit.GPIO48 = 0;    //GPIO48 设置成数字 I/O
GpioCtrlRegs.GPBMUX2.bit.GPIO49 = 0;    //GPIO49 设置成数字 I/O
GpioCtrlRegs.GPAMUX1.bit.GPIO2 = 1;     //GPIO2 设置成 PWM 功能
GpioCtrlRegs.GPAMUX1.bit.GPIO3 = 1;     //GPIO3 设置成 PWM 功能
GpioCtrlRegs.GPAMUX2.bit.GPIO18 = 3;    //GPIO18 设置成 CANRXA
GpioCtrlRegs.GPAMUX2.bit.GPIO19 = 3;    //GPIO19 设置成 CANTXA
```

3. GPxDIR 寄存器(方向寄存器)

GPxDIR 寄存器(方向寄存器)用来将相应的 I/O 引脚配置成输出或输入。复位时,所有的 GPIO 引脚配置成输入；置 1 时,引脚配置成输出。在采用 GPxDIR 寄存器位将输入端口改变成输出端口之前,引脚的当前电平反映到 GPXDAT 寄存器上。C 语言语法结构如下：

```
// GPIO0,GPIO1 设置为输出口,GPIO2,GPIO3 设置为输入口(前提条件是该 4 个口已被配置
//为数字 I/O)
GpioCtrlRegs.GPADIR.bit.GPIO0 = 1;
GpioCtrlRegs.GPADIR.bit.GPIO1 = 1;
GpioCtrlRegs.GPADIR.bit.GPIO2 = 0;
GpioCtrlRegs.GPADIR.bit.GPIO3 = 0;
```

4. GPxQSELy 寄存器(限制选择寄存器)

GPxQSELy 寄存器限制选择寄存器只能用于端口 A 和 B：GPAQSEL1、GPAQSEL2；GPBQSEL1、GPBQSEL2。以 GPAQSEL1 为例,限制选择寄存器各位

信息如图 4.4 所示,限制选择寄存器功能说明如表 4.3 所列。

D31~D30	D29~D28	D27~D26	D25~D24	D23~D22	D21~D20	D19~D18	D17~D16
GPIO15	GPIO14	GPIO13	GPIO12	GPIO11	GPIO10	GPIO9	GPIO8
D15~D14	D13~D12	D11~D10	D9~D8	D7~D6	D5~D4	D3~D2	D1~D0
GPIO7	GPIO6	GPIO5	GPIO4	GPIO3	GPIO2	GPIO1	GPIO0

图 4.4　限制选择寄存器各位信息

表 4.3　限制选择寄存器功能说明

位	域	说 明
D31~D0	GPIO15~GPIO0	输入量化选择。 00:与 SYSCLKOUT 同步模式; 01:采样窗内包含 3 次采样,与 GPACTRL 寄存器配合使用; 10:采样窗内包含 6 次采样,与 GPACTRL 寄存器配合使用; 11:异步输入模式,只用于配置成 SCI、SPI、eCAN 等外设引脚,若配置为 GPIO 则该功能失效

4.2.2　GPIO 数据类寄存器

表 4.4 所列为 F28335 的 GPIO 数据类寄存器,同样也分为 A、B、C 三组。

表 4.4　F28335 的 GPIO 数据类寄存器

名　称	地　址	大小(×16 位)	说　明
GPADAT	0x0000 6FC0	2	GPIO A 数据寄存器(GPIO0~GPIO31)
GPASET	0x0000 6FC2	2	GPIO A 置位寄存器(GPIO0~GPIO31)
GPACLEAT	0x0000 6FC4	2	GPIO A 清 0 寄存器(GPIO0~GPIO31)
GPATOGGLE	0x0000 6FC6	2	GPIO A 状态反转寄存器(GPIO0~GPIO31)
GPBDAT	0x0000 6FC8	2	GPIO B 数据寄存器(GPIO32~GPIO63)
GPBSET	0x0000 6FCA	2	GPIO B 置位寄存器(GPIO32~GPIO63)
GPBCLEAR	0x0000 6FCC	2	GPIO B 清 0 寄存器(GPIO32~GPIO63)
GPBTOGGLE	0x0000 6FCE	2	GPIO B 状态反转寄存器(GPIO32~GPIO63)
GPCDAT	0x0000 6FD0	2	GPIO C 数据寄存器(GPIO64~GPIO87)
GPCSET	0x0000 6FD2	2	GPIO C 置位寄存器(GPIO64~GPIO87)
GPCCLEAR	0x0000 6FD4	2	GPIO C 清 0 寄存器(GPIO64~GPIO87)
GPCTOGGLE	0x0000 6FD6	2	GPIO C 状态反转寄存器(GPIO64~GPIO87)

1. GPxDAT 寄存器(数据寄存器)

A、B、C 组各有一个 GPxDAT 寄存器(数据寄存器),每一位对应一个 I/O 口,读入该寄存器的值反映引脚经输入限制后的当前状态。写操作可对相应的输出锁存器清 0 或置位。但会对同端口的其他引脚产生不确定的影响。

2. GPxSET 寄存器(置位寄存器)

在不影响其他引脚状态的情况下,将相应引脚驱动为高电平。若引脚为数字输出,向该寄存器相应位写 1 会驱动对应引脚为高电平,写 0 无影响。读该寄存器返回 0。C 语言语法结构如下:

```
GpioDataRegs.GPBSET.bit.GPIOx = 1;
```

3. GPxCLEAR 寄存器(清 0 寄存器)

在不影响其他引脚状态的情况下,将相应引脚驱动为低电平。若引脚为数字输出,向该寄存器相应位写 1 会驱动对应引脚为低电平,写 0 无影响。读该寄存器则返回 0。C 语言语法结构如下:

```
GpioDataRegs.GPBCLEAR.bit.GPIOx = 1;
```

4. GPxTOGGLE 寄存器(状态翻转寄存器)

在不影响其他引脚状态的情况下,将相应引脚的状态进行翻转。若引脚为数字输出,向该寄存器相应位写 1 会驱动对应引脚由低电平变为高电平,或由高电平变为低电平,写 0 无影响。读该寄存器返回 0。

4.2.3 传统寄存器定义方法示例

【例 4.1】 采用传统寄存器定义方法编写 C 语言程序,通过 GPIO0 控制发光二极管的点亮和熄灭。程序代码如下:

```
extern void DSP28x_usDelay(unsigned long Count);
#define CPU_RATE 6.667L          // for a 150 MHz CPU clock speed (SYSCLKOUT)
#define DELAY_US(A) DSP28x_usDelay\
(((((long double) A * 1000.0L) / (long double)CPU_RATE) - 9.0L) / 5.0L)
#define GPAMUX1 (volatile unsigned int * )0x6F86
#define GPAMUX1 (volatile unsigned int * )0x6F88
#define GPADIR (volatile unsigned int * )0x6F8A
#define GPASET (volatile unsigned int * )0x6FC2
#define GPACLEAR (volatile unsigned int * )0x6FC4
#define GPATOGGLE (volatile unsigned int * )0x6FC6
#define EALLOW asm(" EALLOW")
#define EDIS asm(" EDIS")
void main(void)
```

```
{
    InitSysCtrl();                  //Initialize system control function
    EALLOW;
    * GPAMUX1 & = 0xFFFC;           //GPIO0,GPIO
    * GPADIR |= 0x0001;             //GPIO0,OUT
    EDIS;
    while(1)
    {
        //Turn on LED
        * GPACLEAR |= 0x0001;       //GPIO0 = 0
        DELAY_US(1000000);
        //Turn off LED
        * GPASET |= 0x0001;         //GPIO0 = 1
        DELAY_US(1000000);
    }
}
```

程序中的延时函数代码如下:

```
.def _DSP28x_usDelay
.sect "ramfuncs"
.global _DSP28x_usDelay
_DSP28x_usDelay:
SUB ACC, #1
BF _DSP28x_usDelay, GEQ
LRETR
```

4.3 寄存器的位域结构方法示例

4.3.1 GPIO 寄存器组类型定义

利用结构体类型进行位域描述,既可以对某个寄存器的所有位同时进行操作,又可以对该寄存器的某个位进行单独操作。

【例 4.2】 GPIO A 控制寄存器可以定义为:

```
// GPIO A control register bit definitions
struct GPACTRL_BITS {       //bits      description
    Uint16 QUALPRD0:8;      //7:0       Qual period
    Uint16 QUALPRD1:8;      //15:8      Qual period
    Uint16 QUALPRD2:8;      //23:16     Qual period
    Uint16 QUALPRD3:8;      //31:24     Qual period
};
```

结构体类型 GPACTRL_REG 对 GPACTRL 寄存器进行了描述。为了进行字的整体操作,可以再用共用体类型定义如下:

```
union GPACTRL_REG {
    Uint32              all;
    struct GPACTRL_BITS bit;
};
```

按照 GPIO A 组的定义方法,还可以对 B 组、C 组进行类似的定义。

【例 4.3】 GPIO A 限定寄存器和多通道选择寄存器可以定义为:

```
// GPIO A Qual/MUX select register bit definitions
struct GPA1_BITS {          //bits     description
    Uint16 GPIO0:2;         //1:0      GPIO0
    Uint16 GPIO1:2;         //3:2      GPIO1
    Uint16 GPIO2:2;         //5:4      GPIO2
    Uint16 GPIO3:2;         //7:6      GPIO3
    Uint16 GPIO4:2;         //9:8      GPIO4
    Uint16 GPIO5:2;         //11:10    GPIO5
    Uint16 GPIO6:2;         //13:12    GPIO6
    Uint16 GPIO7:2;         //15:14    GPIO7
    Uint16 GPIO8:2;         //17:16    GPIO8
    Uint16 GPIO9:2;         //19:18    GPIO9
    Uint16 GPIO10:2;        //21:20    GPIO10
    Uint16 GPIO11:2;        //23:22    GPIO11
    Uint16 GPIO12:2;        //25:24    GPIO12
    Uint16 GPIO13:2;        //27:26    GPIO13
    Uint16 GPIO14:2;        //29:28    GPIO14
    Uint16 GPIO15:2;        //31:30    GPIO15
};
struct GPA2_BITS {          //bits     description
    Uint16 GPIO16:2;        //1:0      GPIO16
    Uint16 GPIO17:2;        //3:2      GPIO17
    Uint16 GPIO18:2;        //5:4      GPIO18
    Uint16 GPIO19:2;        //7:6      GPIO19
    Uint16 GPIO20:2;        //9:8      GPIO20
    Uint16 GPIO21:2;        //11:10    GPIO21
    Uint16 GPIO22:2;        //13:12    GPIO22
    Uint16 GPIO23:2;        //15:14    GPIO23
    Uint16 GPIO24:2;        //17:16    GPIO24
    Uint16 GPIO25:2;        //19:18    GPIO25
    Uint16 GPIO26:2;        //21:20    GPIO26
    Uint16 GPIO27:2;        //23:22    GPIO27
```

```
    Uint16 GPIO28:2;      //25:24    GPIO28
    Uint16 GPIO29:2;      //27:26    GPIO29
    Uint16 GPIO30:2;      //29:28    GPIO30
    Uint16 GPIO31:2;      //31:30    GPIO31
};
```

结构体类型 GPA1_BITS、GPA2_BITS 分别对 GPAQSEL1、GPAMUX1 及 GPAQSEL2、GPAMUX2 进行了描述。为了进行字的整体操作,可以再用共用体类型进行定义:

```
union GPA1_REG {
    Uint32              all;
    struct GPA1_BITS    bit;
};
union GPA2_REG {
    Uint32              all;
    struct GPA2_BITS    bit;
};
```

按照 GPIO A 组的定义方法,还可以对 B 组、C 组进行类似的定义。

【例 4.4】 GPIO A 方向及数据寄存器可以定义为:

```
// GPIO A DIR/TOGGLE/SET/CLEAR register bit definitions
struct GPADAT_BITS {    //bits    description
    Uint16 GPIO0:1;     //0       GPIO0
    Uint16 GPIO1:1;     //1       GPIO1
    Uint16 GPIO2:1;     //2       GPIO2
    Uint16 GPIO3:1;     //3       GPIO3
    Uint16 GPIO4:1;     //4       GPIO4
    Uint16 GPIO5:1;     //5       GPIO5
    Uint16 GPIO6:1;     //6       GPIO6
    Uint16 GPIO7:1;     //7       GPIO7
    Uint16 GPIO8:1;     //8       GPIO8
    Uint16 GPIO9:1;     //9       GPIO9
    Uint16 GPIO10:1;    //10      GPIO10
    Uint16 GPIO11:1;    //11      GPIO11
    Uint16 GPIO12:1;    //12      GPIO12
    Uint16 GPIO13:1;    //13      GPIO13
    Uint16 GPIO14:1;    //14      GPIO14
    Uint16 GPIO15:1;    //15      GPIO15
    Uint16 GPIO16:1;    //16      GPIO16
    Uint16 GPIO17:1;    //17      GPIO17
    Uint16 GPIO18:1;    //18      GPIO18
```

```
    Uint16 GPIO19:1;      //19        GPIO19
    Uint16 GPIO20:1;      //20        GPIO20
    Uint16 GPIO21:1;      //21        GPIO21
    Uint16 GPIO22:1;      //22        GPIO22
    Uint16 GPIO23:1;      //23        GPIO23
    Uint16 GPIO24:1;      //24        GPIO24
    Uint16 GPIO25:1;      //25        GPIO25
    Uint16 GPIO26:1;      //26        GPIO26
    Uint16 GPIO27:1;      //27        GPIO27
    Uint16 GPIO28:1;      //28        GPIO28
    Uint16 GPIO29:1;      //29        GPIO29
    Uint16 GPIO30:1;      //30        GPIO30
    Uint16 GPIO31:1;      //31        GPIO31
};
```

结构体类型 GPADAT_BITS 对 GPADIR、GPAPUD、GPADAT、GPASET、GPACLEAR、GPATOGGLE 寄存器进行了描述,对相应的寄存器的 32 位从低到高的每一个位都定义了一个易于识别的位的名字,以便进行单独操作。为了进行字的整体操作,可以再用共用体类型进行定义:

```
union GPADAT_REG {
    UINT32              all;
    struct GPADAT_BITS  bit;
    struct
    {
        UINT16   lword;
        UINT16   hword;
    } half;
};
```

按照 GPIO A 组的定义方法,还可以对 B 组、C 组进行类似的定义。

有了 GPIO 寄存器位域定义后,再把 A、B、C 三组的定义组合在一起,形成 GPIO 控制类寄存器组和 GPIO 数据类寄存器组两种类型。

GPIO 控制类寄存器如下:

```
struct GPIO_CTRL_REGS {
    // GPIO A Control Register (GPIO0 to 31)
    union  GPACTRL_REG      GPACTRL;
    // GPIO A Qualifier Select 1 Register (GPIO0 to 15)
    union  GPA1_REG         GPAQSEL1;
    // GPIO A Qualifier Select 2 Register (GPIO16 to 31)
    union  GPA2_REG         GPAQSEL2;
    // GPIO A Mux 1 Register (GPIO0 to 15)
```

第4章 F28335 的通用 I/O 口

```c
    union  GPA1_REG      GPAMUX1;
    // GPIO A Mux 2 Register (GPIO16 to 31)
    union  GPA2_REG      GPAMUX2;
    // GPIO A Direction Register (GPIO0 to 31)
    union  GPADAT_REG    GPADIR;
    // GPIO A Pull Up Disable Register (GPIO0 to 31)
    union  GPADAT_REG    GPAPUD;
    Uint32               rsvd1;
    // GPIO B Control Register (GPIO32 to 63)
    union  GPBCTRL_REG   GPBCTRL;
    // GPIO B Qualifier Select 1 Register (GPIO32 to 47)
    union  GPB1_REG      GPBQSEL1;
    // GPIO B Qualifier Select 2 Register (GPIO48 to 63)
    union  GPB2_REG      GPBQSEL2;
    // GPIO B Mux 1 Register (GPIO32 to 47)
    union  GPB1_REG      GPBMUX1;
    // GPIO B Mux 2 Register (GPIO48 to 63)
    union  GPB2_REG      GPBMUX2;
    // GPIO B Direction Register (GPIO32 to 63)
    union  GPBDAT_REG    GPBDIR;
    // GPIO B Pull Up Disable Register (GPIO32 to 63)
    union  GPBDAT_REG    GPBPUD;
    UINT16               rsvd2[8];
    // GPIO C Mux 1 Register (GPIO64 to 79)
    union  GPC1_REG      GPCMUX1;
    // GPIO C Mux 2 Register (GPIO80 to 95)
    union  GPC2_REG      GPCMUX2;
    // GPIO C Direction Register (GPIO64 to 95)
    union  GPCDAT_REG    GPCDIR;
    // GPIO C Pull Up Disable Register (GPIO64 to 95)
    union  GPCDAT_REG    GPCPUD;
};
```

GPIO 数据类寄存器如下:

```c
struct GPIO_DATA_REGS {
    // GPIO Data Register (GPIO0 to 31)
    union  GPADAT_REG    GPADAT;
    // GPIO Data Set Register (GPIO0 to 31)
    union  GPADAT_REG    GPASET;
    // GPIO Data Clear Register (GPIO0 to 31)
    union  GPADAT_REG    GPACLEAR;
    // GPIO Data Toggle Register (GPIO0 to 31)
```

```
    union   GPADAT_REG          GPATOGGLE;
    // GPIO Data Register (GPIO32 to 63)
    union   GPBDAT_REG           GPBDAT;
    // GPIO Data Set Register (GPIO32 to 63)
    union   GPBDAT_REG           GPBSET;
    // GPIO Data Clear Register (GPIO32 to 63)
    union   GPBDAT_REG           GPBCLEAR;
    // GPIO Data Toggle Register (GPIO32 to 63)
    union   GPBDAT_REG           GPBTOGGLE;
    // GPIO Data Register (GPIO64 to 95)
    union   GPCDAT_REG           GPCDAT;
    // GPIO Data Set Register (GPIO64 to 95)
    union   GPCDAT_REG           GPCSET;
    // GPIO Data Clear Register (GPIO64 to 95)
    union   GPCDAT_REG           GPCCLEAR;
    // GPIO Data Toggle Register (GPIO64 to 95)
    union   GPCDAT_REG           GPCTOGGLE;
    UINT16                       rsvd1[8];
};
```

注意定义中各组寄存器的顺序及保留字的占位,这有利于确定这些寄存器整体映射到存储区的地址段。以上 GPIO 相关寄存器的位结构和变量均在 DSP2833x_Gpio.h 文件中描述。

4.3.2 定义存放寄存器组的存储器段

在 DSP2833x_GlobalVariableDefs.c 文件中有如下语句:

```
#ifdef __cplusplus
#pragma DATA_SECTION("GpioCtrlRegsFile")
#else
#pragma DATA_SECTION(GpioCtrlRegs,"GpioCtrlRegsFile");
#endif
volatile struct GPIO_CTRL_REGS GpioCtrlRegs;
//----------------------------------------------------------
#ifdef __cplusplus
#pragma DATA_SECTION("GpioDataRegsFile")
#else
#pragma DATA_SECTION(GpioDataRegs,"GpioDataRegsFile");
#endif
volatile struct GPIO_DATA_REGS GpioDataRegs;
```

如果不考虑 C++语言,则以上语句可以简化为:

```
# pragma DATA_SECTION(GpioCtrlRegs,"GpioCtrlRegsFile");
volatile struct GPIO_CTRL_REGS GpioCtrlRegs;
# pragma DATA_SECTION(GpioDataRegs,"GpioDataRegsFile");
volatile struct GPIO_DATA_REGS GpioDataRegs;
```

这里的 GpioCtrlRegs 和 GpioDataRegs 是 GPIO 控制寄存器组和 GPIO 数据寄存器组变量,而 GpioCtrlRegsFile 和 GpioDataRegsFile 是存放这 2 个变量的 2 个数据段的段名。

4.3.3 寄存器组的存储器段地址定位

控制寄存器组占用 0x6F80～0x6FBF 共 40 个地址单元,数据寄存器组占用 0x6FC0～0x6FDF 共 20 个地址单元。寄存器组变量在存储器中的段地址定位由 CMD 文件来实现。打开 TI 提供的 DSP2833x_Headers_nonBIOS.cmd 文件,可以看到如下内容:

```
MEMORY
{
    PAGE 0: /* Program Memory */
    PAGE 1: /* Data Memory */
    ……
        /* GPIO control registers */
        GPIOCTRL : origin = 0x006F80, length = 0x000040
        /* GPIO data registers */
        GPIODAT  : origin = 0x006FC0, length = 0x000020
        /* GPIO interrupt/LPM registers */
        GPIOINT  : origin = 0x006FE0, length = 0x000020
    ……
}
SECTIONS
{
    ……
    /* * * Peripheral Frame 1Register Structures * * */
    GpioCtrlRegsFile  : > GPIOCTRL     PAGE = 1
    GpioDataRegsFile  : > GPIODAT      PAGE = 1
    GpioIntRegsFile   : > GPIOINT      PAGE = 1
    ……
}
```

将该存储器组变量在存储器中的段定位情况与表 4.1 和表 4.4 进行对照,可以发现外设寄存器与存储器地址间的对应关系。其余外设的定义方法与此类似。

4.3.4 寄存器位结构定义的使用

有了寄存器位结构的定义后,可以利用如下语句方便地操作外设寄存器:

```
GpioCtrlRegs.GPADIR.all = 0x00000000;
GpioCtrlRegs.GPBDIR.all = 0x00000000;
GpioCtrlRegs.GPCDIR.all = 0x00000000;
GpioCtrlRegs.GPADIR.bit.GPIO0 = 1;
GpioCtrlRegs.GPADIR.bit.GPIO1 = 1;
```

4.4 GPIO 应用例程

【例 4.5】 使用 2 个 GPIO 口,交替点亮、熄灭 LED 灯。

```
#include "DSP28_Device.h"
#include "DSP28_Globalprototypes.h"
void delay_loop(void);
#define LED1_On   GpioDataRegs.GPASET.bit.GPIOA0
#define LED2_on   GpioDataRegs.GPASET.bit.GPIOA1
#define LED1_Off  GpioDataRegs.GPACLEAR.bit.GPIOA0
#define LED2_off  GpioDataRegs.GPACLEAR.bit.GPIOA1
void main(void)
{
    InitSysCtrl();          //初始化系统函数
    DINT;
    IER = 0x0000;           //禁止 CPU 中断
    IFR = 0x0000;           //清除 CPU 中断标志
    InitPieCtrl();          //初始化 PIE 控制寄存器
    InitPieVectTable();     //初始化 PIE 中断向量表
    InitGpio();             //初始化 GPIO 口
    while(1)
    {
        LED1_On = 1;        //点亮 D1
        LED2_On = 0;        //熄灭 D2
        delay_loop();       //延时保持
        LED1_Off = 1;       //熄灭 D1
        LED2_Off = 0;       //点亮 D2
        delay_loop();       //延时保持
    }
}

void delay_loop()
{
    int i;
    for (i = 0; i < 30000; i++) {}
}
```

第 5 章

F28335 的中断系统

中断是 CPU 与外设之间数据传送的一种控制方式。利用中断可以有效地提高程序执行效率,实现应用系统的实时控制。F28335 的中断可由硬件(外中断引脚、片内外设)或软件(INTR、TRAP 及对 IFR 操作的指令)触发。发生中断后,CPU 会暂停当前程序,转去执行中断服务子程序(ISR);如果在同一时刻有多个中断触发,CPU 则要按照设置好的中断优先级来响应中断。

5.1 中断系统的结构

5.1.1 中断管理机制

F28335 芯片具有多种片上外设,每种外设具有多个中断申请能力。为了有效地管理这些外设产生的中断,F28335 中断系统配置了高效的 PIE(Peripheral Interrupt Expansion,即外设中断扩展)管理模块。F28335 的中断系统采用了外设级、PIE 级和 CPU 级三级管理机制,其三级中断结构如图 5.1 所示。

1. 外设级

外设级中断是指 F28335 片上各种外设产生的中断。F28335 片上的外设有多种,每种外设可以产生多种中断。目前这些中断共 58 个,包括 54 个典型外设中断、1 个看门狗和低功耗模式共享的唤醒中断、2 个外部中断(XINT1 和 XINT2)及 1 个定时器 0 中断。这些中断的屏蔽使能由各自的中断控制寄存器的控制位来实现。

2. PIE 级

PIE 模块将 96 个外设中断分成 INT1～INT12 共 12 组,以分组的形式向 CPU 申请中断,每组占用 1 个 CPU 级中断。例如:第 1 组占用 INT1 中断;第 2 组占用 INT2 中断;……;第 12 组占用 INT12 中断。注意:定时器 T1 和 T2 的中断及非屏蔽中断 NMI 直接连到了 CPU 级,没有经 PIE 模块的管理。具体的外设中断分组如表 5.1 所列。由表可知,目前 F28335 支持 58 个外设中断。

3. CPU 级

F28335 的中断主要是可屏蔽中断,它们包括通用中断 INT1～INT14,以及 2 个为仿真而设计的中断即数据标志中断 DLOGINT 和实时操作系统中断 RTOSINT。可屏蔽中断能够用软件加以屏蔽或使能。

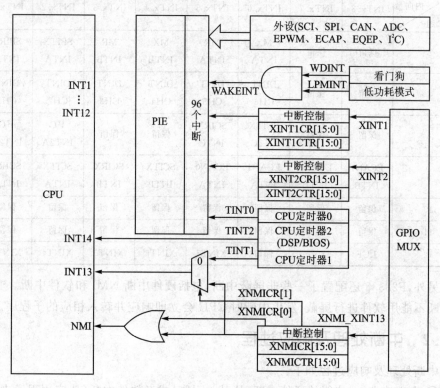

图 5.1 F28335 的三级中断结构

表 5.1 F28335 外设中断分组

PIE 组 \ PIE 组内向量	INTx.8	INTx.7	INTx.6	INTx.5	INTx.4	INTx.3	INTx.2	INTx.1
1	WAKE	TINT0	ADCINT	XINT2	XINT1	保留	SEQ2 INT	SEQ1 INT
2	保留	保留	EPWM6_TZINT	EPWM5_TZ INT	EPWM4_TZ INT	EPWM3_TZ INT	EPWM2_TZ INT	EPWM1_TZ INT
3	保留	保留	EPWM6_INT	EPWM5_INT	EPWM4_INT	EPWM3_INT	EPWM2_INT	EPWM1_INT
4	保留	保留	ECAP6_INT	ECAP5_INT	ECAP4_INT	ECAP3_INT	ECAP2_INT	ECAP1_INT
5	保留	保留	保留	保留	保留	保留	EQEP2_INT	EQEP1_INT

续表 5.1

PIE组内向量 \ PIE组	INTx.8	INTx.7	INTx.6	INTx.5	INTx.4	INTx.3	INTx.2	INTx.1
6	保留	保留	MXINTA	MRINTA	MXINTB	MRINTB	SPITXINTA	SPIRXINTA
7	保留	保留	DINTCH6	DINTCH5	DINTCH4	DINTCH3	DINTCH2	DINTCH1
8	保留	保留	SCITXINTC	SCIRXINTC	保留	保留	I^2CINT2A	I^2CINT2A
9	ECAN1INTB	ECAN0INTB	ECAN1INTA	ECAN0INTA	SCITXINTB	SCIRXINTB	SCITXINTA	SCIRXINTA
10	保留	保留	保留	保留	保留	保留	保留	保留
11	保留	保留	保留	保留	保留	保留	保留	保留
12	LUF	LVF	保留	XINT7	XINT6	XINT5	XINT4	XINT3

另外，F28335 还配置了一些非屏蔽中断，包括硬件中断 NMI 和软件中断。非屏蔽中断不能用软件进行屏蔽，发生中断时 CPU 会立即响应并转入相应的子程序。

5.1.2 中断处理及响应过程

中断处理及响应过程如下：

① 产生请求：由使能的硬件中断（从某一引脚）或者软件中断（从应用程序中）提出中断请求。

② 响应判断：对于可屏蔽中断，CPU 会按照一定的顺序进行测试，看是否满足中断条件，然后进行响应；对于非屏蔽硬件中断或软件中断，CPU 会立即响应。

③ 响应中断：CPU 首先要完整地执行完当前指令，清除流水线中还没有到达第二阶段的所有指令；将寄存器 T、ST1、ST0、AH、AL、PH、PL、AR1、AR0、DP、DBGSTAT、IER 和 PC 寄存器的内容保存到堆栈中，完成自动保护现场任务；取中断向量送 PC。

④ 中断服务：执行中断服务程序。

5.1.3 CPU 中断向量

CPU 中断向量是一个 22 位的地址，该地址是各中断服务程序的入口地址。F28335 支持 32 个 CPU 中断向量（包括复位向量）。每个 CPU 中断向量占 2 个连续的存储器单元。低地址单元保存中断向量的低 16 位，高地址单元保存中断向量的高 6 位。在一个中断被确定后，其 22 位的中断向量被取出（地址的高 10 位被忽略）。

32 个 CPU 中断向量占据的 64 个连续的存储单元，形成了 CPU 中断向量表。

第 5 章　F28335 的中断系统

CPU 中断向量表可以映射到程序空间的底部或顶部,这取决于状态寄存器 ST1 的向量映射位 VMAP,如果 VMAP＝0,向量表就映射在以 0x0000 0000 地址开始的存储区(0x0000 0000～0x0000 003F);如果 VMAP＝1,向量表就映射到以 0x3F FFC0 开始的存储区(0x3F FFC0～0x3F FFFF)。VMAP 位可以由 SETC VMAP 指令进行置 1,由 CLRC VMAP 指令清 0。VMAP 的复位默认为 1。F28335 的 CPU 中断向量和优先级如表 5.2 所列。

表 5.2　F28335 的 CPU 中断向量和优先级

向量	绝对地址(VMAP=1)	硬件优先级	说明
RESET	0x0000 0D00	1(最高)	复位
INT1	0x0000 0D02	5	可屏蔽中断 1
INT2	0x0000 0D04	6	可屏蔽中断 2
INT3	0x0000 0D06	7	可屏蔽中断 3
INT4	0x0000 0D08	8	可屏蔽中断 4
INT5	0x0000 0D0A	9	可屏蔽中断 5
INT6	0x0000 0D0C	10	可屏蔽中断 6
INT7	0x0000 0D0E	11	可屏蔽中断 7
INT8	0x0000 0D10	12	可屏蔽中断 8
INT9	0x0000 0D12	13	可屏蔽中断 9
INT10	0x0000 0D14	14	可屏蔽中断 10
INT11	0x0000 0D16	15	可屏蔽中断 11
INT12	0x0000 0D18	16	可屏蔽中断 12
INT13	0x0000 0D1A	17	XINT13 中断或 CPU 定时器 1 中断
INT14	0x0000 0D1C	18	CPU 定时器 2 中断
DLOGINT	0x0000 0D1E	19(最低)	CPU 数据记录中断
RTOSINT	0x0000 0D20	4	实时操作系统中断
EMUINT	0x0000 0D22	2	CPU 仿真中断
NMI	0x0000 0D24	3	非屏蔽中断
ILLEGAL	0x0000 0D26	—	非法指令捕获
USER1	0x0000 0D28	—	用户定义软中断(TRAP)
USER2	0x0000 0D2A	—	用户定义软中断(TRAP)
USER3	0x0000 0D2C	—	用户定义软中断(TRAP)
USER4	0x0000 0D2E	—	用户定义软中断(TRAP)
USER5	0x0000 0D30	—	用户定义软中断(TRAP)

第 5 章 F28335 的中断系统

续表 5.2

向 量	绝对地址（VMAP=1）	硬件优先级	说 明
USER6	0x0000 0D32	—	用户定义软中断（TRAP）
USER7	0x0000 0D34	—	用户定义软中断（TRAP）
USER8	0x0000 0D36	—	用户定义软中断（TRAP）
USER9	0x0000 0D38	—	用户定义软中断（TRAP）
USER10	0x0000 0D3A	—	用户定义软中断（TRAP）
USER11	0x0000 0D3C	—	用户定义软中断（TRAP）
USER12	0x0000 0D3E	—	用户定义软中断（TRAP）

注意：CPU 中断向量表的映射除了与 VMAP 有关外，还与 M0M1MAP(ST1 寄存器的第 11 位)、MP/MC(XINTCNF2 寄存器的第 8 位)、ENPIE(PIECTRL 寄存器的第 0 位)有关，如表 5.3 所列。M1 向量表和 M0 向量表只在 TI 公司芯片测试时才使用；XINTF 向量表是在扩展片外存储器且采用 MP 引导模式时才使用。

表 5.3 中断向量表映射配置表

向量表	向量位置	地址范围	VMAP	M0M1MAP	MP/MC	ENPIE
M1 向量表	M1SARAM	0x00 0000～0x00 003F	0	0	x	x
M0 向量表	M0SARAM	0x00 0000～0x00 003F	0	1	x	x
BROM 向量表	BOOT ROM	0x3F FFC0～0x3F FFFF	1	x	0	0
XINTF 向量表	XINTFZone7	0x3F FFC0～0x3F FFFF	1	x	1	0
PIE 向量表	PIE 存储单元	0x00 0D00～0x00 0DFF	1	x	x	1

由于 F28335 要用 PIE 模块进行外设的中断管理，用户真正使用的中断向量表是 PIE 向量表。但系统复位时是通过 BROM 区的复位向量（实际上该区仅用到了复位向量）完成系统的复位引导过程。

复位后用户程序要完成初始化 PIE 中断向量表，并对 PIE 中断向量表完成使能。在中断发生后，系统会从 PIE 中断向量表中获取中断向量。PIE 向量表的起始地址为 0x00 0D00。

5.1.4 CPU 级中断相关寄存器

CPU 级中断设置有中断标志寄存器 IFR、中断使能寄存器 IER 和调试中断使能寄存器 DBGIER。当某外设中断请求通过 PIE 模块发送到 CPU 级时，IFR 中与该中断相关的标志位 INTx 就会被置位（如 T0 的周期中断 TINT0 的请求到达 CPU 级时，IFR 中的标志位 INT1 就会被置位）。此时，CPU 并不马上进行中断服务，而是要判断 IER 寄存器允许位 INT1 是否已经使能（1 表示使能），并且 CPU 寄存器 ST1

中的全局中断屏蔽位 INTM 也要处于使能状态（INTM 为 0）。如果 IER 中的允许位 INT1 被置位了，并且 INTM 的值为 0，则该中断申请就会被 CPU 响应。

调试中断使能寄存器 DEBIER 用于实时仿真（仿真运行时实时访问存储器和寄存器）模式时的可屏蔽中断的使能和禁止。在 ST1 中设有类似 INTM 功能的 DEBM 屏蔽控制位。

IFR、IER 和 DBGIER 寄存器格式相同，如图 5.2 所示。

D15	D14	D13	D12	D11	D10	D9	D8
RTOSINT	DLOGINT	INT14	INT13	INT12	INT11	INT10	INT9
R/W-0	R/W-0	R/W-0	R/W-0	R/W-0	R/W-0	R/W-0	R/W-0
D7	D6	D5	D4	D3	D2	D1	D0
INT8	INT7	INT6	INT5	INT4	INT3	INT2	INT1
R/W-0	R/W-0	R/W-0	R/W-0	R/W-0	R/W-0	R/W-0	R/W-0

图 5.2 IFR、IER 和 DBGIER 寄存器各位信息

IFR 寄存器的某位为 1，表示对应的外设中断请求产生；IER 寄存器的某位为 1，表示对应的外设中断使能；DBGIER 寄存器的某位为 1，表示对应的外设中断的调试中断使能。

5.2 PIE 外设中断扩展模块

5.2.1 PIE 模块的结构

由于 F28335 片内含有丰富的外设，各外设根据不同的事件可以产生一个或多个不同优先级的外设级中断请求，而 F28335 的 CPU 仅能处理 32 个中断申请。因此，F28335 设置了一个专门对外设中断进行分组管理的模块，如图 5.3 所示。

当外设产生中断事件时，相应的中断标志位就置位，如果中断使能位已经使能，外设就会把中断请求提交给 PIE 模块。PIE 模块将片上外设和外部引脚的中断进行了分组，每组 8 个，一共 12 组，分别是 PIE1、PIE2、…、PIE12。

PIE 模块的每个组都有一个中断标志寄存器 PIEIFRx（$x=1,2,\cdots,12$）和中断使能寄存器 PIEIERx。每个寄存器的低 8 位对应 8 个外设中断（高 8 位保留）。

PIE 模块设有一个中断响应寄存器 PIEACK，它的低 12 位（0 号～11 号）分别对应 INT1～INT12 的 12 个组（高位保留）。例如，TINT0 中断响应时，PIEACK 寄存器的第 0 号位（即 ACK1，对应 INT1 组）就会被置位（封锁本组的其他中断），并且一直保持到应用程序清除这个位。在 CPU 响应 TINT0 过程中，ACK1 一直为 1，这时如果 PIE1 组内发生其他的外设中断，则暂时不会被 PIE 送给 CPU，而是必须等到 ACK1 被复位之后。ACK1 位复位后，如果该中断请求还存在，那么 PIE 模块就会将新中断请求送至 CPU。所以，每个外设中断响应后，一定要对 PIEACK 的相关位进

第 5 章　F28335 的中断系统

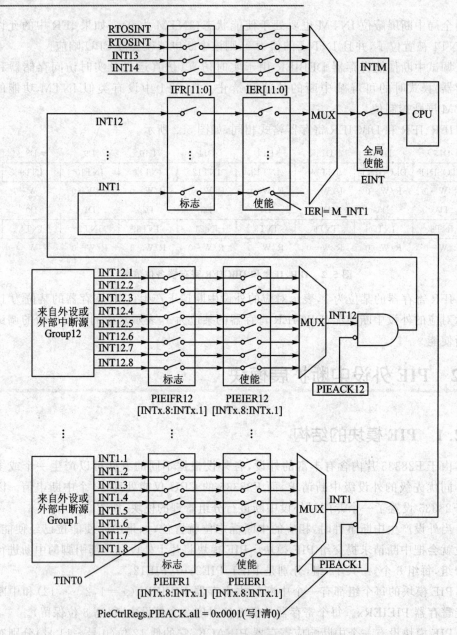

图 5.3　PIE 模块结构图

行软件复位,否则同组内的其他中断都不会被响应。

5.2.2　PIE 中断向量表映射

由表 5.3 可知,PIE 中断向量表存储于地址 0x0000 0D00～0x0000 0DFF 所在的数据存储器中。为了使这段存储器与中断向量表相对应,需要完成以下工作。

1. 定义函数型指针变量

一个函数在存储器中要占据一定的存储空间,这个空间的起始地址是用函数名来表示的,称为函数的入口地址。可以用指针指向这个入口地址,并通过该指针变量来调用这个函数。这种指针变量称为函数型指针变量,其一般形式为:

数据类型标识符(*指针变量名)();

例如:int(*p)();

上式定义了指针p,p指向的函数返回整型数据。注意:(*p)中的括弧不可缺少,标识p是先与*结合,表示是指针变量,然后再与后面的()结合,表示此指针指向函数。

在 TI 提供的 DSP2833x_PieVect.h 文件中定义了 PINT,是指向中断函数类型指针,然后利用结构体建立中断向量表变量类型 PIE_VECT_TABLE。即:

typedef interrupt void (*PINT)(void);

在上面的语句中,定义了指针 PINT 为指向 interrupt 型函数的指针类型。由于在使用 interrupt 时,函数应被定义成返回 void,而且无参数调用,因此在(*PINT)的后面加上(void),表示 PINT 是指向函数的指针,且无参数调用。在(*PINT)的前面加上 interrupt void,表示 PINT 指向中断函数。

这样,在描述 PIE 中断矢量表时,可以定义如下结构:

```
struct PIE_VECT_TABLE {
    PINT PIE1_RESERVED;
    PINT PIE2_RESERVED;
    PINT PIE3_RESERVED;
    ......
}
```

即该结构体的元素为函数指针类型。而 PIE_VECT_TABLE 是一个结构类型,结构体中所有成员均为中断函数的首地址(即指向中断函数的指针)。因此,在定义其成员如 PIE1_RESERVED 等时,要在其前面加 PINT 表示 PIE1_RESERVED 是 PINT 类型的变量,即指向中断函数的指针。

下面是 PIE_VECT_TABLE 定义的完整内容:

```
// Create a user type called PINT (pointer to interrupt):
Typedef interrupt void(*PINT)(void);
struct PIE_VECT_TABLE
{
    // Reset is never fetched from this table
    // It will always be fetched from 0x3F FFC0
    PINT    PIE1_RESERVED;
```

第 5 章 F28335 的中断系统

```
    PINT    PIE2_RESERVED;
    PINT    PIE3_RESERVED;
    PINT    PIE4_RESERVED;
    PINT    PIE5_RESERVED;
    PINT    PIE6_RESERVED;
    PINT    PIE7_RESERVED;
    PINT    PIE8_RESERVED;
    PINT    PIE9_RESERVED;
    PINT    PIE10_RESERVED;
    PINT    PIE11_RESERVED;
    PINT    PIE12_RESERVED;
    PINT    PIE13_RESERVED;
    // Non-Peripheral Interrupts:
    PINT    XINT13;                 //XINT13
    PINT    TINT2;                  //CPU - Timer2
    PINT    DATALOG;                //Datalogging interrupt
    PINT    RTOSINT;                //RTOS interrupt
    PINT    EMUINT;                 //Emulation interrupt
    PINT    XNMI;                   //Non - maskable interrupt
    PINT    ILLEGAL;                //Illegal operation TRAP
    PINT    USER1;                  //User defined trap 1
    PINT    USER2;                  //User defined trap 2
    PINT    USER3;                  //User defined trap 3
    PINT    USER4;                  //User defined trap 4
    PINT    USER5;                  //User defined trap 5
    PINT    USER6;                  //User defined trap 6
    PINT    USER7;                  //User defined trap 7
    PINT    USER8;                  //User defined trap 8
    PINT    USER9;                  //User defined trap 9
    PINT    USER10;                 //User defined trap 10
    PINT    USER11;                 //User defined trap 11
    INT     USER12;                 //User defined trap 12
    // Group 1 PIE Peripheral Vectors:
    PINT    SEQ1INT;                //ADC
    PINT    SEQ2INT;                //ADC
    PINT    rsvd1_3;
    PINT    XINT1;                  //External interrupt 1
    PINT    XINT2;
    PINT    ADCINT;                 //ADC
    PINT    TINT0;                  //Timer 0
    PINT    WAKEINT;                //WD
    // Group 2 PIE Peripheral Vectors:
```

```
    PINT    EPWM1_INT;              //EPWM-1
    PINT    EPWM2_INT;              //EPWM-2
    PINT    EPWM3_INT;              //EPWM-3
    PINT    EPWM4_INT;              //EPWM-4
    PINT    EPWM5_INT;              //EPWM-5
    PINT    EPWM6_INT;              //EPWM-6
    PINT    EPWM6_INT;              //EPWM-6
    PINT    rsvd2_7;
    PINT    rsvd2_8;
    ……
// Group 12 PIE Peripheral Vectors
    PINT    XINT3;                  //External interrupt
    PINT    XINT4;
    PINT    XINT5;
    PINT    XINT6;
    PINT    XINT7;
    PINT    rsvd12_6;
    PINT    LVF;                    //Latched overflow
    PINT    LUF;                    //Latched underflow
}
```

实际的 PIE 中断向量表在存储器中的定位如表 5.4 所列。

表 5.4 PIE 中断向量表存储器定位

中断名称	ID	低位地址	说明	CPU 优先级
Reset	0	0x00 0D00	复位向量取自 0x3F FFC0	1（最高）
INT1	1	0x00 0D02	不使用,见 PIE 组 1	5
INT2	2	0x00 0D04	不使用,见 PIE 组 2	6
INT3	3	0x00 0D06	不使用,见 PIE 组 3	7
INT4	4	0x00 0D08	不使用,见 PIE 组 4	8
INT5	5	0x00 0D0A	不使用,见 PIE 组 5	9
INT6	6	0x00 0D0C	不使用,见 PIE 组 6	10
INT7	7	0x00 0D0E	不使用,见 PIE 组 7	11
INT8	8	0x00 0D10	不使用,见 PIE 组 8	12
INT9	9	0x00 0D12	不使用,见 PIE 组 9	13
INT10	10	0x00 0D14	不使用,见 PIE 组 10	14
INT11	11	0x00 0D16	不使用,见 PIE 组 11	15
INT12	12	0x00 0D18	不使用,见 PIE 组 12	16

第5章 F28335 的中断系统

续表 5.4

中断名称	ID	低位地址	说 明	CPU 优先级
INT13	13	0x00 0D1A	XINT13 或 CPU 定时器 1	17
INT14	14	0x00 0D1C	CPU 定时器 2(RTOS use)	18
DLOGINT	15	0x00 0D1E	CPU 数据记录中断	19(最低)
RTOSINT	16	0x00 0D20	CPU 实时操作系统中断	4
EMUINT	17	0x00 0D22	CPU 仿真中断	2
NMI	18	0x00 0D24	外部非屏蔽中断	3
ILLEGAL	19	0x00 0D26	非法操作	
USER1	20	0x00 0D28	用户定义的陷阱(Trap)	
USER2	21	0x00 0D2A	用户定义的陷阱(Trap)	
…	…	…	…	…
USER12	31	0x00 0D3E	用户定义的陷阱(Trap)	

注:PIE 向量表各单元均受 EALLOW 保护;向量 ID 用于 DSP/BIOS。

2. 定义 PIE 中断向量表类型变量并分配地址

在 TI 提供的 DSP2833x_GlobalVariableDefs.c 文件中定义了中断向量表类型变量 PieVectTable,并通过该变量定义"在数据空间的段名" PieVectTableFile:

struct PIE_VECT_TABLE PieVectTable;
pragma DATA_SECTION(PieVectTable,"PieVectTableFile");

然后在编译命令文件 DSP2833x_Headers_nonBIOS.cmd 中,为中断向量表确定存储空间:

```
MEMORY
{
    PAGE 1: /* Data Memory */
    ……
    //PIE Vector Table
    PIE_VECT : origin = 0x000D00, length = 0x000100
    ……
}
SECTIONS
{
    PieVectTableFile : > PIE_VECT, PAGE = 1
    ……
}
```

3. 定义 PIE 中断向量表变量并初始化

在 TI 提供的 DSP2833x_PieVect.c 文件中，有如下内容：

```
const struct PIE_VECT_TABLE PieVectTableInit = {
    PIE_RESERVED,              //0    Reserved space
    PIE_RESERVED,              //1    Reserved space
    PIE_RESERVED,              //2    Reserved space
    PIE_RESERVED,              //3    Reserved space
    PIE_RESERVED,              //4    Reserved space
    PIE_RESERVED,              //5    Reserved space
    PIE_RESERVED,              //6    Reserved space
    PIE_RESERVED,              //7    Reserved space
    PIE_RESERVED,              //8    Reserved space
    PIE_RESERVED,              //9    Reserved space
    PIE_RESERVED,              //10   Reserved space
    PIE_RESERVED,              //11   Reserved space
    PIE_RESERVED,              //12   Reserved space
// Non-Peripheral Interrupts
    INT13_ISR,                 //XINT13 or CPU - Timer1
    INT14_ISR,                 //CPU - Timer2
    DATALOG_ISR,               //Datalogging interrupt
    RTOSINT_ISR,               //RTOS interrupt
    EMUINT_ISR,                //Emulation interrupt
    NMI_ISR,                   //Non-maskable interrupt
    ILLEGAL_ISR,               //Illegal operation TRAP
    USER1_ISR,                 //User Defined trap 1
    USER2_ISR,                 //User Defined trap 2
    USER3_ISR,                 //User Defined trap 3
    USER4_ISR,                 //User Defined trap 4
    USER5_ISR,                 //User Defined trap 5
    USER6_ISR,                 //User Defined trap 6
    USER7_ISR,                 //User Defined trap 7
    USER8_ISR,                 //User Defined trap 8
    USER9_ISR,                 //User Defined trap 9
    USER10_ISR,                //User Defined trap 10
    USER11_ISR,                //User Defined trap 11
    USER12_ISR,                //User Defined trap 12
// Group 1 PIE Vectors
    SEQ1INT_ISR,               //1.1  ADC
    SEQ2INT_ISR,               //1.2  ADC
    rsvd_ISR,                  //1.3
    XINT1_ISR,                 //1.4
```

第 5 章 F28335 的中断系统

```
        XINT2_ISR,                      //1.5
        ADCINT_ISR,                     //1.6 ADC
        TINT0_ISR,                      //1.7 Timer 0
        WAKEINT_ISR,                    //1.8 WD, Low Power
        ……
// Group 12 PIE Vectors
        XINT3_ISR,                      //12.1
        XINT4_ISR,                      //12.2
        XINT5_ISR,                      //12.3
        XINT6_ISR,                      //12.4
        XINT7_ISR,                      //12.5
        rsvd_ISR,                       //12.6
        LVF_ISR,                        //12.7
        LUF_ISR,                        //12.8
};
void InitPieVectTable(void)
{
    INT16   i;
    UNLONG * Source = (UNLONG * ) &PieVectTableInit;
    UNLONG * Dest = (UNLONG * ) &PieVectTable;
    EALLOW;
    for(i = 0; i < 128; i++)
    * Dest++ = * Source++;
    EDIS;
}
```

4. 编写中断服务程序

```
Uint16 Flag = 1;
interrupt void XINT1_ISR(void)   //XINT1 中断服务程序
{
    if(!Flag)Flag = 1;
    else Flag = 0;
    //允许下一次 PIE 中断
    PieCtrlRegs.PIEACK.all = PIEACK_GROUP1;
    asm(" RPT #250||NOP");
}
interrupt void PIE_RESERVED(void)    //用于测试的保留空间
{
    asm(" ESTOP0");
    for(;;);
}
```

5.2.3 PIE 模块相关寄存器

与 PIE 模块相关的控制寄存器有 26 个,其中 12 个 PIE 中断标志寄存器 PIE-IFRx($x=1,2,\cdots,12$),12 个 PIE 中断允许寄存器 PIEIERx($x=1,2,\cdots,12$),1 个 PIE 控制寄存器 PIECTRL,以及 1 个 PIE 响应寄存器 PIEACK。PIE 模块控制寄存器如表 5.5 所列。

表 5.5　PIE 模块控制寄存器

名　称	地址(H)	长度(×16 位)	说　明
PIECTRL	00 0CE0	1	PIE 控制寄存器
PIEACK	00 0CE1	1	PIE 中断响应寄存器
PIEIER1	00 0CE2	1	PIE,INT1 组中断使能寄存器
PIEIFR1	00 0CE3	1	PIE,INT1 组中断标志寄存器
PIEIER2	00 0CE4	1	PIE,INT2 组中断使能寄存器
PIEIFR2	00 0CE5	1	PIE,INT2 组中断标志寄存器
PIEIER3	00 0CE6	1	PIE,INT3 组中断使能寄存器
PIEIFR3	00 0CE7	1	PIE,INT3 组中断标志寄存器
PIEIER4	00 0CE8	1	PIE,INT4 组中断使能寄存器
PIEIFR4	00 0CE9	1	PIE,INT4 组中断标志寄存器
PIEIER5	00 0CEA	1	PIE,INT5 组中断使能寄存器
PIEIFR5	00 0CEB	1	PIE,INT5 组中断标志寄存器
PIEIER6	00 0CEC	1	PIE,INT6 组中断使能寄存器
PIEIFR6	00 0CED	1	PIE,INT6 组中断标志寄存器
PIEIER7	00 0CEE	1	PIE,INT7 组中断使能寄存器
PIEIFR7	00 0CEF	1	PIE,INT7 组中断标志寄存器
PIEIER8	00 0CF0	1	PIE,INT8 组中断使能寄存器
PIEIFR8	00 0CF1	1	PIE,INT8 组中断标志寄存器
PIEIER9	00 0CF2	1	PIE,INT9 组中断使能寄存器
PIEIFR9	00 0CF3	1	PIE,INT9 组中断标志寄存器
PIEIER10	00 0CF4	1	PIE,INT10 组中断使能寄存器
PIEIFR10	00 0CF5	1	PIE,INT10 组中断标志寄存器
PIEIER11	00 0CF6	1	PIE,INT11 组中断使能寄存器
PIEIFR11	00 0CF7	1	PIE,INT11 组中断标志寄存器
PIEIER12	00 0CF8	1	PIE,INT12 组中断使能寄存器
PIEIFR12	00 0CF9	1	PIE,INT12 组中断标志寄存器
保留	0CFA~0CFF	6	保留

第5章 F28335 的中断系统

1. PIE 中断控制寄存器 PIECTRL

PIE 控制寄存器 PIECTRL 的位格式如图 5.4 所示。

D15～D1	D0
PIEVECT	ENPIE
R-0	R/W-0

图 5.4 PIE 控制寄存器 PIECTRL 的位格式

PIEVECT：该寄存器的高 15 位(位 15～位 1)表示 PIE 向量表中的中断向量地址(忽略最低位)。读 PIECTRL 寄存器，再把最低位置 0，就可以判断是哪个中断发生了。

ENPIE：PIE 中断向量表的使能位。如果置 1，则发生中断时，CPU 会从 PIE 中断向量表中读取中断向量。

2. PIE 中断响应寄存器 PIEACK

PIE 中断响应寄存器 PIEACK 的位格式如图 5.5 所示。

D15～D12	D11～D0
Reserved	PIEACKx
R-0	RW1C-0

图 5.5 PIE 中断响应寄存器 PIEACK 的位格式

PIEACKx：该寄存器的低 12 位(位 11～位 0)分别对应 12 组 CPU 中断(INT12～INT1)。当 CPU 响应某个中断时，该寄存器的对应位自动置 1，从而阻止了本组其他中断申请向 CPU 的传递。在中断服务程序中，通过对该位清 0(写 1 清 0)才能开放本组后续的中断申请。

PIE 模块设置的 PIEACK 寄存器，使得同组同一时间只能放一个 PIE 中断过去。只有等到这个中断被响应，给 PIEACK 置位，才能让同组的下一个中断过去。

3. PIE 中断标志寄存器 PIEIFRx 和使能寄存器 PIEIERx

PIEIFRx($x=1,2,\cdots,12$)和 PIEIERx($x=1,2,\cdots,12$)的位格式相同，如图 5.6 所示。

D15～D8	D7	D6	D5	D4	D3	D2	D1	D0
Reserved	INTx.8	INTx.7	INTx.6	INTx.5	INTx.4	INTx.3	INTx.2	INTx.1
R-0	R/W-0	R/W-0	R/W-0	R/W-0	R/W-0	R/W-0	R/W-0	R/W-0

图 5.6 寄存器 PIEIFRx 和 PIEIERx 的位格式

INTx.y($y=1,2,\cdots,8$)：对于 PIEIFRx，外设产生中断事件时，相应的中断标志位置位。当该中断响应后，相应位会自动清 0，也可以用程序写 1 清 0；对于 PIEIERx，某位为 1 表示相应的中断请求被使能，某位为 0 表示相应的中断请求被屏蔽，中断响应后该位被自动清 0。

4. 外中断相关寄存器

F28335 支持 XINT1～XINT7 以及 XNMI，一共 8 路外部引脚中断。通过寄存器 XINTnCR($n=1,2,\cdots,7$)可使能或禁止 7 路中断中的任意一个，同时可将每路配置为正或负边沿触发；通过 XNMICR 寄存器可使能或禁止 XNMI 外部引脚中断，同时可配置为正或负边沿触发。

(1) XINTnCR($n=1,2,\cdots,7$)

XINTnCR 寄存器的位定义相同，格式如图 5.7 所示。

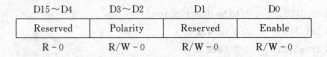

图 5.7　XINT1CR 和 XINT2CR 寄存器的位格式

D3～D2 是触发极性控制位：00 表示下降沿；01 表示上升沿；10 表示下降沿；11 表示上升、下降沿。

D0 是中断使能或禁止位：0 表示禁止；1 表示使能。

(2) XNMICR

XNMICR 寄存器的位格式如图 5.8 所示。

D15～D4	D3～D2	D1	D0
Reserved	Polarity	Select	Enable
R-0	R/W-0	R/W-0	R/W-0

图 5.8　XNMICR 寄存器的位格式

D3～D2 是触发极性控制位：00 表示下降沿；01 表示上升沿；10 表示下降沿；11 表示上升、下降沿。

D0 是中断使能或禁止位：0 表示禁止；1 表示使能。

(3) XINT1CTR、XINT2CTR、XNMICTR

XINT1、XINT2 及 XNMI 分别具有 16 位的计数器，当中断边沿到来或系统复位会自动清 0。其相关的寄存器具有相同的位信息且功能相同，如图 5.9 所示。

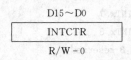

图 5.9　XINT1CTR、XINT2CTR、XNMICTR 寄存器的位格式

5.2.4　PIE 模块寄存器的程序操作

1. PIE 控制寄存器的位结构描述

在 TI 提供的文件 DSP2833x_PieCtrl.h 中有如下定义：

```c
struct PIECTRL_BITS {        //bits description
    Uint16 ENPIE:1;          //0 Enable PIE block
    Uint16 PIEVECT:15;       //15:1 Fetched vector address
};
union PIECTRL_REG {
    Uint16 all;
    struct PIECTRL_BITS bit;
};
// PIEIER: Register bit definitions:
struct PIEIER_BITS {         //bits description
    Uint16 INTx1:1;          //0 INTx.1
    Uint16 INTx2:1;          //1 INTx.2
    Uint16 INTx3:1;          //2 INTx.3
    Uint16 INTx4:1;          //3 INTx.4
    Uint16 INTx5:1;          //4 INTx.5
    Uint16 INTx6:1;          //5 INTx.6
    Uint16 INTx7:1;          //6 INTx.7
    Uint16 INTx8:1;          //7 INTx.8
    Uint16 rsvd:8;           //15:8 reserved
};
union PIEIER_REG {
    Uint16 all;
    struct PIEIER_BITS bit;
};
// PIEIFR: Register bit definitions:
struct PIEIFR_BITS {         //bits description
    Uint16 INTx1:1;          //0 INTx.1
    Uint16 INTx2:1;          //1 INTx.2
    Uint16 INTx3:1;          //2 INTx.3
    Uint16 INTx4:1;          //3 INTx.4
    Uint16 INTx5:1;          //4 INTx.5
    Uint16 INTx6:1;          //5 INTx.6
    Uint16 INTx7:1;          //6 INTx.7
    Uint16 INTx8:1;          //7 INTx.8
    Uint16 rsvd:8;           //15:8 reserved
};
union PIEIFR_REG {
    Uint16 all;
    struct PIEIFR_BITS bit;
};
// PIEACK: Register bit definitions:
struct PIEACK_BITS {         //bits description
```

```c
    Uint16 ACK1:1;       //0 Acknowledge PIE interrupt group 1
    Uint16 ACK2:1;       //1 Acknowledge PIE interrupt group 2
    Uint16 ACK3:1;       //2 Acknowledge PIE interrupt group 3
    Uint16 ACK4:1;       //3 Acknowledge PIE interrupt group 4
    Uint16 ACK5:1;       //4 Acknowledge PIE interrupt group 5
    Uint16 ACK6:1;       //5 Acknowledge PIE interrupt group 6
    Uint16 ACK7:1;       //6 Acknowledge PIE interrupt group 7
    Uint16 ACK8:1;       //7 Acknowledge PIE interrupt group 8
    Uint16 ACK9:1;       //8 Acknowledge PIE interrupt group 9
    Uint16 ACK10:1;      //9 Acknowledge PIE interrupt group 10
    Uint16 ACK11:1;      //10 Acknowledge PIE interrupt group 11
    Uint16 ACK12:1;      //11 Acknowledge PIE interrupt group 12
    Uint16 rsvd:4;       //15:12 reserved
};
union PIEACK_REG {
    Uint16 all;
    struct PIEACK_BITS bit;
};
//*******************************************************
// PIE Control Register File:
Struct PIE_CTRL_REGS {
    union PIECTRL_REG PIECRTL;      //PIE control register
    union PIEACK_REG  PIEACK;       //PIE acknowledge
    union PIEIER_REG  PIEIER1;      //PIE INT1 IER register
    union PIEIFR_REG  PIEIFR1;      //PIE INT1 IFR register
    union PIEIER_REG  PIEIER2;      //PIE INT2 IER register
    union PIEIFR_REG  PIEIFR2;      //PIE INT2 IFR register
    union PIEIER_REG  PIEIER3;      //PIE INT3 IER register
    union PIEIFR_REG  PIEIFR3;      //PIE INT3 IFR register
    union PIEIER_REG  PIEIER4;      //PIE INT4 IER register
    union PIEIFR_REG  PIEIFR4;      //PIE INT4 IFR register
    union PIEIER_REG  PIEIER5;      //PIE INT5 IER register
    union PIEIFR_REG  PIEIFR5;      //PIE INT5 IFR register
    union PIEIER_REG  PIEIER6;      //PIE INT6 IER register
    union PIEIFR_REG  PIEIFR6;      //PIE INT6 IFR register
    union PIEIER_REG  PIEIER7;      //PIE INT7 IER register
    union PIEIFR_REG  PIEIFR7;      //PIE INT7 IFR register
    union PIEIER_REG  PIEIER8;      //PIE INT8 IER register
    union PIEIFR_REG  PIEIFR8;      //PIE INT8 IFR register
    union PIEIER_REG  PIEIER9;      //PIE INT9 IER register
    union PIEIFR_REG  PIEIFR9;      //PIE INT9 IFR register
    union PIEIER_REG  PIEIER10;     //PIE INT10 IER register
```

```
        union PIEIFR_REG PIEIFR10;        //PIE INT10 IFR register
        union PIEIER_REG PIEIER11;        //PIE INT11 IER register
        union PIEIFR_REG PIEIFR11;        //PIE INT11 IFR register
        union PIEIER_REG PIEIER12;        //PIE INT12 IER register
        union PIEIFR_REG PIEIFR12;        //PIE INT12 IFR register
};
#define PIEACK_GROUP1     0x0001;
#define PIEACK_GROUP2     0x0002;
#define PIEACK_GROUP3     0x0004;
#define PIEACK_GROUP4     0x0008;
#define PIEACK_GROUP5     0x0010;
#define PIEACK_GROUP6     0x0020;
#define PIEACK_GROUP7     0x0040;
#define PIEACK_GROUP8     0x0080;
#define PIEACK_GROUP9     0x0100;
#define PIEACK_GROUP10    0x0200;
#define PIEACK_GROUP11    0x0400;
#define PIEACK_GROUP12    0x0800;
//*********************************************************
// PIE Control Registers
// External References & Function Declarations:
// Extern volatile struct PIE_CTRL_REGS PieCtrlRegs;
```

2. 定义 PIE 控制寄存器变量并分配地址

在 TI 提供的 DSP2833x_GlobalVariableDefs.c 文件中定义了 PIE 控制寄存器类型变量 PieCtrlRegs,并通过该变量定义"在数据空间的段名" PieCtrlRegsFile：

```
#pragma DATA_SECTION(PieCtrlRegs,"PieCtrlRegsFile");
volatile struct PIE_CTRL_REGS PieCtrlRegs;
```

然后,在编译命令文件 DSP281x_Headers_nonBIOS.cmd 中,为 PIE 控制寄存器确定存储空间：

```
MEMORY
{
    PAGE 1: /* Data Memory */
    ……
    PIE_CTRL : origin = 0x000CE0, length = 0x000020
    ……
}
SECTIONS
{
    PieCtrlRegsFile : > PIE_CTRL, PAGE = 1
```

......
}

3. PIE 控制寄存器初始化

在 TI 提供的 DSP28335x_PieCtrl.c 文件中有如下函数：

```
void InitPieCtrl(void)
{
    DINT;                           //Disable interrupts at the CPU level
    PieCtrlRegs.PIECRTL.bit.ENPIE = 0;    //Disable the PIE
    // Clear all PIEIER registers:
    PieCtrlRegs.PIEIER1.all = 0;
    ......
    PieCtrlRegs.PIEIER12.all = 0;
    // Clear all PIEIFR registers:
    PieCtrlRegs.PIEIFR1.all = 0;
    ......
    PieCtrlRegs.PIEIFR12.all = 0;
}
// This function enables the PIE module and CPU interrupts
void EnableInterrupts()
{
    // Enable the PIE
    PieCtrlRegs.PIECRTL.bit.ENPIE = 1;
    // Enables PIE to drive a pulse into the CPU
    PieCtrlRegs.PIEACK.all = 0xFFFF;
    // Enable Interrupts at the CPU level
    EINT;
}
```

5.3 非屏蔽中断

非屏蔽中断是指不能通过软件进行禁止和允许的中断，CPU 检测到有这类中断请求时会立即响应，并转去执行相应的中断服务子程序。F28335 的非屏蔽中断包括：软件中断、硬件中断 NMI、非法指令中断 ILLEGAL 和硬件复位中断 XRS。

5.3.1 软件中断

1. INTR 指令

INTR 指令用于执行某个特定的中断服务程序。该指令可以避开硬件中断机制而将程序流程直接转向由 INTR 指令的参数所对应的中断服务程序。指令的参数为：INT1～INT14、DLOGINT、RTOSINT 和 NMI。例如：

```
INTR INT1;        //直接执行 INT1 中断服务程序
```

2. TRAP 指令

TRAP 指令用于通过使用中断向量号来调用相应的中断服务子程序。该指令的中断向量号范围是 0～31。

5.3.2 非法指令中断

当 F28335 CPU 执行无效的指令时，就会触发非法指令中断。若程序跳入非法中断，TI 并未给出具体的解决方案。建议读者可在该中断服务程序使能看门狗加入死循环，从而触发软件复位：

```
interrupt void ILLEGAL_ISR(void)    //Illegal operation trap
{
    asm("          ESTOP0");
    EALLOW;
    SysCtrlRegs.WDCR = 0x002B;
    EDIS;
    while(1)
    {
        //Wait for watchdog reset
    }
}
```

5.3.3 硬件 NMI 中断

由于 NMI 中断与 INT13 共用引脚，如果要用非屏蔽中断功能，就要将控制寄存器 XNMICR 的 D0 位设置为 1（如图 5.8 所示）。当 D0 位为 1 时，CPU 中断 NMI 和 INT13 都可能会发生，具体的配置如表 5.6 所列。

表 5.6 NMI 和 INT13 中断配置表

D0	D1	NMI	INT13	时间戳
0	0	禁止	CPU 定时器 1	无
0	1	禁止	XNMI_XINT13 引脚	无
1	0	XNMI_XINT13 引脚	CPU 定时器 1	XNMI_XINT13 引脚
1	1	XNMI_XINT13 引脚	XNMI_XINT13 引脚	XNMI_XINT13 引脚

对于外部引脚中断，可以利用 16 位的计数器记录中断发生的时刻。该计数器在中断发生时和系统复位时清 0。

5.3.4 硬件复位中断 XRS

硬件复位 XRS 是 F28335 中优先级最高的中断。发生硬件复位时,CPU 会到 0x3F FFC0 地址去取复位向量,执行复位引导程序。

5.4 中断应用实例——如何创建中断嵌套服务程序

1. 主程序

```
Int main(void)
{
    DisableDog();
    //---------- Sys_Init() --------------
    InitPll(0x0A);
    InitSysCtrl();
    InitPieCtrl();
    InitPieVectTable();
    // Enable CPU INT3 and clear all CPU interrupt flags
    IER |= (M_INT3);
    IFR = 0x0000;
    MemCopy(&RamLoadStart, &RamLoadEnd, &RamRunStart);
    InitFlash();
    InitCpuTimers();
    PWMInit();
    ADInit();
    GPIOInit();
    EINT;
    EnableDog();
    while (1)                   //The start point of main function
    {
        ServiceDog();
        ......
}
```

2. 中断服务程序

```
interrupt void EPWM1_INT_ISR(void)   //Underflow interrupt   INT3.1
{
    EPwm1Regs.ETCLR.bit.INT = 1;        //Clear INT flag
    // Acknowledge group3 interrupt
    PieCtrlRegs.PIEACK.all = PIEACK_GROUP3;
```

```
        //The interrupt triggered by bEPWM1 event
        objSystem.m_st_wFlagSystem.bEPWM1IntFlag = 1;
        EPWM_INT_ISR();
}
interrupt void EPWM2_INT_ISR(void)    //Period interrupt    INT3.2
{
        EPwm2Regs.ETCLR.bit.INT = 1;     // Clear INT flag for this timer
        // Acknowledge group3 interrupt
        PieCtrlRegs.PIEACK.all = PIEACK_GROUP3;
        //The interrupt triggered by bEPWM2 event
        objSystem.m_st_wFlagSystem.bEPWM1IntFlag = 0;
        EPWM_INT_ISR();
}
```

第 6 章

模/数转换单元 ADC

现实世界中的电压、电流、温度等模拟量如何转换成数字量提供给 DSP 等微控制器？模/数转换器 ADC 模块就是连接模拟量与数字量之间的桥梁。本章以 F28335 为例介绍 F2833x 系列 DSP 内部 ADC 模块的性能、工作特点及其工作方式，并与大家熟悉的 F281x 系列 ADC 模块进行比较，希望读者快速掌握其使用方法和性能特点。

6.1 ADC 模块概述

6.1.1 ADC 模块构成及原理

F28335 DSP 的 ADC 模块与之前系列 DSP 功能类似，使用过其他 28x 系列 ADC 的读者对于 F28335 ADC 的基本功能的使用肯定不会陌生。

1. F28335 的 ADC 模块与 F281x 的相同点

- 12 位的分辨率，内置双组采样/保持器(S/H)。
- 16 路模拟输入（0～3 V）。
- 2 个模拟输入复选器：每通道 8 路模拟输入。
- 2 个采样/保持单元（每组一个）。
- 串行、并行 2 种采样工作模式。
- 2 个独立的 8 通道序列化：双序列化模式＋级联模式。
- 16 个独立的结果转换寄存器(分别设定地址)保存转换结构。
- ADC 采样端口的最高输入电压为 3 V，设计时一般最大值设定在 3 V 的 80%左右，如果电压超过 3 V 或输入负压则会烧毁 DSP。

2. F28335 的 ADC 模块与 F281x 的不同点

- F281x 系列 ADC 模块的时钟频率最高可配置成 25 MHz，采样频率最高为 12.5 MHz，但 F28335 ADC 模块的时钟频率最高只可配置成 12.5 MHz，采样频率最高为 6.25 MHz。
- 3 种序列启动(SOC)方式中除相同的软件直接启动和外部引脚启动外，在

第 6 章 模/数转换单元 ADC

- F281x 有 EVA、EVB 事件管理器启动,而在 F28335 中是 ePWM1~6 模块启动。
- ✓ F281x 不具备 ADC 采样校准功能,只能借助外部引脚电平的准确度来提高其采样精度,2808 虽然提供采样校正功能,但需要用户编程实现;而 F28335 芯片出厂时已将该功能程序 ADC_Cal()固化于 TI 保留的 OTP ROM 中,用户只需上电调用即可。
- ✓ F281x 的 ADC 转换结果存放在结果寄存器的高 12 位,而 F28335 的 ADC 转换结果可根据相关的配置存放在结果寄存器的低 12 位。

3. ADC 模块的结构

F28335 的内部 ADC 模块是一个 12 位分辨率的、具有流水线架构的模/数转换器,其内部结构如图 6.1 所示。

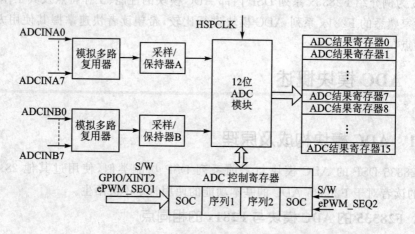

图 6.1 F28335 ADC 模块结构图

从图 6.1 可知:
- ✓ F28335 的 ADC 模块一共有 16 个采样通道,分成两组,一组为 ADCINA0~ADCINA7,另一组为 ADCINB0~ADCINB7。
- ✓ A 组采样通道使用采样保持器 A;B 组采样通道使用采样保持器 B。
- ✓ ADC 模块具有多个输入通道,但是内部只有一个转换器。当有多路信号需要转换时,ADC 模块通过 Analog MUX(模拟多路复用器)的控制,同一时间只允许 1 路信号输入到 ADC 的转换器,这就是 SOC 排序器的作用。
- ✓ F28335 具有两种排序方式:双排序模式和级联模式。双排序模式下,ADC 排序器由两个 8 状态排序器 SEQ1 和 SEQ2 组成;级联模式下,SEQ1 和 SEQ2 级联成一个 16 状态排序器 SEQ,图 6.2 所示为双排序模式和级联模式的工作示意图。

双排序模式下,SEQ1 和 SEQ2 这 2 个 8 状态序列发生器分别对应于 2 组采样通道:SEQ1 对应 A 组通道 ADCINA0~ADCINA7,SEQ2 对应 B 组采样通道

第6章 模/数转换单元 ADC

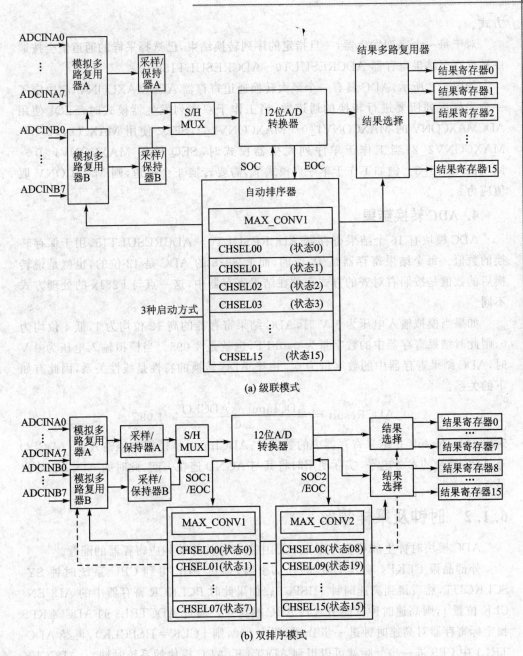

图 6.2 F28335 不同排序方式的工作示意图

ADCINB0～ADCINB7。其中，SEQ1 的启动方式有 3 种，即软件启动方式、ePWM_SOCA 启动方式和 GPIO/XINT2 外部引脚启动方式；SEQ2 的启动方式有 2 种，即软件启动方式和 ePWM_SOCB 启动方式。当 ADC 级联成一个 16 通道模块时，SEQ1 和 SEQ2 也级联成一个 16 状态的序列发生器 SEQ，此时需借用 SEQ1 的启动方式。

对于每一个序列发生器,一旦指定的序列转换结束,已选择采样的通道值会按顺序被保存至结果寄存器 ADCRESULT0~ADCRESULT15 中。

如图 6.2 所示,ADC 具有一个最大转换通道寄存器 ADCMAXCONV,它决定了一个采样序列所要进行转换的通道数:当工作于双序列发生器模式时,SEQ1 使用 ADCMAXCONV 的 MAXCONV1_0~MAXCONV1_2,SEQ2 使用 MAXCONV2_0~MAXCONV2_2;当工作于单序列发生器模式时,SEQ 使用 MAXCONV1_0~MAXCONV1_3。例如工作于单序列模式下,需要转换 4 个通道,则 MAXCONV 取值应为 3。

4. ADC 转换结果

ADC 模块有 16 个结果寄存器 ADCRESULT0~ADCRESULT15,用于保存转换的数值。每个结果寄存器是 16 位的,而 F28335 的 ADC 是 12 位的,也就是说转换后的数值是按照右对齐的方式存放在结果寄存器中,这一点与 F281x 的处理方式不同。

如果当模拟输入电压为 3 V 时,ADC 结果寄存器的高 12 位均为 1,低 4 位均为 0,则此时结果寄存器中的数字量为 0x0FFF,也就是 4 095。当模拟输入电压为 0 V 时,ADC 结果寄存器中的数字量为 0。由于 ADC 转换的特性是线性关系,因此有如下的关系:

$$\text{ADCResult} = \frac{\text{ADCInput} - \text{ADCLO}}{3.0} \times 4\,095$$

式中:ADCResult 是结果寄存器中的数字量;ADCInput 是模拟电压输入量;ADCLO 是 ADC 转换的参考电平,实际使用时将其与 AGND 连在一起,此时的 ADCLO 的值是 0。

6.1.2 时钟及采样频率

ADC 模块时钟生成可参考图 6.3,图中各部分均标明相应寄存器的配置。

外部晶振 CLKIN 输入 DSP 的外部引脚,通过 PLL 得到 CPU 系统时钟 SYSCLKOUT,然后得到高速时钟 HISPCP。如果此时 PCLKCR 寄存器中的 ADCENCLK 位置 1,则高速时钟就能引入到 ADC 模块中。通过 ADCTRL3 的 ADCCLKPS 预定标寄存器对高速时钟进一步分频(若为 000,则 FCLK=HSPCLK),再经 ADCTRL1 中 CPS 进一步分频就可以得到 ADCCLK(ADC 模块的系统时钟)。ADCCLK 时钟后又有一个 ADCTRL1 中的 ACQ_PS 位用来分频 ADCCLK 时钟,用于指定 ADC 的采样窗口。

注意:不要将 ADCCLK 设置成最高的 12.5 MHz;采样窗口必须保证 ADC 采样电容能够有足够的时间来反映输入引脚的电压信号,因此不要将 ACQ_PS 设置成 0,除非外部电路已经做了处理。

第6章 模/数转换单元 ADC

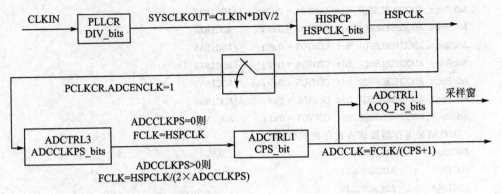

注：采样窗 = (ACQ_PS + 1) × (1/ADCCLK)。

图 6.3 ADC 时钟生成示意图

6.1.3 ADC 采样工作方式

介绍 ADC 工作方式之前，我们先来了解 ADC 的两种采样顺序：顺序采样和同步采样。

顺序采样就是按照序列发生器选择顺序每个通道逐个进行采样。通道选择控制寄存器中 CONVxx 的 4 位均用来定义输入引脚，最高位表示组号（0 表示 A 组，1 表示 B 组），低 3 位表示组内偏移量（即某组中某个特定引脚）。例如：CONVxx 的数值是 0110b，说明选择的输入通道是 ADCINA6；CONVxx 的数值是 1010b，说明选择的输入通道是 ADCINB2。

同步采样是按照序列发生器选择顺序逐对通道进行采样，即 ADCINA 组与 ADCINB 组的相同偏移量为一对。因此，通道选择控制寄存器中的 CONVxx 只有低 3 位数据有效。例如，若 CONVxx 的数值是 0011b，则采样/保持器 A 对通道 ADCINA3 进行采样，紧接着采样/保持器 B 对通道 ADCINB3 进行采样。

ADC 的采样方式与排序器的工作模式相结合可构成 ADC 的 4 种工作方式：顺序采样的级联模式、顺序采样的双序列模式、同步采样的级联模式和同步采样的双序列模式。下面直接给出例程以便读者理解。

1. 顺序采样的级联模式

顺序采样的级联模式是最常用的一种方式，即将 8 个通道合并成一个 16 通道，因此只需一个排序器 SEQ。每次只采一个通道，最多采集 16 次。

【例 6.1】 采集 8 个通道，按照 A6、A7、A4、A5、A2、A3、B0、B2 的顺序。

```
AdcRegs.ADCTRL3.bit.SMODE_SEL = 0x0;            //顺序采样模式
AdcRegs.ADCtrl1.bit.SEQ_CASC = 0x01;            //级联模式
AdcRegs.ADCMAXCONV.all = 0x0007;                //8 个通道
AdcRegs.ADCCHSELSEQ1.bit.CONV00 = 0x6;          //ADCINA6
```

第 6 章 模/数转换单元 ADC

```
AdcRegs.ADCCHSELSEQ1.bit.CONV01 = 0x7;     //ADCINA7
AdcRegs.ADCCHSELSEQ1.bit.CONV02 = 0x4;     //ADCINA4
AdcRegs.ADCCHSELSEQ1.bit.CONV03 = 0x5;     //ADCINA5
AdcRegs.ADCCHSELSEQ2.bit.CONV04 = 0x2;     //ADCINA2
AdcRegs.ADCCHSELSEQ2.bit.CONV05 = 0x3;     //ADCINA3
AdcRegs.ADCCHSELSEQ2.bit.CONV06 = 0x8;     //ADCINB0
AdcRegs.ADCCHSELSEQ2.bit.CONV07 = 0xA;     //ADCINB2
//ADC 结果寄存器按该方式存放的数据
ADCINA6  ->  ADCRESULT0
ADCINA7  ->  ADCRESULT1
ADCINA4  ->  ADCRESULT2
ADCINA5  ->  ADCRESULT3
ADCINA2  ->  ADCRESULT4
ADCINA3  ->  ADCRESULT5
ADCINB0  ->  ADCRESULT6
ADCINB2  ->  ADCRESULT7
```

2. 同步采样的级联模式

每次对一对通道进行采样，用到 ADCMAXCONV 的低 3 位，转换顺序通过 ADCCHSELSEQ1 和 ADCCHSELSEQ2 确定，只需按照顺序填写好每组的偏移量即可。

【例 6.2】 采样 10 个通道，要求按照 A6、B6、A7、B7、A2、B2、A5、B5、A3、B3 的顺序。

```
AdcRegs.ADCTRL3.bit.SMODE_SEL = 0x1;       //同步采样模式
AdcRegs.ADCtrl1.bit.SEQ_CASC = 0x01;       //级联模式
AdcRegs.ADCMAXCONV.all = 0x0004;           //10 个通道
AdcRegs.ADCCHSELSEQ1.bit.CONV00 = 0x6;     //ADCINA6、ADCINB6
AdcRegs.ADCCHSELSEQ1.bit.CONV01 = 0x7;     //ADCINA7、ADCINB7
AdcRegs.ADCCHSELSEQ1.bit.CONV02 = 0x2;     //ADCINA2、ADCINB2
AdcRegs.ADCCHSELSEQ1.bit.CONV03 = 0x5;     //ADCINA5、ADCINB5
AdcRegs.ADCCHSELSEQ2.bit.CONV04 = 0x3;     //ADCINA3、ADCINB3
//ADC 结果寄存器按该方式存放的数据
ADCINA6  ->  ADCRESULT0
ADCINB6  ->  ADCRESULT1
ADCINA7  ->  ADCRESULT2
ADCINB7  ->  ADCRESULT3
ADCINA2  ->  ADCRESULT4
ADCINB2  ->  ADCRESULT5
ADCINA5  ->  ADCRESULT6
ADCINB5  ->  ADCRESULT7
ADCINA3  ->  ADCRESULT8
```

ADCINB3 -> ADCRESULT9

3. 顺序采样的双序列模式

由于是双序列模式,因此需使用 SEQ1 和 SEQ2 排序器。SEQ1 用 ADCCH-SELSEQ1 和 ADCCHSELSEQ2 来确定 A 组通道顺序,ADCMAXCONV(2:0)确定 SEQ1 采样个数;SEQ2 用 ADCCHSELSEQ3 和 ADCCHSELSEQ4 来确定 B 组通道顺序,其中最高位置 1,ADCMAXCONV(6:4)确定 SEQ2 采样个数。

【例 6.3】 采样 10 个通道,要求按照 A0、A2、A1、A3、A5、A4、B0、B4、B2、B6 的顺序。

```
AdcRegs.ADCTRL3.bit.SMODE_SEL = 0x0;         //顺序采样模式
AdcRegs.ADCtrl1.bit.SEQ_CASC = 0x00;         //双序列模式
AdcRegs.ADCMAXCONV.all = 0x0035;             //A 组 6 个,B 组 4 个
AdcRegs.ADCCHSELSEQ1.bit.CONV00 = 0x0;       //ADCINA0
AdcRegs.ADCCHSELSEQ1.bit.CONV01 = 0x2;       //ADCINA2
AdcRegs.ADCCHSELSEQ1.bit.CONV02 = 0x1;       //ADCINA1
AdcRegs.ADCCHSELSEQ1.bit.CONV03 = 0x3;       //ADCINA3
AdcRegs.ADCCHSELSEQ2.bit.CONV04 = 0x5;       //ADCINA5
AdcRegs.ADCCHSELSEQ2.bit.CONV05 = 0x4;       //ADCINA4
AdcRegs.ADCCHSELSEQ3.bit.CONV08 = 0x8;       //ADCINB0
AdcRegs.ADCCHSELSEQ3.bit.CONV09 = 0xC;       //ADCINB4
AdcRegs.ADCCHSELSEQ3.bit.CONV10 = 0xA;       //ADCINB2
AdcRegs.ADCCHSELSEQ3.bit.CONV11 = 0xE;       //ADCINB6
//按该方式 ADC 结果寄存器存放的数据
ADCINA0 -> ADCRESULT0
ADCINA2 -> ADCRESULT1
ADCINA1 -> ADCRESULT2
ADCINA3 -> ADCRESULT3
ADCINA5 -> ADCRESULT4
ADCINA4 -> ADCRESULT5
ADCINB0 -> ADCRESULT6
ADCINB4 -> ADCRESULT7
ADCINB2 -> ADCRESULT8
ADCINB6 -> ADCRESULT9
```

4. 同步采样的双序列模式

每次对一对通道进行采样,A 组、B 组分别使用 SEQ1 和 SEQ2 排序器。SEQ1 使用 ADCCHSELSEQ1,最高位置 0;SEQ2 使用 ADCCHSELSEQ3,最高位置 1;ADCMAXCONV(1:0)确定 SEQ1 采样次数,每次对一对通道采样;ADCMAX-CONV(5:4)确定 SEQ1 采样次数,每次对一对通道采样。

【例 6.4】 采样 16 个通道,要求按照 A0~A7、B0~B7 的顺序。

第 6 章 模/数转换单元 ADC

```
AdcRegs.ADCtrl1.bit.SEQ_CASC = 0x00;        //双序列模式
AdcRegs.ADCTRL3.bit.SMODE_SEL = 0x1;        //同步模式
AdcRegs.ADCMAXCONV.all = 0x0033;            //每个排序器 4 对,共计 16 通道
AdcRegs.ADCCHSELSEQ1.bit.CONV00 = 0x0;      //ADCINA0、ADCINB0
AdcRegs.ADCCHSELSEQ1.bit.CONV01 = 0x1;      //ADCINA1、ADCINB1
AdcRegs.ADCCHSELSEQ1.bit.CONV02 = 0x2;      //ADCINA2、ADCINB2
AdcRegs.ADCCHSELSEQ1.bit.CONV03 = 0x3;      //ADCINA3、ADCINB3
AdcRegs.ADCCHSELSEQ3.bit.CONV08 = 0x4;      //ADCINA4、ADCINB4
AdcRegs.ADCCHSELSEQ3.bit.CONV09 = 0x5;      //ADCINA5、ADCINB5
AdcRegs.ADCCHSELSEQ3.bit.CONV10 = 0x6;      //ADCINA6、ADCINB6
AdcRegs.ADCCHSELSEQ3.bit.CONV11 = 0x7;      //ADCINA7、ADCINB7
//按该方式 ADC 结果寄存器存放的数据
ADCINA0  -> ADCRESULT0
ADCINB0  -> ADCRESULT1
ADCINA1  -> ADCRESULT2
ADCINB1  -> ADCRESULT3
ADCINA2  -> ADCRESULT4
ADCINB2  -> ADCRESULT5
ADCINA3  -> ADCRESULT6
ADCINB3  -> ADCRESULT7
ADCINA4  -> ADCRESULT8
ADCINB4  -> ADCRESULT9
ADCINA5  -> ADCRESULT10
ADCINB5  -> ADCRESULT11
ADCINA6  -> ADCRESULT12
ADCINB6  -> ADCRESULT13
ADCINA7  -> ADCRESULT14
ADCINB7  -> ADCRESULT15
```

6.2 ADC 模块校准功能及使用详解

F28335 芯片的 ADC 模块支持采样偏移校正,这一点也正是 2000 系列最大的进步。其采样偏移校正原理是:预先把 A/D 采样偏移量存放于 ADCOFFTRIM 寄存器中,再将 A/D 转换结果加上该值后传送到结果寄存器 ADCRESULTn。校正操作在 ADC 模块中进行,因此时序不受影响。对于任何校正值,均能保证全采样范围有效。

为了获得采样偏移量,可将 ADCLO 信号接到任意一个 ADC 通道,转换该通道再修正 ADCOFFTRIM 的寄存器值,直到转换结果接近于 0 为止。工作流程如图 6.4 所示。按照该流程图,对于负偏差校正,开始时多数转换结果均为 0。OFFTRIM 寄存器写入 40,若所有转换结果为正且平均为 25,则最终写入 OFFTRIM 的值应为

15；对于正偏差校正，开始时多数转换结果均为正值，若平均为 20 则最终写入 OFFTRIM 的值应为 -20。

实际上，2808 也提供上述校正功能，但需要用户自己编程实现；而 F28335 芯片出厂时已将该功能程序 ADC_Cal() 固化于 TI 保留的 OTP ROM 中，可被 Boot ROM 自动调用。ADC_Cal() 采用特定校正数据对 ADCREFSEL 与 ADCOFFTRIM 寄存器进行初始化。正常操作时，这个过程自动执行而无须用户干预；若开发过程中，Boot ROM 被 Code Composer Studio 旁路，则用户程序需要自行对 ADCREFSEL 与 ADCOFFTRIM 进行初始化；若系统复位或者 ADC 模块被 ADCTRL1 的 RESET 位 (BIT14) 复位，则 ADC_Cal() 需再次运行。

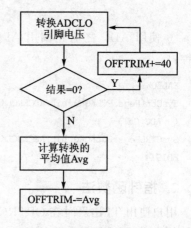

图 6.4　采样校准程序流程图

ADC_Cal 的调用可通过两种方法实现：汇编程序调用法和指针函数法，分别介绍如下。

1. 汇编程序调用法

① 将 ADC_Cal 汇编程序添加至工程中：

```
; 这是 ADC_cal() 程序，每个语句都添加了注释方便读者理解
; ADCREFSEL 和 ADCOFFTRIM 的值根据 DSP 不同会有区别
    .def _ADC_cal                    ; 定义代码段名称为 ADC_cal
    .asg "0x711C", ADCREFSEL_LOC     ; ADCREFSEL 寄存器在 DSP 的地址 0x711C
    .sect ".adc_cal"                 ; 自定义初始化段 .adc_cal
_ADC_cal
    MOVW DP, #ADCREFSEL_LOC>>6       ; 右移 6 位得数据段首地址, DP = 0x7100
    MOV @28, #0X1111                 ; 采用直接寻址 ADCREFSEL = 0x1111
    MOV @29, #0x2222                 ; 采用直接寻址 ADCOFFTRIM = 0x2222
    LRETR
```

② 将 .adc_cal 段加入到 CMD 文件中：

```
MEMORY
{
    PAGE 0:
    ADC_CAL: origin = 0x380080, length = 0x000009
}
SECTIONS
{
    .adc_cal: load = ADC_CAL, PAGE = 0, TYPE = NOLOAD
```

第 6 章 模/数转换单元 ADC

}

③ 使用 ADC 之前先调用 ADC_Cal 函数，注意调用该函数前要先使能 ADC 时钟：

```
EALLOW;
SysCtrlRegs.PCLKCR0.bit.ADCENCLK = 1;
(*ADC_Cal)();
SysCTRLRegs.PCLKCR0.bit.ADCENCLK = 0;
EDIS;
```

2. 指针函数法

用户使用 TI 出厂时在 OPTROM 固化的参数，无须关心真实工作状态时这两个参数的大小，可采用函数指针的方法将其调用。

① 先将 ADC_Cal 定义为 OTP ROM 中函数的指针：

```
#define ADC_Cal (void(*)(void)) 0x380080
```

② 使用 ADC 之前先调用 ADC_Cal 函数（注意：调用该函数前要先使能 ADC 时钟）：

```
EALLOW;
SysCtrlRegs.PCLKCR0.bit.ADCENCLK = 1;
(*ADC_Cal)();
SysCTRLRegs.PCLKCR0.bit.ADCENCLK = 0;
EDIS;
```

6.3 ADC 模块寄存器

表 6.1 所列为 F28335 中 ADC 模块寄存器总汇。

表 6.1 ADC 模块寄存器总汇

名 称	地 址	占用空间（×16 位）	说 明
ADCTRL1	0x0000 7100	1	ADC 控制寄存器 1
ADCTRL2	0x0000 7101	1	ADC 控制寄存器 2
ADCMAXCONV	0x0000 7102	1	ADC 最大转换通道寄存器
ADCCHSELSEQ1	0x0000 7103	1	ADC 通道选择排序控制寄存器 1
ADCCHSELSEQ2	0x0000 7104	1	ADC 通道选择排序控制寄存器 2
ADCCHSELSEQ3	0x0000 7105	1	ADC 通道选择排序控制寄存器 3

续表6.1

名 称	地 址	占用空间（×16位）	说 明
ADCCHSELSEQ4	0x0000 7106	1	ADC 通道选择排序控制寄存器 4
ADCASEQSR	0x0000 7107	1	ADC 自动排序状态寄存器
ADCRESULT0~15	0x0000 7108~0x0000 7117	16	ADC 转换结果缓冲寄存器 0~15
ADCTRL3	0x0000 7118	1	ADC 控制寄存器 3
ADCST	0x0000 7119	1	ADC 状态寄存器
ADCREFSEL	0x0000 711C	1	ADC 参考选择寄存器
ADCOFFTRIM	0x0000 711D	1	ADC TRIM 寄存器

1. ADC 控制寄存器 1（ADCTRL1）

ADCTRL1 寄存器功能描述如表 6.2 所列。

表 6.2 ADCTRL1 寄存器功能描述

位	域	说 明
D15	Reserved	保留
D14	RESET	ADC 模块软件复位,此位的读数总是返回 0 值。 0:无影响。 1:复位整个 ADC 模块(然后由 ADC 逻辑电路将该位设回 0)
D13~D12	SUSMOD	仿真挂起模式。 00:模式 0。忽略仿真挂起。 01:模式 1。完成当前序列、锁定最终结果且更新状态机制之后,序列发生器和其他轮询程序逻辑停止。 10:模式 2。完成当前转换、锁定结果且更新状态机制之后,序列发生器和其他轮询程序逻辑停止。 11:模式 3。仿真挂起时,序列发生器和其他轮询程序逻辑立即停止
D11~D8	ACQ_PS	采集窗口大小。此位字段控制 SOC 脉宽,脉宽为（ADCTRL1[11:8] + 1）个 ADCLK 周期
D7	CPS	内核时钟预分频器。用于对器件外设时钟 HSPCLK 进行分频。 0:ADCCLK=Fclk/1;1:ADCCLK=Fclk/2。 Fclk 为高速时钟 HSPCLK（ADCCLKPS[3:0]）预定标后输出时钟
D6	CONT_RUN	0:启动/停止模式。 1:连续转换模式。EOS 后序列发生器的行为取决于 SEQ_OVRD 的状态。如果 SEQ_OVRD=0,则序列发生器将再次从其复位状态启动（SEQ1 和级联模式为 CONV00,SEQ2 为 CONV08）。如果 SEQ_OVRD=1,则序列发生器将再次从其当前位置启动,而不会进行复位

第6章 模/数转换单元 ADC

续表 6.2

位	域	说明
D5	SEQ_OVRD	0：允许序列发生器在 MAX_CONVn 设置的转换结束时回绕。 1：覆盖序列发生器在 MAX_CONVn 设置的转换结束时的回绕。仅在序列发生器结束时发生回绕
D4	SEQ_CASC	级联的序列发生器操作。 0：双序列发生器模式。SEQ1 和 SEQ2 作为 2 个 8 状态序列发生器工作。 1：级联模式。SEQ1 和 SEQ2 作为单个 16 状态序列发生器工作(SEQ)
D3～D0	Reserved	保留

2. ADC 控制寄存器 2(ADCTRL2)

ADCTRL2 寄存器功能描述如表 6.3 所列。

表 6.3 ADCTRL2 寄存器功能描述

位	域	说明
D15	ePWM _SOCB_SEQ	0：无操作。 1：允许 ePWM SOCB 信号启动级联序列发生器
D14	RST_SEQ1	0：无操作。 1：立即将序列发生器复位到状态 CONV00
D13	SOC_SEQ1	序列发生器 1 (SEQ1)的转换开始触发器。可通过以下触发器设置此位： • S/W：通过软件将 1 写入此位； • ePWM SOCA； • ePWM SOCB（只有在级联模式中起作用）； • EXT：外部引脚触发(ie. The ADCSOC pin)。 当触发发生时，有 3 种可能： • SEQ2 空闲且已清除 SOC 位，则 SEQ2 立即启动； • SEQ2 忙且已清除 SOC 位，设置此位表明触发请求正被挂起，当完成当前转换后最终启动 SEQ2 时，此位清除； • SEQ2 忙且设置了 SOC 位，将忽略出现的任何触发信号 0：清除暂挂的 SOC 触发器(注：如果序列发生器已启动，则自动清除此位)。 1：从当前停止的位置启动 SEQ2(即空闲模式)
D12	Reserved	保留
D11	INT_ENA_SEQ1	启用 SEQ1 中断。 0：禁用 INT_SEQ1 的中断请求。 1：启用 INT_SEQ1 的中断请求

续表 6.3

位	域	说 明
D10	INT_MOD_SEQ1	SEQ1 中断模式。 0：每个 SEQ1 序列结束时设置 INT_SEQ1。 1：每隔一个 SEQ1 序列结束时设置 INT_SEQ1
D9	Reserved	保留
D8	ePWM_SOCA_SEQ1	0：SEQ1 不能由 ePWM_SOCA 触发器启动。 1：允许由 ePWM_SOCA 触发器启动 SEQ1
D7	EXT_SOC_SEQ1	外部 SEQ1 信号转换开始位。 0：无操作。 1：外部 ADCSOC 引脚信号启动 ADC 自动转换序列
D6	RST_SEQ2	复位 SEQ2。 0：无操作。 1：将 SEQ2 复位到"触发前"状态
D5	SOC_SEQ2	序列发生器 2（SEQ2）的转换开始触发器（仅适用于双序列发生器模式；在级联模式中被忽略）。 可通过以下触发器设置此位： • S/W； • ePWM SOCB。 当触发发生时，其 3 种可能同 D13
D4	Reserved	保留
D3	INT_ENA_SEQ2	启用 SEQ2 中断。 0：禁用 INT_SEQ2 的中断请求。 1：启用 INT_SEQ2 的中断请求
D2	INT_MOD_SEQ2	SEQ2 中断模式。 0：每个 SEQ2 序列结束时设置 INT_SEQ2。 1：每隔一个 SEQ2 序列结束时设置 INT_SEQ2
D1	Reserved	保留
D0	ePWM_SOCB_SEQ2	0：SEQ2 不能由 ePWM_SOCB 触发器启动。 1：允许由 ePWM_SOCB 触发器启动 SEQ2

3. ADC 控制寄存器 3(ADCTRL3)

ADCTRL3 寄存器功能描述如表 6.4 所列。

表 6.4 ADCTRL3 寄存器功能描述

位	域	说 明
D15～D8	Reserved	保留

续表 6.4

位	域	说明
D7~D6	ADCBGRFDN[1:0]	ADC 带隙和参考断电。 00:带隙和参考电路断电。 11:带隙和参考电路上电
D5	ADCPWDN	此位控制模拟内核中除带隙和参考电路外所有模拟电路的通断。 0:内核内除带隙和参考电路外的所有模拟电路断电。 1:内核内的模拟电路上电
D4~D1	ADCCLKPS[3:0]	内核时钟分频器,以产生内核时钟 ADCLK。 0000:HSPCLK/(ADCTRL1[7]+1)。 0001:HSPCLK/[2×(ADCTRL1[7]+1)]。 0010:HSPCLK/[4×(ADCTRL1[7]+1)]。 0011:HSPCLK/[6×(ADCTRL1[7]+1)]。 0100:HSPCLK/[8×(ADCTRL1[7]+1)]。 0101:HSPCLK/[10×(ADCTRL1[7]+1)]。 0110:HSPCLK/[12×(ADCTRL1[7]+1)]。 0111:HSPCLK/[14×(ADCTRL1[7]+1)]。 1000:HSPCLK/[16×(ADCTRL1[7]+1)]。 1001:HSPCLK/[18×(ADCTRL1[7]+1)]。 1010:HSPCLK/[20×(ADCTRL1[7]+1)]。 1011:HSPCLK/[22×(ADCTRL1[7]+1)]。 1100:HSPCLK/[24×(ADCTRL1[7]+1)]。 1101:HSPCLK/[26×(ADCTRL1[7]+1)]。 1110:HSPCLK/[28×(ADCTRL1[7]+1)]。 1111:HSPCLK/[30×(ADCTRL1[7]+1)]。
D0	SMODE_SEL	采样模式选择。 0:选择顺序采样模式。 1:选择同步采样模式

4. ADC 最大转换通道寄存器(ADCMAXCONV)

ADCMAXCONV 寄存器功能描述如表 6.5 所列。

表 6.5 ADCMAXCONV 寄存器功能描述

位	域	说明
D15~D7	Reserved	保留
D6~D0	MAXCONVn	MAX_CONVn 定义自动转换过程中执行的最大转换数。 对于 SEQ1 操作,使用位 MAX_CONV1[2:0]。 对于 SEQ2 操作,使用位 MAX_CONV2[2:0]。 对于 SEQ 操作,使用位 MAX_CONV1[3:0]。 自动转换总是从初始状态开始并在条件允许情况下持续到结束状态

第6章 模/数转换单元 ADC

5. ADC 自动排序状态寄存器(ADCASEQSR)

ADCASEQSR 寄存器功能描述如表 6.6 所列。

表 6.6 ADCASEQSR 寄存器功能描述

位	域	说明
D15~D12	Reserved	保留
D11~D8	SEQ_CNTR[3:0]	连续计数器状态位。 该 4 位计数状态字段由 SEQ1、SEQ2 和级联序列发生器使用。 SEQ_CNTR[3:0]在转换序列开始时初始化为 MAX_CONV 中的值。在自动转换序列中的每次转换后,序列发生器计数器减 1
D7	Reserved	保留
D6~D0	SEQ2_STATE[2:0] SEQ1_STATE[3:0]	SEQ2_STATE 和 SEQ1_STATE 分别为 SEQ2 和 SEQ1 的指针

6. ADC 状态寄存器(ADCST)

ADCST 寄存器功能描述如表 6.7 所列。

表 6.7 ADCST 寄存器功能描述

位	域	说明
D15~D8	Reserved	保留
D7	EOS_BUF2	SEQ2 的序列缓冲结束位。 在中断模式 0 中,不使用此位且保留为 0。 在中断模式 1 中,在每个 SEQ2 序列结束时进行切换。 此位在器件复位时清除,且不受序列发生器复位或清除相应中断标志的影响
D6	EOS_BUF1	SEQ1 的序列缓冲结束位。 在中断模式 0(即当 ADCTRL2[10]=0 时)中,不使用此位且保留为 0。 在中断模式 1(即当 ADCTRL2[10]=1 时)中,在每个 SEQ1 序列结束时进行切换。 此位在器件复位时清除,且不受序列发生器复位或清除相应中断标志的影响
D5	INT_SEQ2_CLR	中断清除位。 0:无影响。 1:写 1 清除 SEQ2 中断标志位 INT_SEQ2。 此位不影响 EOS_BUF2 位

续表 6.7

位	域	说 明
D4	INT_SEQ1_CLR	中断清除位。 0：无影响。 1：写 1 清除 SEQ1 中断标志位 INT_SEQ1。 此位不影响 EOS_BUF1 位
D3	SEQ2_BSY	0：SEQ2 空闲，正在等待触发信号。 1：SEQ2 忙
D2	SEQ1_BSY	0：SEQ1 空闲，正在等待触发信号。 1：SEQ1 忙
D1	INT_SEQ2	SEQ2 中断标志位。 0：无 SEQ2 中断事件。 1：发生 SEQ2 中断事件
D0	INT_SEQ1	SEQ1 中断标志位。 0：无 SEQ1 中断事件。 1：发生 SEQ1 中断事件

7. ADC 参考选择寄存器（ADCREFSEL）

ADCREFSEL 寄存器功能描述如表 6.8 所列。

表 6.8 ADCREFSEL 寄存器功能描述

位	域	说 明
D15～D14	REF_SEL	ADC 参考值选择位。 00：选择内部参考电压（默认）。 01：选择外部参考电压，引脚 ADCREFIN 的 2.048 V 电压。 10：选择外部参考电压，引脚 ADCREFIN 的 1.5 V 电压。 11：选择外部参考电压，引脚 ADCREFIN 的 1.024 V 电压
D13～D0	Reserved	保留

8. ADC TRIM 寄存器（ADCOFFTRIM）

ADCOFFTRIM 寄存器功能描述如表 6.9 所列。

表 6.9 ADCOFFTRIM 寄存器功能描述

位	域	说 明
D15～D9	Reserved	保留
D8～D0	OFFSET_TRIM	存放 ADC 校准的偏移量

9. ADC通道选择排序控制寄存器(ADCCHSELSEQ)

ADCCHSELSEQ寄存器的位信息如图6.5所示,各位功能描述如表6.10所列。

	D15~D12	D11~D8	D7~D4	D3~D0
ADCCHSELSEQ1	CONV03	CONV02	CONV01	CONV00
ADCCHSELSEQ2	CONV07	CONV06	CONV05	CONV04
ADCCHSELSEQ3	CONV11	CONV10	CONV09	CONV08
ADCCHSELSEQ4	CONV15	CONV14	CONV13	CONV12

图6.5 ADCCHSELSEQ寄存器各位信息

表6.10 ADCCHSELSEQ寄存器功能描述

CONVxx	ADC输入通道选择	CONVxx	ADC输入通道选择
0000	ADCINA0	1000	ADCINB0
0001	ADCINA1	1001	ADCINB1
0010	ADCINA2	1010	ADCINB2
0011	ADCINA3	1011	ADCINB3
0100	ADCINA4	1100	ADCINB4
0101	ADCINA5	1101	ADCINB5
0110	ADCINA6	1110	ADCINB6
0111	ADCINA7	1111	ADCINB7

10. ADC转换结果缓冲寄存器(ADCRESULTn)

按右对齐方式,ADCRESULTn转换结果缓冲寄存器的位信息如图6.6所示。

D15~D12	D11	D10	D9	D8	D7	D6	D5	D4	D3	D2	D1	D0
Reserved	MSB											LSB

图6.6 ADCRESULTn寄存器各位信息

6.4 ADC性能实验分析

从A/D转换的线性度、转换的稳定度和分辨率3个方面来看一下TI所提供的ADC模块的硬件性能参数,以便评估是否能通过软件手段进一步提高采样精度。

1. A/D转换线性度测试

(1) 测试方案

间隔为0.1 V,测试0~2.9 V(共30个点)变化范围内A/D采样数据;通过这些数据拟合曲线,观测 A/D 采样通道的线性度。

(2) 测试数据

在 TI 提供的实验板上,经严格的滤波处理后,得到如表 6.11 所列的实验数据。

表 6.11　实验测试数据

给定电压/V	实际电压/V	理论转换数据	通道 0 转换数据	通道 7 转换数据
0	0.000 4	0	0	3
0.2	0.201 2	273	276	279
0.4	0.401 3	546	550	552
0.6	0.601 3	819	824	826
0.8	0.802 1	1 092	1 099	1 101
1.0	1.001 3	1 365	1 372	1 374
1.2	1.201 1	1 638	1 645	1 647
1.4	1.400 7	1 911	1 919	1 920
1.6	1.600 7	2 185	2 193	2 194
1.8	1.799 8	2 458	2 466	2 467
2.0	2.000 0	2 731	2 740	2 741
2.2	2.198 9	3 004	3 012	3 013
2.4	2.399 3	3 277	3 286	3 288
2.6	2.600 9	3 550	3 563	3 564
2.8	2.799 7	3 823	3 835	3 836

(3) 测试数据拟合的曲线

从如图 6.7 所示测试数据的拟合曲线看,A/D 采样通道呈现出较好的线性度。

2. A/D 转换稳定度测试

同一给定电压下分别在对 1 V 和 2 V 进行 10 次 A/D 转换数据。

(1) 1 V 电压下的 A/D 采样值和稳定度曲线

理论模拟值为 1 V;理论 A/D 数据为 1 365;万用表测量的实际值为 1.001 2 V。其测试数据如表 6.12 所列。

表 6.12　实测 1 V 电压 A/D 采样数据(10 次)

次　数	1	2	3	4	5	6	7	8	9	10
ADCIN0	1 371	1 372	1 372	1 373	1 371	1 372	1 372	1 372	1 372	1 371
ADCIN7	1 374	1 374	1 374	1 373	1 374	1 373	1 375	1 374	1 374	1 374

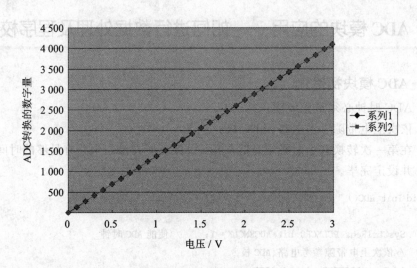

图 6.7 线性拟合曲线

(2) 2 V 电压下的 A/D 采样值和稳定度曲线

理论模拟值为 2 V;理论 A/D 数据为 2 731;万用表测量的实际值为 1.992 V。其测试数据如表 6.13 所列。

表 6.13 实测 2 V 电压 A/D 采样数据(10 次)

次 数	1	2	3	4	5	6	7	8	9	10
ADCIN0	2 739	2 738	2 739	2 738	2 738	2 738	2 740	2 738	2 740	2 739
ADCIN7	2 741	2 739	2 740	2 740	2 740	2 740	2 741	2 740	2 741	2 739

结论:CCS 连续刷新模式下观察,采样数据变化最大振幅不超过 3 点,结果相对较稳定。

3. 分辨率测试

在任意一个稳定点,记录实测电压值和对应的采样通道值,微调电压信号,分别记录电压变化量和采样通道变化值。最后计算出 A/D 采样分辨率。测试结果:电压信号每变化 0.8 mV,A/D 通道采样变化 1 位。结论:F28335 芯片的标称分辨率为 3 V/4 096=0.73 mV,实验结果和标称值基本一致。

从实验结果看,ADC 有较好的线性度;分析 1 V 和 2 V 的稳定度测试数据都在给定的误差范围内;从分辨率测试来看,实验结果基本和标称值一致,高于之前的 DSP 产品。但也存在一定的问题:测量值有偏置。读者可自行设计 ADC 校准程序对这部分偏差进行校准。

6.5 ADC模块的应用——如何进行数据处理及程序校准

1. ADC模块初始化

✓ ADC时钟必须最先使能；
✓ 依次上电带隙参考电路、ADC核；
✓ 在第一次转换开始时必须延时5 ms，以保证所有模拟电路有足够的时间上电并设定完毕。

```
void Init_ADC()
{
    SysCtrlRegs.PCLKCR0.bit.ADCENCLK = 1;     //使能ADC时钟
    //依次上电带隙参考电路、ADC核
    AdcRegs.ADCTRL3.all = 0x00E0;
    Timer_usDelay(5000);                      //延时5 ms
    //CPS = 1,采样保持为ADCCLK×5
    //排序器级联,启动/停止模式
    AdcRegs.ADCTRL1.all = 0x0490;
    //复位SEQ1和SEQ2,禁止ADC中断
    AdcRegs.ADCTRL2.all = 0x4040;
    AdcRegs.ADCTRL3.bit.SMODE_SEL = 0;        //顺序采样
    AdcRegs.ADCTRL3.bit.ADCCLKPS = 1;         //ADCCLK = HSPCLK/4
    //顺序采样的级联模式,共16通道
    AdcRegs.ADCMAXCONV.all = 0x07;
    AdcRegs.ADCCHSELSEQ1.all = 0x05432;       //通道选择顺序
    AdcRegs.ADCCHSELSEQ2.all = 0x098BA;
}
```

2. ADC模块校准

为提高ADC的采样精度，F28335系列增加了ADC_cal()函数。前面章节也已提到在某些情况下这种校准依旧不能满足要求，为解决这一问题我们可将该函数屏蔽，自行设计电压校准程序，其思路与ADC_cal()函数类似：在ADC模块初始化时对1 V和2 V电压进行采样，并依次计算出采样后的数字量，最后使用两点法计算出通道校准的斜率和截距，以此来校准各个采样通道。使用这种方法需要注意：① 这个校准函数只能在ADC开始工作后调用一次；② 给定的参考电压1 V和2 V必须特别准确，否则会影响校准精度。

```
void ADC_Adjust()
{
    //测量1 V参考电压
```

```
    i32Temp = AdcMirror.ADCRESULT0;
    AdResult1V.dword += ((i32Temp<<16) - AdResult1V.dword)>>4;
    //测量2 V参考电压
    i32Temp = AdcMirror.ADCRESULT1;
    AdResult2V.dword += ((i32Temp<<16) - AdResult2V.dword)>>4;
    //使用两点法,利用AdResult2V和AdResult1V计算斜率和截距
    i32Temp = AdResult2V.half.hword - AdResult1V.half.hword;
    i16ADCSlope = ((INT32)1365<<12)/ i32Temp;
    i16ADCOffset = ((INT32)AdResult2V.half.hword * 1365
                  - (INT32)AdResult1V.half.hword * 2730)/i32Temp;
}
```

3. ADC 数据处理

A/D 的数据处理大致过程如下:
① 数字量从结果寄存器读回;
② 使用 AD_Adjust 函数得到的数据对每个采样通道进行校准;
③ 数据定标。

以电压处理为例,给出程序分析如下:

```
void Data_Sample_Deal()
{
    //数据读取
    i16ADC_VoltA = AdcMirror.ADCRESULT6;
    i16ADC_VoltB = AdcMirror.ADCRESULT7;
    i16ADC_VoltC = AdcMirror.ADCRESULT8;
    ……
    //数据校准(若电路测量中存在1.5 V的提升电压,则要减去2 048)
    i16ADC_VoltA = (((INT32)i16ADCSlope * i16ADC_VoltA)>>12) + i16ADCOffset
        - 2048;
    i16ADC_VoltB = (((INT32)i16ADCSlope * i16ADC_VoltB)>>12) + i16ADCOffset
        - 2048;
    i16ADC_VoltC = (((INT32)i16ADCSlope * i16ADC_VoltC)>>12) + i16ADCOffset
        - 2048;
    //数据定标,定标系数KVOLTConst 为Q12
    i16VoltA = ((INT32)i16ADC_VoltA * KVOLTConst)>>12;
    i16VoltB = ((INT32)i16ADC_VoltB * KVOLTConst)>>12;
    i16VoltC = ((INT32)i16ADC_VoltC * KVOLTConst)>>12;
}
```

第7章

F28335 片上控制外设

近年来,以 DSP 为基础的控制器应用范围逐渐扩大到高效能电子产品的触发与控制等相关领域,因此 TI 开发出增强型事件管理器的架构,采用3个新的外设模块:ePWM(增强型脉宽调制模块)、eCAP(增强型捕获模块)和 eQEP(正交编码器脉冲模块)取代了 F281x 系列的 EV(事件管理器)。ePWM 模块支持 18 路输出,其中 6 路是高分辨率 PWM(HRPWM)输出;eCAP 模块有 6 路输入,通过软件控制,可用作常规的 PWM 输出。此外还有 2 组 eQEP,由于它与 F281x 系列的基本相同,故本章程不再详细介绍。

7.1 增强型脉宽调制模块 ePWM

增强型脉宽调制模块 ePWM(Enhanced Pulse Width Moducation)都由 2 个 PWM 输出组成,即 ePWMxA 和 ePWMxB。每个 PWM 的特点如下:
- ✓ 精确的 16 位时间基准计数器,控制输出周期和频率。
- ✓ 2 个 PWM 输出可配置为如下方式:2 个独立单边操作的 PWM 输出;2 个独立双边对称操作的 PWM 输出;1 个独立的双边不对称操作 PWM 输出。
- ✓ 与其他 ePWM 模块有关的可编程相位超前和滞后控制。
- ✓ 硬件锁定同步相位及双边沿延时的死区控制。
- ✓ 用于周期循环控制和单次控制的可编程控制故障区。
- ✓ PWM 输出强制为高、低或高阻逻辑电平的控制条件。
- ✓ 所有的事件都可以触发 CPU 中断和 ADC 开始转换信号。
- ✓ 用于脉冲变换器门驱动的高频 PWM 斩波。

ePWM 模块总共有 7 个子模块,分别是:时间基准模块 TB、计数器比较模块 CC、动作限定模块 AQ、死区控制模块 DB、PWM 斩波模块 PC、错误控制模块 TZ 和事件触发模块 ET。其模块的内部结构如图 7.1 所示。其信号连接关系和说明见表 7.1。实际使用时只需要配置 TB、CC、AQ、DB、ET 这 5 个子模块即可。

ePWM 模块与 F281x 中的事件管理器的最大区别在于,这些模块还能同步操作以便在同样的时基上产生 PWM 信号。例如:有 2 个完全相同的三相桥式电路,每一个 ePWM 模块的输出控制一个逆变桥臂,如此一来,一种做法是将 ePWM1 模块的时基与 ePWM2 和 ePWM3 同步,ePWM4 的时基与 ePWM5 和 ePWM6 同步,使两个三相桥式电路独立操作,而另一种做法则是将 ePWM1 的时基与其他 5 个模块同步,使两个三相桥式电路联合操作。

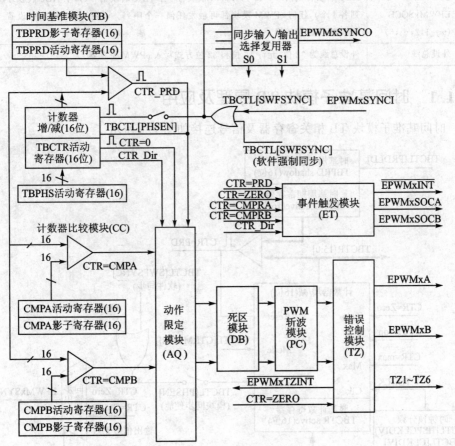

图 7.1 ePWM 模块内部结构

表 7.1 ePWM 模块信号说明

信 号	说 明
EPWMxA EPWMxB ($x=1,2,\cdots,6$)	通过 I/O 引脚输出 PWM 信号
TZ1~TZ6	用于警告 ePWM 模块有外部故障发生的输入信号。设备的每个模块都可以配置成使用或者忽略任何故障区信号(Trip-Zone)
EPWMxSYNCI EPWMxSYNCO ($x=1,2,\cdots,6$)	基于时间的同步输入输出信号。同步信号链将 ePWM 模块连接在一起。每个模块可单独配置使用或忽略其同步输入信号。产生到引脚的时钟同步输入和输出信号只能是 ePWM1。ePWM1 的同步输入信号 EPWM1SYNCO 也连接到第一个增强捕获单元 eCAP1 模块的 SYNCI

第 7 章 F28335 片上控制外设

续表 7.1

信号	说明
EPWMxSOCA EPWMxSOCB ($x=1,2,\cdots,6$)	ADC 启动转换信号。每个 ePWM 模块有 2 个 ADC 转换信号（每个 ADC 转换序列各 1 个），任何 ePWM 模块都可触发任何一个序列。可在 ET 子模块中设置 ADC 事件触发转换
外设总线	外设总线为 32 位，允许 16 位和 32 位方式写入 ePWM 寄存器

7.1.1 时间基准子模块 TB 原理及应用

时间基准子模块 TB 相关寄存器及信号连接如图 7.2 所示。

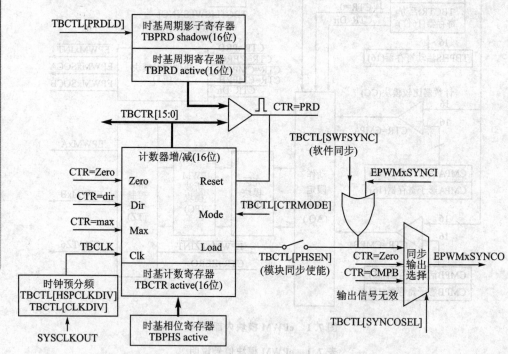

图 7.2 TB 模块寄存器及信号连接图

通过寄存器 TBCTL[HSPCLKDIV] 和 TBCTL[CLKDIV] 预分频位，将 CPU 系统时钟 SYSCLKOUT 分频成用户期望的时基时钟 TBCLK。TBCLK 作为计数器的基准时钟，按照 TBCTL[CTRMODE] 设定的工作模式 TBCTR 开始计数，其计数范围为 [0, TBPRD-1]。TBPRD 为时基周期计数器，它具有一个影子寄存器，通过 TBCTL[PRLD] 位设定影子寄存器的加载方式。如果使能了相位同步功能，则计数器会进一步按照系统设定（TBCTR = 0x0000，或 TBCTR = CMPRB，或采用 EPWMxSYNCI 同步信号）产生同步脉冲 EPWMxSYNCO。该脉冲的作用是将 TBPHS 寄存器中数值直接送入 TBCTR 中计数。

1. PWM 的周期及频率

PWM 事件频率由时基周期寄存器 TBPRD 和时基计数器模式决定。图 7.3 给出了在时基计数器增模式、减模式和增减模式下 PWM 周期 T_{PWM} 和频率 F_{PWM} 关系。

(1) 增减计数模式(Up-Down-Count Mode)

时基计数器从 0 开始，增加直到达到周期值(TBPRD)，然后开始减小直到达到 0。之后计数器重复上述工作模式。

(2) 增计数模式(Up-Count Mode)

时基计数器从 0 开始增加，直到达到周期寄存器值(TBPRD)。然后时基计数器复位到 0，重复上述过程。

(3) 减计数模式(Down-Count Mode)

时基计数器开始从周期值(TBPRD)开始减小，直至达到 0。当达到 0 时，时基计数器复位到周期值，重复上述过程。

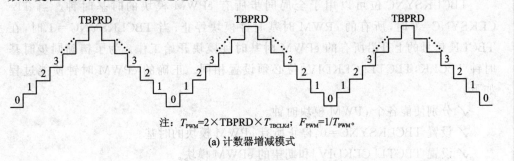

注：$T_{PWM}=2 \times TBPRD \times T_{TBCLKd}$；$F_{PWM}=1/T_{PWM}$。

(a) 计数器增减模式

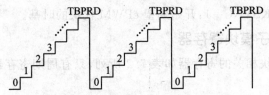

注：$T_{PWM}=(TBPRD+1) \times T_{TBCLK}$；$F_{PWM}=1/T_{PWM}$。

(b) 计数器增模式

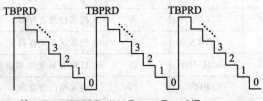

注：$T_{PWM}=(TBPRD+1) \times T_{TBCLK}$；$F_{PWM}=1/T_{PWM}$。

(c) 计数器减模式

图 7.3　PWM 的周期 F_{PWM} 与频率 T_{PWM} 的关系

2. 计数器的同步

每个 ePWM 模块都有一个同步输入 EPWMxSYNCI 和一个同步输出 EPWMxSYNCO。注意：ePWM1 模块的同步输入来自外部引脚。每个 ePWM 模块可单独设置成使用或忽略同步脉冲输入。若 TBCTL[PHSEN] 位置位，则当具备下列条件之一时，ePWM 模块的时基计数器将自动装入相位寄存器（TBPHS）中的内容。

- ✓ 同步输入脉冲 EPWMxSYNCI：当检测到输入同步脉冲时，相位寄存器值装入计数寄存器（TBPHS→TBCTR）。这种操作发生在下一个有效时基时钟沿。
- ✓ 软件强制同步脉冲：向 TBCTL[SWFSYNC] 控制位写 1 产生一个软件强制同步。该方式与同步输入信号具有同样的效果。

3. 多模块时基时钟锁相

TBCLKSYNC 位可以用于全局同步所有 ePWM 模块的时基时钟。当 TBCLKSYNC=0 时，所有的 ePWM 时基时钟模块停止；当 TBCLKSYNC=1 时，在 TBCLK 信号的上升沿所有的 ePWM 时基时钟模块开始工作。为了精确同步时基时钟 TBCLK，TBCTL[CLKDIV] 位必须设置相同。正确的 ePWM 时钟使能过程如下：

- ✓ 分别使能各个 ePWM 模块时钟。
- ✓ 设置 TBCLKSYNC=0：停止所有 ePWM 模块的时基。
- ✓ 设置 TBCTL[CLKDIV] 和期望的 ePWM 模块。
- ✓ 设置 TBCLKSYNC=1：开始期望 ePWM 模块的时基。

4. 时间基准子模块寄存器

时间基准子模块相关的寄存器如表 7.2 所列，只有周期寄存器具备对应的影子寄存器。

表 7.2 时间基准子模块寄存器总汇

地 址	寄存器	影子寄存器	说 明
0x00 0000	TBCTL	否	时基控制寄存器
0x00 0001	TBSTS	否	时基状态寄存器
0x00 0002	TBPHSHR	否	HRPWM 扩展相位寄存器
0x00 0003	TBPHS	否	时基相位寄存器
0x00 0004	TBCTR	否	时基计数寄存器
0x00 0005	TBPRD	是	时基周期寄存器

(1) 时基控制寄存器 TBCTL

表 7.3 所列为时基控制寄存器 TBCTL 各位信息的功能说明。

第7章 F28335 片上控制外设

表 7.3 时基控制寄存器 TBCTL 功能说明

位	域	说 明
D15~D14	FREE, SOFT	仿真控制位。 00:一旦仿真挂起,立即停止; 01:一旦仿真挂起,在当前周期结束后停止; 1X:操作不受仿真影响
D13	PHSDIR	相位方向位。 0:同步脉冲后减计数; 1:同步脉冲后增计数
D12~D10	CLKDIV	定时器时间分频系数。 TBCLK=SYSCLKOUT/(2 * HSPCLKDIV) * (2^CLKDIV) 000:÷1(默认)、001:÷2;010:÷4;011:÷8; 100:÷16;101:÷32;110:÷64;111:÷128
D9~D7	HSPCLKDIV	高速外设时钟分频系数。 TBCLK=SYSCLKOUT/(2 * HSPCLKDIV) * (2^CLKDIV) 000:÷1;001:÷2(默认);010:÷4;011:÷6; 100:÷8;101:÷10;110:÷12;111:÷14
D6	SWFSYNC	软件强迫生成同步脉冲位。 0:无作用; 1:强迫生成一次同步脉冲。当 SYNCOSEL=00 时,此位有效
D5~D4	SYNCOSEL	EPWMxSYNCO 信号源选择位。 00:EPWMxSYNCI; 01:定时器计数值 TBCTR=0; 10:当 TBCTR=CMPB; 11:禁止 EPWMxSYNCO 信号
D3	PRDLD	定时器周期寄存器装载条件位。 0:当计数器值 TBCTR=0,从阴影寄存器装载; 1:立即装载,不使用阴影寄存器
D2	PHSEN	相位寄存器装载使能位。 0:TBCTR 不从 TBPHS 寄存器装载; 1:当 EPWMxSYNCI 有输入信号或者由 SWFSYNC 位生成软件同步时,TBCTR 从 TBPHS 装载
D1~D0	CTRMODE	定时器计数模式位。 00:连续增模式; 01:连续减模式; 10:连续增减模式; 11:停止/保持模式

第7章 F28335 片上控制外设

(2) 时基状态寄存器 TBSTS

表 7.4 所列为时基状态寄存器 TBSTS 各位信息的功能说明。

表 7.4　时基状态寄存器 TBSTS 功能说明

位	域	说　明
D15~D3	Reserved	保留
D2	CTRMAX	定时器最大值状态位。 0:读该位为0时,表明定时器计数值没有达到最大值,写入0没有作用; 1:读该位为1时,表明定时器计数值达到最大值0xFFFF,写1清除该位
D1	SYNCI	输入同步状态位。 0:读该位为0时,表明没有外部同步事件发生,写0无作用; 1:读该位为1时,表明有外部同步时事件发生,写1清除该位
D0	CTRDIR	定时器计数方向状态位。 0:定时器当前为减计数; 1:定时器当前为增计数

(3) 时基相位寄存器 TBPHS

表 7.5 所列为时基相位寄存器 TBPHS 各位信息的功能说明。

表 7.5　时基相位寄存器 TBPHS 功能说明

位	域	说　明
D15~D0	TBPHS	若 TBCTL[PHSEN]=0,该数值无效; 若 TBCTL[PHSEN]=1,当同步事件发生时,TBPHS 的数值会被直接载入到时基计数器 TBCTR 中,数值范围为 0~0xFFFF

(4) 时基相位寄存器 TBCTR

表 7.6 所列为时基相位寄存器 TBCTR 各位信息的功能说明。

表 7.6　时基相位寄存器 TBCTR 功能说明

位	域	说　明
D15~D0	TBCTR	当前定时器的值,数值范围为 0~0xFFFF

(5) 时基周期寄存器 TBPRD

表 7.7 所列为时基周期寄存器 TBPRD 各位信息的功能说明。

表 7.7　时基周期寄存器 TBPRD 功能说明

位	域	说　明
D15~D0	TBPRD	确定定时器的周期,设置 PWM 频率。 TBCTL[PRLD]=0,使能阴影寄存器; TBCTL[PRLD]=1,禁止阴影寄存器

7.1.2 计数器比较子模块 CC 原理及应用

计数器比较子模块 CC 的作用是将时间基准模块的输出 TBCTR 与比较寄存器 A、B 中的数值进行比较产生 PWM 脉冲。图 7.4 所示为 CC 模块的寄存器及信号连接示意图。比较寄存器 A、B 也具有相应的影子寄存器,通过 TBCTL[SHADWAMODE]位和 TBCTL[SHADWBMODE]位可选择立即加载或映射模式。若选定映射模式,则通过寄存器 CMPCTL[LOADAMODE]位和寄存器 CMPCTL[LOADBMODE]位来决定其加载方式(周期加载、过零点加载或周期过零点加载)。

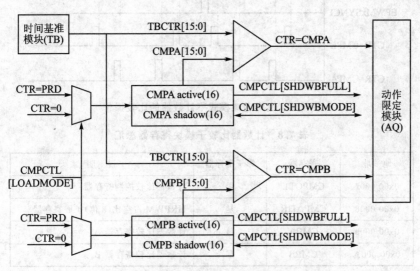

图 7.4　CC 模块的寄存器及信号连接示意图

1. 计数器比较操作

计数比较子模块产生的比较事件有以下 3 种模式:
- ✓ 递增模式:用于产生不对称 PWM 波形,每个周期每个事件仅发生 1 次。
- ✓ 递减模式:用于产生不对称 PWM 波形,每个周期每个事件仅发生 1 次。
- ✓ 递增递减模式:用于产生对称 PWM 波形,如果比较值位于 0~TBPRD 之间,每个周期每个事件发生 2 次。

计数比较子模块具有 2 位独立的比较事件:
- ✓ CTR=CMPA:时间基准计数器等于有效计数比较器 A 的值。
- ✓ CTR=CMPB:时间基准计数器等于有效计数比较器 B 的值。

图 7.5 所示为计数器工作在递增递减模式下 CMPA 与 CMPB 的比较操作。

2. 计数器比较子模块相关寄存器

表 7.8 所列为计数器比较子模块寄存器总汇,除 CMPCTL 寄存器外都含有对应的影子寄存器。

第7章 F28335片上控制外设

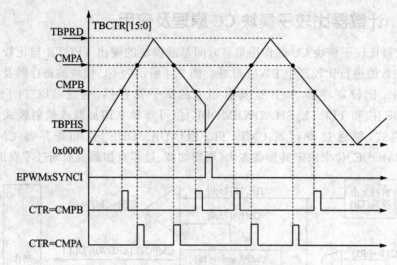

图7.5 递增递减模式下计数器的比较操作

表7.8 计数器比较子模块寄存器总汇

地 址	寄存器	影子寄存器	说 明
0x00 0007	CMPCTL	否	计数器比较控制寄存器
0x00 0008	CMPAHR	是	HRPWM占空比(8位)扩展寄存器
0x00 0009	CMPA	是	计数器比较寄存器A
0x00 000A	CMPB	是	计数器比较寄存器B

(1) 计数器比较控制寄存器CMPCTL

表7.9所列为计数器比较控制寄存器CMPCTL功能描述。

表7.9 计数器比较控制寄存器CMPCTL功能描述

位	域	说 明
D15~D10	Reserved	保留
D9	SHDWBFULL	CMPB的阴影寄存器溢出标志位。 0:CMPB阴影寄存器没有溢出; 1:CMPB的阴影寄存器溢出。 当CPU继续写入值,将覆盖当前阴影寄存器的值
D8	SHDWAFULL	CMPA的阴影寄存器溢出标志位。 0:CMPA阴影寄存器没有溢出; 1:CMPA阴影寄存器溢出。 当CPU继续写入值,将覆盖当前阴影寄存器的值
D7	Reserved	保留

续表 7.9

位	域	说 明
D6	SHDWBMODE	CMPB 寄存器操作模式位。 0：阴影模式，双缓存，所有的值通过阴影寄存器写入； 1：立即模式，所有的值立即写入比较寄存器
D5	Reserved	保留
D4	SHDWAMODE	CMPA 寄存器操作模式位。 0：阴影模式，双缓存，所有的值通过阴影寄存器写入； 1：立即模式，所有的值立即写入比较寄存器
D3~D2	LOADBMODE	CMPB 寄存器装载模式位。CMPCTL[SHDWBMODE]=1 时，该位无效。 00：TBCTR=0x0000； 01：TBCTR=TBPRD； 10：TBCTR=0x0000 或者 TBCTR=TBPRD； 11：保留
D1~D0	LOADAMODE	CMPA 寄存器装载模式位。CMPCTL[SHDWBMODE]=1 时，该位无效。 00：TBCTR=0x0000； 01：TBCTR=TBPRD； 10：TBCTR=0x0000 或者 TBCTR=TBPRD； 11：保留

(2) 计数器比较寄存器 A、B(CMPA、CMPB)

表 7.10 所列为计数器比较寄存器功能描述。

表 7.10 计数器比较寄存器功能描述

位	域	说 明
D15~D0	CMPA	寄存器中的数值与 TBCTR 进行比较，在 EPWMxA 引脚产生 PWM 波形
D15~D0	CMPB	寄存器中的数值与 TBCTR 进行比较，在 EPWMxB 引脚产生 PWM 波形

7.1.3 动作限定子模块 AQ 原理及应用

动作限定子模块在波形构造过程中具有重要作用，决定着事件转换的各种动作类型，从而在 EPWMxA 和 EPWMxB 引脚上输出要求的波形。

1. 动作限定子模块主要实现的功能

① 基于以下事件，输出引脚产生相应操作(置位、清 0、翻转)：
- ✓ CTR=PRD：时基计数器等于周期(TBCTR=TBPRD)；
- ✓ CTR=Zero：时基计数器等于 0(TBCTR=0x0000)；

✓ CTR=CMPA:时基计数器等于比较计数器 A(TBCTR=CMPA);
✓ CTR=CMPB:时基计数器等于比较计数器 B(TBCTR=CMPB)。
② 事件同时发生时,管理产生事件的优先级。
③ 时基计数器递增或递减计数时,提供事件的独立控制。

2. 动作限定子模块相关寄存器

表 7.11 所列为动作限定子模块寄存器总汇,只有 AQCSFRC 软件连续强制控制寄存器存在影子寄存器。

表 7.11 动作限定子模块寄存器总汇

地 址	寄存器	影子寄存器	说 明
0x00000B	AQCTLA	否	输出 A 比较方式控制寄存器
0x00000C	AQCTLB	否	输出 B 比较方式控制寄存器
0x00000D	AQSFRC	否	软件强制控制寄存器
0x00000E	AQCSFRC	是	软件连续强制控制寄存器

(1) 输出 A 比较方式控制寄存器 AQCTLA

表 7.12 所列为输出 A 比较方式控制寄存器 AQCTLA 的功能描述。

表 7.12 输出 A 比较方式控制寄存器 AQCTLA 功能描述

位	域	说 明
D15~D12	Reserved	保留
D11~D10	CBD	当 TBCTR=CMPB,且定时器计数值在减小时: 00:禁止动作; 01:清 0,使得 EPWMxA 输出为低电平; 10:置位,使得 EPWMxA 输出为高电平; 11:EPWMxA 翻转输出
D9~D8	CBU	当 TBCTR=CMPB,且定时器计数值在增加时: 00:禁止动作; 01:清 0,使得 EPWMxA 输出为低电平; 10:置位,使得 EPWMxA 输出为高电平; 11:EPWMxA 翻转输出
D7~D6	CAD	当 TBCTR=CMPA,且定时器计数值在减小时: 00:禁止动作; 01:清 0,使得 EPWMxA 输出为低电平; 10:置位,使得 EPWMxA 输出为高电平; 11:EPWMxA 翻转输出

续表 7.12

位	域	说明
D5~D4	CAU	当 TBCTR=CMPA,且定时器计数值在增加时: 00:禁止动作; 01:清 0,使得 EPWMxA 输出为低电平; 10:置位,使得 EPWMxA 输出为高电平; 11:EPWMxA 翻转输出
D3~D2	PRD	当 TBCTR=TBPRD,在计数器连续增减模式,且方向为 0 或减计数时: 00:禁止动作; 01:清 0,使得 EPWMxA 输出为低电平; 10:置位,使得 EPWMxA 输出为高电平; 11:EPWMxA 翻转输出
D1~D0	ZRO	当 TBCTR=0,在计数器连续增减模式,且方向为 1 或增计数时: 00:禁止动作; 01:清 0,使得 EPWMxA 输出为低电平; 10:置位,使得 EPWMxA 输出为高电平; 11:EPWMxA 翻转输出

(2) 输出 B 计较方式控制寄存器 AQCTLB

表 7.13 所列为输出 B 比较方式控制寄存器 AQCTLB 的功能描述。

表 7.13 输出 B 比较方式控制寄存器 AQCTLB 功能描述

位	域	说明
D15~D12	Reserved	保留
D11~D10	CBD	当 TBCTR=CMPB,且定时器计数值在减小时: 00:禁止动作; 01:清 0,使得 EPWMxB 输出为低电平; 10:置位,使得 EPWMxB 输出为高电平; 11:EPWMxB 翻转输出
D9~D8	CBU	当 TBCTR=CMPB,且定时器计数值在增加时: 00:禁止动作; 01:清 0,使得 EPWMxB 输出为低电平; 10:置位,使得 EPWMxB 输出为高电平; 11:EPWMxB 翻转输出
D7~D6	CAD	当 TBCTR=CMPA,且定时器计数值在减小时: 00:禁止动作; 01:清 0,使得 EPWMxB 输出为低电平; 10:置位,使得 EPWMxB 输出为高电平; 11:EPWMxB 翻转输出

续表 7.13

位	域	说 明
D5~D4	CAU	当 TBCTR=CMPA，且定时器计数值在增加时： 00：禁止动作； 01：清 0，使得 EPWMxB 输出为低电平； 10：置位，使得 EPWMxB 输出为高电平； 11：EPWMxB 翻转输出
D3~D2	PRD	当 TBCTR=TBPRD，在计数器连续增减模式，且方向为 0 或减计数时： 00：禁止动作； 01：清 0，使得 EPWMxB 输出为低电平； 10：置位，使得 EPWMxB 输出为高电平； 11：EPWMxB 翻转输出
D1~D0	ZRO	当 TBCTR=0，在计数器连续增减模式，且方向为 1 或增计数时： 00：禁止动作； 01：清 0，使得 EPWMxB 输出为低电平； 10：置位，使得 EPWMxB 输出为高电平； 11：EPWMxB 翻转输出

(3) 软件强制控制寄存器 AQSFRC

表 7.14 所列为软件强制控制寄存器 AQSFRC 的功能描述。

表 7.14 软件强制控制寄存器 AQSFRC 功能描述

位	域	说 明
D15~D8	Reserved	保留
D7~D6	RLDCSF	AQCSFRC 寄存器重载条件位。 00：TBCTR=0； 01：TBCTR=TBPRD； 10：TBCTR=0 或 TBCTR=TBPRD； 11：立即装载
D5	OTSFB	输出 B 的一次软件强迫事件初始化。 0：写入 0 没有效果； 1：初始化一个 S/W 信号强迫事件
D4~D3	ACTSFB	当触发了一次软件强迫事件时的动作。 00：禁止动作； 01：清 0，使得 EPWMxB 输出为低电平； 10：置位，使得 EPWMxB 输出为高电平； 11：EPWMxB 翻转输出

续表 7.14

位	域	说 明
D2	OTSFA	输出 A 的一次软件强迫事件初始化。 0:写入 0 没有效果; 1:初始化一个信号软件强迫事件
D1~D0	ACTSFA	当触发了一次软件强迫事件时的动作。 00:禁止动作; 01:清 0,使得 EPWMxA 输出为低电平; 10:置位,使得 EPWMxA 输出为高电平; 11:EPWMxA 翻转输出

(4) 软件连续强制控制寄存器 AQCSFRC

表 7.15 所列为软件连续强制控制寄存器 AQCSFRC 的功能描述。

表 7.15 软件连续强制控制寄存器 AQCSFRC 功能描述

位	域	说 明
D15~D4	Reserved	保留
D3~D2	CSFB	输出 B 的连续软件强迫位。在立即模式,连续强迫作用在下一个 TBCLK 时钟边缘;在阴影寄存器模式,连续强迫作用在下一个 TBCLK 时钟边缘,且阴影寄存器已经装载到了主寄存器。使用 AQSFRC [RLDCSF]位来配置阴影寄存器模式。 00:被禁止,没有作用; 01:清 0,使得 EPWMxB 输出为连续低电平; 10:置位,使得 EPWMxB 输出为连续高电平; 11:软件强迫被禁止,无作用
D1~D0	CSFA	输出 A 的连续软件强迫位。在立即模式,连续强迫作用在下一个 TBCLK 时钟边缘;在阴影寄存器模式,连续强迫作用在下一个 TBCLK 时钟边缘,且阴影寄存器已经装载到了主寄存器。使用 AQSFRC [RLDCSF]位来配置阴影寄存器模式。 00:被禁止,没有作用; 01:清 0,使得 EPWMxA 输出为连续低电平; 10:置位,使得 EPWMxA 输出为连续高电平; 11:软件强迫被禁止,无作用

3. 波形实例

表 7.16 所列为 4 种 PWM 波形及其相应的 AQ 模块的配置参数,读者可自行分析。

表7.16 PWM 波形及其相应的 AQ 模块参数配置

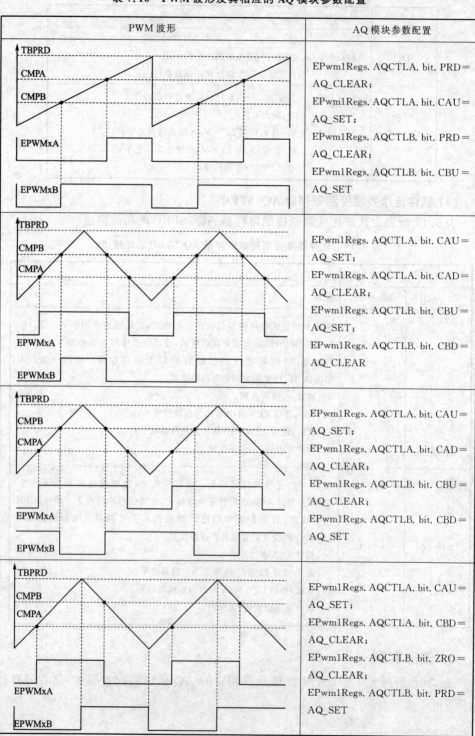

7.1.4 死区控制子模块 DB 原理及应用

前面讨论的动作限定子模块 AQ 的目的是进行 ePWM 高低电平的切换,但这种切换并未考虑电平跳变时刻的"延时"。为避免同一桥臂上下两个开关管的直通,这种"延时"在电力电子桥式电路的控制中尤为重要,也是死区控制模块讨论的内容。图 7.6 所示为该子模块内部结构示意图。

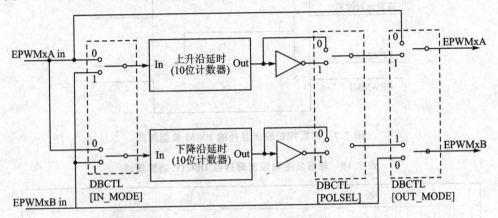

图 7.6 DB 模块内部结构

1. 死区控制子模块的主要功能

✓ 输入源选择:死区模块的输入信号来自动作控制的输出信号 EPWMxA 和 EPWMxB。使用 DBCTL(IN_MODE)控制位可以选择每个延时的信号源。

✓ 输出模式控制:输出模式由 DBCTL[OUT_MODE]位决定是下降沿延时、上升沿延时、不延时或都延时。

✓ 极性控制:允许指定是上升沿或下降沿延时信号在送出死区子模块之前是否取反。

图 7.7 所示为加入死区控制的输出和互补的 PWM 波形。

2. 死区控制子模块相关寄存器

表 7.17 所列为死区控制子模块相关寄存器总汇,这些寄存器均不含影子寄存器。

表 7.17 死区控制子模块相关寄存器总汇

地址	寄存器	影子寄存器	说明
0x00000F	DBCTL	否	死区发生器控制寄存器
0x000010	DBRED	否	死区发生器上升沿延时寄存器
0x000011	DBFED	否	死区发生器下降沿延时寄存器

(1) 死区发生器控制寄存器 DBCTL

表 7.18 所列为死区发生器控制寄存器 DBCTL 的功能描述。

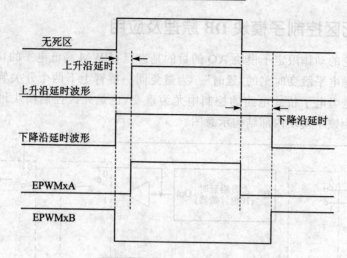

图 7.7 死区控制输出互补的 PWM 典型波形

表 7.18 死区发生器控制寄存器 DBCTL 功能描述

位	域	说 明
D15~D6	Reserved	保留
D5~D4	IN_MODE	死区输入模式控制位。 00：EPWMxA 作为下降沿和上升沿延时的信号源； 01：EPWMxA 作为下降沿延时的信号源，EPWMxB 作为上升沿延时的信号源； 10：EPWMxA 作为上升沿延时的信号源，EPWMxB 作为下降沿延时的信号源； 11：EPWMxB 作为下降沿和上升沿延时的信号源
D3~D2	POLSEL	极性选择控制位。 00：高电平有效模式，EPWMxA 和 EPWMxB 都不翻转； 01：低补偿模式，EPWMxA 翻转； 10：高补偿模式，EPWMxB 翻转； 11：低有效模式，EPWMxA 和 EPWMxB 都翻转
D1~D0	OUT_MODE	死区输出模式控制位。 00：死区发生器被旁路，EPWMxA 和 EPWMxB 都直接输出，在这种模式时，POLSEL 和 IN_MODE 位都不起作用； 01：禁止上升沿延时，EPWMxA 信号直接传输给 PWM-chopper，下降沿延时信号在 EPWMxB 输出； 10：禁止下降沿延时，EPWMxB 信号直接传输给 PWM-chopper，上升沿延时信号在 EPWMxA 输出； 11：死区使能 EPWMxA 的上升沿延时输出，以及 EPWMxB 的下降沿延时输出

(2) 死区发生器上升沿延时寄存器 DBRED

表 7.19 所列为死区发生器上升沿延时寄存器 DBRED 的功能描述。

表 7.19 死区发生器上升沿延时寄存器 DBRED 功能描述

位	域	说 明
D15~D10	Reserved	保留
D9~D0	DEL	上升沿延时 10 位计数器

(3) 死区发生器下降沿延时寄存器 DBFED

表 7.20 所列为死区发生器下降沿延时寄存器 DBRED 的功能描述。

表 7.20 死区发生器下降沿延时寄存器 DBRED 功能描述

位	域	说 明
D15~D10	Reserved	保留
D9~D0	DEL	下降沿延时 10 位计数器

7.1.5 错误控制子模块 TZ 原理及应用

错误控制模块(TZ)是 ePWM 单元的一个选用模块,在多数应用中的重要性却超过其他模块。该子模块包含 6 个引脚,每个触发引脚都能随意指定给任何一个 ePWM 模块。当 TZn 信号为低电平时,表示外部的错误或故障信号产生,其内部逻辑电路如图 7.8 所示。

对于该模块的应用,F28335 提供 2 种模式。一种是关闭 PWM 输出信号或将一个或多个 PWM 引脚切换到高阻抗模式,称为短路或过流保护的单次触发模式 (OSHT)。这些工作均由硬件控制,在信号边缘进入触发引脚后以最快速度完成。一旦出现故障,PWM 输出就会一直保持封锁状态。另一种是利用触发引脚的信号边缘自动限制 PWM 信号的单一脉冲长度,称作周期循环触发模式 (CBC),即故障出现 PWM 封锁,故障消失 PWM 恢复。

1. 错误控制子模块工作流程

通过 TZSEL 寄存器,TZ1~TZ6 可配置为不同的 ePWM 模块使用。当某一个引脚变为低电平时,表明一个触发事件已经发生。该信号可以与系统时钟同步也可以不同步,而且可以通过 GPIO MUX 模块进行数字滤波处理。

由于可与系统时钟同步,TZn 触发脉冲最小可为 1 个系统时钟 SYSCLKOUT,因此能够快速响应外部故障信号。异步触发可保证由于其他原因时钟丢失的情况下,输出仍旧可以使在 TZn 引脚上输入的信号触发。

每个 ePWM 模块的 TZn 输入都可以单独配置提供周期循环或单次事件,分别由 TZSEL[CBCn]和 TZSEL[OSHTn]控制位决定。

第 7 章 F28335 片上控制外设

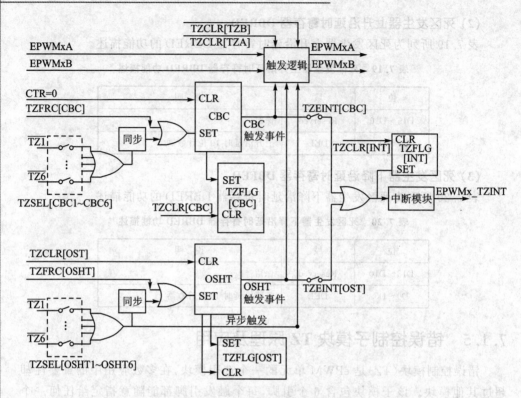

图 7.8 TZ 子模块内部逻辑电路

周期循环触发模式 CBC(Cycle-By-Cycle)：TZCTL 寄存器中指定的动作到 EPWMxA 和 EPWMxB 的输出，周期循环标志位 TZFLG[CBC] 置 1。若 TZEINT[CBC] 位和相应的 PIE 中断使能，则将产生 EPWMx_TZINT 中断。若 ePWM 时基计数器为 0，即当 TBCTR = 0x0000 时，引脚上的条件将自动清除。但 TZFLG[CBC] 标志位需手动清除（TZCLR[CBC] 位写 1）。若在标志位被清除时周期循环事件出现，则它将再次被置位。

单次触发模式 One-Shot(OSHT)：TZCTL 寄存器中指定的动作将立刻执行到 EPWMxA 或 EPWMxB 输出，同时 TZFLG[OST] 被置 1。若 TZEINT[OST] 位和相应的 PIE 中断使能，则产生 EPWMx_TZINT 中断。

2. 错误控制子模块相关寄存器

表 7.21 所列为错误控制子模块寄存器总汇，它们全都不具有影子寄存器。

表 7.21 错误控制子模块寄存器总汇

地 址	寄存器	影子寄存器	说 明
0x00 0012	TZSEL	否	Trip-Zone 选择寄存器
0x00 0013	Reserved	否	保留

续表 7.21

地址	寄存器	影子寄存器	说明
0x00 0014	TZCTL	否	Trip-Zone 控制寄存器
0x00 0015	TZEINT	否	Trip-Zone 中断使能寄存器
0x00 0016	TZFLG	否	Trip-Zone 标志位寄存器
0x00 0017	TZCLR	否	Trip-Zone 清 0 寄存器
0x00 0018	TZFRC	否	Trip-Zone 强制置位寄存器

(1) Trip-Zone 选择寄存器 TZSEL

表 7.22 所列为 TZSEL 寄存器的功能说明。

表 7.22 TZSEL 寄存器功能说明

位	域	说明
D15~D14	Reserved	保留
D13	OSHT6	TZ6 信号作为 ePWM 模块的单次事件(OSHT)选择位。0:禁止;1:使能
D12	OSHT5	TZ5 信号作为 ePWM 模块的单次事件(OSHT)选择位。0:禁止;1:使能
D11	OSHT4	TZ4 信号作为 ePWM 模块的单次事件(OSHT)选择位。0:禁止;1:使能
D10	OSHT3	TZ3 信号作为 ePWM 模块的单次事件(OSHT)选择位。0:禁止;1:使能
D9	OSHT2	TZ2 信号作为 ePWM 模块的单次事件(OSHT)选择位。0:禁止;1:使能
D8	OSHT1	TZ1 信号作为 ePWM 模块的单次事件(OSHT)选择位。0:禁止;1:使能
D7~D6	Reserved	保留
D5	CBC6	TZ6 信号作为 ePWM 模块的周期循环事件(CBC)选择位。0:禁止;1:使能
D4	CBC5	TZ5 信号作为 ePWM 模块的周期循环事件(CBC)选择位。0:禁止;1:使能
D3	CBC4	TZ4 信号作为 ePWM 模块的周期循环事件(CBC)选择位。0:禁止;1:使能
D2	CBC3	TZ3 信号作为 ePWM 模块的周期循环事件(CBC)选择位。0:禁止;1:使能
D1	CBC2	TZ2 信号作为 ePWM 模块的周期循环事件(CBC)选择位。0:禁止;1:使能
D0	CBC1	TZ1 信号作为 ePWM 模块的周期循环事件(CBC)选择位。0:禁止;1:使能

(2) Trip-Zone 控制寄存器 TZCTL

表 7.23 所列为 TZCTL 寄存器的功能说明。

表 7.23 TZCTL 寄存器功能说明

位	域	说明
D15~D4	Reserved	保留
D3~D2	TZB	触发事件发生后，EPWMxB 引脚电平选择位 00:高阻态；01:强制高电平； 10:强制低电平；11:无动作
D1~D0	TZA	触发事件发生后，EPWMxA 引脚电平选择位 00:高阻态；01:强制高电平； 10:强制低电平；11:无动作

(3) Trip-Zone 中断使能寄存器 TZEINT

表 7.24 所列为 TZEINT 寄存器的功能说明。

表 7.24 TZEINT 寄存器功能说明

位	域	说明
D15~D3	Reserved	保留
D2	OST	单次 OST 触发事件中断使能位。 0:禁止；1:使能
D1	CBC	周期 CBC 触发事件中断使能位。 0:禁止；1:使能
D0	Reserved	保留

(4) Trip-Zone 标志位寄存器 TZFLG

表 7.25 所列为 TZFLG 寄存器的功能说明。

表 7.25 TZFLG 寄存器功能说明

位	域	说明
D15~D3	Reserved	保留
D2	OST	单次 OST 触发事件标志位。 0:无触发事件； 1:出现触发事件
D1	CBC	周期 CBC 触发事件中断使能位。 0:无触发事件； 1:出现触发事件
D0	Reserved	保留

(5) Trip-Zone 清 0 寄存器 TZCLR

表 7.26 所列为 TZCLR 寄存器的功能说明。

表 7.26 TZCLR 寄存器功能说明

位	域	说 明
D15~D3	Reserved	保留
D2	OST	清除单次 OST 触发事件。 0:无作用； 1:清除本次 OST 触发事件
D1	CBC	清除周期 CBC 触发事件。 0:无作用； 1:清除本次 CBC 触发事件
D0	INT	全局中断清除标志位。 0:无作用； 1:清除 TZFLG[INT]全局中断标志位

(6) Trip-Zone 强制置位寄存器 TZFRC

表 7.27 所列为 TZFRC 寄存器的功能说明。

表 7.27 TZFRC 寄存器功能说明

位	域	说 明
D15~D3	Reserved	保留
D2	OST	软件强制 OST 触发事件置位。 0:无作用； 1:TZFLG[OST]置 1
D1	CBC	软件强制 CBC 触发置位。 0:无作用； 1:TZFLG[CBC]置 1
D0	Reserved	保留

7.1.6 事件触发子模块 ET 原理及应用

事件触发子模块由时间基准子模块和计数比较模块组成。当某个选择的事件发生时，事件触发子模块向 CPU 产生中断或启动 ADC 转换。

1. 事件触发子模块功能

图 7.9 所示为事件触发子模块的输入/输出信号流程图。通过该信号流程图，事件触发子模块具备如下作用：

✓ 接收时间基准模块和计数比较模块的事件输入；

✓ 使用时间基准方向信息确定递增/递减计数；

第7章 F28335 片上控制外设

✓ 使用预定标逻辑确定中断请求和 ADC 转换启动；
✓ 通过时间计数器和相应标志位产生事件标识；
✓ 允许软件强制中断和 ADC 转换启动。

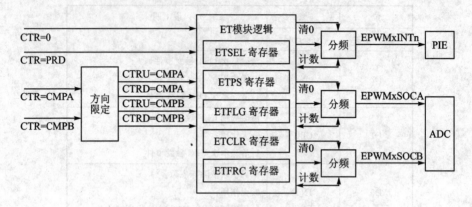

图 7.9 ET 子模块输入/输出信号流程图

2. 事件触发子模块相关寄存器

表 7.28 所列为事件触发子模块寄存器总汇，所有寄存器都不具备相应的影子寄存器。

表 7.28 事件触发子模块寄存器总汇

地 址	寄存器	影子寄存器	说 明
0x000019	ETSEL	否	事件触发选择寄存器
0x00001A	ETPS	否	事件预分频寄存器
0x00001B	ETFLG	否	事件触发标志寄存器
0x00001C	ETCLR	否	事件触发清 0 寄存器
0x00001D	ETFRC	否	事件触发强制寄存器

（1）事件触发选择寄存器 ETSEL

表 7.29 所列为 ETSEL 寄存器的功能说明。

表 7.29 ETSEL 寄存器功能说明

位	域	说 明
D15	SOCBEN	ADC 转换序列 B(EPWMxSOCB)启动使能位。 0：禁止； 1：使能

续表 7.29

位	域	说明
D14~D12	SOCBSEL	EPWMxSOCB 脉冲生成选择位。 000:保留； 001:TBCTR=0x0000； 010:TBCTR=TBPRD； 011:保留； 100:计数器增加时,TBCTR=CMPA； 101:计数器减少时,TBCTR=CMPA； 110:计数器增加时,TBCTR=CMPB； 111:计数器减少时,TBCTR=CMPB
D11	SOCAEN	ADC 转换序列 A(EPWMxSOCA)启动使能位。 0:禁止； 1:使能
D10~D8	SOCASEL	EPWMxSOCA 脉冲生成选择位。 000:保留； 001:TBCTR=0x0000； 010:TBCTR=TBPRD； 011:保留； 100:计数器增加时,TBCTR=CMPA； 101:计数器减少时,TBCTR=CMPA； 110:计数器增加时,TBCTR=CMPB； 111:计数器减少时,TBCTR=CMPB
D7~D4	Reserved	保留
D3	INTEN	ePWM 中断(EPWMx_INT)使能位。 0:禁止； 1:使能
D2~D0	INTSEL	EPWMx_INT 生成选择位。 000:保留； 001:TBCTR=0x0000； 010:TBCTR=TBPRD； 011:保留； 100:计数器增加时,TBCTR=CMPA； 101:计数器减少时,TBCTR=CMPA； 110:计数器增加时,TBCTR=CMPB； 111:计数器减少时,TBCTR=CMPB

(2) 事件触发选择寄存器 ETPS

表 7.30 所列为 ETPS 寄存器的功能说明。

表 7.30 ETPS 寄存器功能说明

位	域	说明
D15~D14	SOCBCNT	ePWM 模块 ADC 转换序列 B(EPWMxSOCB)事件产生计数位。 0:无事件产生； 1:产生 1 个事件； 2:产生 2 个事件； 3:产生 3 个事件
D13~D12	SOCBPRD	该位决定发生过多少个事件后产生 EPWMxSOCB 脉冲(脉冲使能位需置 1,ETSEL[SOCBEN=1]，若 SOCB 脉冲产生则 ETPS[SOCBCNT]位被自动清 0。 00:禁止 SOCB 事件计数器,EPWMxSOCB 不会产生； 01:ETPS[SOCBCNT]=1,即产生第 1 个事件时,生成 EPWMxSOCB 脉冲； 10:ETPS[SOCBCNT]=2,即产生第 2 个事件时,生成 EPWMxSOCB 脉冲； 11:ETPS[SOCBCNT]=3,即产生第 3 个事件时,生成 EPWMxSOCB 脉冲
D11~D10	SOCACNT	ePWM 模块 ADC 转换序列 A(EPWMxSOCA)事件产生计数位。 0:无事件产生； 1:产生 1 个事件； 2:产生 2 个事件； 3:产生 3 个事件
D9~D8	SOCAPRD	该位决定发生过多少个事件后产生 EPWMxSOCA 脉冲(脉冲使能位需置 1,ETSEL[SOCAEN=1]，若 SOCA 脉冲产生则 ETPS[SOCACNT]位被自动清 0。 00:禁止 SOCA 事件计数器,EPWMxSOCA 不会产生； 01:ETPS[SOCACNT]=1,即产生第 1 个事件时,生成 EPWMxSOCA 脉冲； 10:ETPS[SOCACNT]=2,即产生第 2 个事件时,生成 EPWMxSOCA 脉冲； 11:ETPS[SOCACNT]=3,即产生第 3 个事件时,生成 EPWMxSOCA 脉冲
D7~D4	Reserved	保留
D3~D2	INTCNT	ePWM 中断事件 EPWMx_INT 计数位。 0:无事件产生； 1:产生 1 个事件； 2:产生 2 个事件； 3:产生 3 个事件
D1~D0	INTPRD	该位决定发生过多少个事件中断产生(中断使能位需置 1,ETSEL[INT]=1)，若中断产生,则 ETPS[INTCNT]位被自动清 0。 00:禁止中断事件计数器,ETFRC[INT]被忽略； 01:ETFRC[INT]=1,即产生第 1 个事件中断产生； 10:ETFRC[INT]=2,即产生第 2 个事件中断产生； 11:ETFRC[INT]=3,即产生第 3 个事件中断产生

(3) 事件触发标志位寄存器 ETFLG

表 7.31 所列为 ETFLG 寄存器的功能说明。

表 7.31 ETFLG 寄存器功能说明

位	域	说 明
D15~D4	Reserved	保留
D3	SOCB	EPWMxSOCB 状态标志位。 0：无 EPWMxSOCB 事件产生； 1：EPWMxSOCB 事件产生
D2	SOCA	EPWMxSOCA 状态标志位。 0：无 EPWMxSOCA 事件产生； 1：EPWMxSOCA 事件产生
D1	Reserved	保留
D0	INT	EPWMx_INT 中断状态标志位。 0：无中断事件产生； 1：有中断事件产生

(4) 事件触发清 0 寄存器 ETCLR

表 7.32 所列为 ETCLR 寄存器的功能说明。

表 7.32 ETCLR 寄存器功能说明

位	域	说 明
D15~D4	Reserved	保留
D3	SOCB	0：写 0 无作用； 1：EPWMxSOCB 状态标志位清 0
D2	SOCA	0：写 0 无作用； 1：EPWMxSOCA 状态标志位清 0
D1	Reserved	保留
D0	INT	0：写 0 无作用； 1：ETFLG[INT]状态标志位清 0

(5) 事件触发强制置位寄存器 ETFRC

表 7.33 所列为 ETFRC 寄存器的功能说明。

表 7.33 ETFRC 寄存器功能说明

位	域	说 明
D15~D4	Reserved	保留
D3	SOCB	0：写 0 无作用； 1：EPWMxSOCB 状态标志位置 1,并产生 EPWMxSOCB 脉冲

续表 7.33

位	域	说 明
D2	SOCA	0:写 0 无作用; 1:EPWMxSOCA 状态标志位置 1,并产生 EPWMxSOCA 脉冲
D1	Reserved	保留
D0	INT	0:写 0 无作用; 1:ETFLG[INT]状态标志位置 1,并产生 EPWMxINT 中断

7.2 增强型捕获模块 eCAP

增强型捕获模块 eCAP 常用于精确控制外部事件。捕获单元可通过外部引脚电平变化,并利用内部的计数器进行相关控制量的检测,模块的应用包括:测量转动装置的转速、测量位置传感器脉冲之间的实际时间、测量脉冲信号的周期和占空比、根据电流/电压传感器编码的占空比周期计算电流/电压的幅值。

eCAP 模块提供一个完整的捕获通道,能够根据目标任务的要求完成多个事件的捕获任务。eCAP 模块的主要特点如下:
- ✓ 具有 4 个事件标签寄存器(eCAP1~eCAP4,每个 32 位);
- ✓ 最多可以为 4 个标签捕获事件选择边沿极性;
- ✓ Mod4 序列发生器,能够根据 eCAP 引脚的上升沿/下降沿实现与外部事件的同步;
- ✓ 每个事件都可以产生中断;
- ✓ 能单次捕获 4 个事件标签;
- ✓ 能捕获绝对及差分模式的时间标签;
- ✓ 能将上述所有资源分配给一个单独的输入引脚;
- ✓ 采用一个 4 级深度循环缓冲器(eCAP1~eCAP4)来控制连续时间标签的捕获;
- ✓ 当不使用捕获模式时,eCAP 模块可以配置为单通道 PWM 输出。

7.2.1 eCAP 工作模式

1. 捕获工作模式

F28335 中 eCAP 模块的内部结构框图如图 7.10 所示,由事件预分频单元、极性选择单元、事件选择单元、计数器及相位控制单元、比较逻辑单元和中断控制单元构成。

(1)事件预定标

外部信号可通过此模块对信号进行 2~62 分频,在外部频率较高时该模块非常有效。也可通过寄存器将该模块旁路使信号直接通过而无须分频。

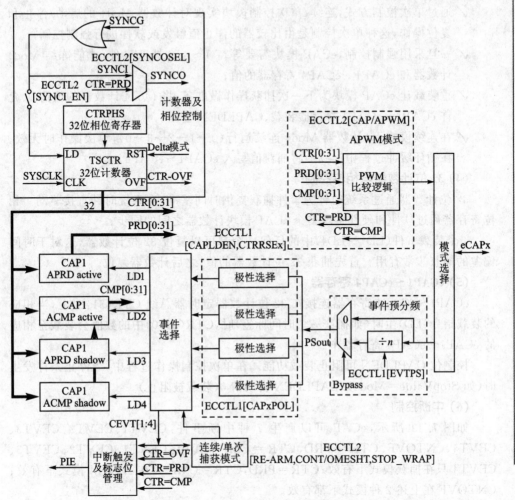

图 7.10 eCAP 模块的内部结构框图

(2) 边沿极性选择与量化

使用多路选择器分别对 4 个捕获事件配置成上升沿、下降沿捕获,每个边沿事件可通过 Mod4 序列发生器进行量化,通过 Mod4 计数器将边沿事件锁存到其相应的 eCAPx 寄存器中,eCAPx 寄存器在下降沿被装载。

(3) 连续/单次控制

✓ 计数器 Mod4(2 位)根据边沿量化事件(CEVT1~CEVT4)进行递增计数;

✓ 计数器 Mod4 连续的循环计数(0→1→2→3→0),直至有事件出现将其停止;

✓ 单次控制模式下,采用 2 位停止寄存器和 Mod4 计数器进行比较输出,若停止寄存器等于 Mod4 计数器则 Mod4 计数器停止计数,eCAP1~eCAP4 寄存器不装载;

- ✓ 通过单次控制方式,连续/单次控制模块实现对计数器 Mod4 的启动/停止和复位操作,这种单次控制是由比较器的停止值触发或软件进行强制控制;
- ✓ 一旦采用强制控制,eCAP 模块需要等待 1～4 个捕获事件,才能冻结 Mod4 计数器和 eCAP1～eCAP4 寄存器的值;
- ✓ 重装载让 eCAP 模块为下一次捕获操作做准备:将 Mod4 计数器的值清 0、允许 eCAP1～eCAP4 寄存器装载、CAPLDEN 置位;
- ✓ 在连续模式下,计数器 Mod4 连续运行(0→1→2→3→0),单次操作时无效。在循环缓冲过程中连续地将捕获值写入 eCAP1～eCAP4。

(4) 32 位计数器与相位控制

32 位计数器通过系统时钟为事件捕获提供时间基准,由系统时钟直接驱动。相位寄存器通过软件和硬件实现多个 eCAP 模块计数器之间的同步。

4 个装载事件(LD1～LD4)中的任何一个都可以复位 32 位计数器,这对于时间偏差的捕获非常有用。首先捕获 32 位计数器的值,之后计数器复位。

(5) eCAP1～eCAP4 寄存器

eCAP1～eCAP4 寄存器连接在 32 位计数器定时器总线 CTR(31:0)上,当相应的装载指令(LD)生时(如捕获一个时间标签)时,CTR(31:0)中的数值会装载至相应的 eCAP1～eCAP4 寄存器中。

控制位 CAPLDEN 可阻止装载功能。在单次控制操作过程中,当停止条件发生时(如 StopValue=Mod4),CAPLDEN 自动清 0(装载被阻止)。

(6) 中断控制

如图 7.11 所示,eCAP 可以产生 7 种中断事件:CEVT1、CEVT2、CEVT3、CEVT4、CNTOVF、CTR=PRD、CTR=CMP。其中:CEVT1、CEVT2、CEVT3、CEVT4 只在捕获模式下有效;CTR=PRD、CTR=CMP 只在 APWM 模式下有效;CNTOVF 在上述 2 种模式下都有效。

中断使能寄存器(ECEINT)可以使能/禁止每个中断事件。如果任何一个中断事件产生,中断标志寄存器(ECEFLG)就将置位,这其中包括全局中断标志位 INT。若相应的中断标志位为 1 且 INT 位为 0,才能向 PIE 产生中断脉冲信号。

中断服务程序中必须通过中断清除寄存器(ECCLR)清除全局中断标志位,以接收一个中断事件。通过中断强制寄存器(ECFRC)可以强制产生中断,用于系统调试。

2. APWM 操作模式

若捕获单元不是工作在捕获操作,则可以用 eCAP 模块资源构成一个单通道不对称的 PWM 发生器,此时计数器工作在递增模式(与 EPWM 模块中,计数器工作于连续增模式产生不对称 PWM 波形原理几乎相同)。寄存器 eCAP1 和 eCAP2 分别用于周期寄存器和比较寄存器,寄存器 eCAP3 和 eCAP4 分别用于周期寄存器和比较寄存器的映射寄存器。APWM 操作模式的特点如下:

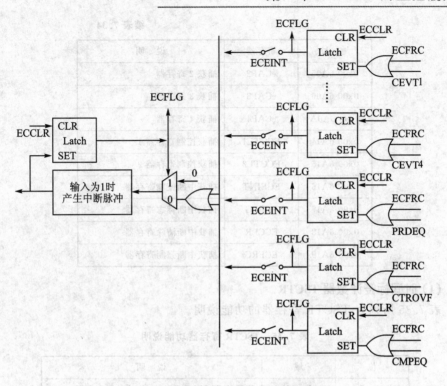

图 7.11 eCAP 模块中断信号连接示意图

- ✓ 通过 2 个 32 位数字比较器实现时间标签计数器的比较。
- ✓ eCAP1/2 寄存器内容用作 APWM 模式下的周期和比较值。
- ✓ 通过双映射寄存器 APRD 和 ACMP(eCAP3/eCAP4)可以实现双缓冲。通过立即装载或者 CTR=PRD 触发方式,映射寄存器的内容将会传送到 eCAP1/eCAP2 寄存器中。
- ✓ APWM 模式下,写入 eCAP1/eCAP2 寄存器的值也会同样写入相应的 eCAP3/eCAP4 中。
- ✓ 初始化时,须给周期和比较寄存器写入初始值。初始值会自动地复制到映射寄存器中,在后续的比较更新时,只使用映射寄存器即可。

7.2.2 捕获模块寄存器

表 7.34 所列为捕获模块寄存器总汇。

表 7.34 捕获模块寄存器总汇

地 址	寄存器	说 明
0x00 6A00	TSCTR	时间标签计数器
0x00 6A02	CTRPHS	计数器相位偏差寄存器
0x00 6A04	eCAP1	捕获 1 寄存器

第 7 章 F28335 片上控制外设

续表 7.34

地 址	寄存器	说 明
0x00 6A05	eCAP2	捕获 2 寄存器
0x00 6A06	eCAP3	捕获 3 寄存器
0x00 6A0A	eCAP4	捕获 4 寄存器
0x00 6A14	ECCTL1	捕获控制寄存器 1
0x00 6A15	ECCTL2	捕获控制寄存器 2
0x00 6A16	ECEINT	捕获中断使能寄存器
0x00 6A17	ECFLG	捕获中断标志寄存器
0x00 6A18	ECCLR	捕获中断清除寄存器
0x00 6A19	ECFRC	捕获中断强制寄存器

(1) 时间标签计数器 TSCTR

表 7.35 所列为 TSCTR 寄存器的功能说明。

表 7.35 TSCTR 寄存器功能说明

位	域	说 明
D31~D0	TSCTR	用于捕获时间基准的 32 位计数器寄存器

(2) 计数器相位偏差寄存器 CTRPHS

表 7.36 所列为 CTRPHS 寄存器的功能说明。

表 7.36 CTRPHS 寄存器功能说明

位	域	说 明
D31~D0	CTRPHS	计数器相位寄存器用以设置相位为滞后/超前。该寄存器通过一个 SYNCI 事件或是由控制位强制 S/W 方式载入 TSCTR,用以实现与相关的其他 eCAP 和 APWM 时间标签之间的相位同步控制

(3) 捕获 1 寄存器 eCAP1

表 7.37 所列为 eCAP1 寄存器的功能说明。

表 7.37 eCAP1 寄存器功能说明

位	域	说 明
D31~D0	eCAP1	该寄存器的装载可以通过以下方式实现: • 在一个捕获事件中的时间标签(例如计数器的值 TSCTR); • 软件方式(对于测试和初始化有用); • 在 APWM 模式中的 APRD 映射寄存器(例如 eCAP3)

(4) 捕获 2 寄存器 eCAP2

表 7.38 所列为 eCAP2 寄存器的功能说明。

表 7.38 eCAP2 寄存器功能说明

位	域	说明
D31~D0	eCAP2	该寄存器的装载可以通过以下方式来实现： • 在一个捕获事件中的时间标签(例如：计数器的值 TSCTR)； • 软件方式(对于测试和初始化有用)； • 在 APWM 模式中的 APRD 映射寄存器(例如 eCAP4)

注：在 APWM 模式下，向 eCAP1/eCAP2 寄存器写值的同时也将相同的值写入相应的映射寄存器 eCAP3/eCAP4 中。这与即时装载模式相仿。向映射寄存器 eCAP3/eCAP4 写值的操作将调用映射寄存器模式。

(5) 捕获 3 寄存器 eCAP3

表 7.39 所列为 eCAP3 寄存器的功能说明。

表 7.39 eCAP3 寄存器功能说明

位	域	说明
D31~D0	eCAP3	在 eCAP 模式下，该寄存器作为一个时间标签捕获寄存器。而在 APWM 模式下，该寄存器作为周期映射寄存器(APRD)用来更新 PWM 周期，此时 eCAP3(APRD)是作为 eCAP1 的映射

(6) 捕获 4 寄存器 eCAP4

表 7.40 所列为 eCAP4 寄存器的功能说明。

表 7.40 eCAP4 寄存器功能说明

位	域	说明
D31~D0	eCAP4	在 eCAP 模式下，该寄存器作为一个时间标签捕获寄存器。而在 APWM 模式下，该寄存器作为比较映射寄存器(ACMP)用来更新 PWM 比较值，此时 eCAP4(ACMP)是作为 eCAP2 的映射

(7) 捕获控制寄存器 1(ECCTL1)

表 7.41 所列为 ECCTL1 寄存器的功能说明。

表 7.41 ECCTL1 寄存器功能说明

位	域	说明
D15~D14	FREE/SOFT	仿真控制位。 00：仿真挂起时立即停止 TSCTR 计数器计数； 01：TSCTR 计数器运行直到 0； 1x：TSCTR 计数器运行不受仿真挂起控制

续表 7.41

位	域	说明
D13~D9	PRESCALE	00000：÷1；00001：÷2；00010：÷4；00011：÷6；……；11111：÷64
D8	CAPLDEN	捕获事件寄存器 1~4 装载使能位。 0：禁止装载；1：使能装载
D7	CTRRST4	eCAP4 计数器复位。 0：不复位 eCAP4 计数器；1：eCAP4 捕获后复位计数器
D6	CAP4POL	eCAP4 边沿选择。 0：上升沿触发；1：下降沿触发
D5	CTRRST3	eCAP3 计数器复位。 0：不复位 eCAP3 计数器；1：eCAP3 捕获后计数器复位
D4	CAP3POL	eCAP3 边沿选择。 0：上升沿触发；1：下降沿触发
D3	CTRRST2	eCAP2 计数器复位。 0：不复位 eCAP2 计数器；1：eCAP2 捕获后计数器复位
D2	CAP2POL	eCAP2 边沿选择。 0：上升沿触发 1：下降沿触发
D1	CTRRSR1	eCAP1 计数器复位。 0：不复位 eCAP1 计数器；1：eCAP1 捕获后计数器复位
D0	CAP1POL	eCAP1 边沿选择。 0：上升沿触发；1：下降沿触发

(8) 捕获控制寄存器 2(ECCTL2)

表 7.42 所列为 ECCTL2 寄存器的功能说明。

表 7.42　ECCTL2 寄存器功能说明

位	域	说明
D15~D11	Reserved	保留
D10	APWMPOL	APWM 输出极性选择，仅适用于 APWM 模式。 0：输出为高电平有效； 1：输出为低电平有效
D9	eCAP/APWM	eCAP/APWM 运行模式选择。 0：eCAP 运行在捕获模式，该模式强制进行以下配置： • 当 CTR=PRD 时禁止 TSCTR 复位； • 禁止 eCAP1 和 eCAP2 寄存器映射装载； • 允许用户装载寄存器 eCAP1~eCAP4； • eCAPx/APWMx 引脚用作捕获输入。 1：eCAP 运行在 APWM 模式，该模式强制进行以下配置： • 当 CTR=PRD 时复位 TSCTR； • 允许 eCAP1 和 eCAP2 寄存器映射装载； • 禁止向寄存器 eCAP1~eCAP4 装载时间标签； • eCAPx/APWMx 引脚用作 APWM 输出

续表 7.42

位	域	说明
D8	SWSYNC	软件强制计数器(TSCTR)同步。这为同步部分或全部 eCAP 时间基准提供了软件实现方法。在 APWM 模式下,同步操作也可以通过条件 CTR=PRD 实现。 0:写入 0 无效; 1:强制同步,写入 1 后该位返回值为 0。 注意:CTR=PRD 只在 APWM 模式下有意义,但是如果该条件确有意义时也可以在捕获模式下使用
D7~D6	SYNCO_SEL	外部同步选择。 00:内部同步信号作为外部同步信号使用; 01:CTR=PRD 事件为外部同步信号; 10:禁止外部同步信号; 11:禁止外部同步信号
D5	SYNCI_EN	计数器(TSCTR)内部同步选择。 0:禁止内部同步选择; 1:通过 SYNCI 信号或 S/W 强制事件使 CTRPHS 装载计数器
D4	TSCTRSTOP	0:TSCTR 停止; 1:TSCTR 运行
D3	RE-ARM	单次强制控制,强制功能在单次或连续模式下有效。 0:无效; 1:单次序列强制如下;将 Mod4 计数器复位、启动 Mod 计数器、使能捕获寄存器装载

D2~D1	STOP_WARP	连续/单次模式的停止值。
		00:单次模式 eCAP1 捕获事件发生后停止;
		    连续模式 eCAP1 捕获事件发生后计数器正常运行。
		01:单次模式 eCAP2 捕获事件发生后停止;
		    连续模式 eCAP2 捕获事件发生后计数器正常运行。
		10:单次模式 eCAP3 捕获事件发生后停止;
		    连续模式 eCAP3 捕获事件发生后计数器正常运行。
		11:单次模式 eCAP4 捕获事件发生后停止;
		    连续模式 eCAP4 捕获事件发生后计数器正常运行

D0	CONT/ONESHT	连续/单次模式选择位(只用于捕获模式)。 0:连续模式; 1:单次模式

(9) 捕获中断标志寄存器 ECFLG

表 7.43 所列为 ECFLG 寄存器的功能说明。

表 7.43　ECFLG 寄存器功能说明

位	域	说明
D15~D8	Reserved	保留
D7	CTR=CMP	CTR=CMP 状态标志位,仅使用 APWM 模式。 0:无事件发生; 1:表明计数器(TSCTR)=比较寄存器值(ACMP)
D6	CTR=PRD	CTR=PRD 状态标志位,仅使用 APWM 模式。 0:无事件发生; 1:表明计数器(TSCTR)=周期寄存器值(APRD)
D5	CTROVF	计数器上溢状态标志位。 0:无事件发生; 1:TSCTR 从 0xFFFF FFFF 变为 0x0000 0000
D4	CEVT4	eCAP4 状态标志位,仅使用捕获模式。 0:无事件发生; 1:eCAP4 捕获事件发生
D3	CEVT3	eCAP3 状态标志位,仅使用捕获模式。 0:无事件发生; 1:eCAP3 捕获事件发生
D2	CEVT2	eCAP2 状态标志位,仅使用捕获模式。 0:无事件发生; 1:eCAP2 捕获事件发生
D1	CEVT1	eCAP1 状态标志位,仅使用捕获模式。 0:无事件发生; 1:eCAP1 捕获事件发生
D0	INT	全局中断标志位。 0:未产生中断; 1:产生一个中断

(10) 捕获中断清除寄存器 ECCLR

表 7.44 所列为 ECCLR 寄存器的功能说明。

表 7.44　ECCLR 寄存器功能说明

位	域	说明
D15~D8	Reserved	保留
D7	CTR=CMP	0:无作用;1:清除该位标志位
D6	CTR=PRD	0:无作用;1:清除该位标志位
D5	CTROVF	0:无作用;1:清除该位标志位
D4	CEVT4	0:无作用;1:清除该位标志位

续表 7.44

位	域	说 明
D3	CEVT3	0：无作用；1：清除该位标志位
D2	CEVT2	0：无作用；1：清除该位标志位
D1	CEVT1	0：无作用；1：清除该位标志位
D0	INT	0：无作用；1：清除该位标志位，不影响中断使能

(11) 捕获中断强制寄存器 ECFRC

表 7.45 所列为 ECFRC 寄存器的功能说明。

表 7.45 ECFRC 寄存器功能说明

位	域	说 明
D15~D8	Reserved	保留
D7	CTR=CMP	强制设置 CTR=CMP。 0：无影响；1：置位该位标志位
D6	CTR=PRD	强制设置 CTR=PRD。 0：无影响；1：置位该位标志位
D5	CTROVF	强制计数器溢出。 0：无影响；1：设置 CTROVF 标志位
D4	CEVT4	强制 eCAP4 中断。 0：无影响；1：设置 CEVT4 标志位
D3	CEVT3	强制 eCAP3 中断。 0：无影响；1：设置 CEVT3 标志位
D2	CEVT2	强制 eCAP2 中断。 0：无影响；1：设置 CEVT2 标志位
D1	CEVT1	强制 eCAP1 中断。 0：无影响；1：设置 CEVT1 标志位
D0	Reserved	保留

7.2.3 eCAP 程序例程——如何捕获外部脉冲信号

程序说明：eCAP 的时钟计数器以系统时钟为基准，使用 eCAP1 模块并工作于捕获工作模式。上升沿捕获外部脉冲信号的跳变沿，用于测量其信号的周期。

1. eCAP 初始化

```
void CAP_Init()
{
```

```
    SysCtrlRegs.PCLKCR1.bit.ECAP1ENCLK = 1;   //使能 eCAP1 模块时钟
    GpioCtrlRegs.GPAMUX2.bit.GPIO24 = 1;      //GPIO24 用于 eCAP1
    GpioCtrlRegs.GPAPUD.bit.GPIO24 = 0;       //上拉电阻禁止
    GpioCtrlRegs.GPAQSEL2.bit.GPIO24 = 0;     //eCAP1 与系统时钟同步
                                              //连续捕获模式,不触发复位
    ECap1Regs.ECCTL2.bit.TSCTRSTOP = 0;       //配置前计数器停止
    ECap1Regs.ECEINT.all = 0x0000;            //禁止所有 eCAP 中断
    ECap1Regs.ECCTL1.bit.PRESCALE = 0;        //每个载波触发一次
    ECap1Regs.ECCTL2.bit.CONT_ONESHT = 0;     //连续模式
    ECap1Regs.ECCTL2.bit.STOP_WRAP = 0;       //捕获事件后停止
    ECap1Regs.ECCTL1.bit.CAP1POL = 0;         //上升沿捕获
    ECap1Regs.ECCTL2.bit.SYNCI_EN = 1;        //使能同步信号输入
    ECap1Regs.ECCTL2.bit.SYNCO_SEL = 3;       //同步信号输出禁止
    ECap1Regs.ECCTL1.bit.CAPLDEN = 1;         //使能捕获单元
    ECap1Regs.ECCLR.all = 0xFFFF;             //清除 eCAP 中断标志位
    ECap1Regs.ECCTL2.bit.TSCTRSTOP = 1;       //TSCTR 计数器工作
    ECap1Regs.ECCTL2.bit.REARM = 1;           //单次捕获模式
}
```

2. eCAP 模块捕获外部脉冲信号子函数

```
void Pulse_Receive()
{
    i16CAPPulseFlag = 0;
    u16PulseCnt ++ ;
    if(ECap1Regs.ECFLG.bit.CEVT1 == 1)
    {
        u32PulseClkOld = u32PulseClk;
        u32PulseClk = ECap1Regs.CAP1;
        ECap1Regs.ECCLR.all = 0xFFFF;                  //清除所有标志
        i32Pulse = u32PulseClk - u32PulseClkOld;
        Limit(i32Pulse,UpCnst,DnCnst);                 //i32Pulse 限幅
        u16PulseCnt = 0;
        i16CAPPulseFlag = 1;
    }
    else if (u16PulseCnt >= 600)                       //超时容错处理
    {
        u16PulseCnt_0 = 0;
        i32Pulse = 0;
        u32PulseClk = ECap1Regs.TSCTR;
    }
}
```

第 8 章

F28335 的片上串行通信单元

除用于自动化、电力电子控制的模块外，F28335 还包含一些串行通信模块，包括 SCI、SPI、CAN、McBSP 及 I²C，基本满足工业控制领域通信应用。

为了使读者能够快速理解和掌握这几种通信模块的原理和 DSP 的使用方法，本章对每种串行通信模块的应用特点进行总结，并给出详细例程。

8.1 串行通信的基本概念

8.1.1 异步通信和同步通信

串行通信中，数据信息与控制信息需要在一条线上实现传输，为了对数据信息和控制信息进行区分，收发双方必须遵循一定的通信协议。我们所熟知的串行通信协议都包含 4 点信息：同步方式、数据格式、传输速率、校验方式。

依据收发设备时钟的配置方式，串行通信可以分为同步通信和异步通信。

1. 异步通信

异步通信(Asynchronous Transmission)将信息分成小组进行传送。严格意义上的异步通信所传输的数据是 8 位(即 1 个字符)，由于收发双发之间没有建立同步机制，因此发送方可以在任何时刻发送这些位组，而接收方却不知道它们会在什么时间到达。

为了告知接收方数据的起止位置，异步通信的帧格式中必须加入起始位和结束位这个同步信号，同时为了校验所接收的数据又加入了奇偶校验位。加入的同步信号必然增加总线的开销，因此异步通信不适合高速度、大容量的数据传输，较多应用于设备与设备之间的信息交互，例如 PC 机上的 RS232 接口是典型的异步通信接口。

2. 同步通信

同步通信(Synchronous Transmission)尽管也将信息分成小组进行传输，但这个小组要比异步通信的小组大得多。若异步通信传输的是字符，那么同步通信所传输的就是字符串。收发双发通过同步脉冲建立同步机制，因此接收方一旦检测到帧同步开始信号,则立即开始缓存之后所有的数据,直到接收方检测到帧同步结束信号为止。

与异步通信每个字符加入同步信号的机制相比,同步通信所占用的开销较小,常用于板间通信,CPU 与 CPU、EEPROM、DAC、FLASH 之间的信息传输。

8.1.2　串行通信的传输方向

依据传输方向,串行通信可分为单工传输、半双工传输和全双工传输,如图 8.1 所示。

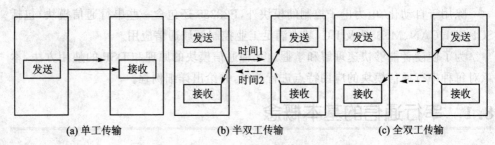

图 8.1　单工、半双工和全双工传输

单工是指数据传输仅能够实现单相传输;半双工是指数据可沿两个方向传输,但需要分时进行;全双工是指数据可同时进行双向传输。

8.1.3　串行通信的错误校验

通信过程中,往往要对数据传送的正确与否进行校验。校验是保证准确无误传输数据的关键。常采用的方法为奇偶校验、代码和校验、CRC 校验。

(1) 奇偶校验

在发送数据时,紧跟数据位后面的 1 位为奇偶校验位(1 或 0)。当约定为奇校验时,数据中"1"的个数与校验位"1"的个数之和应为奇数;当约定为偶校验时,数据中"1"的个数与校验位"1"的个数之和应为偶数。接收方与发送方的校验方式应一致。接收字符时,对"1"的个数进行校验,若发现不一致则说明传输数据过程中出现了差错。

(2) 代码和校验

代码和校验是发送方将所发数据块求和(或各字节异或),产生的校验和字节附加到数据块的末尾。接收方在接收数据时要对数据块(除校验字节外)求和(或各字节异或),将所得的结果与收到的"校验和"进行比较,相符则无差错,否则就认为是传输过程出现了差错。

(3) CRC 校验

CRC 即循环冗余校验码(Cyclic Redundancy Check),它是数据通信领域中最常用的一种差错校验码。循环冗余检查(CRC)是一种数据传输检错功能,对数据进行多项式计算,并将得到的结果附在帧的后面。接收设备也执行类似的算法,以保证数据传输的正确性和完整性。CAN 通信中在数据帧的后面附加的就是 CRC 校验,而这部分工作无须用户操作 DSP 会自动生成。如需要在其他的串行通信中使用这种校验方式,可参考例 8.1 的程序代码。

【例 8.1】

```
int16 wCRC(Uint16 * byMsg, Uint16 wDataLen)
{
    int byCRCHi = 0xFF ;              //High byte of CRC
    int byCRCLo = 0xFF ;              //Low byte of CRC
    unsigned uIndex ;
    while (wDataLen -- )
    {
        uIndex = byCRCHi ^ * byMsg ++ ;   //Calculate the CRC
        byCRCHi = byCRCLo ^ byCRCHiArray[uIndex] ;
        byCRCLo = byCRCLoArray[uIndex] ;
    };
    return ((byCRCHi << 8) | byCRCLo);
}
```

数组 byCRCLoArray[ ]及 byCRCHiArray[ ]的相关内容详见附录 A。

8.2 SCI 通信模块及应用

串行通信接口 SCI(Serial Communication Interface)是一个双线的异步串口。它具有接收和发送两根信号线,可看作是 UART(通用异步接收/发送装置)。

8.2.1 SCI 通信模块简介

F28335 的 SCI 模块与 2812 相同,支持 CPU 与采用 NRZ(Non-Return-to-Zero,不归零)标准格式的异步外围设备之间进行数字通信。若我们的 SCI 使用的 RS232 串行接口,那么 F28335 就能和其他使用 RS232 接口的设备进行通信了。

F28335 内部具有 3 个功能相同的 SCI 模块:SCIA、SCIB 和 SCIC。每个 SCI 模块都各有一个接收器和发送器。接收器和发送器各有一个 16 级深度的 FIFO(First In First Out)队列,它们还都有自己独立的使能位和中断位,可在半双工、全双工通信中进行操作。下面以 SCIA 为例进行讲解。SCIA 的 CPU 结构如图 8.2 所示。

通过图 8.2 可知,若要使 SCIA 模块工作起来,DSP 要进行如下设置:
✓ 使用 GPIOMUX 寄存器将对应的 GPIO 设置成 SCIA 功能;
✓ 使能 PLL 模块,所产生的 CPU 系统时钟 SYSCLKOUT 经过低速预定标器之后输出低速时钟 LSPCLK 供给 SCIA;

第 8 章 F28335 的片上串行通信单元

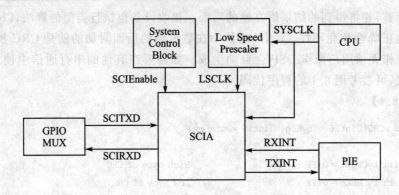

图 8.2 SCIA 的 CPU 结构

✓ 为保证 SCIA 正常运行,必须使能 SCIA 的时钟,即将外设时钟控制寄存器 PCLKCR 的 SCIAENCLK 置 1。

除此之外,SCIA 模块还有如下特点:
✓ 具有空闲方式和地址位方式,一般采用点对点的通信方式,即空闲方式;
✓ 具有接收缓冲器(SCIRXBUF)和发送缓冲器(SCITXBUF);
✓ 可通过查询方式或中断方式进行数据的接收和发送;
✓ 具有独立的发送和接收中断使能位。

8.2.2 SCI 工作原理

图 8.3 所示为 SCI 模块启动 FIFO 功能时的数据收发示意图。

SCI 发送数据时,发送数据缓冲寄存器 SCITXBUF 从数据发送 FIFO 中获取需要发送的数据,然后 SCITXBUF 将数据传输给发送移位寄存器 TXSHF;如果发送功能使能,TXSHF 将接收到的数据逐位移到 SCITXD 引脚上,完成发送的过程。发送过程中的查询标志位是 TXREADY(发送缓冲寄存器就绪),它位于 SCICTL2 中的 bit7。该位为 1 表示 SCITXBUF 准备好接收下一个数据了,数据写入 SCITXBUF 后该标志位清 0。

SCI 接收数据时,接收移位寄存器 RXSHF 逐位的接收来自于 SCIRXD 引脚的数据,若 SCI 的接收功能使能,RXSHF 将这些数据传输给接收缓冲寄存器 SCIRXBUF 中,并放入 FIFO 缓存。接收过程中的查询标志位是 RXRDY,它位于 SCIRXST 寄存器中。该位为 1 表示 SCIRXBUF 已经接收到一个数据,可立即读取;数据从 SCIRXBUF 读出后,该标志位清 0。

8.2.3 SCI 基本数据格式

帧格式就是通信双方约定好的数据格式,也称为通信协议。SCI 接收和发送数据的数据格式如图 8.4 所示,有 1 位起始位、8 位数据位、1 位奇偶校验位、1 位停止位和 1 位地址位(地址位模式下用来区分该帧是地址帧还是数据帧)。

第8章 F28335 的片上串行通信单元

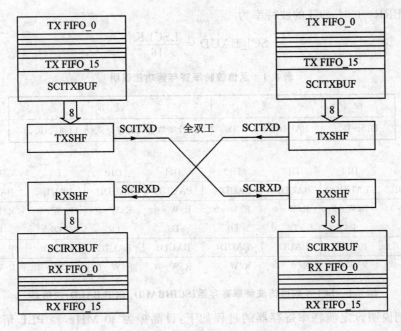

图 8.3 SCI 收发数据示意图

起始位 1位	LSB	2	3	4	5	6	7	MSB	地址位 1位	奇偶校验位 1位	停止位 1位

图 8.4 SCI 的数据帧格式

这些数据格式可通过 SCI 通信控制寄存器 SCICCR 进行设置,如例 8.2 所示。

【例 8.2】

```
SciaRegs.SCICCR.SCICHAR = 0x7H;      //选择数据长度,为8位
SciaRegs.SCICCR.PARITYENA = 0;       //开启极性功能。0:关闭该功能
SciaRegs.SCICCR.PARITY = 0;          //极性功能。0:偶校验;1:奇校验
SciaRegs.SCICCR.STOPBITS = 0;        //停止位长度。0:1位;1:2位
```

SCI 数据帧的传输按照一定的速率进行,衡量这个速率的物理量就是"波特率"。波特率用来表示每秒钟能收发的位数。F28335 中的每一个 SCI 都具有 2 个 8 位波特率寄存器,即 SCIHBAUD 和 SCILBAUD,它们共同构成 16 位长度,因此可支持 64 000 个编程速率。表 8.1 所列为波特率寄存器的功能说明,图 8.5 所示为波特率寄存器的位信息。

波特率的计算如下:

当 $1 \leqslant BRR \leqslant 65\ 535$ 时

$$BRR = \frac{LSCLK}{SCI\_BAUD \times 8} - 1 \tag{8.1}$$

其中:BRR=SCIHBAUD:SCILBAUD。

第 8 章　F28335 的片上串行通信单元

当 BRR=0 时,SCI 的波特率为

$$\text{SCI\_BAUD} = \frac{\text{LSCLK}}{16} \tag{8.2}$$

表 8.1　通信波特率寄存器功能说明

位	域	说明
D15~D0	BAUD15~BAUD0	波特率数值设置详见式(8.1)和式(8.2)

D15	D14	D13	D12	D11	D10	D9	D8
BAUD15	BAUD14	BAUD13	BAUD12	BAUD11	BAUD10	BAUD9	BAUD8
R/W-0	R/W-0	R/W-0	R/W-0	R/W-0	R/W-0	R/W-0	R/W-0
D7	D6	D5	D4	D3	D2	D1	D0
BAUD7	BAUD6	BAUD5	BAUD4	BAUD3	BAUD2	BAUD1	BAUD0
R/W-0	R/W-0	R/W-0	R/W-0	R/W-0	R/W-0	R/W-0	R/W-0

图 8.5　SCI-A 的通信波特率寄存器(SCIHBAUD,SCILBAUD)位信息

举例说明设定波特率寄存器的过程如下:设晶振为 30 MHz,经 PLL 倍频后的 CPU 系统时钟 SYSCLKOUT 为 150 MHz,低速预定标寄存器 LOSPCP=3,则低速时钟 LSCLK=(150/6)MHz=25 MHz。若 SCI 的波特率为 115 200,则 BRR=25M/(115 200×8)−1=26.13,那么 SCIHBAUD=0,SCIHBAUD=26。由于忽略了小数部分,故波特率存在误差。在工程上只要波特率误差不是很大,依然可建立可靠的 SCI 通信。

8.2.4　多处理器通信方式

通信不是点对点的传输,而是存在一对多或多对多的数据交换,即多处理器的通信方式。它允许一个处理器在同一条串行线上有效地向其他处理器发送数据块。F28335 同 2000 系列 DSP 一样,提供了两种方式:地址位多处理器通信方式和空闲线多处理器通信方式。其操作顺序如下:

① 设置 SLEEP=1,当地址被检测的时候处理器才能被中断,软件清 0。
② 所有的传输都是以地址帧开始。
③ 接收到的地址帧临时唤醒所有 BUS 上的处理器。
④ 处理器比较收到的 SCI 地址与本身的 SCI 地址(匹配)。
⑤ 只有当地址匹配的时候处理器才开始接收数据。

1. 空闲线多处理器方式

通过空闲周期的长短来确定地址帧的位置,在 SCIRXD 变高 10 个位(或更多)之后,接收器在下降沿之后被唤醒,即数据块之间的空闲周期大于 10 个周期,数据块内的空闲周期小于 10 个周期。其数据帧格式如图 8.6 所示。

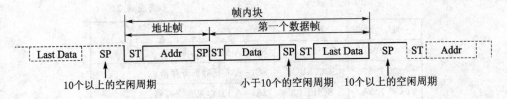

图 8.6 空闲线多处理器帧格式

空闲周期产生的方法：
- ✓ 设置 TXWAKE(SCICTL1.3)=1,产生 11 位的空闲位；
- ✓ 前一数据块的最后一帧与下一数据块的地址帧的发送之间时间延长,以便产生 10 位或更多的空闲位。

2. 地址位方式

地址位多处理器方式数据帧格式如图 8.7 所示。其特点是在普通帧中加入 1 位的地址位,使接收端收到后判断该帧是地址信息还是数据信息。只要在 SCITXBUF 写入地址前置位 TXWAKE=1,即可自动完成帧内数据/地址的设定,即 TXWAKE 置 0 时所发送的为数据帧,TXWAKE 置 1 时所发送的为地址帧。

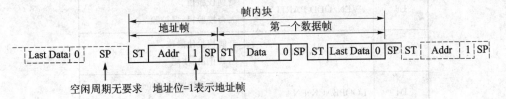

图 8.7 地址位多处理器帧格式

8.2.5 SCI 相关寄存器

F28335 中包含 3 个 SCI 模块,其寄存器的基本工作原理完全相同。以 SCI-A 模块为例,其相关寄存器总汇如表 8.2 所列。

表 8.2 SCI 寄存器总汇

地 址	名 称	说 明
0x00 7050	SCICCR	SCI-A 通信控制寄存器
0x00 7051	SCICTL1	SCI-A 控制寄存器 1
0x00 7052	SCIHBAUD	SCI-A 波特率寄存器高位
0x00 7053	SCILBAUD	SCI-A 波特率寄存器低位
0x00 7054	SCICTL2	SCI-A 控制寄存器 2
0x00 7055	SCIRXST	SCI-A 接收状态寄存器
0x00 7056	SCIRXEMU	SCI-A 接收仿真数据寄存器

续表 8.2

地址	名称	说明
0x00 7057	SCIRXBUF	SCI-A 接收数据寄存器
0x00 7059	SCITXBUF	SCI-A 发送数据寄存器
0x00 705A	SCIFFTX	SCI-A FIFO 发送寄存器
0x00 705B	SCIFFRX	SCI-A FIFO 接收寄存器
0x00 705C	SCIFFCT	SCI-A FIFO 控制寄存器
0x00 705F	SCIPRI	SCI-A 极性控制寄存器

(1) SCI-A 通信控制寄存器(SCICCR)

表 8.3 所列为 SCICCR 寄存器的功能描述。

表 8.3　SCICCR 寄存器功能描述

位	域	说明
D7	STOP BITS	停止位个数。 0:1个;1:2个
D6	EVEN/ODD PARITY	奇偶校验位。 0:奇校验;1:偶校验
D5	PARITY ENABLE	奇偶校验使能位。 0:禁止;1:使能
D4	LOOPBACK ENA	循环检测模式使能位。 0:禁止;1:使能
D3	ADDR/IDLE MODE	0:空闲线模式;1:地址位模式
D2~D0	SCICHAR[2:0]	数据长度控制位。 000:1;001:2;…;111:8

(2) SCI-A 控制寄存器 1(SCICTL1)

表 8.4 所列为 SCICTL1 寄存器的功能描述。

表 8.4　SCICTL1 寄存器功能描述

位	域	说明
D7	Reserved	保留
D6	RX ERR INT ENA	接收错误中断使能位。 0:禁止;1:使能
D5	SW RESET	SCI 软件复位(低有效)。 0:初始化 SCI;1:重新使能 SCI
D4	Reserved	循环检测模式使能位。 0:禁止;1:使能

续表 8.4

位	域	说明
D3	TXWAKE	数据发送唤醒模式。 0：由 SCICCR.3 确定；1：无唤醒模式
D2	SLEEP	休眠模式。 0：禁止；1：使能
D1	TXENA	发送使能。 0：禁止；1：使能
D0	RXENA	接收使能。 0：禁止；1：使能

(3) SCI-A 控制寄存器 2(SCICTL2)

表 8.5 所列为 SCICTL2 寄存器的功能描述。

表 8.5 SCICTL2 寄存器功能描述

位	域	说明
D7	TXRDY	数据发送就绪状态位，表明 SCITXBUF 准备接收下一个字符，接收之后该位自动清 0。 1：TXRDY 空，发送就绪
D6	TX EMPTY	SCITXBUF、TXSHF 的内容为空状态位。 1：均无数据；0：寄存器均有数据。 一个有效的 SW RESET 或一个系统复位，可将该位置 1。该位不会产生中断
D5~D2	Reserved	保留
D1	RX/BK INT ENA	RX/BK 中断使能位。 0：禁止；1：使能
D0	TX INT ENA	接收使能。 0：禁止；1：使能

(4) SCI-A 接收状态寄存器(SCIRXST)

表 8.6 所列为 SCIRXST 寄存器的功能描述。

表 8.6 SCIRXST 寄存器功能描述

位	域	说明
D7	RX ERROR	数据接收错误标志位。 0：有错误；1：无错误。 如果位 RX ERR INT ENA(SCIDTL1.6)＝1，则该位用于中断服务程序过程中的快速错误条件检测(中断检测、帧错误、移除和极性错误)

续表 8.6

位	域	说明
D6	RX ERR INT ENA	SCI 接收器就绪标志。当从 SCIRXBUF 寄存器中出现一个新的字符时，接收器将该位置 1，此时如果 RX/BK INT ENA (SCICTL2.1)置 1，则将产生一个接收中断。通过读 SCIRXBUF 寄存器或有效的 SW RESET 或硬件复位可使 RXRDY 清 0
D5	BRKDT	SCI 中断检测标志。在丢失第一个结束位后开始检测 SCIRXD 连续至少 10 个周期后置位
D4	FE	SCI 帧错误标志。 1：当期望的结束位没有出现时置位。 结束位的丢失表明起始位的同步也丢失，或两个帧被错误地组合
D3	OE	SCI 数据被覆盖标志。 1：SCIRXBUF 中数据未被及时读取而被新的数据所覆盖
D2	PE	极性检测。 1：当检测到 1 的个数与它的极性位不一致置位
D1	RXWAKE	接收器唤醒检测标志。如果 RXWAKE＝1，表明检测到接收器唤醒条件。在地址位多处理器模式中，RXWAKE 发送了 SCIRXBUF 中字符的地址位。在空闲线多处理器模式中，若 SCIRXD 数据线检测为空，则 RXWAE 置 1。 清 0 方式：有效的 SW RESET；对 SCIRXBUF 进行读操作；将地址字节后的第一个字节传送到 SCIRXBUF；系统复位
D0	Reserved	保留

8.2.6 SCI 应用实例——如何实现异步通信数据的收发

下面给出 SCI 模块的初始化、基本的发送数据和接收数据的程序代码段供读者参考。

1. SCI 模块的初始化

```
//SCI 模块的初始化,并使能 FIFO 功能
void SCI_Init()
{
    SciaRegs.SCICCR.all = 0x0007;        //1 个停止位,8 个数据位
    SciaRegs.SCICTL1.all = 0x0003;       //使能收发功能及内部时钟
    SciaRegs.SCIFFTX.all = 0xC000;       //使能 SCI 通信的 FIFO 功能
    SciaRegs.SCIFFCT.all = 0;            //FIFO 传输至 SCITXBUF 延时为 0
    SciaRegs.SCIHBAUD = 0;               //波特率为 115 200
    SciaRegs.SCILBAUD = 26;
```

```
SciaRegs.SCICTL1.all = 0x0023;
SciaRegs.SCIFFTX.bit.TXFIFOXRESET = 1;    //重新使能发送 FIFO 数据缓存器
SciaRegs.SCIFFRX.bit.RXFIFORESET = 1;     //重新使能接收 FIFO 数据缓存器
}
```

2. 发送数据子函数

```
//SCI 连续发送数据
void SciFrameTransfer()
{
    for(i = 0;i<= CNT;i++)
    {
        SciaRegs.SCITXBUF = SCITxBuff[i];
        while(SciaRegs.SCICTL2.bit.TXRDY != 1)
        {;}           //等待 SCIRXBUF 准备好才写入下一个所要发送的数据
    }
}
```

3. 接收数据子函数

```
//SCI 连续接收数据
void SciFrameReceive()
{
    ……
    while(SciaRegs.SCIFFRX.bit.RXFFST>0)    //RX FIFO 中依然存在数据
    {
        SCIRxBuff[i] = SciaRegs.SCIRXBUF.bit.RXDT
        i++;
    }
}
```

8.3 SPI 通信模块及应用

串行外设接口 SPI(Serial Peripheral Interface)是原 Motorola 公司推出的同步串行接口标准,它广泛应用于 EEPROM、实时时钟、A/D 转换器、D/A 转换器等器件。SPI 总线允许 MCU 与各种外围设备以串行方式进行同步通信,它属于高速、全双工通信总线。由于只占用 4 个引脚,节省了芯片的引脚资源,同时为 PCB 的布局也提供了方便。

8.3.1 SPI 模块简介

SPI 模块的特点如下:

- ✓ 具有2种工作模式:主工作模式和从工作模式。
- ✓ 总线采用4线制,相关的引脚及其功能见表8.7。

表 8.7　SPI 功能引脚说明

信号	说明
SPICLK	串行时钟信号(可认为是同步信号)
SPIMOSI	SPI 主出从入引脚
SPIMISO	SPI 主入从出引脚
SPISTE	SPI 从机片选信号

- ✓ 具有3个数据寄存器(SPIRXBUF、SPITXBUF 和 SPIDAT)和9个控制寄存器。其中控制寄存器为8位;3个数据寄存器为16位。
- ✓ 具有125种可编程的波特率,需使用 SPIBRR(SPI 波特率寄存器)进行设置。
- ✓ 数据收发可实现全双工,其中发送功能可以通过 SPICTL 寄存器的 TALK 位禁止或使能。
- ✓ 2833x 的 SPI 具有2个16级的 FIFO,分别用于数据的发送和接收,并且在 FIFO 中数据的发送之间的延时可以通过寄存器(SPIFFCT)进行控制。
- ✓ 与 SCI 类似,数据的收发都能通过查询或者中断方式实现。在 FIFO 模式中,接收中断使用 SPIRXINTA,而发送中断使用 SPITXINTA;在非 FIFO 模式中,收发中断都只占用 SPIRXINTA。

8.3.2　SPI 工作原理

图 8.8 所示为典型的 SPI 连接图,通过 SpiaRegs.SPICTL.bit.MASTER_SLAVE(1 为主模式,0 为从模式)可设置系统的主从模式。时钟信号 SPICLK 由主机提供,为整个串行通信网络提供同步时钟,数据在 SPICLK 的跳变沿进行收发。SPISTE 引脚用于与从 SPI 设备的片选使能信号,传输数据前驱动为低用于选通从机设备,在传输完毕后被拉高。

主模式下,数据通过 SPISOMI 引脚接收,通过 SPISIMO 引脚发送。

发送数据时,TXFIFO 中的数据按照"先入先出"的顺序将数据压入 SPITXBUF。数据写入 SPITXBUF 寄存器后会立即加载到移位寄存器 SPIDAT,SPIDAT 移位寄存器在 SPICLK 的上升沿或下降沿,通过 SPIMOSI 引脚将数据从高位(MSB)至低位(LSB)的顺序依次移位至从机的移位寄存器中。若发送的数据与设定的数据个数相等,则发送中断标志位 SPITXINT 置位。接收数据时,将来自引脚 SPISOMI 的数据从低位(LSB)至高位(MSB)的顺序,按照 SPICLK 的时钟沿依次移位至从机的移位寄存器,最后将 SPIDAT 寄存器中的数据写入接收缓冲器 SPIRXBUF 并压入 RXFIFO,产生中断标志位等待 CPU 读取。

第 8 章 F28335 的片上串行通信单元

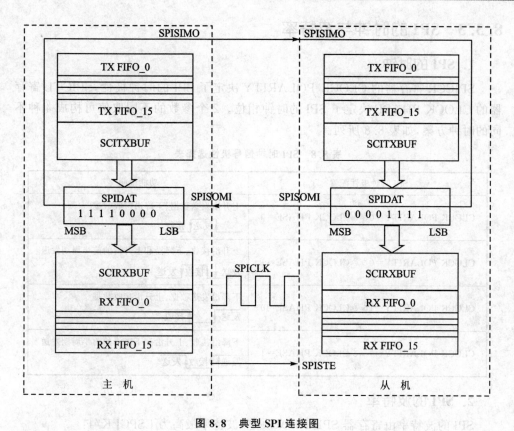

图 8.8 典型 SPI 连接图

从模式下,数据从 SPISOMI 引脚输出,从 SPISIMO 引脚输入。SPICLK 引脚用作输入串行移位时钟,该时钟由外部网络中的主控制器 MASTER 提供。数据传输率由该时钟决定,SPICLK 输入频率最高应该不超过 LSPCLK 频率的 1/4,收发方式与主模式相同。

简单来讲,SPI 进行数据收发时,主从设备只需使用一个移位寄存器,通过 SPICLK 同步信号就可实现数据的交换。一般而言,我们设定在 SPICLK 的上升沿发送数据,在 SPICLK 的下降沿接收数据。如此一来,主从设备可在一串 SPICLK 时钟信号的跳变沿完成数据的收发。

注意:

① 若接收或发送的数据不够 16 位,为保证首先发送最高位,则 SPITXBUF 中的数据必须左对齐,而由于每次接收到的数据是写在最低位,SPIRXBUF 中的数据必须右对齐。

② SPIRXBUF 和 SPITXBUF 分别作为 RXFIFO 和 TXFIFO 与移位寄存器 SPIDAT 之间的缓冲器。F28335 也提供了 FIFO 与缓冲器之间的数据时间间隔,通过 SPIFFCT 寄存器的 bit0~bit7(FFXDLY)进行设置。

8.3.3 SPI 的时钟与波特率

1. SPI 的时钟

SPICCR 寄存器的 CLOCK POLARITY 决定了 SPI 的时钟极性，SPICTL 寄存器的 CLOCK PHASE 决定了 SPI 的时钟相位。2 个参数的不同取值可构成 4 种不同的时钟方案，如表 8.8 所列。

表 8.8 SPI 时钟信号极性选择表

SPI 时钟极性配置	功能说明
CLOCK POLARITY=0 && CLOCK PHASE=0	上升沿发送数据、下降沿接收数据 发送↓接收
CLOCK POLARITY=0 && CLOCK PHASE=1	上升沿接收、下降沿和上升沿的前半周期发送 发送↓接收↓发送
CLOCK POLARITY=1 && CLOCK PHASE=0	下降沿发送数据、上升沿接收数据 发送↓ ↑接收
CLOCK POLARITY=1 && CLOCK PHASE=1	下降沿接收、上升沿和下降沿的前半周期发送 发送↑接收↑发送

2. SPI 的波特率

SPI 的波特率由寄存器 SPIBRR 来决定，波特率最高为 LSPCLK/4：

$$SPI\_BAUD = \frac{LSCLK}{SPIBRR + 1} \quad (3 \leqslant SPIBRR \leqslant 127)$$

$$SPI\_BAUD = \frac{LSCLK}{4} \quad (SPIBRR = 0, 1, 2)$$

8.3.4 SPI 相关寄存器

表 8.9 所列为 SPI 相关的寄存器总汇。

表 8.9 SPI 寄存器总汇

地 址	寄存器	说 明
0x7040	SPICCR	配置寄存器
0x7041	SPICTL	控制寄存器
0x7042	SPISTS	状态寄存器
0x7044	SPIBRR	波特率选择寄存器
0x7046	SPIRXEMU	仿真缓冲寄存器

续表8.9

地址	寄存器	说明
0x7047	SPIRXBUF	串行输入缓冲寄存器
0x7048	SPITXBUF	串行输出缓冲寄存器
0x7049	SPIDAT	串行数据寄存器
0x704A	SPIFFTX	FIFO发送寄存器
0x704B	SPIFFRX	FIFO接收寄存器
0x704C	SPIFFCT	FIFO控制寄存器
0x704F	SPIPRI	优先级控制寄存器

(1) 配置控制寄存器 SPICCR

表8.10所列为SPICCR寄存器的功能描述。

表8.10　SPICCR寄存器功能描述

位	域	说明
D7	SPI SW Reset	SPI软件复位位
D6	CLOCK POLARITY	移位时钟极性位
D5	Reserved	保留
D4	SPILBK	SPI自测试位
D3~D0	SPI CHAR[3:0]	字符长度控制位

(2) 操作控制寄存器 SPICTL

表8.11所列为SPICTL寄存器的功能描述。

表8.11　SPICTL寄存器功能描述

位	域	说明
D7~D5	Reserved	保留
D4	OVERRUN INT ENA	超时中断使能
D3	CLOCK PHASE	SPI时钟相位选择
D2	MASTER/SLAVE	SPI主/从模式控制。0:从模式;1:主模式
D1	TALK	主/从发送模式
D0	SPI INT ENA	SPI中断使能位

(3) 状态寄存器 SPISTS

表8.12所列为SPISTS寄存器的功能描述。

表 8.12　SPISTS 寄存器功能描述

位	域	说 明
D7	RECEIVER OVERRUN FLAG	SPI 接收溢出标志位
D6	SPI INT FLAG	SPI 中断标志位
D5	TX BUF FULL FLAG	SPI 发送缓冲满标志
D4~D0	Reserved	保留

(4) 波特率选择寄存器 SPIBRR

表 8.13 所列为 SPIBRR 寄存器的功能描述。

表 8.13　SPIBRR 寄存器功能描述

位	域	说 明
D7	Reserved	保留
D6~D0	SPIBRR	SPI 波特率控制位。 当 SPIBRR=0,1,2 时,SPI 波特率=LSPCLK/4; 当 SPIBRR=3,4,…,127 时,SPI 波特率=LSPCLK/(SPIBRR+1)

(5) FIFO 发送寄存器 SPIFFTX

表 8.14 所列为 SPIFFTX 寄存器的功能描述。

表 8.14　SPIFFTX 寄存器功能描述

位	域	说 明
D15	SPIRST	SPI 复位。 0:复位 SPI; 1:恢复 SPI 工作
D14	SPIFFENA	SPI FIFO。 0:SPI FIFO 功能禁止; 1:SPI FIFO 功能使能
D13	TXFIFO Reset	0:复位 FIFO 指针位; 1:重新使能发送 FIFO 操作
D12~D8	TXFFST4~0	TXFIFO 数据个数标志。 00000:TXFIFO 为空; 00001:TXFIFO 的内容为 1 个字; 00010:TXFIFO 的内容为 2 个字; ……
D7	TXFF INT Flag	TXFIFO 中断标志位。 0:TXFIFO 未产生中断; 1:TXFIFO 产生中断

续表 8.14

位	域	说 明
D6	TXFFINT CLR	写 1 清除 TXFF INT 中断标志位
D5	TXFFIE ENA	0：禁止 TXFFIVL 匹配的(小于或者等于)TXFIFO 中断； 1：使能 TXFFIVL 匹配的(小于或者等于)TXFIFO 中断
D4~D0	TXFFIL4~0	发送 FIFO 中断级别位。 当 FIFO 状态位和 FIFO 级别位匹配时将发生中断

(6) FIFO 接收寄存器 SPIFFRX

表 8.15 所列为 SPIFFRX 寄存器的功能描述。

表 8.15 SPIFFRX 寄存器功能描述

位	域	说 明
D15	RXFF OVF Flag	FIFO 接收数据溢出标志位。 0：接收 FIFO 未溢出只读； 1：接收 FIFO 溢出
D14	RXFF OVF CLR	清除 FIFO 接收数据溢出标志位。 0：无影响； 1：清除标识位
D13	TXFIFO Reset	0：复位 FIFO 指针位； 1：重新使能发送 FIFO 操作
D12~D8	RXFFST4~0	FIFO 接收数据个数标志。 00000：RX FIFO 为空； 00001：RX FIFO 接收了 1 个字； 00010：RX FIFO 接收了 2 个字； ……
D7	RXFF INT Flag	接收 FIFO 中断标志位。 0：RXFIFO 未产生中断； 1：RXFIFO 产生中断
D6	RXFFINT CLR	写 1 清除 RXFF INT 中断位
D5	RXFFIR ENA	0：禁止 RXFFIVL 匹配的(大于或者等于)RXFIFO 中断； 1：使能 RXFFIVL 匹配的(大于或者等于)RXFIFO 中断
D4~D0	RXFFIL4~0	接收 FIFO 中断级别位。 当 FIFO 状态位和 FIFO 级别位匹配时将发生中断

8.3.5　SPI 模块应用实例——如何建立有效的全双工数据通信

1. SPI 初始化

```c
void SPI_Init()
{
    SpiaRegs.SPICCR.all = 0x000F;        //每次数据传输16位,设定时钟极性
    //主机模式;上升沿发送,下降沿接收;中断禁止;使能发送功能
    SpiaRegs.SPICTL.all = 0x0006;
    SpiaRegs.SPIBRR = 0x0004;            //SPI 分频后的时钟 = 25 MHz/5 = 5 MHz
    SpiaRegs.SPICCR.all = 0x008F;        //软件复位后释放 SPI 功能
    SpiaRegs.SPIFFTX.all = 0xE040;       //SPI FIFO 功能使能,TXFIFO 使能
    SpiaRegs.SPIFFRX.all = 0x204F;       //RXFIFO 使能
    SpiaRegs.SPIFFCT.all = 0x0000;       //FIFO 与缓冲器之间的时间间隔位
}
```

2. SPI 收发数据子函数

函数说明:2 个形参分别表示用户自定义的接收数据缓存区及发送数据缓存区。程序将完成两件事情,即将 16 级 RXFIFO 中得到的 SPI 总线数据保存至接收数据缓存区,并将发送数据缓存区的内容写入 SPITXBUF 寄存器,发送至 SPI 总线。

```c
void SPI_TXRX(int TXBuffer[],int RXBuffer[])
{
    int Temp;
    for(Temp = 0;((Temp<25)&&(SpiaRegs.SPIFFRX.bit.RXFFST != 16)); Temp ++)
                    //等待数据接收完毕
    {
        asm(" RPT #99 || NOP");
    }
    for(Temp = 0;((Temp<25)&&(SpiaRegs.SPIFFTX.bit.TXFFST != 0)); Temp ++)
                    //等待数据发送完毕
    {
        asm(" RPT #99 || NOP");
    }
    if(SpiaRegs.SPIFFRX.bit.RXFFST != 16)
    {
        SpiaRegs.SPIFFRX.bit.RXFIFORESET = 0;
        asm(" RPT #2 || NOP");
        SpiaRegs.SPIFFRX.bit.RXFIFORESET = 1;
    }
    else
    {
```

```
for(Temp = 16; Temp>0; Temp--)
{
    RXBuffer[Temp - 1] = SpiaRegs.SPIRXBUF;
}
}
for(Temp = 16; Temp>0; Temp--)
{
    SpiaRegs.SPITXBUF = TXBuffer[Temp - 1];
}
}
```

8.4 McBSP 模块及应用

多通道缓冲串口 McBSP(Multichannel Buffered Serial Port)是在标准串行口的基础上进行的功能扩展，其基本功能框图如图 8.9 所示。它的通信是靠 6 个引脚完成，其具体功能如表 8.16 所列。

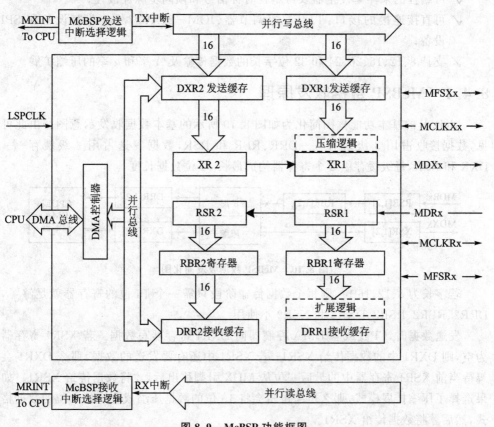

图 8.9　McBSP 功能框图

第8章 F28335 的片上串行通信单元

表 8.16　McBSP 引脚功能说明

外部引脚	功能说明
发送帧同步引脚 MFSX	提供或反应数据发送的帧同步信号
接收帧同步引脚 MFSR	提供或反应数据接收的帧同步信号,同时控制采样率发生器的同步功能
发送时钟信号引脚 MCLKX	提供或反应数据发送的时钟,同时作为采样率发生器输入参考时钟之一
接收时钟信号引脚 MCLKR	提供或反应数据接收的时钟,同时作为采样率发生器输入参考时钟之一
发送引脚 MDX	串行数据的发送引脚
接收引脚 MDR	串行数据的接收引脚

McBSP 具有如下特点:
- 全双工通信,并与 TMS320C54x 和 TMS320C55x 的 McBSP 模式完全兼容;
- 通过双缓冲发送和三缓冲接收实现连续数据流的通信;
- 为数据发送和接收提供独立的帧同步信号;
- 支持外部时钟或内部可编程时钟,支持外部时钟信号和帧同步信号产生;
- 可编程的采样率发生器及可编程时钟信号和帧同步脉冲极性;
- 可直接连接的接口:T1/E1 帧调节器、IOM-2/AC97/I^2S 兼容设备和 SPI 设备;
- 支持 8、12、16、20、24 和 32 位字长的数据传输及 A 率和 μ 率的压缩扩展。

8.4.1　McBSP 数据收发原理

McBSP 的基本功能框图简化为如图 8.10 所示的基本数据收发示意图。由此可见,数据接收占用 3 级缓存——DRR、RBR 和 RSR,数据发送占用 2 级缓存——DXR 和 XSR,每级缓存由 2 个寄存器构成最长 32 位数据长度。

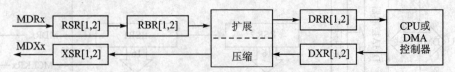

图 8.10　McBSP 数据收发简化图

若字长为 8、12、16 位,则每个数据传输阶段只需一个 16 位的寄存器就足够了,DRR2、RBR2、RSR2、DXR2 和 XSR2 不使用。

发送数据时,CPU 或者 DMA 控制器向 DXR1 寄存器写数据。若 XSR1 寄存器为空,则 DXR1 中的数据传给 XSR1;若 XSR1 中还有要发送的数据,那么 DXR1 会等待当前 XSR1 寄存器中的最后一位从 MDX 引脚移出后,才将数据传给 XSR1。如果选择了压缩扩展模式,那么压缩逻辑会将 16 位的数据压缩成合适的 8 位的数据格式,然后才将数据传给 XSR1。

接收数据时,数据从 MDR 引脚按位移入到 RSR1。当接收完一个完整的数据字时,RSR1 中的值传给 RBR1(上次传给 RBR1 的值已被 DRR1 读取);然后,RBR1 的值传给 DRR1(上次传给 DRR1 的值已被 CPU 或者 DMA 控制器读取);最后,CPU 或者 DMA 控制器读取 DRR1 的值。如果选择了扩展模式,那么会将接收到的 8 位字长的数据(必须是 8 位)扩展成 16 位之后才传给 DRR1。

若字长为 20、24、32 位,需要使用 DRR2、RBR2、RSR2、DXR2 和 XSR2 来存放高 16 位数据。数据收发同字长小于 16 位的情况类似,只是接收数据时 CPU 或 DMA 控制器必须先读 DDR2 再读 DDR1,发送数据时 CPU 或 DMA 控制器必须先写 DXR2 再写 DXR1。

8.4.2 数据的压缩和扩展

压缩扩展模块可以将数据按 μ 率格式(美国日本标准)或 A 率格式(欧洲标准)进行压缩扩展。μ 率和 A 率都需将数据编码成 8 位进行传输,RCR1. RWDLEN1＝0,RCR2. RWDLEN2＝0,XDR1. XWDLEN1＝0 和 XDR2. XWDLEN2＝0,表示字长是 8 位。压缩和扩展由 RCR2. RCOMPAND 位和 XCR2. XCOMPAND 位控制。

数据接收时,μ 率和 A 率方式都会将 8 位数据被扩展成 16 位,按左对齐的形式存放在 DRR1 中;数据发送时,若采用 μ 率格式,14 位的数据左对齐后存入 DXR1 中,剩余 2 位用 0 填充,如图 8.11 所示。

若采用 A 率格式,13 位的数据左对齐后存入 DXR1 中,剩余 3 位用 0 填充,如图 8.12 所示。

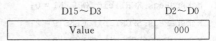

D15～D2	D1～D0		D15～D3	D2～D0
Value	00		Value	000

图 8.11　μ 率压缩发送数据格式　　图 8.12　A 率压缩发送数据格式

8.4.3 McBSP 数据帧

McBSP 的时钟信号为外部引脚和内部寄存器之间提供了数据传送的时序。内部 CLKX 信号(可来自发送时钟信号引脚 MCLKX,也可来自 SRG 产生的数据时钟信号 CLKG)提供 MDX 引脚的发送时钟;内部 CLKR 信号(可来自接收时钟信号引脚 MCLKR,也可来自 SRG 产生的数据时钟信号 CLKG)提供 MDR 引脚的接收时钟,默认高位数据先传输。其基本数据帧格式如图 8.13 所示。

移位寄存器(RSR 或 XSR)与外部引脚(MDR 或 MDX)之间传递的比特组构成一个串行字(Serial Word),字长可为 8、12、16、20、24 或者 32 位。如图 8.13 所示,B7～B0 构成了一个 8 位串行字。一个或多个串行字构成一个数据帧(Frame)。注意:McBSP 提供了帧相位(Frame Phase)设置。每一个数据帧可包含 1～2 个相位,该信息由 RCR2 寄存器和 XCR2 寄存器设置;每个相位包含多少个串行字,每个串行

第 8 章 F28335 的片上串行通信单元

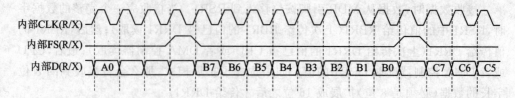

图 8.13 McBSP 基本数据帧格式

字包含多少位由 RCR1 寄存器和 XCR1 寄存器设置。帧同步信号（Frame Synchronization）决定下一个数据帧是否发送或接收。内部 FSX 和内部 FSR 为发送帧和接收帧同步信号，分别由 MFSX 外部引脚和 MFSR 外部引脚提供，同样这两个信号也由 SRG 生成的帧同步信号 FSG 提供。帧同步信号（FSX/FSR）电平的跳变预示着下一帧数据收发的开始，也可有一定的延迟。图 8.13 所示为延迟一个内部 CLK (R/X)周期，上一帧数据 B7～B0 传送完毕后待帧同步信号由高变低时才会触发下一帧数据 C7～C0。

图 8.13 所示为一个单相位数据帧，该帧由一个 8 位的串行字构成。以 McBSPA 模块为例，其寄存器配置如下：

```
McbspaRegs.RCR2.bit.PHASE = 0;        //单相位数据帧
McbspaRegs.XCR2.bit.PHASE = 0;
McbspaRegs.RCR1.bit.RFRLEN1 = 0;      //数据帧由 1 个串行字构成
McbspaRegs.XCR1.bit.XFRLEN1 = 0;      //数据帧由 1 个串行字构成
McbspaRegs.RCR1.bit.RWDLEN1 = 0;      //每个串行字为 8 位
McbspaRegs.XCR1.bit.XWDLEN1 = 0;      //每个串行字为 8 位
McbspaRegs.SPCR1.bit.CLKSTP = 2;
McbspaRegs.PCR.bit.CLKXP = 0;         //上升沿发送
McbspaRegs.PCR.bit.CLKRP = 0;         //下降沿接收
McbspaRegs.PCR.bit.FSRP = 0;          //帧同步信号高有效
McbspaRegs.PCR.bit.FSXP = 0;          //帧同步信号高有效
McbspaRegs.RCR2.bit.RDATDLY = 1;      //1 位延时
McbspaRegs.XCR2.bit.XDATDLY = 1;      //1 位延时
```

图 8.14 所示为 McBSP 双相位数据帧。

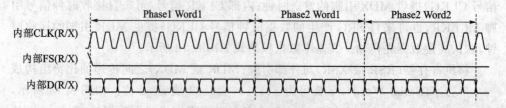

图 8.14 McBSP 双相位数据帧

第一个相位由 1 个字长为 12 位的串行字组成，紧接着第二个相位由 2 个字长为

8位的串行字组成。数据帧总长度为3个字。

以 McBSPA 模块为例,其寄存器配置如下:

```
McbspaRegs.RCR2.bit.PHASE = 1;        //双相位数据帧
McbspaRegs.XCR2.bit.PHASE = 1;
McbspaRegs.RCR1.bit.RFRLEN1 = 0;      //相位1由1个串行字构成
McbspaRegs.XCR1.bit.XFRLEN1 = 0;      //相位1由1个串行字构成
McbspaRegs.RCR1.bit.RWDLEN1 = 1;      //每个串行字为12位
McbspaRegs.XCR1.bit.XWDLEN1 = 1;      //每个串行字为12位
McbspaRegs.RCR2.bit.RFRLEN2 = 0;      //相位2由2个字构成
McbspaRegs.XCR2.bit.XFRLEN2 = 0;      //相位2由2个字构成
McbspaRegs.RCR2.bit.RWDLEN2 = 0;      //每个串行字为8位
McbspaRegs.XCR2.bit.XWDLEN2 = 0;      //每个串行字为8位
McbspaRegs.SPCR1.bit.CLKSTP = 2;
McbspaRegs.PCR.bit.CLKXP = 0;         //上升沿发送
McbspaRegs.PCR.bit.CLKRP = 0;         //下降沿接收
McbspaRegs.PCR.bit.FSRP = 0;          //帧同步信号高有效
McbspaRegs.PCR.bit.FSXP = 0;          //帧同步信号高有效
McbspaRegs.RCR2.bit.RDATDLY = 1;      //1位延时
McbspaRegs.XCR2.bit.XDATDLY = 1;      //1位延时
```

8.4.4 时钟及采样率发生器

采样率发生器 SRG(Sample Rate Generator)用于产生数据时钟信号 CLKG 和帧同步信号 FSG。这2个信号也可分别作为 McBSP 时钟信号和帧同步信号,其信号源为采样率发生器的输入时钟 CLKSRG。图 8.15 所示为 SRG 信号生成框图。

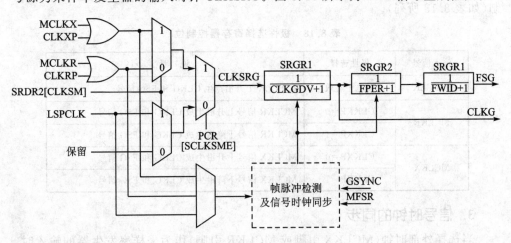

图 8.15 SRG 信号生成框图

1. 信号源的选择

CLKSRG 可由 3 种方式提供：内部 CPU 低速时钟 LSPCLK、发送时钟信号外部引脚 MCLKX 及接收时钟信号外部引脚 MCLKR。图 8.15 中所示的 SRGR2[CLKSM]和 PCR[SCLKSME]为信号寄存器选择标志位。表 8.17 所列为采样率发生器输入时钟 CLKSRG 信号来源。

表 8.17 采样率发生器输入时钟 CLKSRG 信号来源

CLKSM	SCLKSME	CLKSRG 信号来源
0	0	保留
1	0	LSPCLK 提供（CPU 低速时钟信号）
0	1	MCLKR 引脚提供
1	1	MCLKX 引脚提供

根据图 8.15 所示的信号流可以看出数据时钟信号 CLKG 和帧同步信号 FSG 的生成频率：一路 CLKSRG 分频 CLKDV+1 后就得到 CLKG；另一路经过 FPER 和 FWID 分频后得到 FSG，由 FSG 提供的两个帧同步脉冲之间的间隔为 FPER+1 个 CLKG 周期。其中，FPER 是寄存器 SRGR2 中 bit11~bit0 的值，FWID 是寄存器 SRGR1 中 bit15~bit8 的值。

2. 信号极性

帧同步信号 FSG 和数据时钟信号 CLKG 产生的极性也可进行设置，例如原来是下升沿可变化为上降沿，极性的变化由 PCR 寄存器中 CLKXP 位和 CLKRP 位控制（如表 8.18 所列）。

表 8.18 极性选择寄存器控制位

输入信号	极性选择	说明
LSPCLK	高电平有效	LSPCLK 上升沿产生 CLKG 和 FSG 信号
MCLKR	CLKRP=0	MCLKR 信号上升沿生成 CLKG 和 FSG 信号
	CLKRP=1	MCLKR 信号下降沿生成 CLKG 和 FSG 信号
MCLKX	CLKXP=0	MCLKX 信号上升沿生成 CLKG 和 FSG 信号
	CLKXP=1	MCLKX 信号下降沿生成 CLKG 和 FSG 信号

3. 信号时钟的同步

当选择外部时钟（MCLKX 引脚或 MCLKR 引脚）作为采样率发生器的输入时，GSYNC 位和 MFSR 引脚可用来控制采样率发生器的输出时钟 CLKG 同步功能并生成 FSG 脉冲。

当 GSYNC 位＝0 时，CLKG 信号不会被同步，FSG 信号的帧同步周期由 FPER 决定；

当 GSYNC 位＝1 时，MFSR 引脚信号电平的跳变将触发 CLKG 同步并生成 FSG 脉冲。

注意：同步发生在 MCLKX 引脚或 MCLKR 引脚信号的电平跳变处；同步后的 CLKG 信号总是从高电平开始；由于 FSG 由 MFSR 信号决定，因此 FPER 位忽略。

图 8.16 所示为 CLKG 信号的同步和 FSG 脉冲的生成信号示意图。其寄存器及信号相关参数见表 8.19。

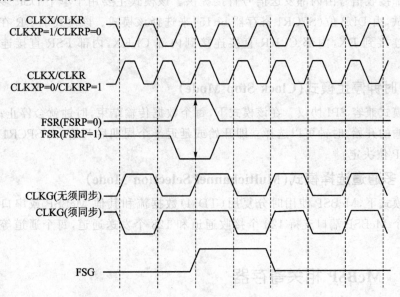

图 8.16　CLKG 信号的同步和 FSG 脉冲的生成

表 8.19　信号及参数说明

信　　号	参数说明
GSYNC=1	使能 CLKG 信号同步
SRGR1 寄存器 CLKGDV=1	CLKG 信号分频系数
SRGR1 寄存器 FWID=0	FSG 脉冲宽度占用一个 CLKG

对图 8.16 所示的波形解释如下：

第 1、2 行：MCLKX 信号下降沿有效或 MCLKR 信号上升沿有效情况，MCLKX 信号上升沿有效或 MCLKR 信号下降沿有效情况，包含所有 4 种情况；

第 3、4 行：外部 FSR 引脚信号发生了有效的跳变（由低变高或由高变低）；

第 6 行：需要同步的 CLKG 被同步；

第 7 行：产生的 FSG 信号。

8.4.5 McBSP 工作模式简介

除了工作于一般模式下，McBSP 还可工作于数字回送模式、时钟停止模式和多通道选择模式等。具体操作请读者参见 TI 官网 www.ti.com 上的英文文档 *TMS320F2833x/2823x Multichannel Buffered Serial Port （McBSP）Reference Guide*。

1. 数字回送模式(Digital Loopback Mode)

内部接收信号由内部发送信号直接提供。该模式主要用于单个 DSP 多缓冲串口的测试，由 DLB 位(SPCR1 寄存器 bit15)来选择该模式。该模式下 DR 在芯片内部直接连接到 DX，内部 CLKR 直接连接到内部 CLKX，内部 FSR 直接连接到内部 FSX。

2. 时钟停止模式(Clock Stop Mode)

该模式兼容 SPI 协议。在该模式下，每个数据传输结束，时钟就会停止；在每个数据传输的开始，时钟可以选择立即开始或延迟半个周期后开始，由 SPCR1 寄存器 CLKSTP 位决定。

3. 多通道选择模式(Multichannel Selection Mode)

该模式下，McBSP 使用时分复用(TDM)数据流和其他 McBSP 或串口器件通信。每个 McBSP 端口支持 128 个接收通道和 128 个发送通道，每个通道等同于一个字。

8.4.6 McBSP 相关寄存器

F28335 总共有 2 个 McBSP 接口，每个模块都具有相同功能的寄存器。以 McBSP-A 模块为例，其控制寄存器如表 8.20 所列。

表 8.20 McBSP-A 模块的控制寄存器总汇

地　址	寄存器	说　明
0x00 5000	DRR2	McBSP 数据接收寄存器 2
0x00 5001	DRR1	McBSP 数据接收寄存器 1
0x00 5002	DXR2	McBSP 数据发送寄存器 2
0x00 5003	DXR1	McBSP 数据发送寄存器 1
0x00 5004	SPCR2	McBSP 控制寄存器 2
0x00 5005	SPCR1	McBSP 控制寄存器 1
0x00 5006	RCR2	McBSP 接收控制寄存器 2
0x00 5007	RCR1	McBSP 接收控制寄存器 1
0x00 5008	XCR2	McBSP 发送控制寄存器 2

续表 8.20

地址	寄存器	说明
0x00 5009	XCR1	McBSP 发送控制寄存器 1
0x00 500A	SRGR2	McBSP 采样率发生器寄存器 2
0x00 500B	SRGR1	McBSP 采样率发生器寄存器 1
0x00 5012	PCR	引脚控制寄存器

(1) McBSP 数据接收寄存器(DRR1、DRR2)

表 8.21 所列为数据接收寄存器的功能描述。

表 8.21 数据接收寄存器功能描述

位	域	说明
D15~D0	DRR2	CPU 或 DMA 控制器读取该寄存器存放的数值(20、24、32 位格式的高 16 位)
D15~D0	DRR1	CPU 或 DMA 控制器读取该寄存器存放的数值(20、24、32 位格式的低 16 位或 8、12、16 位格式的数据)

(2) McBSP 数据发送寄存器(DXR1、DXR2)

表 8.22 所列为数据发送寄存器的功能描述。

表 8.22 数据发送寄存器功能描述

位	域	说明
D15~D0	DXR2	CPU 或 DMA 控制器向该寄存器写入 20、24、32 位格式的高 16 位
D15~D0	DXR1	CPU 或 DMA 控制器向该寄存器写入 20、24、32 位格式的低 16 位或 8、12、16 位格式的数据

(3) McBSP 控制寄存器 1(SPCR1)

表 8.23 所列为 SPCR1 寄存器的功能描述。

表 8.23 SPCR1 寄存器功能描述

位	域	说明
D15	DLB	数字循环模式标志位。 0:禁止; 1:使能
D14~D13	RJUST	接收符号扩展和对齐标志位。 0:右对齐且 MSBs 写 0; 1:右对齐且 MSBs 为符号扩展位; 2:左对齐且 LSBs 写 0; 3:保留

续表 8.23

位	域	说 明
D12~D11	CLKSTP	时钟停止模式标志位。 0~1:禁止时钟停止模式; 2:使能该模式,无时钟延时; 3:使能该模式,延时半个时钟
D10~D8	Reserved	保留
D7	DXENA	外部 DX 引脚延时使能标志位。 0:延时禁止; 1:延时使能
D6	Reserved	保留
D5~D4	RINTM	接收中断模式标志位,用来决定何种事件会触发 McBSP 接收中断请求(RINT)。 0:RRDY 标志位为 1,McBSP 向 CPU 发送 RINT; 1:多通道选择模式下每帧收到 16 通道数据块时,McBSP 向 CPU 发送 RINT; 2:每检测到接收帧同步信号时,McBSP 向 CPU 发送 RINT; 3:RSYNCERR 标志位置位时,McBSP 向 CPU 发送 RINT
D3	RSYNCERR	接收帧同步信号错误标志位。 0:无错误; 1:接收帧同步信号错误
D2	RFULL	数据接收寄存器数据满标志位。 0:接收寄存器数据未满; 1:RSR[1,2]和 RBR[1,2]寄存器出现新数据,但之前保存在 DRR[1,2]寄存器的数据没有被读取
D1	RADY	接收器就绪标志位。 0:DRR[1,2]寄存器中无数据,在 DRR[1,2]中的数据被读取后,该标志位清 0; 1:DRR[1,2]寄存器有新数据可被读取
D0	RRST	接收寄存器复位标志位。 读 0:接收器处于复位状态; 读 1:接收器处于使能状态; 写 0:复位接收器; 写 1:使能接收器

(4) McBSP 控制寄存器 2(SPCR2)

表 8.24 所列为 SPCR2 寄存器的功能描述。

表 8.24　SPCR2 寄存器功能描述

位	域	说　明
D15~D10	Reserved	保留
D9	FREE	采用高级语言进行编程,当调试遇到断点时,该位会决定收发时钟是否继续工作
D8	SOFT	当 FREE=0 时采用高级语言进行编程;当调试遇到断点时,该位会决定收发时钟是否继续工作
D7	Reserved	保留
D6	GRST	采样率发生器(SRG)复位标志位。 写 0:复位 SRG; 写 1:使能 SRG; 读 0:SRG 于复位状态; 读 1:SRG 于使能状态
D5~D4	XINTM	发送中断模式位,该位用来决定何种事件会触发 McBSP 发送中断请求(XINT)。 0:XRDY 标志位由 0 变 1,McBSP 向 CPU 发送 XINT; 1:多通道选择模式下每帧收到 16 通道数据块时,McBSP 向 CPU 发送 XINT; 2:每检测到发送帧同步信号时,McBSP 向 CPU 发送 XINT; 3:XSYNCERR=1 时,McBSP 向 CPU 发送 XINT
D3	XSYNCERR	发送帧同步错误标志位。 0:无错误; 1:出现发送帧同步错误
D2	XEMPTY	发送器空标志位,当发送器准备发送新数据但无有效的数据发送时,该位被清 0。 0:发送器无数据; 1:发送器有数据
D1	XRDY	发送器就绪标志位。 0:发送器未就绪,当 DRR[1,2]有数据载入后该标志位清 0; 1:发送器就绪,DRR[1,2]释放资源,准备接收新数据
D0	XRST	发送寄存器复位标志位。 读 0:发送器处于复位状态; 读 1:发送器处于使能状态; 写 0:复位发送器; 写 1:使能发送器

(5) McBSP 接收控制寄存器 1(RCR1)

表 8.25 所列为 RCR1 寄存器的功能描述。

第8章 F28335 的片上串行通信单元

表 8.25 RCR1 寄存器功能描述

位	域	说 明
D15	Reserved	保留
D14~D8	RFRLEN1	接收帧长度 1(1~128 个串行字),每帧数据可包含 1 或 2 个相位。对于单相位帧,RFRLEN1 表示数据帧包含串行字数量;对于双相位帧,RFRLEN1 表示双相位帧中 PHASE1 中包含串行字数量
D7~D5	RWDLEN1	接收串行字长度 1,对于单相位帧,RWDLEN1 表示该帧中接收到的串行字长度;对于双相位帧,RWDLEN1 表示双相位帧中 PHASE1 中串行字长度。 0:8 位;1:12 位;2:16 位;3:20 位;4:24 位;5:32 位;6~7:保留
D4~D0	Reserved	保留

(6) McBSP 接收控制寄存器 2(RCR2)

表 8.26 所列为 RCR2 寄存器的功能描述。

表 8.26 RCR2 寄存器功能描述

位	域	说 明
D15	RPHASE	接收帧相位标志位,该位用来说明接收帧包含一个还是两个相位。根据该位的设置,用户可设置每一个帧相位所包含的串行字的数量及串行字长。 0:单相位帧;1:双相位帧
D14~D8	RFRLEN2	接收帧长度 2(1~128 个串行字)。RFRLEN2 只能用于双相位帧,表示双相位帧中 PHASE2 中包含的串行字数量
D7~D5	RWDLEN2	接收串行字长度 2。RWDLEN2 只能用于双相位帧,表示双相位帧中 PHASE2 中串行字长度。 0:8 位;1:12 位;2:16 位;3:20 位;4:24 位;5:32 位;6~7:保留
D4~D3	RCOMPAND	数据接收压缩扩展模式标志位。 0:非压缩扩展模式,任意长度数据,MSB 数据先接收; 1:非压缩扩展模式,8 位数据,LSB 数据先接收; 2:μ 率模式,8 位数据,MSB 数据先接收; 3:A 率模式,8 位数据,MSB 数据先接收
D2	RFIG	接收帧同步忽略标志位。在当前数据帧未被完全接收之前,若帧同步脉冲开始传输新的数据帧,该脉冲会被认为不期望的 FSR 脉冲。 0:帧同步检测。接收器会中断当前的数据传输,将 SPCR1 寄存器中的 RSYNCERR 标志位置 1,重新开始新数据的传输; 1:帧同步忽略,数据接收不会被中断

续表 8.26

位	域	说明
D1~D0	RDATDLY	数据接收延时标志位,帧同步信号开始后延时多少个时钟周期开始传送数据帧。SPI 兼容模式下,主机模式置为 1,从机模式置为 0。 0:无延时; 1:1 位数据延时; 2:2 位数据延时; 3:3 位数据延时

(7) McBSP 发送控制寄存器 1(XCR1)

表 8.27 所列为 XCR1 寄存器的功能描述。

表 8.27 XCR1 寄存器功能描述

位	域	说明
D15	Reserved	保留
D14~D8	XFRLEN1	发送帧长度 1(1~128 个串行字),每帧数据可包含 1 或 2 个相位。对于单相位帧,XFRLEN1 表示数据帧包含串行字数量;对于双相位帧,XFRLEN1 表示双相位帧 PHASE1 中包含串行字数量
D7~D5	XWDLEN1	发送串行字长度 1,对于单相位帧,XWDLEN1 表示该帧中接收到的串行字长度;对于双相位帧,XWDLEN1 表示双相位帧 PHASE1 中串行字长度。 0:8 位;1:12 位;2:16 位;3:20 位;4:24 位;5:32 位;6~7:保留
D4~D0	Reserved	保留

(8) McBSP 发送控制寄存器 2(XCR2)

表 8.28 所列为 XCR2 寄存器的功能描述。

表 8.28 XCR2 寄存器功能描述

位	域	说明
D15	XPHASE	发送帧相位标志位,该位用来说明发送帧包含一个还是两个相位。用户可设置每一个帧相位所包含的串行字的数量及串行字长度。 0:单相位帧;1:双相位帧
D14~D8	XFRLEN2	发送帧长度 2(1~128 个串行字)。RFRLEN2 只能用于双相位帧,表示双相位帧 PHASE2 中包含的串行字数量
D7~D5	XWDLEN2	发送串行字长度 2。RWDLEN2 只能用于双相位帧,表示双相位帧 PHASE2 中串行字长度。 0:8 位;1:12 位;2:16 位;3:20 位;4:24 位;5:32 位;6~7:保留

第 8 章 F28335 的片上串行通信单元

续表 8.28

位	域	说 明
D4~D3	XCOMPAND	数据发送压缩扩展模式标志位。 0:非压缩扩展模式,任意长度数据,MSB 数据先发送; 1:非压缩扩展模式,8 位数据,LSB 数据先发送; 2:μ 率模式,8 位数据,MSB 数据先发送; 3:A 率模式,8 位数据,MSB 数据先发送
D2	XFIG	发送帧同步忽略标志位。在当前数据帧未被完全发送之前,若帧同步脉冲开始传输新的数据帧,该脉冲会被认为是不期望的 FSR 脉冲。 0:帧同步检测。发送器会中断当前的数据传输,将 SPCR2 寄存器中的 XSYNCERR 标志位置 1,重新开始向 DXR[1,2]寄存器传输新数据; 1:帧同步忽略,数据发送不会被中断
D1~D0	XDATDLY	数据发送延时标志位,帧同步信号开始后延时多少个时钟周期开始传送数据帧。SPI 兼容模式下,主机模式置为 1,从机模式置为 0。 0:无延时; 1:1 位数据延时; 2:2 位数据延时; 3:3 位数据延时

(9) McBSP 采样率发生器 1 寄存器(SRGR1)

表 8.29 所列为 SRGR1 寄存器的功能描述。

表 8.29 SRGR1 寄存器功能描述

位	域	说 明
D15~D8	FWID	FSG 帧同步信号脉宽设置位,CLKG 周期数取值范围为[0,255]。相邻 2 个 FSG 周期由 FPER 决定
D7~D0	CLKLGDV	CLKG 分频系数。 CLKG=(输入时钟频率)/(CLKGDV+1)

(10) McBSP 采样率发生器 2 寄存器(SRGR2)

表 8.30 所列为 SRGR2 寄存器的功能描述。

表 8.30 SRGR2 寄存器功能描述

位	域	说 明
D15	GSYNC	CLKG 信号时钟同步模式位,具体逻辑请参见 8.4.3 小节。 0:无同步功能;1:使能同步功能
D14	Reserved	保留
D13	CLKSM	采样率发生器输入信号模式选择位,该位通常与 SCLKME 配合使用,具体参见表 8.17 和表 8.18

续表 8.30

位	域	说 明
D12	FSGM	采样率发生器发送帧同步模式位。发送器可通过 FSX 引脚(FSXM=0)或 McBSP 内部(FSXM=1)获取帧同步信号。 0:FSXM=1 时,DXR[1,2]中数据复制至 XSR[1,2]寄存器时,McBSP 会产生发送帧同步信号; 1:采样率发生器 SRG 产生发送帧同步信号。通过 FWID 和 FPER 设置帧同步信号
D11~D0	FPER	FSG 帧同步信号周期设置量。CLKG 时钟数取值范围为[0,4 095]

(11) 引脚控制寄存器(PCR)

表 8.31 所列为 PCR 寄存器的功能描述。

表 8.31 PCR 寄存器功能描述

位	域	说 明
D15~D12	Reserved	保留
D11	FSXM	发送帧同步模式位。 0:由 FSX 引脚提供发送帧同步信号; 1:由采样率发生器提供
D10	FSRM	接收帧同步模式位。 0:由外部 FSR 引脚提供接收帧同步信号; 1:由采样率发生器提供
D9	CLKXM	发送时钟模式位。 非时钟停止模式(CLKSTP=00 或 01): 0:由外部引脚 MCLKX 提供; 1:由采样率发生器提供,引脚 MCLKX 反应内部 CLKX 信号。 时钟停止模式(CLKSTP=10 或 11): 0:McBSP 工作于 SPI 从机模式; 1:McBSP 工作于 SPI 主机模式
D8	CLKRM	接收时钟模式位。 非数字循环模式(DLB=0): 0:由外部引脚 MCLKR 提供; 1:由采样率发生器提供,引脚 MCLKR 输出内部 CLKX 信号。 数字循环模式(DLB=1): 0:由内部发送时钟 CLKX 提供,MCLKR 引脚高阻态; 1:由内部发送时钟 CLKX 提供,MCLKR 输出 CLKX 信号
D7	SCLKME	采样率发生器内部时钟模式位,详见表 8.17 和表 8.18
D6	Reserved	保留

续表 8.31

位	域	说 明
D5	DXSTAT	DX 引脚标志位。当发送器处于复位状态(XRST=0)且 DX 引脚被配置成通用 I/O 口时,可更改该位状态改变 DX 引脚电平。 0:低电平; 1:高电平
D4	DRSTAT	DR 引脚标志位,当接收器处于复位状态(RRST=0)且 DR 引脚被配置成通用 I/O 口时,该位可反映 DR 引脚电平。 0:低电平; 1:高电平
D3	FSXP	发送帧同步极性标志位。 0:高有效; 1:低有效
D2	FSRP	接收帧同步极性标志位。 0:高有效; 1:低有效
D1	CLKXP	发送信号极性标志位。 0:CLKX 信号的上升沿发送数据; 1:CLKX 信号的下降沿发送数据
D0	CLKRP	接收信号极性标志位。 0:CLKR 信号的下降沿接收数据; 1:CLKR 信号的上升沿接收数据

8.4.7 McBSP 的应用——如何实现在 SPI 模式下的数据收发

1. McBSP 配置成 SPI 功能的软件初始化

```
//F28335 的 McBSP 配置成 SPI 功能的软件初始化代码
void    McBSP_SPIInit(void)
{
    McbspaRegs.SPCR1.all = 0x0000;          //复位 SPCR1 寄存器
    McbspaRegs.SPCR2.all = 0x0000;          //复位 SPCR2 寄存器
    //(CLKXM = CLKRM = FSXM = FSRM = FSXP = 1)
    McbspaRegs.PCR.all = 0x0F08;
    McbspaRegs.SPCR1.bit.CLKSTP = 2;        //使能时钟停止模式,无延时
    McbspaRegs.PCR.bit.CLKXP = 1;           //下降沿发送
    McbspaRegs.PCR.bit.CLKRP = 1;           //上升沿接收
    McbspaRegs.RCR2.bit.RDATDLY = 1;        //1:主机;0:从机
    McbspaRegs.XCR2.bit.XDATDLY = 1;        //1:主机;0:从机
    McbspaRegs.RCR1.bit.RWDLEN1 = 0;        //8 位数据
```

```
McbspaRegs.XCR1.bit.XWDLEN1 = 0;           //8 位数据
//CLKSM = 1, FPER = 1 CLKG 信号周期
McbspaRegs.SRGR2.all = 0x2000;
//帧宽度 = 1 CLKG 周期, CLKG = LSPCLK/(CLKGDV + 1)
McbspaRegs.SRGR1.all = 0x0001;
McbspaRegs.SPCR2.bit.GRST = 1;             //使能采样率发生器
Delay ();                                  //等待 2 个 SRG 信号时钟
McbspaRegs.SPCR2.bit.XRST = 1;             //复位后释放 TX 功能
McbspaRegs.SPCR1.bit.RRST = 1;             //复位后释放 RX 功能
McbspaRegs.SPCR2.bit.FRST = 1;             //帧同步发生器复位
}
```

2. 数据发送子函数

```
//McBSP 数据发送
inline     void    McBSP_SendData(UINT16 data)
{
    UINT16 tmp;
    for(tmp = 0;((tmp<30)&&(McbspaRegs.SPCR2.bit.XRDY == 0));tmp ++ )
    {
        asm(" nop");
    }
    McbspaRegs.DXR1.all = data;
    for(tmp = 0;((tmp<30)&&(McbspaRegs.SPCR1.bit.RRDY == 0));tmp ++ )
    {
        asm(" nop");
    }
    tmp = McbspaRegs.DRR1.all;
}
```

3. 数据接收子函数

```
//McBSP 数据接收
inline UINT16 McBSP_ReceiveData(void)
{
    UINT16 u16_data,tmp;
    for(tmp = 0;((tmp<30)&&(McbspaRegs.SPCR2.bit.XRDY == 0));tmp ++ )
    {
        asm(" nop");
    }
    McbspaRegs.DXR1.all = 0x0000;
    for(tmp = 0;((tmp<30)&&(McbspaRegs.SPCR1.bit.RRDY == 0));tmp ++ )
```

第8章 F28335的片上串行通信单元

```
        asm(" nop");
    }
    data = McbspaRegs.DRR1.all;
    return(data);
}
```

8.5 I²C通信模块及应用

I²C(Inter-Integrated Circuit)总线是指集成电路间的一种串行总线。它最初是Philips公司在20世纪80年代为把控制器连接到外设芯片上而开发的一种低成本总线。后来发展成为嵌入式系统设备间通信的全球标准。I²C总线广泛应用于各种新型芯片中，如I/O电路、A/D转换器、传感器及微控制器等。许多器件生产厂家都采用了I²C总线设计产品，如Atmel公司的EEPROM器件、Philips公司的LED驱动器等。

8.5.1 I²C总线基础

1. I²C总线架构

I²C总线只有2根线：数据线SDA和时钟线SCL。所有连接到I²C总线上器件的数据线都连接到SDA线上，时钟线均连接到SCL线上。I²C总线的基本框架结构如图8.17所示。

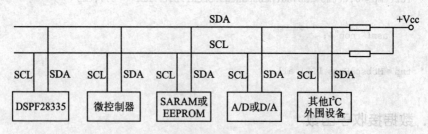

图8.17 I²C总线的基本框架结构

2. I²C总线的特点

采用2线制：可以使器件的引脚减少，器件间连接电路设计简单，电路板的体积会有效减小，系统的可靠性和灵活性将大大提高。

传输速率高：标准模式传输速率为100 Kb/s，快速模式为400 Kb/s，高速模式为3.4 Mb/s。

3. I²C总线的数据传输

在I²C总线上，每一位数据位的传输都与时钟脉冲相对应。逻辑0和逻辑1的信号电平取决于相应的电源电压，使不同的半导体制造工艺，如CMOS、NMOS等类型的电路都可以接入总线。

I²C 总线在传送数据过程中共有 3 种类型信号，它们分别是开始信号、结束信号和应答信号。这些信号中，起始信号是必需的，结束信号和应答信号都可以不要。

(1) 起始信号和停止信号

起始信号和停止信号如图 8.18 所示：
- ✓ SCL 为高电平期间，SDA 由高电平向低电平的变化表示起始信号；
- ✓ SCL 为高电平期间，SDA 由低电平向高电平的变化表示停止信号。

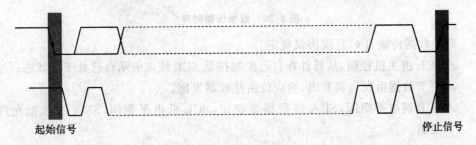

图 8.18 起始和终止信号

总线空闲时，SCL 和 SDA 两条线都是高电平。SDA 线的起始信号和停止信号由主机发出。在起始信号后，总线处于被占用的状态；在停止信号后，总线处于空闲状态。

(2) 字节格式

传输字节数没有限制，但每个字节必须是 8 位长度。先传最高位（MSB），每个被传输字节后面都要跟随应答位（即每帧共有 9 位），如图 8.19 所示。

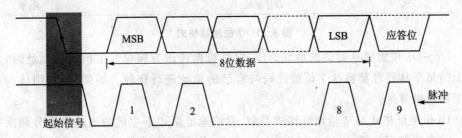

图 8.19 字节传送时序

从器件接收数据时，在第 9 个时钟脉冲发出应答脉冲；但数据传输一段时间后，当无法继续接收更多的数据时，从器件可以采用"非应答"通知主机；主机在第 9 个时钟脉冲检测到 SDA 线无有效应答负脉冲（即非应答），就会发出停止信号以结束数据传输。

与主机发送数据相似，主机在接收数据时，它接收到最后一个数据字节后，必须向从器件发出一个结束传输的非应答信号，然后从器件释放 SDA 线，以允许主机产生停止信号。

第 8 章　F28335 的片上串行通信单元

(3) 数据传输时序

数据传输时序如图 8.20 所示。

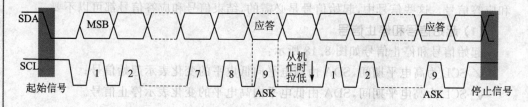

图 8.20　数据传输时序

对于数据传输，I²C 总线协议规定：
- ✓ SCL 由主机控制，从器件在自己忙时拉低 SCL 线以表示自己处于忙状态；
- ✓ 字节数据由发送器发出，响应位由接收器发出；
- ✓ SCL 高电平期间，SDA 线数据要稳定，SCL 低电平期间，SDA 线数据允许更新。

(4) 寻址字节

寻址字节支持两种地址格式：7 位和 10 位。

在 7 位地址格式下，主机发出起始信号后要先传送 1 个寻址字节，包含 7 位从器件地址和 1 位传输方向控制位（R/$\overline{\text{W}}$=0 时，主机写（发送）数据到从机；R/$\overline{\text{W}}$=1 时，主机从从机读（接收）数据），在数据发送完毕后接收方发送一个应答信号。7 位地址格式如图 8.21 所示。

D7	D6	D5	D4	D3	D2	D1	D0
\multicolumn{7}{c}{器件地址}							R/$\overline{\text{W}}$

图 8.21　7 位地址格式

D7～D1 位组成从器件的地址。D0 位是数据传送方向位。主机发送地址时，总线上的每个从器件都将这 7 位地址码与自己的地址进行比较。如果相同，则认为自己正被主机寻址。

10 位地址格式与 7 位地址格式类似，但该地址格式下主机的地址发送分两次完成。首字节数据包括：11110xx, R/$\overline{\text{W}}$=0(W)；第二个字节数据是 10 位从机地址的低 8 位。10 位地址格式如图 8.22 所示。

D7～D1	D0		D7～D1	D0	
11110 XX	R/$\overline{\text{W}}$	ASK	XX XX XX X	R/$\overline{\text{W}}$	ASK

图 8.22　10 位地址格式

从机必须在每个字节数据后面发送一个应答信号。一旦主机向从机发送完第二个字节数据后，主机可以"写数据"或者使用循环起始信号模式改变数据流向。

由于 7 位寻址格式应用较广泛，以下内容我们都以该寻址方式进行讨论和分析。

器件地址由固定部分和可编程部分组成。以 AT24C04 为例,器件地址的固定部分为 1010,器件引脚 A2 和 A1 可以选择 4 个同样的器件。片内 512 个字节单元的访问,由第 1 字节(器件寻址字节)的 P0 位及下一字节(8 位的片内储存地址选择字节)共同寻址。

AT24C04 系列器件地址如表 8.32 所列。

表 8.32 AT24C04 存储器器件地址表

地址位	1	0	1	0	A2	A1	P0	R/W
说 明	固定标识,默认地址高 4 位				片内可配置的地址			读/写位

该表的片选引脚中,AT24C04 器件不用 A0 引脚,但要用 P0 位区分页地址,每页有 256 个字节(注意:这里的"页"不要与页面写字节数中的"页"混淆)。在主机发出的寻址字节中,使 P0 位为 0 或 1,就可以访问 AT24C04 的 512 个字节的内容。

4. I²C 的时钟

F28335 使用锁相环将 DSP 的系统时钟频率分频后得到 I²C 输入时钟频率。I²C 输入时钟频率作为 I²C 模块的频率输入源,再由 I²C 模块内部分频最终得到 I²C 模块的工作频率。其时钟信号产生如图 8.23 所示。

图 8.23 I²C 时钟产生示意图

I²C 的波特率按照以下公式进行计算:

当 I2CPSC≥1 时:

I²C 频率 = 系统频率 / {[(I2CCLKL+5) + (I2CCLKH+5)] / (I2CPSC+1)}

当 I2CPSC=1 时:

I²C 频率 = 系统频率 / {[(I2CCLKL+6) + (I2CCLKH+6)] / (I2CPSC+1)}

当 I2CPSC=0 时:

I²C 频率 = 系统频率 / {[(I2CCLKL+7) + (I2CCLKH+7)] / (I2CPSC+1)}

8.5.2 I²C 相关寄存器

表 8.33 所列为 I²C 相关寄存器总汇。

(1) I²C 从地址寄存器

I²C 从地址寄存器包含了一个 7 位或者 10 位从机地址空间。当 I²C 工作在非全数据模式(I2CMDR.FDF=0)时,寄存器中的地址是传输的首帧数据。如果寄存器中地址值非 0,则该地址对应一个指定的从机;如果寄存器中的地址为全 0,呼叫所有挂在总线上的从机。若器件作为主机,则用它来存储下一次要发送的地址值。寄存器的功能信息如表 8.34 所列。

表 8.33 I²C 相关寄存器总汇

地 址	名 称	说 明
0x7900	I2COAR	I²C 自身地址寄存器
0x7901	I2CIER	I²C 中断使能寄存器
0x7902	I2CSTR	I²C 状态寄存器
0x7903	I2CCLKL	I²C 低电平时间寄存器
0x7904	I2CCLKH	I²C 高电平时间寄存器
0x7905	I2CCNT	I²C 数据个数寄存器
0x7906	I2CDRR	I²C 数据接收寄存器
0x7907	I2CSAR	I²C 从地址寄存器
0x7908	I2CDXR	I²C 数据发送寄存器
0x7909	I2CMDR	I²C 模块控制寄存器
0x790A	I2CISRC	I²C 中断源寄存器
0x790C	I2CPSC	I²C 预分频寄存器
0x7920	I2CFFTX	I²C 发送缓存
0x7921	I2CFFRX	I²C 接收缓存

表 8.34 I²C 从地址寄存器功能信息

位	域	说 明
D15~D10	Reserved	保留
D9~D0	SAR	7 位地址模式(I2CMDR.XA=0),取值范围为 0x00~0x7F; 10 位地址模式(I2CMDR.XA=1),取值范围为 0x00~0x3FF

(2) I²C 自身地址寄存器

I²C 模块使用该寄存器从所有挂在总线上的从机中找出属于自己的从机。如果选择 7 位地址模式(I2CMDR.XA=0),D9~D7 写 0。寄存器功能信息如表 8.35 所列。

表 8.35 I²C 自身地址存器功能信息

位	域	说 明
D15~D10	Reserved	保留
D9~D0	OAR	7 位地址模式(I2CMDR.XA=0),取值范围为 0x00~0x7F; 10 位地址模式(I2CMDR.XA=1),取值范围为 0x00~0x3FF

(3) I²C 数据个数寄存器

该寄存器表示有多少字节的数据将会被发送或者接收。向 I2CCNT 中写入值后，I2CCNT 的值会复制到内部数据计数器中。每发送 1 个字节，数据计数器里的数值将会减 1(I2CCNT 值不变)。主机模式下若出现停止信号请求(I2CMDR.STP=1)，I²C 会发送最后一个字节后响应停止请求。寄存器的功能信息如表 8.36 所列。

表 8.36 I²C 数据个数寄存器功能信息

位	域	说明
D15～D0	ICDC	ICDC 表明有多少个字节的收发数据。I2CMDR.RM=1 时，I2CCNT 的值无效。0x0000；装载到内部数据计数器中的初始值为 65 536

(4) I²C 数据接收寄存器

I²C 模块每次从 SDA 引脚上读取的数据被复制到移位接收寄存器(I2CRSR)中，当一个设置的字节数据(I2CMDR.BC)接收后，I²C 模块将 I2CSRS 中的数据复制到 I2CDRR 中。I2CDRR 的数据最大为 8 位，若接收到对的数据少于 8 位，则 I2CDRR 中的数据采用右对齐排列。若接收使能 FIFO 模式，则 I2CDRR 作为接收 FIFO 寄存器的缓存。该寄存器功能信息如表 8.37 所列。

(5) I²C 数据发送寄存器

DSP 将要发送的数据写入 I2CDXR 中，之后 I2CDXR 中的数据复制到移位发送寄存器(I2CXSR)中，通过 SDA 总线发送。注意：将数据写入 I2CDXR 之前，为说明发送多少位数据，需要在 I2CMDR 的 BC 位写入适当的值。若写入的数据少于 8 位，则必须要确保写入 I2CMDR 中的数据是右对齐。如果使能 FIFO 模式，I2CDXR 作为发送 FIFO 寄存器的缓存。其寄存器的功能信息如表 8.38 所列。

表 8.37 I²C 数据接收寄存器功能信息

位	域	说明
D15～D8	Reserved	保留
D7～D0	DATA	接收的数据

表 8.38 I²C 数据发送寄存器功能信息

位	域	说明
D15～D8	Reserved	保留
D7～D0	DATA	发送的数据

(6) I²C 模块控制寄存器

I²C 模块控制寄存器的功能信息如表 8.39 所列。

表 8.39 I²C 模块控制寄存器功能信息

位	域	说明
D15	NACK-MOD	无应答信号模式位。 0：每个应答时钟周期向发送方发送一个应答位。 1：I²C 模块在下一个应答时钟周期向发送方发送一个无应答位。一旦无应答位发送，NACKMOD 位就会被清除。 注：为了 I²C 模块能在下一个应答时钟周期向发送方发送一个无应答位，在最后一位数据位的上升沿到来之前必须置位 NACKMOD

续表 8.39

位	域	说明
D14	FREE	0：主机模式下，如果在断点发生的时候 SCL 为低电平，I²C 模块立即停止工作并保持 SCL 为低电平；如果在断点发生的时候 SCL 为高电平，I²C 模块将等待 SCL 变为低电平，然后再停止工作。从机模式下，在当前数据发送或者接收结束后，断点将会强制模块停止工作。 1：I²C 模块无条件运行
D13	STT	开始位(仅限于主机模式)。RM、STT 和 STP 共同决定 I²C 模块数据的开始和停止格式。 0：在总线上接收到开始位后 STT 将自动清除。 1：置1会在总线上发送一个起始信号
D12	Reserved	保留
D11	STP	停止位(仅限于主机模式)。RM、STT 和 STP 共同决定 I²C 模块数据的开始和停止格式。 0：在总线上接收到停止位后，STP 会自动清除。 1：内部数据计数器减到 0 时，STP 会被置位，从而在总线上发送一个停止信号
D10	MST	主从模式位。当 I²C 主机发送一个停止位时 MST 将自动从 1 变为 0。 0：从机模式。 1：主机模式
D9	TRX	发送/接收模式位。 0：接收模式。 1：发送模式
D8	XA	扩充地址使能位。 0：7 位地址模式。 1：10 位地址模式
D7	RM	循环模式位(仅限于主机模式的发送状态)。 0：非循环模式(I2CCNT 的数值决定了有多少位数据通过 I²C 模块发送/接收)。 1：循环模式
D6	DLB	自测模式。 0：屏蔽自测模式。 1：使能自测模式。I2CDXR 发送的数据被 I2CDRR 接收。发送时钟也是接收时钟
D5	IRS	I²C 模块复位。 0：I²C 模块处于复位。 1：I²C 模块使能
D4	STB	起始字节模式位(仅限于主机模式)
D3	FDF	0：屏蔽全数据格式，通过 XA 位选择地址是 7 位还是 10 位。 1：使能全数据格式，无地址数据
D2～D0	BC	I²C 收发数据的位数。BC 的设置值必须符合实际的通信数据位数

8.5.3 I²C 应用实例——EEPROM 数据的读/写

1. I²C 模块的初始化

```
void I2CInit()
{
    int tmp;
    InitI2CGpio();                              //初始化 I²C 的 I/O 端口
    I2caRegs.I2CMDR.bit.IRS = 0;                //I²C 模块禁止
    I2caRegs.I2CSAR = 0x50;                     //配置 EEPROM 地址
    //配置波特率
    I2caRegs.I2CPSC.all = 6;
    I2caRegs.I2CCLKL = 45;
    I2caRegs.I2CCLKH = 70;
    I2caRegs.I2CIER.all = 0x0000;               //关中断
    I2caRegs.I2CMDR.bit.IRS = 1;                //使能 I²C 模块
    I2caRegs.I2CFFTX.all = 0x6000;              //使能 FIFO 和 TXFIFO
    I2caRegs.I2CFFRX.all = 0x2000;              //使能 RXFIFO,清 RXFFINT

    I2caRegs.I2CCNT = 0x0000;
    I2caRegs.I2CSTR.all = 0xFFFF;               //清除所有标志位
    SysCtrlRegs.PCLKCR0.bit.I2CAENCLK = 1;      //I²C 时钟使能
    for (tmp = 0; tmp < 10000; tmp ++)          //延迟 10 ms
    {
        asm( "rpt #99||nop");
    }
}
```

2. I²C 读程序例程分析

下面以 AT24C04 的操作为例介绍 I²C 读 EEPROM 的过程。

```
void EEPROM_Read (UINT addr, INT Num, UINT *pDest)
{
    int DataCnt;
    DataCnt = Num<<1;
    I2caRegs.I2CMDR.bit.IRS = 0;                        //配置目标地址
    I2caRegs.I2CSAR = 0x50 + ((addr>>8) & 7);           //发送 EEPROM 目标地址
    I2caRegs.I2CMDR.bit.IRS = 1;
    //判断 I²C 总线是否空闲
    if (I2caRegs.I2CSTR.bit.BB == 1)
    {
        I2CErrorType = I2C _BUSY;
```

```
            return;
    }
    //I²C空闲时开始作如下操作
    I2caRegs.I2CCNT = 1;                        //发送1个字节的地址
    I2caRegs.I2CDXR = addr & 0x00FF;            //取低8位地址
    I2caRegs.I2CMDR.all = 0x6620;               //配置为master且无停止位的发送
    I2caRegs.I2CSTR.bit.SCD = 1;
    while (I2caRegs.I2CSTR.bit.ARDY != 1)       //寄存器不可被访问
    {
        Temp1 ++;
        if (Temp1 > 1000)
        {
            I2CErrorType = I2C_Regster_Unaccess;
            return;
        }
    }
    I2caRegs.I2CCNT = DataCnt;                  //读2字节的数据
    I2caRegs.I2CMDR.all = 0x6C20;               //配置为master,有停止位的接收
    while(I2caRegs.I2CMDR.bit.STP == 1)         //数据接收没有结束
    {
        i16Temp2 ++;
        if (i16Temp2 > 1000)
        {
            u16I2CErrorType = I2C_STP_UNREADY;
            return;
        }
    }
    for (Temp0 = 0; Temp0 < Num; Temp0 ++)
    {
        DataH = I2caRegs.I2CDRR;                //读回数据的高8位
        DataL = I2caRegs.I2CDRR;                //读回数据的低8位
        //将读取的数据顺序存在首地址为pDest的数据空间
        *(pDest + Temp0) = (u16DataH << 8) | u16DataL;
    }
    I2CErrorType = 0;                           //清错误标志
    I2caRegs.I2CSTR.bit.ARDY = 1;               //置寄存器可访问标志位
}
```

3. I²C 写程序例程分析

下面以 AT24C04 的操作为例介绍 I²C 写 EEPROM 的过程。

```
void EEPROM_Write (UINT addr, UINT data)
```

```c
{
    ……                                              //写数据使能
    I2caRegs.I2CMDR.bit.IRS = 0;                    //配置目标地址
    I2caRegs.I2CSAR = 0x50 + ((addr>>8) & 7);       //若地址超过 0x100
    I2caRegs.I2CMDR.bit.IRS = 1;                    //改写 I2caRegs.I2CSAR
    while(I2caRegs.I2CMDR.bit.STP == 1)             //等待数据接收结束
    {
        Temp1 ++;
        if (Temp1 > 1000)
        {
            u16I2CErrorType = I2C_STP_NOT_READY;
            return;
        }
    }
    if (I2caRegs.I2CSTR.bit.BB == 1)                //判断 I²C 总线是否空闲
    {
        u16I2CErrorType = I2C_ BUSY;
        return;
    }
    I2caRegs.I2CCNT = 3;                            //发送 3 字节
    I2caRegs.I2CDXR = addr & 0x00FF;                //发送目标地址的低 8 位
    I2caRegs.I2CDXR = data >>8;                     //发送数据高 8 位
    I2caRegs.I2CDXR = data & 0x00FF;                //发送数据低 8 位
    //I²C 模块配置为:master,有停止位的发送
    I2caRegs.I2CMDR.all = 0x6E20;
    u16I2CErrorType = 0;                            //清错误标志
    //EEPROM 写数据需要时间,因此加入延时确保 EEPROM 写数据成功
    asm(" rpt #99||nop");
}
```

8.5.4　I²C 真实波形数据格式分析

在 8.5.3 小节提供的 I²C 读/写程序之后,本小节将为读者提供真实的数据收发波形,以加深读者对 I²C 通信格式的理解。

I²C 通过写数据子函数向片外 EEPROM 的 0x410 的首地址写入 0x1234 的数据,然后通过读程序子函数在从片外 EEPROM 的 0x210 的首地址读取一个 16 位的数据。

使用示波器检测 SDA、SCL 和读/写控制信号。

1. 读数据

I²C 读数据波形如图 8.24 所示。波形通道说明:从上至下分别是 SDA、SCL 和

读/写信号。

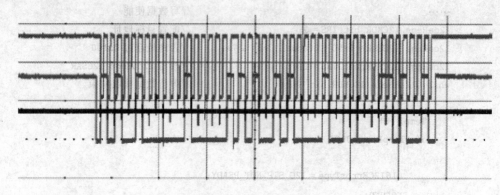

图 8.24 I²C 读数据波形图

根据波形可以写出 I²C 总线上的数据流,如下:

10100100 0 00010000 0 1 10100101 0 00010010 0 00110100 1 0

数据帧由 5 字节构成,每个字节后都跟有一个"0"电平的 ACK 信号。表 8.40 所列为这 5 字节的数据流格式分析,可明显看出 I²C 读数据时的通信协议。

表 8.40 I²C 读数据时数据帧格式分析

第 1 字节									
1	0	1	0	0	1	0	0	0	0
EEPROM 默认的高 8 位地址				寻址的高 8 位地址为 0x20			写控制		ACK
第 2 字节									
0	0	0	1	0	0	0	0	0	0
寻址的低 8 位地址为 0x10									ACK
第 3 字节									
1	0	1	0	0	1	0	1	1	0
EEPROM 默认的高 8 位地址				寻址的高 8 位地址为 0x20			读控制		ACK
第 4 字节									
0	0	0	1	0	0	1	0	0	0
高 8 位数据为 0x12									ACK
第 5 字节									
0	0	1	1	0	1	0	0	0	0
低 8 位数据为 0x34									ACK

2. 写数据

I²C 写数据波形如图 8.25 所示。波形通道说明:从上至下分别是 SDA、SCL 和

第 8 章　F28335 的片上串行通信单元

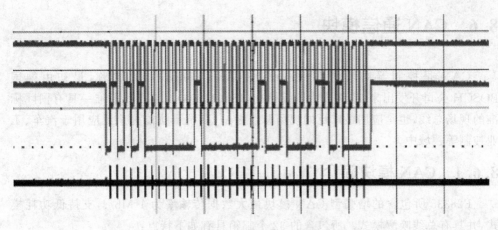

图 8.25　I²C 写数据波形图

读/写信号。

根据波形，可以写出 I²C 总线上的数据流，如下：

101010000　　000100000　　000100100　　001101000

数据帧分为 4 字节，每个字节后都跟有一个"0"电平的 ACK 信号。表 8.41 所列为这 4 字节的数据流格式分析，可明显看出 I²C 写数据时的通信协议。

表 8.41　I²C 写数据时数据帧格式分析

第 1 字节								
1	0	1	0	1	0	0	0	0
EEPROM 默认的高 8 位地址				寻址的高 8 位地址为 0x04			写控制	ACK
第 2 字节								
0	0	0	0	1	0	0	0	0
寻址的低 8 位地址为 0x10								ACK
第 3 字节								
1	0	1	0	1	0	0	1	0
EEPROM 默认的高 8 位地址				寻址的高 8 位地址为 0x20			读控制	ACK
第 4 字节								
0	0	0	1	0	0	1	0	0
高 8 位数据为 0x12								ACK
第 5 字节								
0	0	1	1	0	1	0	0	0
低 8 位数据为 0x34								ACK

8.6 CAN 通信模块

CAN 是控制器局域网络（Controller Area Network）的简称，最初由德国 BOSCH 公司开发出来，最终成为国际标准（ISO 11898）。它是目前唯一具有国际标准的现场总线，也是应用最广泛的现场总线之一，其抗干扰能力广泛应用于汽车、工业控制等领域中。

8.6.1 CAN 模块简介

F28335 所包含的增强型 CAN 模块最大数据传输率为 1 Mb/s，支持低功耗模式，并具有总线唤醒模式。所包含的 32 个邮箱具有如下特点：
- ✓ 每一个邮箱可配置为接收或者发送。
- ✓ 均可使用标准或者扩展标识符进行配置。
- ✓ 有一个可编辑接收屏蔽。
- ✓ 最多支持 8 字节的数据。
- ✓ 支持动态可编程发送消息优先级。
- ✓ 支持可编程数据收发超时中断。

此外，F28335 的 CAN 模块与 CAN 2.0B 协议完全兼容，支持 4 种不同的帧类型：
- ✓ 数据帧：从发送到接收节点的数据传送。
- ✓ 远程帧：用于信息的请求。例如节点 A 向节点 B 发送远程帧，若节点 B 的帧信息与节点 A 有相同的标识符，则节点 B 作出应答。
- ✓ 错误帧：总线检测错误时，任意节点所发送的数据帧。
- ✓ 过载帧：前后两个数据帧或远程帧之间所提供的额外延时。

CAN 标准数据帧长度范围为 44～108 位，扩展数据帧包含 64～128 位。此外根据数据流的代码，多达 23 个填充位可以插入到一个标准帧中，多达 28 个填充位可以插入到一个扩展帧中。这样，标准数据帧总体最大长度是 131 位，扩展数据帧总体最大长度是 156 位。

图 8.26 所示为 CAN 通信典型的数据帧格式，包含 1 位起始位、12 位或 32 位地址位、6 位控制位、0～8 字节的数据位、16 位的 CRC 数据校验位、2 位应答位和 7 位的结束位。

图 8.26 CAN 通信典型的数据帧格式

其中：
标准帧＝11 位标识符＋远程传送请求(RTR)位；
扩展帧＝29 位标识符＋(替代远程请求)SRR 位＋(标识符扩展)IDE 位。

8.6.2 CAN 相应寄存器

CAN 总线相关的控制寄控制着 CAN 的位定时器、邮箱收发使能、错误状态及 CAN 的中断等。由于数量较多，这里不再一一列举。下面以 CAN-A 模块为例介绍一下常用寄存器。

1. CAN 控制寄存器

CAN-A 模块的常用控制类寄存器如表 8.42 所列。

表 8.42 CAN-A 模块的常用控制寄存器

地 址	寄存器	说 明
0x6000	CANME	邮箱使能寄存器
0x6002	CANMD	邮箱方向寄存器
0x6004	CANTRS	发送请求置位寄存器
0x6006	CANTRR	发送请求复位寄存器
0x6008	CANTA	发送应答寄存器
0x600A	CANAA	中断异常响应寄存器
0x600C	CANRMP	接收消息挂起寄存器
0x600E	CANRML	接收消息丢失寄存器
0x6010	CANRFP	远程帧挂起寄存器
0x6012	CANGAM	全局接收屏蔽寄存器
0x6014	CANMC	主设备控制寄存器
0x6016	CANBTC	定时配置寄存器
0x6018	CANES	错误和状态寄存器
0x601A	CANTEC	发送错误个数寄存器
0x601C	CANREC	接收错误个数寄存器
0x601E	CANGIF0	全局中断标志 0
0x6020	CANGIM	全局中断可屏蔽寄存器
0x6022	CANGIF1	全局中断标志 1
0x6024	CANMIM	邮箱中断可屏蔽寄存器
0x6026	CANMIL	邮箱中断优先级寄存器
0x6028	CANOPC	写保护控制寄存器

(1) 邮箱使能寄存器(CANME)

表 8.43 所列为 CANME 寄存器的功能说明。

表 8.43 CANME 寄存器功能说明

位	域	说 明
D31~D0	CANME(31:0)	邮箱使能控制位。 1:CAN 模块中相应的邮箱被使能。 0:相关的邮箱 RAM 区域被屏蔽,但其映射的存储空间可以作为一般存储器使用

(2) 邮箱方向寄存器(CANMD)

表 8.44 所列为 CANMD 寄存器的功能说明。

表 8.44 CANMD 寄存器功能说明

位	域	说 明
D31~D0	CANMD(31:0)	邮箱方向控制位。 0:相应的邮箱配置为发送邮箱。 1:相应的邮箱配置为接收邮箱,并可以作为一般存储器用

(3) 发送请求置位寄存器(CANTRS)

表 8.45 所列为 CANTRS 寄存器的功能说明。

表 8.45 CANTRS 寄存器功能说明

位	域	说 明
D31~D0	TRS(31:0)	发送请求置位。 1:TRS 置位发送邮箱中消息。所有参与的 TRS 可同时置位。 0:没有操作

(4) 发送请求复位寄存器(CANTRR)

表 8.46 所列为 CANTRR 寄存器的功能说明。

表 8.46 CANTRR 寄存器功能说明

位	域	说 明
D31~D0	TRS(31:0)	发送请求复位。 1:取消发送请求。 0:没有操作

(5) 发送应答寄存器(CANTA)

表 8.47 所列为 CANTA 寄存器的功能说明。

(6) 中断异常响应寄存器(CANAA)

表 8.48 所列为 CANAA 寄存器的功能说明。

第8章 F28335 的片上串行通信单元

表 8.47 CANTA 寄存器功能说明

位	域	说 明
D31~D0	TA(31:0)	发送响应位。 1：如果邮箱 n 中的消息发送成功，那么寄存器第 n 位将置位。 0：消息没有发送成功

表 8.48 CANAA 寄存器功能说明

位	域	说 明
D31~D0	CANAA(31:0)	发送失败位。 1：如果邮箱 n 中的消息发送失败，第 n 位将置位。 0：消息成功发送

(7) 接收消息挂起寄存器(CANRMP)

表 8.49 所列为 CANRMP 寄存器的功能说明。

表 8.49 CANRMP 寄存器功能说明

位	域	说 明
D31~D0	CANRMP(31:0)	接收消息挂起位。 1：如果邮箱 n 中接收到消息，寄存器的 RMPn 位将置位。 0：油箱内没有消息

(8) 接收消息丢失寄存器(CANRML)

表 8.50 所列为 CANRML 寄存器的功能说明。

表 8.50 CANRML 寄存器功能说明

位	域	说 明
D31~D0	CANRML(31:0)	接收消息丢失位。 1：对应邮箱中前一个没有读取的消息将被新接收消息覆盖。 0：没有消息丢

(9) 全局接收屏蔽寄存器(CANGAM)

表 8.51 所列为 CANGAM 寄存器的功能说明。

表 8.51 CANGAM 寄存器功能说明

位	域	说 明
D31	AMI	接收屏蔽标志扩展位。 1：可以接收标准帧和扩展帧。在扩展帧模式下，所有的 29 位标识符都存放在邮箱中，所有的 29 位全局接收屏蔽寄存器的位用于过滤器；在标准帧模式下，只使用前 11 位(28~18)标识符和全局接收屏蔽功能。接收邮箱的 IDE 位不起作用，而且会被发送消息的 IDE 位覆盖。为了接收到消息，必须满足过滤器的规定。 0：邮箱中存放的标识符扩展位确定接收消息的内容

续表 8.51

位	域	说　明
D30～D29	Reserved	保留
D28～D0	GAM(28:0)	全局接收屏蔽位。这些位允许接收到消息的任何标识符被屏蔽(若某位为 0,则屏蔽接收到的相应位;若这些位都为 1,则接收到的标识符的值必须与 MSGID 寄存器中相应的标识符的值匹配)

(10) 主设备控制寄存器(CANMC)

表 8.52 所列为 CANMC 寄存器的功能说明。

表 8.52　CANMC 寄存器功能说明

位	域	说　明
D31～D17	Reserved	保留
D16	SUSP	1:FREE 模式,在 SUSPEND 模式下外设继续运行,节点正常地参与 CAN 通信。 0:SOFT 模式,在 SUSPEND 模式下,当前消息发送完毕后关闭
D15	MBCC	邮箱定时邮递计数器清 0 位,在 SCC 模式下该位保留并且受 EALLOW 保护。 1:成功收发邮箱 16,邮箱定时邮递计数器复位。 0:邮箱定时邮递计数器未复位
D14	TCC	邮箱定时邮递计数器 MSB 清除位。在 SCC 模式下,该位保留且受 EALLOW 保护。 1:邮箱定时邮递计数器最高位 MSB 复位,1 个时钟周期后,TCC 位由内部逻辑清 0。 0:邮箱定时邮递计数器不变
D13	SCB	SCC 兼容控制位。在 SCC 模式下,该位保留且受 EALLOW 保护。 1:选择增强 CAN 模式。 0:工作在 SCC 模式下,只有邮箱 0～15 可用
D12	CCR	改变配置请求标志位,受 EALLOW 保护。 1:SCC 模式下,CPU 请求向配置寄存器(CANBTC)和接收屏蔽寄存器(CANGAM,LAM0 和 LAM3)写配置信息。该位置 1 后,在对 CANBTC 寄存器进行操作之前,CPU 必须等到 CANES 寄存器的 CCE 标志为 1。 0:CPU 请求正常操作。只有在配置寄存器 CANBTTC 被配置为允许的值后才可以实现该操作
D11	PDR	局部掉电模式请求标志位,受 EALLOW 保护。 1:局部掉电模式请求。 0:不请求局部掉电模式(正常操作)
D10	DBO	数据字节顺序
D9	WUBA	总线唤醒

续表 8.52

位	域	说 明
D8	CDR	改变数据区请求位。 1:CPU 请求向由 MBNR(4:0)表示的邮箱数据区写数据。CPU 访问邮箱完成后,必须将 CDR 位清除。CDR 置位时,CAN 模块不会发送邮箱里的内容。 0:CPU 请求正常操作
D7	ABO	自动总线连接位,受 EALLOW 保护。 1:在总线脱离状态下,检测到 128×11 隐性位后,模块将自动恢复总线的连接状态。 0:总线脱离状态只有在检测到 128×11 连续的隐性位并且已经清除 CCR 位后才跳出
D6	STM	自测度模式使能位,受 EALLOW 保护。 1:模块工作在自测度模式。在这种工作模式下,CAN 模块产生自己的应答信号。 0:无响应
D5	SRES	模块软件复位标志位。该位只能进行写操作,读操作结果总是 0。 1:进行写操作,导致模块软件复位(除保护寄存器外的所有参数复位到默认值)。 0:没有影响
D4～D0	MBNR	1:只有在 CAN 模式下才使用,在标准模式保留。 0:邮箱编号,CPU 请求向相应的数据区写数据,与 CDR 结合使用

(11) 定时配置寄存器(CANBTC)

表 8.53 所列为 CANBTC 寄存器的功能说明。

表 8.53 CANBTC 寄存器功能说明

位	域	说 明
D31～D24	Reserved	保留
D23～D16	BRP[7:0]	通信波特率预设置该位确定通信速率的预定标值。 TQ=(BRP+1)/SYSCLK,其中 SYSCLK 为 CAN 模块的系统时钟,BRP 是预定标值
D15～D11	Reserved	保留
D10	SBG	同步边缘选择。0:下降沿同步;1:下降沿和上升沿都同步
D9～D8	SJW	同步跳转宽度控制位。当 CAN 通信节点重新同步时,SJW 表示定义了一个通信位可以延长或缩短 TQ 的值
D7	SAM	数据采样次数设置。 1:只有 BRP>4 时,才选用 3 次采样模式。 0:CAN 模块在每个采样点只采 1 次

续表 8.53

位	域	说 明
D6~D3	TSEG1	时间段 1。 CAN 总线时间长度由 TSEG1、TSEG2 和 BRP 确定，所有 CAN 总线上的控制器要有相同的通信波特率和位宽度。不同时钟频率的控制器必须通过上述参数调整波特率和位占用时间长度。 TSEG1 以 TQ 为单位，TSEG1 = PROP_SEG + PHASE_SEG1，其中 PROP_SEG 和 PHASE_SEG1 是以 TQ 为单位的两端长度。 TSEG1(CANBTC 寄存器的位 6~3)确定时间段 1 的寄存器值，其大小必须大于或等于 TSEG2 和 IPT 的值
D2~D0	TSEG2	时间段 2。 TSEG2 以 TQ 为单位定义 PHASE_SEG2 的长度，TSEG2 在 1~8 个 TQ 范围内可编程，TSEG2(CANBTC 寄存器的位 2~0)确定时间段 2 的寄存器值，其大小必须小于或等于 TSEG1，大于或等于 IPT

2. 邮箱配置(消息对象)相关寄存器

(1) 消息标识符寄存器(MSGID)

表 8.54 所列为 MSGID 寄存器的功能说明。

表 8.54 MSGID 寄存器功能说明

位	域	说 明
D31	IDE	扩展帧标志位。 0：接收和发送的信息带有标准标识符。 1：接收和发送的信息带有扩展标识符
D30	AME	接收屏蔽使能位，只与接收邮箱有关。 0：不使能接收屏蔽，接收的信息标识符必须与接收邮箱的标识符相符合才能存储接收的信息。 1：使能接收屏蔽
D29	AAM	自动应答模式选择位。只与发送邮箱有关。 0：正常发送模式，邮箱不会应答远程请求。 1：自动应答模式：如果相匹配的远程请求被接收到，CAN 外设就将邮箱的内容发送出去作为应答
D28~D0	ID[28:0]	标准帧下，消息标识符存放在 D28~D18，D17~D0 的内容无意义。 扩展帧下，消息标识符存放在 D28~D0

(2) 消息控制寄存器(MSGCTRL)

表 8.55 所列为 MSGCTRL 寄存器的功能说明。

表 8.55　MSGCTRL 寄存器功能说明

位	域	说　明
D31~D13	Reserved	保留
D12~D8	TPL	发送邮箱优先级标志位。该位域只能用于发送邮箱,且不能工作于 SCC 模式下。这 5 位数据决定了该邮箱与其他 31 个邮箱的优先级。数值越大,优先级越高,若两个邮箱该位的数值相同,则邮箱号大的邮箱优先发送数据
D7~D5	Reserved	保留
D4	RTR	远程发送请求位。 1:对于接收邮箱,若 TRS=1,远程帧发送后相应的数据帧接收在同一邮箱;对于发送邮箱,若 TRS=1,远程帧发送后相应的数据帧接收使用另外邮箱。 0:没有远程帧请求
D3~D0	DLC	数据长度。该值决定多少字节被用来传递数据(0~8 字节有效)

(3) 邮箱数据寄存器

邮箱的数据用于存放接收或发送的数据,最长为 8 字节。根据 DBO 标志位取值的不同,其数据有两种存放顺序。

若 DBO=0,则存放的顺序如图 8.27 所示。

CANMDL

D31~D24	D23~D16	D15~D8	D7~D0
Byte0	Byte1	Byte2	Byte3

CANMDH

D31~D24	D23~D16	D15~D8	D7~D0
Byte4	Byte5	Byte6	Byte7

图 8.27　DBO=0 时,邮箱数据寄存器数据存放顺序

若 DBO=1,则存放的顺序如图 8.28 所示。

CANMDL

D31~D24	D23~D16	D15~D8	D7~D0
Byte3	Byte2	Byte1	Byte0

CANMDH

D31~D24	D23~D16	D15~D8	D7~D0
Byte7	Byte6	Byte5	Byte4

图 8.28　DBO=1 时,邮箱数据寄存器数据存放顺序

8.6.3　CAN 应用注意事项及数据收发程序详解

CAN 模块的使用区别于前面提到的串行通信,使用时有些规则需要注意以下

几点：
- ✓ CANTX 和 CANRX 为复用 I/O，需要设置 GPIO 引脚为 CAN 功能。
- ✓ 由于 CAN 的寄存器需要 32 位的入口，如果只对其中一位进行操作，编译时可能会将入口拆分为 16 位。一个解决办法是定义一个映射寄存器，保证 32 位入口。先将所有的寄存器备份到映射寄存器中，更改映射寄存器的相应位，再全部复制到寄存器中。例如：

```
EALLOW;
    ECanaShadow.CANTIOC.all = ECanaRegs.CANTIOC.all;
    ECanaShadow.CANTIOC.bit.TXFUNC = 1;
    ECanaRegs.CANTIOC.all = ECanaShadow.CANTIOC.all;
    ECanaShadow.CANRIOC.all = ECanaRegs.CANRIOC.all;
    ECanaShadow.CANRIOC.bit.RXFUNC = 1;
    ECanaRegs.CANRIOC.all = ECanaShadow.CANRIOC.all;
EDIS;
```

- ✓ CAN 控制寄存器受 EALLOW 保护，对 CAN 控制寄存器进行初始化，必须有 EALLOW 语句允许读/写，初始化结束时有 EDIS 语句禁止读/写操作。
- ✓ 在设置 Bit Timing 之前，需要将 CANES.all.bit.CCE 置 1，等待置位后才允许更改 CANBTC。更改结束后，证实 CCE 位清 0，表明 CAN 模块已设置成功。
- ✓ 发送或接收过程结束后，需要对标志复位，应先将影子寄存器（shadow）相应的寄存器清 0，然后再将其他的标志位置 1，防止在此过程中将其他的邮箱复位。

1. CAN 模块的初始化

函数说明：将邮箱 0、1 设置成发送邮箱，邮箱 4、5 设置成接收邮箱，CAN 通信的速率为 125 Kb/s。

```
void CANInit()
{
    //创建一个与 CAN 控制器结构完全相同的影子寄存器
    struct ECAN_REGS ECanaShadow;
    InitECanaGpio();                //初始化 CAN 的 I/O 引脚
    EALLOW;                         //寄存器在存储器的保护区，修改前须加此代码
    //配置 CANTIOC 和 CANRIOC,配制相应的引脚为 CAN 功能
    ECanaShadow.CANTIOC.all = ECanaRegs.CANTIOC.all;
    ECanaShadow.CANTIOC.bit.TXFUNC = 1;     //发送引脚
    ECanaRegs.CANTIOC.all = ECanaShadow.CANTIOC.all;
    ECanaShadow.CANRIOC.all = ECanaRegs.CANRIOC.all;
    ECanaShadow.CANRIOC.bit.RXFUNC = 1;     //接收引脚
```

```c
ECanaRegs.CANRIOC.all = ECanaShadow.CANRIOC.all;
//将 CAN 配制成 SCC 模式,该模式下只有 0~15 个邮箱有效
ECanaShadow.CANMC.all = ECanaRegs.CANMC.all;
ECanaShadow.CANMC.bit.SCB = 1;
ECanaShadow.CANMC.bit.ABO = 1;              //CAN 总线自动恢复
ECanaShadow.CANMC.bit.DBO = 1;              //低字节在前
ECanaRegs.CANMC.all = ECanaShadow.CANMC.all;
//初始化消息控制寄存器
//避免 MSGCTRL 中某些位出现未知状态,初始化时 MSGCTRL 所有位均置 0
ECanaMboxes.MBOX0.MSGCTRL.all = 0x00000000;
ECanaMboxes.MBOX1.MSGCTRL.all = 0x00000000;
ECanaMboxes.MBOX2.MSGCTRL.all = 0x00000000;
……                               //BOX3~15 寄存器设置同上,代码省略
//TAn, RMPn, GIFn bits 清 0
ECanaRegs.CANTA.all = 0xFFFFFFFF;           //清除所有邮箱的数据发送标志位
ECanaRegs.CANRMP.all = 0xFFFFFFFF;          //清除所有邮箱的数据接收标志位
ECanaRegs.CANGIF0.all = 0xFFFFFFFF;         //清除所有邮箱的中断标志位
ECanaRegs.CANGIF1.all = 0xFFFFFFFF;         //清除所有邮箱的中断标志位
//更改 eCAN-A 配置之前需将 CCR 置 1
ECanaShadow.CANMC.all = ECanaRegs.CANMC.all;
ECanaShadow.CANMC.bit.CCR = 1 ;             //Set CCR = 1
ECanaRegs.CANMC.all = ECanaShadow.CANMC.all;
//等待 CPU 被允许更改 eCAN 的配置寄存器
while(ECanaShadow.CANES.bit.CCE == 1 )
{
    ECanaShadow.CANES.all = ECanaRegs.CANES.all;
}
//CAN 传输速度配置
//公式:SYSCLKOUT/(BRPREG + 1) * [(TSEG2REG + 1) + (TSEG1REG + 1) + 1])
ECanaShadow.CANBTC.all = 0;
ECanaShadow.CANBTC.bit.BRPREG = 11;
ECanaShadow.CANBTC.bit.TSEG2REG = 3;
ECanaShadow.CANBTC.bit.TSEG1REG = 14;
ECanaShadow.CANBTC.bit.SAM = 1;
ECanaShadow.CANBTC.bit.SJWREG = 1;          //采样 3 次
ECanaRegs.CANBTC.all = ECanaShadow.CANBTC.all;
//更改配置完毕,须将 CCR 置 0
ECanaShadow.CANMC.all = ECanaRegs.CANMC.all;
ECanaShadow.CANMC.bit.CCR = 0 ;             //CCR = 0
ECanaRegs.CANMC.all = ECanaShadow.CANMC.all;
//等待 CPU 不再被允许更改 eCAN 的配置寄存器
while(ECanaShadow.CANES.bit.CCE == 0 )
```

第 8 章 F28335 的片上串行通信单元

```c
    {
        ECanaShadow.CANES.all = ECanaRegs.CANES.all;
    }
//配置收发数据的邮箱 ID
//首先禁止所有邮箱,也是 TI 要求的操作,写入所要配置邮箱的 MSGIDs 寄存器
//本例使用邮箱 0、1、4、5,均采用标准帧,数据接收屏蔽使能
    ECanaRegs.CANME.all = 0;          //写 MSGIDs 之前须将 CANME 清 0
    ECanaMboxes.MBOX0.MSGID.all = 0xC0000000;
    ECanaMboxes.MBOX1.MSGID.all = 0xC0000000;
    ECanaMboxes.MBOX4.MSGID.all = 0xC0000000;
    ECanaMboxes.MBOX5.MSGID.all = 0xC0000000;
    ECanaLAMRegs.LAM0.all = 0xFFFFFFFF;
    ECanaLAMRegs.LAM1.all = 0xFFFFFFFF;
    ECanaLAMRegs.LAM4.all = 0xFFFFFFFF;
    ECanaLAMRegs.LAM5.all = 0xFFFFFFFF;
//配置邮箱收发寄存器,邮箱 4、5 作为接收邮箱,邮箱 0、1 作为发送邮箱
    ECanaRegs.CANMD.all = 0x00000030;
    ECanaRegs.CANOPC.all = 0x00000030;      //邮箱 4、5 不会被新数据覆盖
//使能发送邮箱 0、1,接收邮箱 4、5
    ECanaRegs.CANME.all = 0x00000033;
    EDIS;
}
```

其中:结构体 ECAN_REGS 可参照 TI 官方例程文件 DSP2833x_ECAN.h 和 DSP2833x_ECAN.c 中的内容,注意须包含 CAN 模块中所有的寄存器。

2. CAN 模块接收数据子函数

函数说明:邮箱 4 作为接收邮箱,并将 CAN 总线的数据放入 Data[]的数组中。

```c
void Int_MBox_Read()
{
    ……
    if((ECanaRegs.CANRMP.all & 0x0010H)! = 0x0010H)
    {
        DataDLC = ECanaMboxes.MBOX4.MSGCTRL.bit.DLC;   //数据长度
        Data[0] = ECanaMboxes.MBOX4.MDL.word.LOW_WORD;
        Data[1] = ECanaMboxes.MBOX4.MDL.word.HI_WORD;
        Data[2] = ECanaMboxes.MBOX4.MDH.word.LOW_WORD;
        Data[3] = ECanaMboxes.MBOX4.MDH.word.HI_WORD;
    }
    ……
}
```

3. CAN 模块发送数据子函数

函数说明：MessageID 为 11 位的标准帧；传输的数据 DATA 是 32 位，DATA=DATAH：DATAL，将邮箱 1 作为发送邮箱使用。

```c
void Int_CAN_Send()
{
    volatile struct ECAN_REGS * pECanReg;
    volatile struct ECAN_MBOXES * pECanMboxes;
    volatile struct ECAN_REGS tempECanReg;
    volatile struct MBOX      tempMbox;
    pECanReg = &ECanaRegs;
    pECanMboxes = &ECanaMboxes;
    //无发送请求
    if (pECanReg->CANTRS.bit.TRS1 == 0)
    {
        //清除发送成功标志位
        tempECanReg.CANTA.all = pECanReg->CANTA.all;
        tempECanReg.CANTA.bit.TA1 = 1;
        pECanReg->CANTA.all = tempECanReg.CANTA.all;
        //清除发送被忽略标志位
        tempECanReg.CANAA.all = pECanReg->CANAA.all;
        tempECanReg.CANAA.bit.AA1 = 1;
        pECanReg->CANAA.all = tempECanReg.CANAA.all;
        //禁止邮箱 1 请求
        tempECanReg.CANME.all = pECanReg->CANME.all;
        tempECanReg.CANME.bit.ME1 = 0;
        pECanReg->CANME.all = tempECanReg.CANME.all;
        //邮箱 1 ID 配置,MessageID 为标准帧,写入 CAN 的指定位中
        tempMbox.MSGID.all = pECanMboxes->MBOX1.MSGID.all;
        tempMbox.MSGID.bit.IDE = 0;     //1:扩展帧；0:标准帧
        tempMbox.MSGID.bit.AME = 0;     //可忽略
        tempMbox.MSGID.bit.AAM = 0;     //正常传输模式
        //写入 CAN 通信的 ID
        tempMbox.MSGID.bit.STDMSGID = MessageID;
        tempMbox.MSGID.bit.EXTMSGID_H = 0;         //标准 ID
        tempMbox.MSGID.bit.EXTMSGID_L = 0;         //标准 ID
        pECanMboxes->MBOX1.MSGID.all = tempMbox.MSGID.all;
        pECanMboxes->MBOX1.MSGCTRL.all = 0x8;      //写数据长度 8 字节
        //将所需传送的数据按照要求写入对应寄存器中
        pECanMboxes->MBOX1.MDL.word.LOW_WORD = (DATAL&0x00FF);
        pECanMboxes->MBOX1.MDL.word.HI_WORD = (DATAL&0XFF00)>>8;
```

```
        pECanMboxes->MBOX1.MDH.word.LOW_WORD = (DATAH&0x00FF);
        pECanMboxes->MBOX1.MDH.word.HI_WORD = (DATAH&0XFF00)>>8;
        //允许请求发送
        tempECanReg.CANME.all = pECanReg->CANME.all;
        tempECanReg.CANME.bit.ME1 = 1;
        pECanReg->CANME.all = tempECanReg.CANME.all;
        //启动发送
        tempECanReg.CANTRS.all = pECanReg->CANTRS.all;
        tempECanReg.CANTRS.bit.TRS1 = 1;
        pECanReg->CANTRS.all = tempECanReg.CANTRS.all;
    }
}
```

第 9 章

浮点运算单元

F2833x 系列 DSP 首次在 C28x 处理单元的基础上增加了浮点处理器构成 C28x+FPU 单元。该架构除了具有与其他 C28x 处理器相同的 32 位定点处理单元外,还包括一个单精度 32 位 IEEE754 浮点处理单元。

9.1 浮点单元简介

C28x+FPU 单元集合了数字信号处理器(DSC)、精简指令集(RISC)、微控制器架构以及软件工具等诸多优良特性,具有改进的哈佛结构与循环寻址(DSC 优点)、单周期指令执行(RISC 优点)及寄存器—寄存器之间操作方式。

C28x 系列 DSP 浮点功能的加入带来了控制算法性能提升;不仅如此,C28x+FPU 向下兼容于 C28x 的定点运算的代码,编程时可自由地选择数据类型。相比于定点处理,浮点运算具有以下优势:
- ✓ 控制算法的性能得到提升,例如除法、开方、正/余弦、FFT 与 IIR;
- ✓ 采用浮点编程与 C/C++ 配合更兼容、更友好,软件开发更加简便。

采用浮点处理后,无须考虑定点运算下的定标、溢出和相关的精度问题,大大节省用于定标、溢出与数据精度之间折中平衡的时间。在定点处理中,如果一个数值溢出了,将导致其符号变反,而浮点处理时该数值将自动饱和而符号不会变反。

9.1.1 C28x+FPU 的特点

C28x+FPU 的改进哈佛结构使得指令与数据的读取能够并行处理。C28x+FPU 的功能框图如图 9.1 所示。它具有 6 条独立的数据/地址总线,通过流水线读指令与数据的同时也能写数据,保证了单周期操作。C28x 的指令、流水线、仿真总线与存储器架构保留下来,并增加了浮点运算指令作为标准 C28x 指令集的扩展子集。这意味着 C28x 定点 CPU 与 C28x+FPU 实现 100%的代码兼容,使得程序中定点与浮点的混合与匹配成为可能,也就是说 C28x+FPU 内核能够支持 C28x CPU 内核实现定点运算及 IEEE32 位浮点运算。

C28x+FPU 与 C28x 定点 CPU 兼容,同时又具有浮点功能,具有如下特点:
- ✓ 定点指令受到流水线保护,以防止读/写同一存储空间的数据而造成乱序;

第9章 浮点运算单元

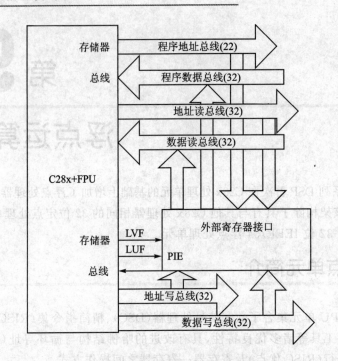

图 9.1 C28x+FPU 的功能框图

- ✓ 一些浮点指令需要对流水线进行对齐,允许用户通过软件延时的方式来操作;
- ✓ 独立的寄存器空间,这些寄存器可以用作系统控制寄存器、数学寄存器和数据指针,由特殊指令访问;
- ✓ 算术逻辑单元(ALU),32 位 ALU 执行二进制算术和布尔逻辑操作;
- ✓ 浮点单元(FPU),32 位 FPU 执行 IEEE 单精度浮点运算;
- ✓ 地址寄存器算术单元(ARAU),用于生成数据存储器的地址;
- ✓ 桶形移位寄存器,可执行定点数据 16 位的左移和右移;
- ✓ 定点乘法器,执行 32 位×32 位乘法得到 64 位结果,并可实现 2 个有符号数、2 个无符号数或者 1 个有符号数与 1 个无符号数的乘法。

9.1.2 浮点指令流水线结构

C28x 的 FPU 单元在执行标准 C28x 指令时的流水线与 C28x 的流水线相同,分为取值、译码、取数、执行和存储 5 个阶段,如图 9.2 所示。

若程序指令执行的是标准 C28x 指令,就会按照标准 C28x 的指令流水线执行;若在 D2 译码阶段发现执行的是浮点运算指令,则流水线从标准 C28x 开始转向 FPU 浮点运算流水线。

大部分的浮点运算指令是单周期的,执行图 9.2 中所示的 E1 或 W 阶段从而保

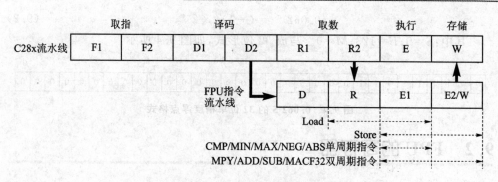

图 9.2 C28x+ FPU 的流水线

证与 C28x 流水线对齐;但浮点运算中某些指令是双周期的,这种指令会执行浮点流水线中的 E2/W 阶段,以保证指令执行完毕。需要注意的是,在执行这种指令后需要加入延时周期指令,否则编译器不会通过。

一般而言,浮点指令中加入上述延时周期指令有如下指导原则:

① 浮点数学运算指令(加、减、乘、求倒和乘加)需要 1 个延时周期;

② 整型与浮点之间的数据转换指令需要加入 1 个延时周期;

③ 对于单周期指令,由于已经与 C28x 流水线对齐所以不需加入额外的延时周期,这类指令包含最大/小值指令、数据比较指令、装载、存储指令、绝对值指令等。

注意:移动指令和 MACF32 R7H, R3H, mem32, *XAR7 指令不受上述原则限制;同时不能将 SAVE、SETFLG、RESTORE、MOVST0 指令用作延时指令。

9.1.3 IEEE754 单精度浮点格式

C28x+ FPU 所支持的浮点运算是满足 IEEE754 标准规定的单精度格式。IEEE754 标准规定了 3 种浮点格式:单精度、双精度、扩展精度。前两个正是 C 语言中 float 和 double 所定义的数据,但在 F28335 中只支持单精度浮点格式。IEEE754 单精度 32 位浮点包含以下几个部分,如图 9.3 所示。

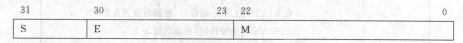

图 9.3 IEEE 单精度浮点格式

其中:

1 位符号位 S:0 表示正,1 表示负;

8 位指数位 E:指数位可为正也为负,位于 S 与 M 之间;

23 位尾数位 M:有时被称为有效数字位,甚至被称为"小数位"。

按照上述格式构成的十进制数据可由式(9.1)来表示:

$$\text{Number} = (-1)^S \times (M+1) \times 2^{(E-127)} \tag{9.1}$$

例如:0.062 5 的十进制小数转换成 32 位单精度浮点数据的过程如下:

第9章 浮点运算单元

$$0.0625 = (-1)^0 \times 2^{-4} \tag{9.2}$$

其中：$S=0$；$E=123$；$M=0$。写成32位形式，如图9.4所示。

图9.4 0.0625 的 32 位单精度浮点格式

9.2 FPU 的寄存器

C28x+FPU 的寄存器包含 2 部分：标准的 C28x 定点寄存器和浮点寄存器。定点寄存器在第 2 章已经详细说明。FPU 浮点单元寄存器包含 8 个 32 位结果寄存器（R0H～R7H）、1 个 32 位浮点状态寄存器（STF）和 1 个 32 位循环模块寄存器（RB）。除 RB 寄存器外，浮点寄存器都有一个影子寄存器。

1. 浮点状态寄存器 STF

STF 寄存器是反映浮点操作的结果，所有标志位均为可读可写。寄存器的各位信息如图 9.5 所示，功能说明如表 9.1 所列。STF 各位基本遵循以下准则：

- ✓ ZI、NI 标志位受比较、最大值、最小值及绝对值等运算的影响；
- ✓ ZI、NI 标志位还受到部分移动指令的影响；
- ✓ LUF、LVF 标志位受乘法、加法等数学运算指令的影响。

D31	D30～D10	D9	D8～D7	D6	D5	D4	D3	D2	D1	D0
SHDWS	Reserved	RND32	Reserved	TF	ZI	NI	ZF	NF	LUF	LVF

图9.5 浮点状态寄存器 STF 各位信息

表9.1 浮点状态寄存器 STF 功能说明

位	域	说明
D31	SHDWS	影子模式状态位。 0：RESTORE 指令操作时，强制将该位置为 0。 1：SAVE 指令操作时，将该位置为 1。 该位不受状态寄存器装载指令影响
D30～D10	Reserved	保留
D9	RND32	32 位浮点数据取整模式。 0：若该位为 0，则 MPYF32、ADDF32 和 SUBF32 指令结果的取整模式为截断。 1：若该位为 1，则 MPYF32、ADDF32 和 SUBF32 指令结果的取整模式为四舍五入
D8～D7	Reserved	保留

续表 9.1

位	域	说明
D6	TF	测试标志位。 0：TESTTF 指令测试的 STF 状态位为 false。 1：TESTTF 指令测试的 STF 状态位为 true
D5	ZI	零整数标志位。 0：整型数据不等于 0。 1：整型数据等于 0
D4	NI	负整数标志位。 0：整型数据不为负值。 1：整型数据为负值
D3	ZF	浮点类型零标志位。 0：浮点型数据不等于 0。 1：浮点型数据等于 0
D2	NF	浮点类型负数标志位。 0：浮点型数据不为负值。 1：浮点型数据为负值
D1	LUF	浮点类型下溢标志位。 0：未检测到下溢状态。 1：检测到下溢状态
D0	LVF	浮点类型上溢标志位。 0：未检测到上溢状态。 1：检测到上溢状态

2. 重复块寄存器 RB

RB 寄存器反映浮点操作指令 RPTB 的执行状态，该指令在 9.3 节会有详细介绍。

RB 寄存器所有标志位均为可读，不支持写操作。其各位信息如图 9.6 所示，功能说明如表 9.2 所列。

D31	D30	D29~D23	D22~D16	D15~D0
RAS	RA	RSIZE	RE	RC

图 9.6 RB 寄存器各位信息

表 9.2 RB 寄存器功能说明

位	域	说明
D31	RAS	重复块有效影子寄存器暂存位。 进入中断服务程序时，RA 保存至 RAS 位并将 RA 位清 0。 程序从中断返回，RAS 值保存至 RA 并将 RAS 位清 0。 0：中断发生时，重复块无效； 1：中断发生时，重复块有效

第9章 浮点运算单元

续表 9.2

位	域	说明
D30	RA	重复块有效位。 0：当重复块计数器 RC 为 0。 1：执行 RPTB 指令时，RA 位置 1
D29～D23	RSIZE	重复块大小（8/9～127 个字）。 RPTB 块起始于偶地址，则指令块须至少包含 9 个字；若 RPTB 块起始于奇地址，则指令块须至少包含 8 个字
D22～D16	RE	重复块尾地址（7 位）。 尾地址取决于 RSIZE 的值和指令块的 PC 首指针。 RE＝PC＋1＋RSIZE
D15～D0	RC	重复计数器（0～0xFFFF），表示指令块执行 RC+1 次

9.3 浮点汇编指令详解

对于 C28x 系列 DSP，一般都采用 C 语言取代汇编语言来实现所需的功能。但对于浮点运算，为了提高其数据的吞吐率，则会使用专用的浮点运算汇编指令。浮点运算可以使用两种指令集：助记符指令集和代数指令集。

✓ 代数指令集类似于代数表达式，常见于 C 语言表达方式，其运算关系比较清晰；

✓ 助记符指令集与计算机汇编指令类似，常采用助记符来描指令。

两种指令在功能上是相同的，本节介绍助记符指令集及其相关的操作。浮点运算指令遵循的结构与定点运算类似，表示如下：

操作码 目标操作数 1，源操作数 1，源操作数 2 注释
INSTRUCTION dest1,souece1,source2   Description

常见的浮点汇编指令分为移动指令、浮点算数运算指令、位操作指令、数据转换指令及逻辑操作指令。本节将详细介绍每一类指令。表 9.3 列出了指令系统中常使用的符号、运算符及其含义。

表 9.3 指令中用到的语法元素

符号	含义
♯16FHi	单精度浮点数的高 16 位（十进制小数或十六进制）
♯16FHiHex	单精度浮点数的高 16 位（十六进制）
♯16FLoHex	单精度浮点数的低 16 位（十六进制）
♯32Fhex	单精度浮点立即数（十六进制）

续表 9.3

符号	含义
#32F	单精度浮点立即数(十进制小数)
#0.0	立即数 0
#RC	16 位立即数重复计数器
*(0:16bitAddr)	16 位地址
CNDF	测试 STF 寄存器中标志的条件
FLAG	STF 寄存器 11 位状态标志位
label	重复块结束标签
mem16	直接或间接寻址的 16 位地址
mem32	直接或间接寻址的 32 位地址
RaH	R0H~R7H 结果寄存器
RbH	R0H~R7H 结果寄存器
RcH	R0H~R7H 结果寄存器
RdH	R0H~R7H 结果寄存器
ReH	R0H~R7H 结果寄存器
RfH	R0H~R7H 结果寄存器
RB	重复块寄存器
STF	FPU 状态寄存器
VALUE	STF 寄存器 11 位状态标志位数据 0 或 1

9.3.1 移动指令

F28335 的移动指令大致分为如下几类：

✓ 累加器、结果寄存器以及状态寄存器的装载、移动、存储和交换指令；

✓ 入栈和出栈指令；

✓ 16 位浮点寄存器与数据空间的数据装载指令。

1. CPU 浮点寄存器装载存储指令

表 9.4 所列为 FPU 单元浮点寄存器装载指令。

表 9.4 FPU 单元浮点寄存器装载指令

助记符指令	说明
MOVIZ RaH, #16FHiHex	RaH[31:16] = #16FHiHex RaH[15:0] = 0 #16FHiHex(十六进制)存放 IEEE 单精度浮点的高 16 位 单周期指令,不影响任何 STF 标志位

第 9 章 浮点运算单元

续表 9.4

助记符指令	说　明
MOVXI RaH, ♯16FLoHex	RaH[15:0]＝♯16FLoHex RaH[31:16]＝Unchanged ♯16FLoHex(十六进制)存放 IEEE 单精度浮点的低 16 位。 MOVXI 指令可与 MOVIZ 或 MOVIZF32 相结合以实现对 32 位 RaH 寄存器的操作
	单周期指令,不影响任何 STF 标志位
MOVIZF32 RaH, ♯16FHi	RaH[31:16]＝♯16FHi RaH[15:0]＝0 ♯16Fhi 为十六进制数或是十进制小数
	单周期指令,不影响任何 STF 标志位
MOVI32 RaH, ♯32FHex	RaH＝♯32FHex;该操作数只能是十六进制数,例如 3.0 只能 写成十六进制♯0x40400000 而不能写成十进制♯3.0

	如果低 16 位为 0,则该指令可等效成如下单周期指令:
	MOVIZ RaH, ♯16FHiHex
	如果低 16 位不为 0,则该指令可等效成如下双周期指令:
	MOVIZ RaH, ♯16FHiHex
	MOVXI RaH, ♯16FLoHex
	该指令不影响任何 STF 标志位

MOVF32 RaH, ♯32F	RaH＝♯32F;该操作数只能是十进制数,例如 3.0 只能写成十 进制♯3.0 而不能写成十六进制♯0x40400000

	如果低 16 位为 0,则该指令可等效成如下单周期指令:
	MOVIZ RaH, ♯16FHiHex
	如果低 16 位不为 0,则该指令可等效成如下指令,为双周期
	指令:
	MOVIZ RaH, ♯16FHiHex
	MOVXI RaH, ♯16FLoHex
	该指令不影响任何 STF 标志位

【例 9.1】 将立即数－1.5 装载到 R0H 寄存器中:

```
MOVIZ R0H, ♯0xBFC0      ;R0H = 0xBFC0 0000
                        ;－1.5 只能写成十六进制♯0xBFC0
                        ;而不能写成十进制数♯－1.5 的形式
```

【例 9.2】 将 pi＝3.141 593 (0x4049 0FDB)装载到 R0H 寄存器中:

```
MOVIZ R0H, ♯0x4049      ;R0H = 0x4049 0000
MOVXI R0H, ♯0x0FDB      ;R0H = 0x4049 0FDB
```

【例 9.3】

```
MOVIZF32 R2H, #2.5           ;R2H = 2.5 = 0x40200000
MOVIZF32 R3H, #-5.5          ;R3H = -5.5 = 0xC0B00000
MOVIZF32 R4H, #0xC0B0        ;R4H = -5.5 = 0xC0B00000
MOVIZF32 RaH, #-1.5 与 MOVIZ RaH, 0xBFC0 等效
```

【例 9.4】 将 pi＝3.141 593(0x4049 0FDB)装载到 R0H 寄存器中：

```
MOVIZF32 R0H, #0x4049        ;R0H = 0x40490000
MOVXI; R0H, #0x0FDB          ;R0H = 0x40490FDB
```

【例 9.5】 MOVI32 为双周期指令：

```
MOVI32 R3H, #0x40004001      ;R3H = 0x40004001
```

该指令与如下指令等效：

```
MOVIZ R3H, #0x4000
MOVXI R3H, #0x4001
```

【例 9.6】 MOVF32 为单周期指令：

```
MOVF32 R1H, #3.0             ;R1H = 3.0 (0x40400000)
```

该指令与如下指令等效：

```
MOVIZ R1H, #0x4040
```

【例 9.7】 MOVF32 为双周期指令：

```
MOVF32 R3H, #12.265          ;R3H = 12.625 (0x41443D71)
```

该指令与如下指令等效：

```
MOVIZ R3H, #0x4144
MOVXI R3H, #0x3D71
```

2. 数据空间装载指令

表 9.5 所列为 FPU 单元浮点数据空间装载指令。

表 9.5 FPU 单元浮点数据空间装载指令

助记符指令	说　明
MOV32 *(0:16bitAddr), loc32	[0:16bitAddr]＝[loc32] 即将 loc32 中 32 位数据复制到 0:16bitAddr 所指示的数据存储单元
	双周期指令，该指令不影响任何 STF 标志位
MOV16 mem16, RaH	[mem16]＝RaH[15:0] 即将 RaH 寄存器低 16 位数据复制到 mem16 所指示的数据存储单元
	单周期指令，该指令不影响任何 STF 标志位

第 9 章 浮点运算单元

续表 9.5

助记符指令	说 明
MOV32 mem32，RaH	[mem32]=RaH 即将 RaH 的数据复制到 mem32 所指示的 32 位数据存储单元
	单周期指令，该指令不影响任何 STF 标志位
MOV32 loc32，*(0:16bitAddr)	[loc32]=[0:16bitAddr]即将[0:16bitAddr]地址的数据复制到 loc32 空间
	双周期指令，该指令不影响任何 STF 标志位
MOVD32 RaH，mem32	RaH=[mem32] [mem32+2]=[mem32] 将 mem32 所指示的 32 位存储单元的内容复制到 CPU 寄存器，并将该数据顺次复制到下一个数据地址
	单周期指令

	所影响的 STF 标志位：
	NF=RaH[31];
	ZF=0;
	if(RaH[30:23]==0)
	{ ZF=1; NF=0; }
	NI=RaH[31];
	ZI=0;
	if(RaH[31:0]==0) ZI=1;

【例 9.8】 将 ACC 中的内容装载到 0x00 A000 的地址空间：

```
MOV32 *(0xA000),@ACC    ;[0x00 A000] = ACC
NOP                     ;由于是双周期指令,因此需要加入一个机器周期的空闲
                        ;操作或加入一条非冲突指令以保证该操作完成
```

【例 9.9】 将 R4H 中的内容装载到 0x00 B000 的地址空间，其中 R4H=3.0：

```
MOV16 @0, R4H ;[0x00B000] = 3.0 (0x0003)
```

【例 9.10】 将 0xC000 单元的数值复制到 ACC 单元中：

```
MOV32 @ACC, *(0xC000)   ;AL = [0x00 C000], AH = [0x00 C001]
NOP                     ;双周期指令,需加入 1 个周期的空闲指令
                        ;执行结果:AL = 0xFFFF, AH = 0x1111
                        ;[0x00 C000] = 0xFFFF;[0x00 C001] = 0x1111;
```

3. 浮点寄存器装载指令

表 9.6 所列为常用的浮点寄存器装载指令。

第 9 章 浮点运算单元

表 9.6 浮点寄存器装载指令

助记符指令	说 明

MOVST0 FLAG	将 STF 中的对应位复制到 ST0 状态寄存器的对应位中
	If((LVF==1)||(LUF==1))OV=1;
	else OV=0;
	If((NF==1)||(NI==1))N=1;
	else N=0;
	If((ZF==1)||(ZI==1))Z=1;
	else Z=0;
	If(TF==1)C=1;
	else C=0;
	If(TF==1)TC=1;
	else TC=0;
	其他 ST0 标志位不受该操作影响
	单周期指令,但该指令不能用于流水线等待周期,否则会产生非法操作

MOV32 mem32,STF	[mem32]=STF 即将 STF 的数据复制到 mem32 所指示的 32 位数据存储单元。 单周期指令
MOV32 STF,mem32	STF=[mem32]即将 mem32 所指示的数据空间的内容复制到 STF 中。 单周期指令

【例 9.11】 该指令不能用于流水线等待周期,否则会产生非法操作。

非法操作:

```
MPYF32 R2H,R1H,R0H    ;双周期指令
MOVST0 TF             ;不能用于流水线等待周期
```

合法操作:

```
MPYF32 R2H,R1H,R0H    ;双周期指令
NOP                   ;加入一个空闲的等待周期
MOVST0TF              ;合法操作
```

【例 9.12】 STF 寄存器中的内容为 0x0000 0004:

```
MOV32 @0,STF          ;[0x00 A000] = 0x0000 0004
```

【例 9.13】 将数据空间的内容复制到 STF 寄存器中:

```
MOVW DP,#0x0300       ;DP = 0x0300
MOV @2,#0x020C        ;[0x00 C002] = 0x020C
```

```
MOV @3, #0x0000          ;[0x00 C003] = 0x0000
MOV32 STF, @2            ;STF = 0x0000 020C
```

4. 浮点寄存器对 C28x 寄存器操作

执行该指令前需要加入 1 个空操作指令周期。其指令和操作如表 9.7 所列。

表 9.7 浮点寄存器对 C28x 寄存器操作指令

助记符指令	说 明
MOV32 ACC, RaH	ACC=RaH，即将 RaH 中的内容复制给累加器 ACC
	STF 状态寄存器不受影响，ST0 中的 Z 和 N 标志位受影响；为双周期指令
MOV32 P, RaH	P=RaH=RaH，即将 RaH 中的内容复制给 P 寄存器
	STF 和 ST0 状态寄存器均不受影响；为双周期指令
MOV32 XT, RaH	XT=RaH，即将 RaH 中的内容复制给 XT 临时寄存器
	STF 和 ST0 状态寄存器均不受影响；为双周期指令
MOV32 XARn, RaH	XARn=RaH，即将 RaH 的内容复制给扩展辅助功能寄存器
	STF 和 ST0 状态寄存器均不受影响；为双周期指令

【例 9.14】

```
MOV32 ACC, R2H           ;将 R2H 寄存器内容复制到 ACC 中
NOP                      ;双周期指令，需要加入空闲等待周期
```

【例 9.15】

```
MOV32 XT, R2H            ;将 R2H 寄存器内容复制到 XT 中
NOP                      ;双周期指令，需要加入空闲等待周期
```

5. C28x 寄存器对浮点寄存器操作

执行这类指令后，需要加入空操作或是除 FRACF32、UI16TOF32、I16TOF32、F32TOUI32 和 F32TOI32 之外的指令来实现 4 个指令周期的延时，其指令和操作如表 9.8 所列。

表 9.8 C28x 寄存器对浮点寄存器操作指令

助记符指令	说 明
MOV32 RaH, ACC	RaH=ACC，即将 ACC 的内容复制到 RaH 中。STF 和 ST0 状态寄存器均不受影响
MOV32 RaH, P	RaH=P，即将 P 寄存器的内容复制到 RaH 中。STF 和 ST0 状态寄存器均不受影响

第9章 浮点运算单元

续表9.8

助记符指令	说 明
MOV32 RaH, XARn	RaH=XARn,即将扩展辅助功能寄存器的内容复制到 RaH 中。STF 和 ST0 状态寄存器均不受影响
MOV32 RaH, XT	RaH=XT,即将 XT 寄存器内容复制给 RaH。STF 和 ST0 状态寄存器均不受影响

【例 9.16】

```
MOV32 R0H,@ACC    ;将 ACC 的内容复制到 R0H 中
NOP               ;
NOP               ;
NOP               ;加入 3 个空闲等待周期
```

6. 条件赋值指令

表 9.9 所列为 FPU 单元浮点条件赋值指令。

表 9.9 FPU 单元浮点条件赋值指令

助记符指令	说 明

MOV32 RaH, RbH{, CNDF}	if (CNDF==TRUE)
	RaH=RbH
	如果条件成立,则执行寄存器赋值语句。
	单周期指令
	
	所影响的 STF 标志位按如下操作:
	if(CNDF==UNCF)
	{
	　　NF=RaH(31);
	　　ZF=0;
	　　if(RaH[30:23]==0)
	　　{ ZF=1; NF=0; }
	　　NI=RaH[31];
	　　ZI=0;
	　　if(RaH[31:0]==0) ZI=1;
	}

MOV32 RaH, mem32{, CNDF}	if (CNDF==TRUE) RaH=[mem32] 单周期指令。 如果条件成立,则将 mem32 所指示的内容复制到寄存器 RaH 中 所影响的 STF 标志位与前面指令相同

续表 9.9

助记符指令	说 明

NEGF32 RaH, RbH{, CNDF}	if (CNDF==true)
	{RaH＝－ RbH }
	else
	{RaH＝RbH }
	条件取反指令。
	单周期指令,该指令影响 STF 中的 ZF 和 NF 位

SWAPF RaH, RbH{, CNDF}	if (CNDF==true) swap RaH and RbH 条件数据交换指令。 单周期指令,不影响任何 STF 标志位

TESTTF CNDF	if (CNDF==true)
	TF=1;
	else
	TF=0;
	STF 状态寄存器条件测试指令。
	单周期指令,不会影响任何 STF 标志位

CNDF 条件状态如表 9.10 所列。

表 9.10 CNDF 条件状态

CNDF	说 明	STF 寄存器状态标志位
NEQ	≠0	ZF==0
EQ	=0	ZF==1
GT	>0	ZF==0, NF==0
GEQ	≥0	NF==0
LT	<0	NF==1
LEQ	≤0	ZF==1, NF==1
TF	测试位置位	TF==1
NTF	测试位复位	TF==0
LU	下溢条件	LUF==1
LV	上溢条件	LVF==1
UNC	无条件	None
UNCF	无条件	None

【例 9.17】

```
MOVW DP, #0x0300        ;DP = 0x0300
MOV @0, #0x8888         ;[0x00 C000] = 0x8888
MOV @1, #0x8888         ;[0x00 C001] = 0x8888
MOVIZF32 R3H, #17.0     ;R3H = 7.0 (0x40E0 0000)
MOVIZF32 R4H, #17.0     ;R4H = 7.0 (0x40E0 0000)
MAXF32 R3H, R4H         ;其中 R3H == R4H, 则 ZF = 1, NF = 0
MOV32 R1H, @0, EQ       ;其中偏移量 0 中的内容是 0x8888 8888
                        ;则 R1H = 0x8888 8888
```

【例 9.18】

```
CMPF32 R0H, #0.0        ;R0H 与 0 比较
TESTTF LT               ;若 R0H 小于或等于 0, 则 TF = 1
```

9.3.2 浮点算术运算指令

浮点算术运算指令包含绝对值、加法、减法、乘法及乘加等并行指令。

1. 绝对值浮点指令

表 9.11 所列为 FPU 单元绝对值浮点指令。

表 9.11　FPU 单元绝对值浮点指令

助记符指令	说　明

ABSF32 RaH, RbH	if (RbH < 0) {RaH = −RbH}
	else {RaH = RbH}
	单周期指令,该指令影响 STF 寄存器中的 ZF 和 NF 位,逻辑判断如下:
	NF = 0;
	ZF = 0;
	if (RaH(30:23) == 0) ZF = 1;

【例 9.19】

```
MOVIZF32 R1H, #-2.0     ;R1H = -2.0 (0xC000 0000)
ABSF32 R1H, R1H         ;R1H = 2.0 (0x4000 0000), ZF = NF = 0
```

【例 9.20】

```
MOVIZF32 R0H, #0.0      ;R0H = 0.0
ABSF32 R1H, R0H         ;R1H = 0.0, ZF = 1, NF = 0
```

2. 加法指令

目标操作数均为 R0H~R7H 结果寄存器,源操作数可以是结果寄存器也可以是立即数,其指令和操作如表 9.12 所列。

表 9.12　加法指令

助记符指令	说明
ADDF32 RaH, #16FHi, RbH	RaH=RbH+#16FHi:0 寄存器和立即数相加。 双周期指令，需要加入 1 个空闲周期
	所影响的 STF 标志位。 LUF，如果 ADDF32 产生上溢条件，则 LUF=1； LVF，如果 ADDF32 产生下溢条件，则 LVF=1
ADDF32 RaH, RbH, #16FHi	RaH=RbH+#16FHi:0 寄存器和立即数相加。 指令周期和影响的 STF 相关标志位同第一条指令
ADDF32 RaH, RbH, RcH	RaH=RbH+RcH 2 个寄存器相加。 指令周期和影响的 STF 相关标志位同第一条指令

【例 9.21】

```
ADDF32 R0H, #2.0, R1H    ;R0H = 2.0 + R1H
NOP                      ;加入 1 个空闲周期
```

【例 9.22】

```
ADDF32 R2H, #-2.5, R3H   ;R2H = -2.5 + R3H
NOP                      ;加入 1 个空闲周期
```

【例 9.23】

```
ADDF32 R5H, #0xBFC0, R5H ;R5H = -1.5 + R5H
NOP                      ;加入 1 个空闲周期
```

注意：根据 IEEE 单精度浮点规范，−1.5(Dec)=0xBFC0 0000 (Hex)，汇编器支持十进制和十六进制立即数的表达方式，也就是说−1.5 在汇编指令中可以写成 #−1.5(十进制)或 0xBFC0(十六进制)。

3. 减法指令

目标操作数均为 R0H～R7H 结果寄存器，源操作数可以为结果寄存器也可是立即数，其指令和操作如表 9.13 所列。

【例 9.24】

```
SUBF32 R0H, #2.0, R1H    ;R0H = 2.0 - R1H
NOP                      ;加入 1 个空闲周期
```

4. 乘法指令

目标操作数均为 R0H～R7H 结果寄存器，源操作数可以是结果寄存器也可以是立即数。其指令和操作如表 9.14 所列。

表 9.13 减法指令

助记符指令	说明
SUBF32 RaH, RbH, RcH	RaH=RbH-RcH 2 个寄存器相减。 双周期指令,需加入 1 个空闲周期。 所影响的 STF 标志位如下: 如果 ADDF32 产生上溢条件,则 LUF=1; 如果 ADDF32 产生下溢条件,则 LVF=1
SUBF32 RaH, #16FHi, RbH	RaH=#16FHi:0-RbH 寄存器和立即数相减。 指令周期和影响的 STF 相关标志位同上一条指令

表 9.14 乘法指令

助记符指令	说明
MPYF32 RaH, RbH, RcH	RaH=RbH * RcH 2 个寄存器内容相乘。 双周期指令,需加入 1 个空闲周期 指令执行后影响 STF 寄存器的状态位: 若 MPYF32 产生上溢条件,则 LUF=1; 若 MPYF32 产生下溢条件,则 LVF=1
MPYF32 RaH, #16FHi, RbH	RaH=#16FHi:0 * RbH 寄存器和立即数相乘。 指令周期和受影响的 STF 标志位同上一条指令

【例 9.25】 计算 Y=A*B:

```
MOVL XAR4, #10
MOV32 R0H, *XAR4        ;R0H=#10,采用间接寻址方式
MOVL XAR4, #11
MOV32 R1H, *XAR4        ;R1H=#11,采用间接寻址方式
MPYF32 R0H,R1H,R0H      ;10*11
NOP                     ;MPYF32 为双周期指令
MOV32 *XAR4,R0H         ;存储乘积结果
```

5. 乘加/乘减等并行操作指令

乘加/乘减等并行指令操作说明如表 9.15 所列。

第9章 浮点运算单元

表 9.15 乘加/乘减等并行操作指令

助记符指令	说 明

MACF32 R3H, R2H, RdH, ReH, RfH ‖ MOV32 RaH, mem32	R3H=R3H+R2H,
	RdH=ReH * RfH,
	RaH=[mem32]分别将 R3H、RdH、RaH 作为目标寄存器
	双周期指令,需要加入 1 个空闲指令或不与 R3H 或 RdH 操作相关的 1 个周期指令
	MACF32 操作影响的标志位。
	若 MACF32 产生上溢条件,则 LUF=1;
	若 MACF32 产生下溢条件,则 LVF=1。
	MOV32 影响的标志位:
	NF=RaH(31);
	ZF=0;
	if(RaH(30:23) == 0)
	{ ZF=1; NF=0; }
	NI=RaH(31);
	ZI=0;
	if(RaH(31:0) == 0) ZI=1;

MACF32 R7H, R3H, mem32, *XAR7++	R3H=R3H+R2H, R2H=[mem32] * [XAR7++] 完成一个乘法和加法指令 该指令也是唯一能够与 RPT‖指令配合使用的浮点指令。若使用 RPT‖指令则需要将 R2H 和 R6H 用于暂存器,R3H 和 R7H 交替作为目标寄存器,即奇数周期使用 R3H 和 R2H,偶数周期使用 R7H 和 R6H。 周期 1: R3H=R3H+R2H, R2H=[mem32] * [XAR7++] 周期 2: R7H=R7H+R6H, R6H=[mem32] * [XAR7++] 周期 3: R3H=R3H+R2H, R2H=[mem32] * [XAR7++] 周期 4: R7H=R7H+R6H, R6H=[mem32] * [XAR7++] …… 受影响的 STF 标志位及相应的操作如下: 若 MACF32 产生下溢条件,则 LUF=1; 若 MACF32 产生上溢条件,则 LVF=1

续表 9.15

助记符指令	说 明
MACF32 R7H, R6H, RdH, ReH, RfH	RdH=ReH * RfH R7H=R7H+R6H 完成一次乘法和加法运算。 该指令可写成如下形式： MPYF32 RdH, RaH, RbH || ADDF32 R7H, R7H, R6H
	受影响的 STF 标志位及相关的操作如下： MPYF32 或 ADDF32 指令产生下溢条件，则 LUF=1； MPYF32 或 ADDF32 指令产生上溢条件，则 LVF=1。 由于是双周期指令，因此需要加入空闲指令周期以保证运算完成
MACF32 R7H, R6H, RdH, ReH, RfH ||MOV32 RaH, mem32	R7H=R7H+R6H RdH=ReH * RfH, RaH=[mem32] 可看作 MACF32 R7H, R6H, RdH, ReH, RfH 与 MOV32 RaH, mem32 指令的并行指令，即完成 1 次加法、1 次乘法和 1 次赋值操作。RdH 和 RaH 不能选用相同的寄存器

	除 TF 标志位外，STF 其他标志位均受到影响。
	MACF32 影响的 STF 标志位：
	若 MACF32 指令产生下溢条件，则 LUF=1；
	若 MACF32 指令产生上溢条件，则 LVF=1。
	MOV32 影响的 STF 标志位：
	NF=RaH(31);
	ZF=0;
	if(RaH(30:23) == 0)
	{ZF=1; NF=0;}
	NI=RaH(31);
	ZI=0;
	if(RaH(31:0) == 0) ZI=1;
	双周期指令，需要在加入空闲的单周期指令

MPYF32 RaH, RbH, RcH || ADDF32 RdH, ReH, RfH	RaH=RbH * RcH RdH=ReH+RfH （RaH 与 RdH 不应使用相同的寄存器） 该指令也可写成： MACF32 RaH, RbH, RcH, RdH, ReH, RfH
	受影响的 STF 标志位操作。 若 MPYF32 或 ADDF32 产生下溢条件，则 LUF=1； 若 MPYF32 或 ADDF32 产生上溢条件，则 LVF=1。 双周期指令，需要在加入空闲的单周期指令

续表 9.15

助记符指令	说　明
MPYF32 RaH, RbH, RcH || ADDF32 RdH, ReH, RfH	RaH=RbH * RcH RdH=ReH+RfH 完成一次加法和减法并行运算。 该指令与如下指令等效(前段已介绍)： MACF32 RaH, RbH, RcH, RdH, ReH, RfH
	受影响的 STF 标志位操作。 若 MPYF32 或 ADDF32 产生下溢条件，则 LUF=1； 若 MPYF32 或 ADDF32 产生上溢条件，则 LVF=1。 双周期指令，需要在加入空闲的单周期指令
MPYF32 RdH, ReH, RfH || MOV32 RaH, mem32	RdH=ReH * RfH RaH=[mem32] 完成一次乘法和一次数据单元的赋值操作

	受影响的 STF 标志位操作。
	MPYF32 指令影响的标志位：
	若 MPYF32 产生下溢条件，则 LUF=1；
	若 MPYF32 产生上溢条件，则 LVF=1。
	MOV32 指令影响的 STF 标志位：
	NF=RaH(31);
	ZF=0;
	if(RaH(30:23) == 0)
	{ ZF=1; NF=0; }
	NI=RaH(31);
	ZI=0;
	if(RaH(31:0) == 0)
	ZI=1;
	双周期指令,需要加入空闲周期

MPYF32 RdH, ReH, RfH || MOV32 mem32, RaH	RdH=ReH * RfH [mem32]=RaH 完成一次乘法和一次数据单元的赋值操作。 所受影响的 STF 标志位同上条指令。 同样该指令也为双周期指令
MPYF32 RaH, RbH, RcH || SUBF32 RdH, ReH, RfH	RaH=RbH * RcH, RdH=ReH-RfH 完成一次乘法和减法操作,且两次操作的目标寄存器必须不同 受影响的 STF 标志位。 若 MPYF32 或 SUBF32 出现上溢条件,则 LVF=1； 若 MPYF32 或 SUBF32 出现下溢条件,则 LUF=1。 双周期指令,需要在指令后加入 1 个空闲周期指令

续表 9.15

助记符指令	说 明

SUBF32 RdH, ReH, RfH ‖
MOV32 RaH, mem32
	RdH=ReH-RfH,
	RaH=[mem32]
	完成一次减法和寄存器与数据空间之间的赋值操作
	
	SUBF32 指令影响的 STF 标志位：
	若 SUBF32 产生上溢条件，则 LVF=1;
	若 SUBF32 产生下溢条件，则 LUF=1。
	MOV32 指令影响的 STF 标志位：
	NF=RaH(31);
	ZF=0;
	if(RaH(30:23) == 0)
	{ ZF=1; NF=0;}
	NI=RaH(31);
	ZI=0;
	if(RaH(31:0) == 0) ZI=1;
	双周期指令,需要加入 1 个空闲指令周期

SUBF32 RdH, ReH, RfH ‖ MOV32 mem32, RaH	RdH=ReH-RfH, [mem32]=RaH 完成一次减法和寄存器与数据空间之间的赋值操作。 双周期指令，且受影响的 STF 标志位同上条指令
ADDF32 RdH, ReH, RfH ‖ MOV32 RaH, mem32	RdH=ReH+RfH, RaH=[mem32] 完成一次加法和寄存器与数据空间之间的赋值操作 双周期指令,需要在该并行指令之后加入 1 个空闲指令周期者 加入不与 RdH 寄存器操作的单周期指令 除去 TF 位外，STF 其他标志位均受影响： 若 ADDF32 产生上溢条件，则 LVF=1; 若 ADDF32 产生下溢条件，则 LUF=1。 MOV32 影响的 STF 标志位同上条指令
ADDF32 RdH, ReH, RfH ‖ MOV32 mem32, RaH	RdH=ReH+RfH, [mem32]=RaH 完成一次加法和寄存器与数据空间之间的赋值操作 双周期指令，且 STF 寄存器中受影响的标志位均与上条指令一致

【例 9.26】 实现 $\sum_{i=0}^{4} X_i \times Y_i$ 的乘加运算：

;可使用 2 个辅助寄存器分别指向 X 和 Y 这 2 个数组
;采用间接寻址的方式，并采用并行指令来缩短程序段的运行时间

第 9 章 浮点运算单元

```
;可参考如下程序段
MOV32 R0H, *XAR0++              ;R0H = X0,XAR0 指向 X1
MOV32 R1H, *XAR1++              ;R1H = Y0,XAR1 指向 Y1
; R2H = A = X0 * Y0,R0H = X1
MPYF32 R2H, R0H, R1H || MOV32 R0H, *XAR0++
; MOV32 作为 1 个周期延时指令以保证 R2H 数据得以更新并完成 R1H = Y1 操作
MOV32 R1H, *XAR1++
; R3H = B = X1 * Y1,R0H = X2
MPYF32 R3H, R0H, R1H || MOV32 R0H, *XAR0++
MOV32 R1H, *XAR1++              ;R1H = Y2
; R3H = A + B,R2H = C = X2 * Y2 并行完成 R0H = X3
MACF32 R3H, R2H, R2H, R0H, R1H || MOV32 R0H, *XAR0++
MOV32 R1H, *XAR1++              ;R1H = Y3
; R3H = (A + B) + C,R2H = D = X3 * Y3 并行完成 R0H = X4
MACF32 R3H, R2H, R2H, R0H, R1H || MOV32 R0H, *XAR0
MOV32 R1H, *XAR1                ;R1H = Y4 用于 1 个周期的延时
; R2H = E = X4 * Y4 并行完成 R3H = (A + B + C) + D
MPYF32 R2H, R0H, R1H || ADDF32 R3H, R3H, R2H
NOP                             ;空闲周期等待并行指令操作完成
ADDF32 R3H, R3H, R2H            ;R3H = (A + B + C + D) + E
NOP                             ;空闲周期等待 ADDF32 完成
```

【例 9.27】 MACF32 R7H,R3H,mem32,*XAR7++ 与 RPT 指令配合使用：

```
ZERO R2H
ZERO R3H
ZERO R7H                        ;将所有 R2H、R3H 和 R7H 清 0
RPT #5                          ;重复执行 MACF32 操作 6 次
|| MACF32 R7H, R3H, *XAR6++, *XAR7++
ADDF32 R7H, R7H, R3H
NOP                             ;ADDF32 为双周期指令,加一个周期空操作
```

【例 9.28】 完成 Y = A*B+C 操作：

```
MOV32 R0H,@A                    ;R0H = A
MOV32 R1H,@B                    ;R1H = B
MPYF32 R1H,R1H,R0H              ;R1H = A * B
|| MOV32 R0H,@C                 ;R0H = C
NOP                             ;双周期操作,加入一个空闲指令
ADDF32 R1H,R1H,R0H              ;R1H = A * B + C
NOP                             ;双周期操作,加入一个空闲指令
```

【例 9.29】 读如下指令段,分析目标寄存器结果：

```
MOVIZF32 R4H, #5.0           ;R4H = 5.0 (0x40A0 0000)
MOVIZF32 R5H, #3.0           ;R5H = 3.0 (0x4040 0000)
MPYF32 R6H, R4H, R5H         ;R6H = R4H * R5H
|| SUBF32 R7H, R4H, R5H      ;R7H = R4H - R5H
NOP                          ;双周期指令,加入一个空操作
```

执行完后的结果如下:

R6H = 15.0 (0x41700000); R7H = 2.0 (0x40000000)

【例 9.30】 分析如下代码段完成的操作,其中 A、B、C 表示数据空间的十进制地址:

```
MOVL XAR3, #A
MOV32 R0H, *XAR4             ;采用间接寻址的方式,实现 R0H = *A;
MOVL XAR3, #B                ;
MOV32 R1H, *XAR4             ;采用间接寻址的方式,实现 R1H = *B;
MOVL XAR3, #C                ;
ADDF32 R0H, R1H, R0H         ;R0H = *A + *B
|| MOV32 R2H, *XAR3          ;实现 R2H = *C;
MOVL XAR3, #Y                ;由于 MOVL 不对 R0H 操作
                             ;故可用于延时指令有可完成取地址操作
SUBF32 R0H, R0H, R2H         ;R0H = (*A + *B) - *C
NOP                          ;双周期指令,加入空操作
MOV32 *XAR3, R0H             ;间接寻址将 R0H 内容放到 Y 所对应的地址空间
```

6. 块重复指令

常用的块重复指令如表 9.16 所列。

表 9.16 块重复指令

助记符指令	说明
RPTB label, loc16	重复执行指令代码段,执行 loc16+1 次
RPTB label, #RC	重复执行指令代码段,执行 #RC+1 次

该指令需要注意以下几点:

✓ 块偶地址对齐时,块长度在[9,127]字之间。
✓ 块奇地址对齐时,块长度在[8,127]字之间。
✓ 在读/写 RB 寄存器前需将中断禁止。
✓ 不允许被嵌套。

【例 9.31】 RPTB 块包含 8 个字,为保证奇地址对齐时,须在代码前加入 .align 2 以保证 NOP 的地址是偶地址,从而保证了块起始地址是奇地址。

第 9 章 浮点运算单元

```
        .align 2
        NOP
        RPTB VECTOR_MAX_END, #5        ;重复 6 次
        MOVL ACC,XAR0
        MOV32 R1H,*XAR0++
        MAXF32 R0H,R1H
        MOVSTO NF,ZF
        MOVL XAR6,ACC,LT
VECTOR_MAX_END:                        ;代码段尾地址
```

7. 堆栈操作指令

堆栈操作指令如表 9.17 所列。

表 9.17 堆栈操作指令

助记符指令	说　明
PUSH RB	进入中断服务程序前将 RB 内容入栈
POP RB	完成中断服务程序后将 RB 内容出栈
RESTORE	从(R0H-R7H 和 STF)对应的影子寄存器恢复,用于高优先级中断的出栈指令。 单周期指令,但不能将该指令用于空闲等待
SAVE FLAG, VALUE	将 R0H-R7H 和 STF 的内容保存至相应的影子寄存器,用于高优先级中断的入栈指令。执行该指令时,STF 的 SHADOW 位被置 1。 单周期指令,但不能将该指令用于空闲等待
SETFLG FLAG, VALUE	STF 寄存器位操作指令

执行入栈/出栈指令(即表 9.17 中前 2 条指令)时,需要注意以下几点:
- ✓ 高优先级中断中,如在代码段中使用了 RPTB 指令,则需要将 RB 寄存器进行入栈和出栈操作;否则可不对 RB 寄存器进行操作。
- ✓ 低优先级中断中,必须将 RB 寄存器进行入栈和出栈操作。入栈操作后才可使能中断;出栈操作前禁止中断。

【例 9.32】 高优先级和低优先级中断操作:

```
_Interrupt:              ;高优先级中断
    ……
    PUSH RB              ;中断服务程序中包含 RPTB 指令,需将 RB 寄存器入栈
ISR
    ……
    RPTB End, #A         ;重复执行 A+1 次
    ……
End                      ;重复代码指令段尾地址
    ……
```

```
    POP RB              ;RB 寄存器出栈
    ……
IRET                    ;中断返回

_Interrupt:             ;低优先级中断
    ……
    PUSH RB             ;必须将 RB 入栈
    ……
    CLRC INTM           ;RB 入栈后才能使能全局中断
    ……
    SETC INTM           ;
    ……
    POP RB              ;RB 出栈前必须禁止全局中断
    ……
    IRET                ;中断返回
```

【例 9.33】 判断如下代码段是否正确：

```
MPYF32 R2H, R1H, R0H    ;双周期指令
RESTORE                 ;用 RESTORE 作为等待周期,错误
;正确写法
MPYF32 R2H, R1H, R0H    ;双周期指令
NOP                     ;加入一个空闲等待周期
RESTORE
```

【例 9.34】 C28x+FPU 进入中断前,CPU 会自动将 ACC,P,XT,ST0,ST1, IER,DP,AR0,AR1 和 PC 寄存器入栈保存；但浮点寄存器须手动入栈保存。

```
_ISR:
    ASP                 ;栈对齐
    PUSH RB             ;RB 寄存器入栈
    PUSH AR1H:AR0H
    PUSH XAR2
    PUSH XAR3
    PUSH XAR4
    PUSH XAR5
    PUSH XAR6
    PUSH XAR7
    PUSH XT             ;保存其他寄存器
    SPM 0               ;设置 C28 指令操作模式
    CLRC AMODE
    CLRC PAGE0,OVM
    SAVE RNDF32 = 1     ;保存所有 FPU 寄存器,并设置 FPU 工作模式
    ……
;中断出栈
    ……
    RESTORE             ;恢复所有 FPU 寄存器(从其对应的影子寄存器)
```

第 9 章 浮点运算单元

```
POP XT
POP XAR7
POP XAR6
POP XAR5
POP XAR4
POP XAR3
POP XAR2
POP AR1H:AR0H      ;将所有寄存器出栈
POP RB             ;恢复 RB 寄存器
NASP
IRET               ;中断返回
```

8. 判断、比较指令及其操作

浮点逻辑判断、比较操作指令如表 9.18 所列。

表 9.18 浮点逻辑判断、比较指令

助记符指令	说　明

CMPF32 RaH, RbH	If(RaH==RbH) {ZF=1, NF=0}
	If(RaH > RbH) {ZF=0, NF=0}
	If(RaH < RbH) {ZF=0, NF=1}
	2 个寄存器内容进行大小比较。
	单周期指令

CMPF32 RaH, #16FHi	If(RaH==#16FHi:0) {ZF=1, NF=0}
	If(RaH > #16FHi:0) {ZF=0, NF=0}
	If(RaH < #16FHi:0) {ZF=0, NF=1}
	寄存器的值与立即数进行比较。
	单周期指令

CMPF32 RaH, #0.0	If(RaH==#0.0) {ZF=1, NF=0}
	If(RaH > #0.0) {ZF=0, NF=0}
	If(RaH < #0.0) {ZF=0, NF=1}
	寄存器正负判断。
	单周期指令

MAXF32 RaH, #16FHi	if(RaH < #16FHi:0)RaH = #16FHi:0
	受影响的 STF 标志位:
	if(RaH == #16FHi:0)
	{ZF=1, NF=0}
	if(RaH > #16FHi:0)
	{ZF=0, NF=0}
	if(RaH < #16FHi:0)
	{ZF=0, NF=1}
	单周期指令

续表 9.18

助记符指令	说 明

MAXF32 RaH, RbH	if(RaH < RbH) RaH = RbH
	两个寄存器之间最大值指令
	受影响的 STF 标志位：
	if(RaH == RbH) {ZF=1, NF=0}
	if(RaH > RbH) {ZF=0, NF=0}
	if(RaH < RbH) {ZF=0, NF=1} 单周期指令

MINF32 RaH, #16FHi	if(RaH > #16FHi:0) RaH = #16FHi:0
	立即数与寄存器之间最小值指令
	受影响的 STF 标志位：
	if(RaH == #16FHi:0)
	{ZF=1, NF=0}
	if(RaH > #16F
	{ZF=0, NF=0}
	if(RaH < #16FHi:0)
	{ZF=0, NF=1}
	单周期指令

MINF32 RaH, RbH	if(RaH > RbH) RaH = RbH
	寄存器之间最小值指令
	受影响的 STF 标志位：
	if(RaH == RbH) {ZF=1, NF=0}
	if(RaH > RbH) {ZF=0, NF=0}
	if(RaH < RbH) {ZF=0, NF=1}
	单周期指令

MINF32 RaH, RbH ‖ MOV32 RcH, RdH	if(RaH > RbH)
	{ RaH = RbH; RcH = RdH; }
	受影响的 STF 标志位：
	if(RaH == RbH) {ZF=1, NF=0}
	if(RaH > RbH) {ZF=0, NF=0}
	if(RaH < RbH) {ZF=0, NF=1}

MAXF32 RaH, RbH ‖ MOV32 RcH, RdH	if(RaH < RbH)
	{ RaH = RbH; RcH = RdH; }
	受影响的 STF 标志位：
	if(RaH == RbH) {ZF=1, NF=0}
	if(RaH > RbH) {ZF=0, NF=0}
	if(RaH < RbH) {ZF=0, NF=1}

【例 9.35】

```
MOVIZF32 R1H, # -2.0        ;R1H = -2.0 (0xC000 0000)
MOVIZF32 R0H, #5.0          ;R0H = 5.0 (0x40A0 0000)
CMPF32 R1H, R0H             ;ZF = 0, NF = 1
CMPF32 R0H, R1H             ;ZF = 0, NF = 0
CMPF32 R0H, R0H             ;ZF = 1, NF = 0
```

【例 9.36】 用于循环控制,找出 XAR1 所指向的数组中小于 3.0 的数据:

```
Loop:
MOV32 R1H, *XAR1++          ;R1H
CMPF32 R1H, #3.0            ;置位或清除 ZF 和 NF 标志位
MOVSTO ZF, NF               ;将 ZF 和 NF 复制到 STO 寄存器的 Z 和 N 标志位
BF Loop, GT                 ;当 R1H＞#3.0 时循环,当 R1H≤#3.0 时跳出循环
```

【例 9.37】 读指令代码段分析相应的标志位的数值:

```
MOVIZF32 R0H, #5.0          ;R0H = 5.0 (0x40A0 0000)
MOVIZF32 R1H, #4.0          ;R1H = 4.0 (0x4080 0000)
MOVIZF32 R2H, # -1.5        ;R2H = -1.5 (0xBFC0 0000)
MAXF32 R0H, #5.5            ;R0H = 5.5, ZF = 0, NF = 1
MAXF32 R1H, #2.5            ;R1H = 4.0, ZF = 0, NF = 0
MAXF32 R2H, # -1.0          ;R2H = -1.0, ZF = 0, NF = 1
MAXF32 R2H, # -1.0          ;R2H = -1.5, ZF = 1, NF = 0
MINF32 R0H, #5.5            ;R0H = 5.0, ZF = 0, NF = 1
MINF32 R1H, #2.5            ;R1H = 2.5, ZF = 0, NF = 0
MINF32 R2H, # -1.0          ;R2H = -1.5, ZF = 0, NF = 1
MINF32 R2H, # -1.5          ;R2H = -1.5, ZF = 1, NF = 0
```

【例 9.38】 读指令代码段分析相应的标志位的数值:

```
MOVIZF32 R0H, #5.0          ;R0H = 5.0 (0x40A0 0000)
MOVIZF32 R1H, #4.0          ;R1H = 4.0 (0x4080 0000)
MOVIZF32 R2H, # -1.5        ;R2H = -1.5 (0xBFC0 0000)
MOVIZF32 R3H, # -2.0        ;R3H = -2.0 (0xC000 0000)
MINF32 R0H, R1H || MOV32 R3H, R2H
```

结果:R0H=4.0, R3H=-1.5, ZF=0, NF=0。

9.3.3 寄存器数据传递指令

数据转换指令是 32 位浮点数与 16 位定点有符号数之间或 32 位浮点数与 16 位定点无符号数之间进行转换的指令。该类指令均为双周期指令,因此需要加入 1 个空闲指令周期,其指令和操作如表 9.19 所列。

表 9.19　数据传递指令

助记符指令	说　明
F32TOI32 RaH, RbH	RaH=F32TOI32(RbH) 将 32 位浮点数据转换成为 32 位有符号整型
F32TOI16 RaH, RbH	RaH(15:0)=F32TOI16(RbH) RaH(31:16)=RaH(15)的符号扩展。 将 32 位的浮点数据 RbH 转换为 16 位有符号整型存入 RaH，RaH 高 16 位为符号扩展位
F32TOI16R RaH, RbH	RaH(15:0)=F32ToI16round(RbH) RaH(31:16)=RaH(15)的符号扩展。 将 32 位的浮点数据转换 RbH 成为 16 位的有符号整型，经四舍五入后存入 RaH，RaH 高 16 位为符号扩展位
F32TOUI16 RaH, RbH	RaH(15:0)=F32ToUI16(RbH) RaH(31:16)=0x0000 将 32 位浮点数转换成 16 位无符号整型，并存放在高 16 位，低 16 位清 0
F32TOUI16R RaH, RbH	RaH(15:0)=F32ToUI16round(RbH) RaH(31:16)=0x0000 将 32 位浮点数转换成 16 位无符号整型，4 舍 5 入后存放在高 16 位，低 16 位清 0
I16TOF32 RaH, RbH	RaH=I16ToF32 RbH 将 16 位有符号整型转换成 32 位浮点数存放在目标寄存器中
I16TOF32 RaH, mem16	将 mem16 所指示的 16 位有符号整型转换成为 32 位浮点数据，将其存放在目标寄存器中
UI16TOF32 RaH, mem16	将 mem16 所指示的 16 位无符号整型转换成为 32 位浮点数据，将其存放在目标寄存器中
UI16TOF32 RaH, RbH	RaH=UI16ToF32[RbH] 将 16 位无符号整型转换成为 32 位浮点数据
F32TOUI32 RaH, RbH	RaH=F32ToUI32(RbH) 将 32 位浮点数据转换成 32 位无符号整型
I32TOF32 RaH, RbH	RaH=I32ToF32(RbH) 将 32 位有符号整型转换成为 32 位浮点数据
I32TOF32 RaH, mem32	Mem32 所指示的 32 位有符号整型转换成 32 位浮点数据，将其存放在目标寄存器中
UI32TOF32 RaH, RbH	RaH=UI32ToF32 RbH 将 32 位无符号整型转换成 32 位浮点数据
UI32TOF32 RaH, mem32	RaH=UI32ToF32[mem32] 将 mem32 所指示的无符号整型转换成 32 位浮点数据

第 9 章 浮点运算单元

【例 9.39】 读如表 9.20 所列的代码段,分析数据转换的结果。

表 9.20 例 9.39 程序及代码解释

序 号	代 码 段	每一条指令的执行结果
1	MOVIZF32 R2H, #−5.0 F32TOI16 R3H, R2H NOP	; R2H=−5.0 (0xC0A0 0000) ; R3H(15:0)=F32TOI16(R2H) ; R3H(31:16)=(0xFFFF) ; R3H(15:0)=−5 (0xFFFB)

2	MOVIZ R0H, #0x3FD9
	MOVXI R0H, #0x999A
	
	F32TOI16R R1H, R0H
	NOP
		; R0H(31:16)=0x3FD9
		; R0H(15:0)=0x999A
		; R0H=1.7 (0x3FD9999A)
		; R1H(15:0)=F32TOI16round (R0H)
		; R1H(31:16)=0 (0x0000)
		; R1H(15:0)=2 (0x0002)

3	MOVIZF32 R4H, #9.0 F32TOUI16 R5H, R4H NOP	; R4H=9.0 (0x41100000) ; R5H(15:0)=9.0 (0x0009) ; R5H(31:16)=0x0000
4	MOVIZF32 R6H, #−9.0 F32TOUI16 R7H, R6H NOP	; R6H=−9.0 (0xC1100000) ; R7H(15:0)=0.0 (0x0000) ; R7H(31:16)=0.0 (0x0000)

5	MOVIZ R5H, #0x412C
	MOVXI R5H, #0xCCCD
	F32TOUI16R R6H, R5H
	NOP
		; R5H=10.8 (0x412C CCCD)
		; R6H(15:0)=F32TOUI16round (R5H)
		; R6H(15:0)=11.0 (0x000B)
		; R6H(31:16)=0.0 (0x0000)

6	MOVF32 R7H, #−10.8 F32TOUI16R R0H, R7H NOP	; R7H=−10.8 (0xC12C CCCD) ; R0H(15:0)=F32TOUI16round (R7H) ; R0H(15:0)=0.0 (0x0000) ; R0H(31:16)=0.0 (0x0000)

7	MOVIZ R0H, #0x0000
	MOVXI R0H, #0x0004
	I16TOF32 R1H, R0H
	NOP
		; R0H(31:16)=0.0 (0x0000)
		; R0H(15:0)=4.0 (0x0004)
		; R1H=I16TOF32 (R0H)
		; R1H=4.0 (0x40800000)

8	MOVIZ R2H, #0x0000
	MOVXI R2H, #0xFFFC
	I16TOF32 R3H, R2H
	NOP
		; R2H(31:16)=0.0 (0x0000)
		; R2H(15:0)=−4.0 (0xFFFC)
		; R3H=I16TOF32 (R2H)
		; R3H=−4.0 (0xC080 0000)

续表 9.20

序号	代码段	每一条指令的执行结果
9	MOVXI R5H，#0x800F UI16TOF32 R6H，R5H NOP	；R5H(15:0)=32 783 (0x800F) ；R6H=UI16TOF32 (R5H(15:0)) ；R6H=32783.0 (0x4700 0F00)
10	MOVIZF32 R6H，#12.5 F32TOUI32 R7H，R6H NOP	；R6H=12.5 (0x4148 0000) ；R7H=F32TOUI32 (R6H) ；R7H=12.0 (0x0000 000C)
11	MOVIZF32 R1H，#−6.5 F32TOUI32 R2H，R1H NOP	；R1H=−6.5 (0xC0D0 0000) ；R2H=F32TOUI32 (R1H) ；R2H=0.0 (0x0000 0000)
12	MOVF32 R2H，#11204005.0 F32TOI32 R3H，R2H NOP	；R2H=11 204 005.0 (0x4B2A F5A5) ；R3H=F32TOI32 (R2H) ；R3H=11 204 005 (0x00AA F5A5)
13	MOVF32 R4H，#−11204005.0 F32TOI32 R5H，R4H NOP	；R4H=−11 204 005.0 (0xCB2A F5A5) ；R5H=F32TOI32 (R4H) ；R5H=−11 204 005 (0xFF55 0A5B)
14	MOVIZ R2H，#0x1111 MOVXI R2H，#0x1111 I32TOF32 R3H，R2H NOP	；R2H(31:16)=4369 (0x1111) ；R2H(15:0) 4369 (0x1111) ；R2H=+286 331 153 (0x1111 1111) ；R3H=I32TOF32 (R2H) ；R3H=286 331 153 (0x4D88 8888)
15	MOVIZ R3H，#0x8000 MOVXI R3H，#0x1111 UI32TOF32 R4H，R3H NOP	；R3H(31:16)=0x8000 ；R3H(15:0)=0x1111 ；R3H=2 147 488 017 ；R4H=UI32TOF32 (R3H) ；R4H=2 147 488 017.0 (0x4F00 0011)

9.3.4 特殊运算指令

特殊指令主要用于计算浮点倒数、平方根运算，具体指令及相关解释如表 9.21 所列。

【例 9.40】 计算 $Y=A/B$，可以使用牛顿-拉夫森 2 级迭代算法提高倒数运算的精度。

$Y=\text{Estimate}(1/X);$

$Y=Y*(2.0-Y*X)$

$Y=Y*(2.0-Y*X)$

令 R0H=A，R1H=B，计算 R0H=R0H/R1H。

表 9.21 特殊运算指令

助记符指令	说　明
EINVF32 RaH, RbH	8 位精度倒数计算： RaH=1/ RbH 双周期指令。 受影响的 STF 的标志位： 若 EINVF32 产生下溢条件,则 LUF=1; 若 EINVF32 产生上溢条件,则 LVF=1
EISQRTF32 RaH, RbH	计算 8 位精度的平方根倒数。 RaH=1/sqrt(RbH) 也可使用牛顿-拉夫森 2 级迭代算法进一步提高运算的精度 Y=Estimate(1/sqrt(X)); Y=Y*(1.5 − Y*Y*X/2.0) Y=Y*(1.5 − Y*Y*X/2.0)

参考代码段如下：

```
EINVF32 R2H, R1H         ;R2H = Y = Estimate(1/B)
CMPF32 R0H, #0.0         ;检查 A 是否等于 0
MPYF32 R3H, R2H, R1H     ;R3H = Y * B
NOP
SUBF32 R3H, #2.0, R3H    ;R3H = 2.0 − Y * B
NOP
MPYF32 R2H, R2H, R3H     ;Y = Y * (2.0 − Y * B)
NOP
MPYF32 R3H, R2H, R1H     ;R3H = Y * B
CMPF32 R1H, #0.0         ;检查 B 是否等于 0.0
SUBF32 R3H, #2.0, R3H    ;R3H = 2.0 − Y * B
NEGF32 R0H, R0H, EQ
MPYF32 R2H, R2H, R3H     ;R2H = Y = Y * (2.0 − Y * B)
NOP
MPYF32 R0H, R0H, R2H     ;R0H = Y = A * Y = A/B
```

9.3.5 寄存器清 0 指令

浮点寄存器清 0 指令用于清 0 辅助寄存器 R0~R7,具体操作如表 9.22 所列。

表 9.22　寄存器清 0 指令

助记符指令	说　明
ZERO RaH	RaH=0,即将 RaH 寄存器清 0。 单周期指令,不影响任何 STF 标志位
ZEROA	将 8 个寄存器 R0H～R7H 同时清 0。 单周期指令,也不会影响任何 STF 标志位

9.4　F28335 库函数使用详解

库函数是构成 CCS 工程必不可少的文件,其他文件还包含 main 函数、链接文件及相关的头文件。通常情况下,CCS 提供的 RTS 库文件都位于 CCS 安装目录中。

RTS(Run-Time Support) 运行时库是一种用来实现编程语言的内置函数,以提供该语言程序运行时支持的一种特殊的计算机程序。在 DSP 的编程过程中,用来建立 C/C++代码运行的环境,I/O 库及相关的底层支持,提供 ANSI C/C++标准库以及前面提到的 DSP 上电引导程序 c_init00。随着芯片器件的发展,有越来越多的库文件供我们选择,对于 F28335 通常有如表 9.23 所列的几种库文件。

【注 1】大存储器模式是相对于小存储器模式的概念,二者都是编译器支持的存储模式。小存储器模式较大存储器模式相比占用更少的代码和数据。在 C2000 系列,小内存模型针对的是基于 C27x 模式 CPU 的代码,默认数据是存放在低 64K×16 位存储空间,也就是说在 .cmd 文件中定义的 .bss 和 .const 段是存放在低 64K×16 位空间的,除非使用 far 关键字进行特别指明。

表 9.23　F28335 常用的库文件

库文件	说　明	CCS 编译选项
rts2800.lib	C/C++小存储器模式提供的 RTS 库 C/C++ run-time object library	-v28 -m
rts2800_ml.lib	C/C++大存储器模式提供的 RTS 库,C/C++ large memory model run-time object library 定点 C28x DSP 选用此库	-v28 -ml
rts2800_fpu32.lib	C/C++ run-time object library for FPU targets,含有 FPU 的 DSP 选用此库,前提是 CPU 已使用大存储器模式,且该库可与 fpu32_fast_supplement.lib 同时使用	-v28-ml --float_support=fpu32
rts2800_fpu32_fast_supplement.lib	该库是优化的浮点数学函数集,相比已有的 rts2800_fpu32 实时支持库,不需要重写现有代码,运行速度将显著提高	-v28-ml --float_support=fpu32

第 9 章 浮点运算单元

续表 9.23

库文件	说 明	CCS 编译选项
rts2800_eh.lib (C/C++ run-time object library with exception handling support) rts2800_ml_eh.lib (C/C++ large memory model run-time object library with exception handling support) rts2800_fpu32_eh.lib (C/C++ run-time object library for FPU targets with exception handling support)	这 3 个库均是带有异常处理的 C/C++实时目标运行库,调用此类库文件会占用 CPU 的代码空间,因此尽量避免调用	增加选项 --exceptions

大存储器模型中,数据可存放在存储单元的任何空间,由于现在的 DSP 器件片上存储空间普遍较大,使用大内存模型更为合理,也就是说在 C28x 的 cmd 文件中所出现的 econst 和 ebss 段就是大存储模式下变量的存放的空间。

【注 2】不要对那些不是 FPU32 的目标文件启用--float_support=FPU32 选项进行编译,编译器会报错。在含有 FPU 的器件中 float 类型的变量会传递到 FPU 寄存器中,而在不含有 FPU 的器件中 float 类型的变量会保存到栈中。

在含有 FPU 的器件上,使用浮点数编程若不启用--float_support=fpu32 选项,它的执行效率就与从定点 CPU 上直接使用浮点运行进行编程一样低;而启用了--float_support=fpu32 编译器选项之后,浮点数的加减等操作则由 FPU 来完成,执行效率要高出很多。

【注 3】相关的库文件可在 TI 官网 http://www.ti.com.cn/tool/cn/controlSUITE 下载。

9.4.1 FPU Fast RTS 库简介

FPU Fast RTS 库(rts2800_fpu32_fast_supplement.lib)是优化的浮点数学函数集。相比于已有的实时支持库,它无须重新编写,目的是为了调用 ROM 中数学表中的快速计算数学函数。其所包含的数学函数有:atan、atan2、cos、division、sin、sincos、sqrt。若不使用 rts2800_fpu32_fast_supplement.lib 库来完成这些数学运算,则编译器默认使用标准 C/C++数学库里的函数来完成这些运算,效率自然不能和查找 ROM 一样迅速。需要注意的是 isqrt()与 sincos()这 2 个函数不存在标准 RTS 库(rts2800_fpu32.lib)中。

若在 CCSv3.3 版本下使用此库,需要从 TI 网站下载;若在 CCSv4.0 及以上版本下使用,则该库文件已集成在 control suite 这个软件里面了,无须再次下载。除此之外,CCS 的编译器的版本必须满足 C28x codegen tools V5.0.2 及以上版本,build option 中必须启用-g、-o3、-d、"_DEBUG"、-d、"LARGE_MODEL"、-ml、-v28、--float_support=fpu32 编译选项。

9.4.2 FPU Fast RTS 库使用方法

1. 库函数的链接顺序

Fast RTS 库只替代现有实时支持库的函数子集,因此需要在标准实时支持库之前先链接 Fast RTS 库。其具体设置方法如下:

① 打开 CCS,选择 Project→Add Files to Project,将 rts2800_fpu32_fast_supplement.lib 与 rts2800_fpu32.lib 加入工程,这两个库会出现在 Build 菜单的链接顺序标签页中;

② 选择 Project→Options,打开 build 标签页;

③ 选择 Linker→Advanced 中选择-priority,强制连接器在第一个链接库(fast_supplement.lib)中解析符号;

④ 在 Link Order 标签页中选择这两个库并将其按先后顺序加入链接顺序表,表中的第一个库(fast_supplement.lib)将首先链接;Linker→Libraries 对话框中将 Fast RTS 库的路径加入搜索路径;保存工程。

2. 头文件的定义

浮点运算的部分函数并不包含在标准库 rts2800_fpu32.lib 中(例如 sincos 和 isqrt),为保证程序能够调用所有的浮点运算,头文件需调用 C28x_FPU_FastRTS.h。

3. 链接文件

FPU Fast RTS 库中很多函数使用查表的方式实现,这些表格位于 FPUmath-Tables 段与 Boot ROM 中。由于 Boot ROM 并非零等待状态的,因此相比于将表格载入 SARAM 运行,若在 Boot ROM 调用将需要较多的 CPU 周期,如表 9.24 所列。注意:TI 给出的运行时间,单位为系统时钟。这些数值包括函数调用与返回,但不包括数据输入与结果存储。

如果不希望将这些表格中的数据载入 DSP,在 cmd 中将该段标记为"NO-LOAD"。

```
MEMORY
{
    PAGE0:
    FPUTABLES    : origin = 0x3FEBDC, LENGTH = 0x0006A0
}
```

第9章 浮点运算单元

```
SECTION
{
    FPUmathTable : > FPUTABLES, PAGE = 0, TYPE = NOLOAD
}
```

表 9.24 FPU Fast RTS 库函数运行时间

函数名	SARAM 运行时间	Boot ROM 运行时间
atan	47	51
atan2	49	53
cos	38	42
division	24	24
isqrt	25	25
sin	37	41
sincos	44	50
sqrt	28	28

注：表中运行时间以"CPU 时钟"为单位。

9.4.3 FPU Fast RTS 库软件优化

由于 TI 给出的 Boot 运行的时间会额外占用 CPU 的开销，为了进一步提高浮点运算的速度，可将 Fast RTS 函数的源代码进行适当修改。Fast RTS 函数的源代码如图 9.7 所示，可看出各函数定位在存储器.text 段中，一般而言.text 段分配在 FLASH 中，这显然影响 Fast RTS 中函数的运行效率。我们可将其重新定位，加载到 RAM 中运行。优化方法如下：

① 重定位 Fast RTS 的正弦表及各数学函数，加载到 RAM 中运行。需要更改源代码，重新生成 lib 文件，将 FPUmathTables.ASM 中的.sect "FPUmathTables" 改成.sect "FPURunFunc"；此外将各数学函数 asm 文件中的.text 改成"FPURunFunc"。以 isqrt() 为例，如图 9.8 所示。

② 在 cmd 文件中删除 FPUTABLES 与 FPUmathTables 的信息。

③ 在 cmd 文件中增加自定义段 FPURunFunc，并可参考如下设置：

```
FPURunFunc    : LOAD = FLASH,
                RUN = RAM,
                LOAD_START(_FPURunFuncLoadStart),
                LOAD_END(_FPURunFuncLoadEnd),
                RUN_START(_FPURunFuncRunStart),
                PAGE = 0
```

```
;;Version:  1.0
;;
;;Contents: FPUsin and FPUcos Function Table,     Size Of Table = 1280x16
;;          FPUatan2 Function Table,              Size Of Table =  452x16
;;          FPUexp   Function Table,              Size of Table =   20x16
;;
;;#######################################################################
;;
;;=======================================================================
;; FPUsin and FPUcos Function Table, Size Of Table = 1280x16
;;=======================================================================

        .def    _FPUsinTable
        .def    _FPUcosTable
        .def    _FPUsinTableEnd
        .def    _FPUcosTableEnd

        .text

_FPUsinTable:
        .float   0.000000000000     ; sin( 2*pi*   0/512 )
        .float   0.012271538286     ; sin( 2*pi*   1/512 )
        .float   0.024541228523     ; sin( 2*pi*   2/512 )
        .float   0.036807222941     ; sin( 2*pi*   3/512 )
        .float   0.049067674327     ; sin( 2*pi*   4/512 )
        .float   0.061320736302     ; sin( 2*pi*   5/512 )
        .float   0.073564563600     ; sin( 2*pi*   6/512 )
        .float   0.085797312344     ; sin( 2*pi*   7/512 )
        .float   0.098017140330     ; sin( 2*pi*   8/512 )
        .float   0.110222207294     ; sin( 2*pi*   9/512 )
        .float   0.122410675199     ; sin( 2*pi*  10/512 )
        .float   0.134580708507     ; sin( 2*pi*  11/512 )
        .float   0.146730474455     ; sin( 2*pi*  12/512 )
        .float   0.158858143334     ; sin( 2*pi*  13/512 )
        .float   0.170961888760     ; sin( 2*pi*  14/512 )
        .float   0.183039887955     ; sin( 2*pi*  15/512 )
        .float   0.195090322016     ; sin( 2*pi*  16/512 )
```

```
;                        All Rights Reserved.
;=======================================================================
;
; FILE:  isqrt_f32.asm
;
; TITLE: Fast 32-bit floating-point 1.0/sqrt(X) for the C28x + Floating-Point Unit.
;
; DESCRIPTION:
;
;    This function computes a 32-bit floating point (1.0)/sqrt(X)
;    Note: This function is not part of the normal RTS library.
;
; FUNCTIONS:
;
;    float32 isqrt(float32 X)
;
; ASSUMPTIONS:
;
;
; ALGORITHM:
;
;            Ye = Estimate(1/sqrt(X));
;            Ye = Ye*(1.5 - Ye*Ye*X*0.5)
;            Y  = Ye*(1.5 - Ye*Ye*X*0.5)
;
;#######################################################################
; $TI Release: C28x FPU fastRTS Library V1.00 $
; $Release Date: August 6, 2008 $
;#######################################################################

        .page
        .global    _isqrt
        .text
_isqrt:
        EISQRTF32   R1H,R0H        ; R1H = Ye = Estimate(1/sqrt(X))
        MPYF32      R2H,R0H,#0.5   ; R2H = X*0.5
        MPYF32      R3H,R1H,R1H    ; R3H = Ye*Ye
        NOP
        MPYF32      R3H,R3H,R2H    ; R3H = Ye*Ye*X*0.5
        NOP
        SUBF32      R3H,#1.5,R3H   ; R3H = 1.5 - Ye*Ye*X*0.5
```

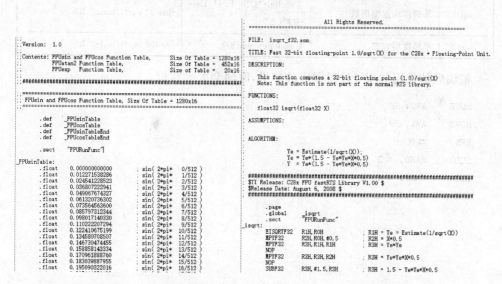

图9.7　Fast RTS 中 isqrt 函数和浮点 PI 的源代码

```
;;Version:  1.0
;;
;;Contents: FPUsin and FPUcos Function Table,     Size Of Table = 1280x16
;;          FPUatan2 Function Table,              Size Of Table =  452x16
;;          FPUexp   Function Table,              Size of Table =   20x16
;;
;;#######################################################################
;;
;;=======================================================================
;; FPUsin and FPUcos Function Table, Size Of Table = 1280x16
;;=======================================================================

        .def    _FPUsinTable
        .def    _FPUcosTable
        .def    _FPUsinTableEnd
        .def    _FPUcosTableEnd

        .sect   "FPURunFunc"

_FPUsinTable:
        .float   0.000000000000     ; sin( 2*pi*   0/512 )
        .float   0.012271538286     ; sin( 2*pi*   1/512 )
        .float   0.024541228523     ; sin( 2*pi*   2/512 )
        .float   0.036807222941     ; sin( 2*pi*   3/512 )
        .float   0.049067674327     ; sin( 2*pi*   4/512 )
        .float   0.061320736302     ; sin( 2*pi*   5/512 )
        .float   0.073564563600     ; sin( 2*pi*   6/512 )
        .float   0.085797312344     ; sin( 2*pi*   7/512 )
        .float   0.098017140330     ; sin( 2*pi*   8/512 )
        .float   0.110222207294     ; sin( 2*pi*   9/512 )
        .float   0.122410675199     ; sin( 2*pi*  10/512 )
        .float   0.134580708507     ; sin( 2*pi*  11/512 )
        .float   0.146730474455     ; sin( 2*pi*  12/512 )
        .float   0.158858143334     ; sin( 2*pi*  13/512 )
        .float   0.170961888760     ; sin( 2*pi*  14/512 )
        .float   0.183039887955     ; sin( 2*pi*  15/512 )
        .float   0.195090322016     ; sin( 2*pi*  16/512 )
```

```
;                        All Rights Reserved.
;=======================================================================
;
; FILE:  isqrt_f32.asm
;
; TITLE: Fast 32-bit floating-point 1.0/sqrt(X) for the C28x + Floating-Point Unit.
;
; DESCRIPTION:
;
;    This function computes a 32-bit floating point (1.0)/sqrt(X)
;    Note: This function is not part of the normal RTS library.
;
; FUNCTIONS:
;
;    float32 isqrt(float32 X)
;
; ASSUMPTIONS:
;
;
; ALGORITHM:
;
;            Ye = Estimate(1/sqrt(X));
;            Ye = Ye*(1.5 - Ye*Ye*X*0.5)
;            Y  = Ye*(1.5 - Ye*Ye*X*0.5)
;
;#######################################################################
; $TI Release: C28x FPU fastRTS Library V1.00 $
; $Release Date: August 6, 2008 $
;#######################################################################

        .page
        .global    _isqrt
        .sect      "FPURunFunc"
_isqrt:
        EISQRTF32   R1H,R0H        ; R1H = Ye = Estimate(1/sqrt(X))
        MPYF32      R2H,R0H,#0.5   ; R2H = X*0.5
        MPYF32      R3H,R1H,R1H    ; R3H = Ye*Ye
        NOP
        MPYF32      R3H,R3H,R2H    ; R3H = Ye*Ye*X*0.5
        NOP
        SUBF32      R3H,#1.5,R3H   ; R3H = 1.5 - Ye*Ye*X*0.5
```

图9.8　优化后的 Fast RTS 中 isqrt 函数和浮点 PI 的源代码

9.4.4　FPU 软件应用实例

FPU Fast RTS 库及标准库中常用函数如表 9.25 所列。用户在程序中加入相应的库文件，就可调用相应的函数。

为了能够提高浮点运算效率，程序的编写也需要不断调整代码的顺序。除此之外，尽量使用本书提到库函数的优化方法，下面以 sincos 函数为例。

C语言下的代码为:sincos(Theta,&Sinq,&cosq)。

表9.25 FPU Fast RTS 库及标准库的函数解释

函数名	说 明	需调用头文件	函数声明
atan	单精度反正切函数	#include<math.h>	float32 atan(float32 X)
COS	单精度余弦函数	#include<math.h>	float32 cos(float32 X)
Sin	单精度正弦函数	#include<math.h>	float32 sin(float32 X)
sincos	单精度正、余弦函数	#include"C28_FPU_FastRTS.h"	Void sincos(float32 X,float32 * psin,float32 * pcos) X 为输入的弧度; psin 为 sin 输出的指针变量; pcos 为 cos 输出的指针变量
DIV	单精度除法运算,该运算使用牛顿-拉夫森算法	无	float32 X,Y,Z …… Z=Y/X
isqrt	单精度均方根倒数	#include"C28_FPU_FastRTS.h"	float32 sqrt(float32 X)
sqrt	单精度均方根	#include<math.h>	float32 sqrt(float32 X)

汇编后的代码如下,且根据实验结果,时间会大大缩短。

```
MOVZ    AR0,SP
MOVZ    AR1,SP
SPM     #0
SUBB    XAR0,#2
SUBB    XAR0,#4
LCR     #_sincos
```

第 10 章

BootLoader 原理及应用

嵌入式操作系统中,BootLoader 是操作系统内核运行之前运行的一段代码。其目的是初始化硬件设备,建立内存空间映射图,从而将系统的软硬件环境带到一个合适状态。Boot ROM 保存的内容在 DSP 上电复位时起到非常重要的作用,一般而言称之为"程序加载"。对于 DSP 的高级开发应用,我们必须对 BootLoader 有一个全面的认识。

10.1 BootLoader 基本工作流程

DSP 的 BootLoader 保存在 Boot ROM 中,在系统复位后调用执行。其作用是将外部总线代码加载至内部存储器,其基本流程如图 10.1 所示。

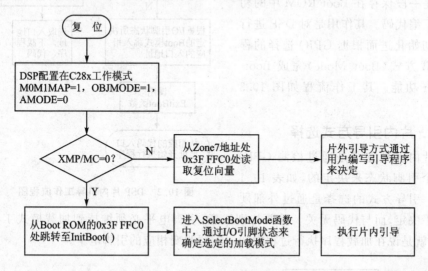

图 10.1 BootLoader 基本流程

F28335 复位后,DSP 工作于 C27 兼容模式。为使其从内部 Boot ROM 加载,需将 DSP 配制成 C28x 工作模式(M0M1MAP=1,OBJMODE=1,AMODE=0)。然后,DSP 会采样 XMP/MC 引脚的状态,如果 XMP/MC=1(微处理器模式),这时片内 Boot ROM 被禁止,CPU 从外部存储器区域 7 读取复位向量。因此,用户必须事先在此地址的外部存储器中安排正确的复位向量,该向量要指向用户自己编写的引导程序或应用程序。如果 XMP/MC=0(微计算机模式),则外部存储器区域 7 被禁止,CPU 将从内部 Boot ROM 的 0x3F FFC0 处读取复位向量,该向量指向内部 Boot ROM 中的引导程序入口地址 0x3F FC00,CPU 从这个地址开始执行初始化引导函数 InitBoot。

10.1.1 F2833x 片内引导过程

一般而言,我们讨论的都是片内引导,也就是说我们需要将 DSP 工作在微计算机模式(外部引脚 XMP/MC=0),复位后程序跳转至片上 Boot ROM 区执行 BootLoader。图 10.2 所示为简化的片内引导的流程图。

1. 初始化引导程序 InitBoot

DSP 复位之后,系统第一个调用的程序是初始化引导程序 InitBoot。该程序已固化到 Boot ROM 区,它实际上是一段保存在 Boot ROM 中的初始化汇编代码。其作用是对 DSP 进行系统初始化进而根据 GPIO 选择的程序加载方式(Boot Mode)完成 BootLoader 功能。其工作流程如图 10.3 所示。

2. 片内引导方式选择

片内引导方式是通过检测 GPIO 的 4 个引脚状态来决定的,如表 10.1 所列。引导方式的选择是通过外部硬

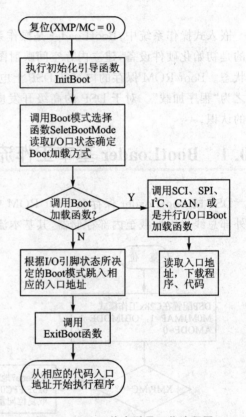

图 10.2 DSP 片内引导工作流程图

件电平决定,而与代码无关。需要特别注意:引脚电平必须维持到加载模式工作完成,也就是说在加载程序执行过程中切勿随意改变相应的引脚电平。

图 10.3 InitBoot 程序工作流程

表 10.1　引导方式与引脚选择之间的关系

GPIO87	GPIO86	GPIO85	GPIO84	模式选择
1	1	1	1	跳转到片内 FLASH 加载
1	1	1	0	调用 SCI_Boot 函数,从 SCIA 口装载用户程序
1	1	0	1	调用 SPI_Boot 函数,从 SPI 口装载用户程序
1	1	0	0	调用 I2C_Boot 函数,从 I2CA 口装载用户程序
1	0	1	1	调用 CAN_Boot 函数,从 CANA 口装载用户程序
1	0	1	0	调用 McBSP_Boot 函数,从 McBSPA 口装载程序
1	0	0	1	跳转到片外 Zone6 加载
1	0	0	0	跳转到片外 Zone6 加载
0	1	1	1	跳转到片内 OTP 处加载
0	1	1	0	调用 Parallel_Boot 函数,从 GPIO 装载程序
0	1	0	1	调用 Parallel_Boot 函数,从 XINTF 装载程序
0	1	0	0	跳转至 M0(SARAM)处加载程序
0	0	1	1	自检模式,TI 保留
0	0	1	0	跳转到片内 FLASH 加载,跳过 ADC_cal()函数
0	0	0	1	跳转到片内 SARAM 加载,跳过 ADC_cal()函数
0	0	0	0	调用 SCI_Boot 函数,跳过 ADC_cal()函数

引导方式的选择使用函数 SelectBootMode()完成相应的操作,BootLoader 会依据外部引脚状态自动跳转至相应的加载方式。

这里所说的引导方式可分为两类:一类是跳转模式,即程序跳转至内存某一地址开始执行用户程序;另一类是加载模式,即 DSP 上电后用户代码通过 SCI、SPI、GPIO 等串并行方式载入内部存储器。

10.1.2　基本工作流程代码解析

BootLoader 基本工作流程的代码存放在 Boot ROM 中。由于部分代码是由汇编完成的,读者学习起来会有一定的难度,但对于提高 DSP 底层开发学习会很有帮助。下面列出了这部分 Boot 初始化源代码,并给出详细解释以方便读者参考。

1. F2833x_Boot.h 头文件

```
#ifndef TMS320X2833X_BOOT_H
#define TMS320X2833X_BOOT_H
//Boot 入口地址:
#define FLASH_ENTRY_POINT 0x33FFF6     //FLASH 跳转模式入口地址
```

第 10 章　BootLoader 原理及应用

```
#define OTP_ENTRY_POINT 0x380400        //OTP 跳转模式入口地址
#define RAM_ENTRY_POINT 0x000000        //RAM 跳转模式入口地址
#define XINTF_ENTRY_POINT 0x100000      //XINTF 跳转模式入口地址
#define PASSWORD_LOCATION 0x33FFF6      //PWL 密码存储空间首地址
#define DIVSEL_BY_4 0                   //PLL 分频
#define DIVSEL_BY_2 2
#define DIVSEL_BY_1 3
#define ERROR 1                         //错误标志
#define NO_ERROR 0
#define EIGHT_BIT 8
#define SIXTEEN_BIT 16
#define EIGHT_BIT_HEADER 0x08AA         //8 位 BootLoader 数据流格式
#define SIXTEEN_BIT_HEADER 0x10AA       //16 位 BootLoader 数据流格式
#define TI_TEST_EN ((*(unsigned int *)0x09c0) & 0x0001)
extern Uint16 BootMode;
#endif
```

2. InitBoot 初始化流程

```
.global _InitBoot
.ref _SelectBootMode
……                              ;Boot ROM 版本信息及校验和省略
.sect ".InitBoot"
;-------------------------------------------------
; _InitBoot 函数执行如下 4 种操作：
; ① 初始化 SP 指针；       ② 将 DSP 配制成 C28x 工作模式；
; ③ 调用模式选择函数；     ④ 调用初始化函数
;-------------------------------------------------
_InitBoot:
; 初始化堆栈指针
_stack: .usect ".stack",0
MOV SP6,#_stack ;
; 初始化 DSP 使其工作在 C28 模式
C28OBJ ;
C28ADDR ;
C28MAP ;
CLRC PAGE0 ;
MOVW DP,#0              ;将数据页指针定义在 PAGE0
CLRC OVM                ;OVM 标志位清 0
SPM 0
LCR _SelectBootMode     ;调用 SelectBootMode 函数
BF _ExitBoot,UNC        ;退出 Boot 初始化流程
```

3. SelectBootMode( )函数

```c
#include "DSP2833x_Device.h"
#include "TMS320x2833x_Boot.h"
//外部定义的函数在本文件中使用
extern Uint32 SCI_Boot(void);            //SCI Boot 加载函数
……                                       //Boot 其他模式,此处省略
extern Uint32 XINTF_Boot(Uint16 size);   //XINTF Boot 加载函数
extern void WatchDogEnable(void);        //使能看门狗函数
extern void WatchDogDisable(void);       //禁止看门狗函数
extern void WatchDogService(void);       //喂狗函数
Uint32 SelectBootMode(void);             //文件中使用的函数
#define FLASH_BOOT 0xF                   //16 种片内加载方式选择
#define SCI_BOOT_NOCAL 0x0
//Boot 模式选择函数
Uint32 SelectBootMode()
{
    Uint32 EntryAddr;
    EALLOW;
    //复位时将÷4 改为÷2
    SysCtrlRegs.PLLSTS.bit.DIVSEL = DIVSEL_BY_2;
    //Boot 选择引脚设置为普通的 GPIO
    GpioCtrlRegs.GPCMUX2.bit.GPIO87 = 0;
    GpioCtrlRegs.GPCMUX2.bit.GPIO86 = 0;
    GpioCtrlRegs.GPCMUX2.bit.GPIO85 = 0;
    GpioCtrlRegs.GPCMUX2.bit.GPIO84 = 0;
    //GPIO 引脚作为输入
    GpioCtrlRegs.GPCDIR.bit.GPIO87 = 0;
    GpioCtrlRegs.GPCDIR.bit.GPIO86 = 0;
    GpioCtrlRegs.GPCDIR.bit.GPIO85 = 0;
    GpioCtrlRegs.GPCDIR.bit.GPIO84 = 0;
    EDIS;
    WatchDogService();
    if(TI_TEST_EN == 0)
    {
        do
        {
            //Boot 加载选择模式(0~15,变量为 BootMode)
            BootMode = GpioDataRegs.GPCDAT.bit.GPIO87 << 3;
            BootMode |= GpioDataRegs.GPCDAT.bit.GPIO86 << 2;
            BootMode |= GpioDataRegs.GPCDAT.bit.GPIO85 << 1;
            BootMode |= GpioDataRegs.GPCDAT.bit.GPIO84;
            if (BootMode == LOOP_BOOT) asm(" ESTOP0");
```

第 10 章 BootLoader 原理及应用

```
        } while (BootMode == LOOP_BOOT);
    }
    WatchDogService();                    //喂狗
    //读 PWL 区,如果密码被擦除则 CSM 被解锁
    CsmPwl.PSWD0;
    CsmPwl.PSWD1;
    CsmPwl.PSWD2;
    CsmPwl.PSWD3;
    CsmPwl.PSWD4;
    CsmPwl.PSWD5;
    CsmPwl.PSWD6;
    CsmPwl.PSWD7;
    WatchDogService();                    //喂狗
    //首先检查不执行 ADC_cal 函数的模式
    if(BootMode == FLASH_BOOT_NOCAL) {return FLASH_ENTRY_POINT;}
    if(BootMode == RAM_BOOT_NOCAL)   {return RAM_ENTRY_POINT;}
    if(BootMode == SCI_BOOT_NOCAL)
    {
        WatchDogDisable();
        EntryAddr = SCI_Boot();
        goto DONE;
    }
    WatchDogService();                    //喂狗
    //调用 ADC_Cal 函数(存在 OTP 中),按如下操作进行
    EALLOW;
    SysCtrlRegs.PCLKCR0.bit.ADCENCLK = 1;
    ADC_cal();
    SysCtrlRegs.PCLKCR0.bit.ADCENCLK = 0;
    EDIS;
    //跳转模式选择
    if(BootMode == FLASH_BOOT)       {return FLASH_ENTRY_POINT;}
    else if(BootMode == RAM_BOOT)    {return RAM_ENTRY_POINT;}
    else if(BootMode == OTP_BOOT)    {return OTP_ENTRY_POINT;}
    else if(BootMode == XINTF_16_BOOT)
    {
        return EntryAddr = XINTF_Boot(16);
    }
    else if(BootMode == XINTF_32_BOOT)
    {
        return EntryAddr = XINTF_Boot(32);
    }
    //看门狗禁止,加载模式选择
    WatchDogDisable();
```

```
if(BootMode == SCI_BOOT)              {EntryAddr = SCI_Boot();}
else if(BootMode == SPI_BOOT)         {EntryAddr = SPI_Boot();}
else if(BootMode == I2C_BOOT)         {EntryAddr = I2C_Boot();}
else if(BootMode == CAN_BOOT)         {EntryAddr = CAN_Boot();}
else if(BootMode == MCBSP_BOOT)       {EntryAddr = MCBSP_Boot();}
else if(BootMode == PARALLEL_BOOT)
{
    EntryAddr = Parallel_Boot();
}
else if(BootMode == XINTF_PARALLEL_BOOT)
{
    EntryAddr = XINTF_Parallel_Boot();
}
else return FLASH_ENTRY_POINT;
DONE:
WatchDogEnable();
return EntryAddr;            //程序返回至相应的入口地址
}
```

10.2 BootLoader 基本数据传输协议

BootLoader 基本结构都是十六进制，但可按照 16 位或 8 位数据结构进行传输。

10.2.1 16 位数据流结构

16 位数据流结构下每次传输的有效数据单位是一个字(word)。其数据结构如图 10.4 所示。

1	2~9	10	11	12	...	...	...	...
关键字	保留	程序入口22位地址		第1个数据块	第2个数据块	...	最后1个数据块	
0x10AA		[22:16]	[15:0]					

图 10.4 16 位数据流结构传输协议

第 1 个数据块的传输格式如图 10.5 所示，其他数据块的格式相同。一旦检测到的数据块大小等于 0，即表示所有数据块下载完成。例 10.1 为 16 位数据流结构的传输协议，可参照图 10.4 和图 10.5 所示的数据结构进行分析。

12	13	14	15	16	17	...	...
第1个数据块大小	数据块的32位地址		数据块第1个字	数据块第2个字	数据块第3个字	...	数据块最后1个字
	高16[31:16]	低16[15:0]					

图 10.5 16 位数据流结构的数据块协议

第 10 章 BootLoader 原理及应用

【例 10.1】 16 位数据传输协议：

```
10AA                    ;0x10AA 16 位数据格式
0000 0000 0000 0000     ;8 个保留字
0000 0000 0000 0000
003F 8000               ;程序入口地址
0003                    ;第 1 个数据块包含 3 个 16 位数据
003F A220               ;数据从首地址 0x003F A220 处开始存放
0001A 002B 003C         ;3 个 16 位数据：0x001A，0x002B，0x003C
0002                    ;第 2 个数据块包含 2 个 16 位数据
003F 8000               ;数据从首地址 0x003F8000 处开始存放
AABB BC25               ;2 个 16 位数据：0xAABB，0xBC25
0000                    ;数据块大小 0x0000 表示所有数据传输完毕
```

程序载入后地址及所对应的数据如下：

```
0x3FA220  0x001A
0x3FA221  0x002B
0x3FA222  0x003C
0x3F8000  0xAABB        ;程序执行时，PC 指针指向地址 0x3F 8000 处
0x3F8001  0xBC25
```

10.2.2 8 位数据流结构

在 8 位数据流结构下，每次传输的有效数据单位是 1 字节（Byte）。通信协议如图 10.6 所示。对于传输 16 位数据，应先传输低字节（LSB）再传输高字节（MSB）；对于传输 32 位数据，先传输高字节（MSW），再传输低字节（LSW）。

1	2	3～18	19	20	21	22	23	…	
关键字 0x08AA		保留	程序入口 22 位地址				第 1 个数据块	…	最后 1 个数据块
低字节 AA	高字节 08		[23:16]	[31:24]	[7:0]	[15:8]			

图 10.6 8 位数据流结构传输协议

第一个数据块的传输格式如图 10.7 所示，其他数据块的格式相同。同样的，一旦检测到数据块大小等于 0，即表示所有数据块下载完成。例 10.2 为 8 位数据流结构的传输协议，可参照图 10.6 和图 10.7 所示的数据结构进行分析。

23	24	25	26	27	28	29	30	…	…	…
第 1 个数据块大小		数据块的 32 位地址				数据块第 1 个字		…	数据块最后 1 个字	
LSB	MSB	[23:16]	[31:24]	[7:0]	[15:8]	LSB	MSB		LSB	MSB

图 10.7 8 位数据流结构的数据块协议

【例 10.2】 8 位数据传输协议：

```
AA 08            ;0x10AA 16 位数据格式
00 00 00 00      ;8 个保留字
00 00 00 00
00 00 00 00
00 00 00 00
3F 00 00 80      ;程序入口地址
03 00            ;第 1 个数据块包含 3 个 16 位数据
3F 00 20 A2      ;数据从首地址 0x003F A220 处开始存放
1A 00            ;3 个 16 位数据：0x001A、0x002B、0x003C
2B 00
3C 00
02 00            ;第 2 个数据块包含 2 个 16 位数据
3F 00 00 80      ;数据从首地址 0x003F 8000 处开始存放
BB AA            ;2 个 16 位数据：0xAABB 和 0xBC25
25 BC
00 00            ;数据块大小 0x0000 表示所有数据传输完毕
```

程序载入后地址及所对应的数据如下：

```
0x3FA220  0x001A
0x3FA221  0x002B
0x3FA222  0x003C
0x3F8000  0xAABB    ;程序执行时，PC 指针指向地址 0x3F 8000 处
0x3F8001  0xBC25
```

10.2.3 数据引导装载过程

数据引导装载基本过程如图 10.8 所示。

BootLoader 首先与主机发来的第 1 个数据（关键字数据）进行比较，若不是 0x10AA 则 BootLoader 会继续读取第 2 个数据。若这两个数据所构成的 16 位不是 0x08AA，则退出 BootLoader，PC 返回至 FLASH 加载的程序入口地址。若关键字满足 8 位或 16 位的任何一个数据格式，则开始按一定顺序重复读入传输的每个数据块内容。一旦检测到数据块大小为 0，就表示所有数据块下载完成。然后，指向 BootLoader 的指针将跳转到由数据流中确定的程序入口地址处，接着开始执行应用程序。

第 10 章 BootLoader 原理及应用

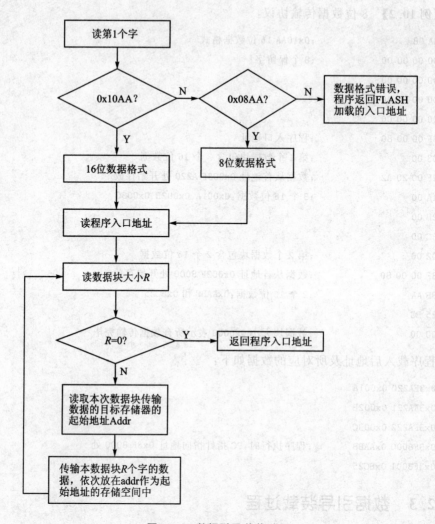

图 10.8 数据引导装载过程

10.2.4 数据格式转换

CCS 编译后的可执行文件不能直接用来传输，其传输的数据必须进行转换为 .bin 格式文件才能被 BootLoader 识别。建立数据引导表大致分为如图 10.9 所示的几个步骤。

图 10.9 数据转换过程

第 10 章 BootLoader 原理及应用

1. COFF 文件格式的可执行文件

工程文件(C/C++/ASM)在集成开发环境 CCS 进行编译后生成目标文件(.obj),对所有目标文件进行链接生成通用对象文件格式(COFF)的可执行文件(.out)。.out 文件不仅包含了以段的形式组织的代码和数据,而且还包含了文件头、符号表、段地址、初始化段入口等信息,但是该数据不能直接用来加载到 RAM 或写入 FLASH,需要将其转换成内存能识别的数据格式。

2. hex 文件

hex 文件是指机器代码的十六进制文件,并且是用一定格式的 ASCII 码来表示的。对于 2000 系列的 DSP,TI 公司提供了文件格式转换工具 hex2000.exe,可将 COFF 格式转化成 hex 格式。下面介绍几种方法供读者参考。

(1) 批处理方式

① 先写一个 cmd 配置文件,取文件名为 xxx.cmd。以 CAN 启动模式为例,该配置文件内容如下:

```
xxx.out              //CCS 编译后生成的可执行文件
-boot                //将.out 文件中的各段都转换到引导表
-gpio8               //GPIO 8 位数据模式,与 CAN 模式兼容
-map xxx_hex.map     //数据流对应的 map 地址文件
-o xxx.hex           //生成的数据流文件名为 xxx.hex
-i                   //输出文件为 intel 格式
```

② 编写批处理文件(xxx.bat),格式为 hex2000.exe xxx.cmd。将.out 文件、xxx.cmd 及批处理文件放在同一个文件夹中,双击批处理文件就可生成所要的 xxx.hex 文件。

(2) 在 Windows 下通过 DOS 命令执行(该方式只针对 CCSv3.3 版本的编译器使用)

① 使用 CCSv3.3 对工程文件进行编译和链接生成可执行文件:xxx.out。

② 找到 CCSv3.3 的安装目录。在 C2000 目录找到 HEX2000.exe 的可执行文件。路径为 C:\CCStudio_v3.3\C2000\cgtools\bin(仅供参考),并将 xxx.out 文件放入该文件夹内。

③ 在 Windows 系统中打开命令窗口:
- ✓ Windows XP 系统中,选择 start→run→cmd 进入命令行窗口,用 DOS 命令进入 HEX2000.exe 的安装目录;
- ✓ Windows 7 系统中下,以资源管理器的方式打开该文件夹,在该文件夹的空白处按下 Shift 键并右击,选择"在此处打开命令窗口(W)"即弹出命令窗口;

④ 在命令窗口中输入 hex2000-romwidth 16-memwidth 16-i-o xxx.hex xxx.out,按下 Enter 键,生成.hex 目标文件。

注:CCSv4.0 以上版本编译器可直接生成。

3. bin 文件

bin 文件是按照"顺序格式"表示的二进制机器代码,这些二进制数据串行地保存在程序空间。因为 F2833x 中的 FLASH,RAM 的存储字长是 16 位,所以 4 个十六进制 ASCII 码表示一条机器指令或者地址(hex 文件中 ASCII 码表示的十六进制与二进制是一一对应的)。读者可自行设计 hex 至 bin 文件的转换程序,可按照如下基本思想进行:首先根据"冒号"判断 hex 每行的开始;然后依次读出字符,每 2 个字符转换成一个十六进制字节;最后将该字节数重新以 ASCII 码形式保存,从而生成内存可以识别的可执行代码。

10.3 引导模式之跳转模式

跳转模式就是在引导程序完成配置后跳到指定的"入口地址"执行用户程序,F2833x 跳转模式有 4 种,其中 FLASH 模式比较特殊,在"入口地址"的含义上有明显区别。这部分内容比较复杂,也是第 11 章自行设计 BootLoader 的基础,希望读者仔细理解清楚。

10.3.1 FLASH 上电复位跳转模式及代码解析

1. FLASH 上电复位跳转模式的基本原理

FLASH 上电复位跳转模式也称为 FLASH 上电复位引导流程,如图 10.10 所示。程序完成调试后会固化到 FLASH 中。系统上电复位后,PC 指针跳转到 0x3F FFC0 地址处并获得复位向量,该向量在芯片出厂前已固化好,其目的是将程序流的执行定位到 InitBoot(引导初始化)函数,从而开始引导过程;之后 BootLoader 会调用 SelectBootMode(引导模式选择)函数,检测相应 GPIO 的电平状态从而确定为 FLASH 引导模式。

引导结束后 PC 指针将跳转至 FLASH 中 0x33 FFF6 地址单元处,用户需要在该地址存放一条指令。由于 CSM 密码从地址 0x33 FFF8 开始,所以只有 2 个字的空间可用于存放跳转指令:LB_c_int00。

采用 C 语言编写应用程序时,程序总是从 main() 函数开始,在此之前执行跳转指令将会跳转到 C 环境初始化函数 c_int00(TI 公司的运行时支持库 RTS 文件中提供),只有当 c_int00 运行后,才开始执行 main() 函数。c_int00 是 C 程序的入口点,主要实现全局和静态变量的初始化,即将.cinit 段复制到片内 RAM 中的.bss 段。当用户程序中包含大量的已初始化全局和静态变量时,在 c_int00 执行结束并调用 main() 函数前,看门狗计数器可能溢出(从 FLASH 中复制数据需要占用多个时钟周期,速度较慢,看门狗可能会溢出)。所以在运行 c_int00 之前应先屏蔽看门狗,然后执行至 main() 函数时根据需要使能或屏蔽看门狗状态。

第 10 章 BootLoader 原理及应用

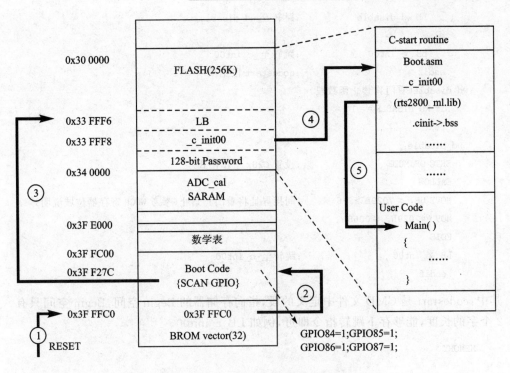

图 10.10 FLASH 上电复位引导流程

使用 CCS 进行在线仿真时(非脱机运行),程序加载到芯片后 CCS 会自动寻找 main 函数入口,跳过 BootLoader 过程。但如果因为看门狗产生复位,这时候使用仿真器不会将芯片运行起来,因为此时 GPIO 没有配置为正确的引导状态(判断 GPIO 引脚状态是在上电之后,执行 main 函数之前)。所以在仿真时若要复位芯片,正确的操作顺序应该是先复位 CPU(PC 指向 0x3F FFC0 地址处),再重新启动(直接跳至 _c_init()),最后跳转至主函数的入口地址,这样就跳过 BootLoader 过程,直接运行主函数。

2. FLASH 跳转模式的汇编代码分析

TI 给出的例程中有一个汇编文件常被大家忽略:DSP2833x_CodeStartBranch.asm,这里面存放的汇编代码就是告知 FLASH 跳转模式下的工作流程,也体现了图 10.10 中所示的跳转状态。下面只给出有效的代码,多余代码已删除,希望读者仔细将其理解清楚。

```
    ; _c_int00 在 rts28000.lib 库中定义,使用时用前面需要加上.ref
        .ref _c_int00
    ;codestart:根据条件将 LB wd_disable 或 LB _c_int00 放入 codestart 段中
        .sect "codestart"
        .if WD_DISABLE == 1        ;条件跳转
```

第10章 BootLoader 原理及应用

```
        LB wd_disable              ;跳转至 wd_disable
    .else
        LB _c_int00                ;跳转至_c_int00
    .endif                         ;codestart 段结束
;wd_disable(看门狗禁止函数段)
    .if WD_DISABLE == 1
    .text
wd_disable:
    SETC OBJMODE                   ;设置 C28x 工作模式
    EALLOW
    MOVZ DP, #7029h>>6             ;间接寻址将看门狗禁止(参考 WDCR 寄存器位域说明)
    MOV @7029h, #0068h
    EDIS
    LB _c_int00                    ;跳转至_c_int00
    .endif
```

其中：codestart 是 CMD 文件中定义的段，指向存储器的 Begin 空间，Begin 空间只有 2 个字的长度，能够存下跳转指令即可，例如 LB_c_init00。

```
MEMORY
{
    PAGE0:
    BEGIN      : origin = 0x33FFF6, length = 0x000002
}
SECTION
{
    codestart             :> BEGIN         PAGE = 0
}
```

10.3.2 片上其他跳转模式

除了 FLASH 跳转模式外，F2833x 也提供了多种跳转模式，如图 10.11 所示。

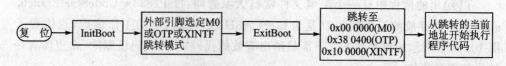

图 10.11 其他跳转模式

M0 SARAM 跳转——引导程序完成配置后会直接跳到 M0 SARAM 的首地址 0x00 0000 处执行存放在此的用户程序。

OTP 跳转模式——引导程序完成配置后直接跳到 OTP 的 0x38 0400 处执行用户程序。由于 OTP 存储器空间比较小，用户使用得不多。

XINTF 跳转模式——引导模式完成配置后会直接跳转到片外 Zone6 的首地址 0x10 0000 处执行存放在此的用户程序（16 位/32 位地址宽度均可）。

10.4 引导模式之加载模式

1. 加载模式概述

加载模式就是我们所熟知的程序上电自举，就是将用户存放在片外的非易失性、慢速的存储器中的程序（FLASH）装载到片内易失的、高速的存储空间中（RAM），以保证用户程序在 DSP 核内的高速运行；另一方面，用户代码可脱离仿真器，实现远程升级。

F2833x 提供的加载引导模式有 7 种，分别是 SCI 加载、SPI 加载、I^2C 加载、CAN 加载、McBSP 加载、GPIO 并行加载和 XINTF 外部总线并行加载。但无论选择何种方式，数据的传输必须满足 BootLoader 规定的格式，使得上位机与 BootLoader 之间完成数据传输。

2. 基于 SCI 的 BootLoader 加载模式

由于篇幅有限，不能一一介绍每种加载模式。因此我们以最常用的 SCI 加载模式为例，为读者介绍 BootLoader 的整体工作流程。

在该模式下，DSP 作为从机通过 SCI - A 将外部主机的程序代码以异步通信方式传送到内部存储器。注意：这里提到的存储器指的是 RAM 而非 FLASH。数据流的传输协议只支持 8 位数据格式，如图 10.12 所示。

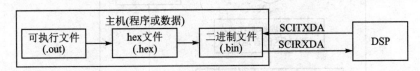

图 10.12 SCI_Boot 数据流传输协议

系统复位之前，DSP 应将外部 GPIO 对应的引脚电平配置成 SCI 加载模式（GPIO84＝0；GPIO85＝1；GPIO86＝1；GPIO87＝1），这样复位后 BootLoader 会自动进入 SCI 加载模式。

首先，DSP 的 SCI 会自行锁定主机的波特率，收到字符"A"或"a"即表示波特率锁定；之后主机按照规定的 8 位通信协议发送"关键字 0x08AA"、"预留区"、"程序执行的入口地址"和"有效数据区"，DSP 收到有效数据后会放入内存空间（RAM 区），当所有数据传输完毕（判断收到的数据块的大小为 0），PC 指针返回至该段程序的入口地址，并退出 BootLoader，由收到的入口地址开始执行用户代码。由于用户代码存放在 RAM 区，因此程序下电会丢失，上电时重复执行上述操作。SCI_Boot 工作的基本流程如图 10.13 所示。

第 10 章 BootLoader 原理及应用

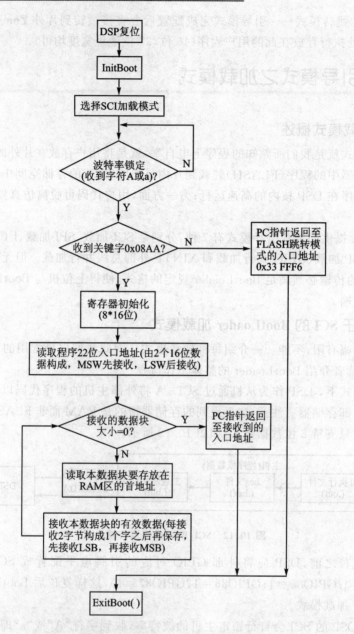

图 10.13 SCI_Boot 工作的基本流程

注意：SCI 为异步通信，为保证其较低的误码率，波特率不宜过高；若需要高波特率应用场合建议收/发双方先按照较低波特率进行数据传输，待主机与从机握手生效后，再按照高波特率传输。当然，也可通过 Boot ROM 区中的 SCI_Boot 代码看到上述的所有过程，详见附录 B。

第 11 章

打开 FLASH 升级的"潘多拉"盒子

C28x 系列 DSP 有一个很大的优势是片上集成了 FLASH,这使得在程序开发完毕后能够将用户程序存放在 FLASH 空间以保证掉电不丢失。

随着 DSP 应用领域的不断扩展,实验室中使用仿真器通过 JTAG 口对片上 FLASH 进行编程的方法不能方便、有效地完成产品现场升级。为了解决这一问题我们可使用 TI 推荐的第三方烧录工具 SDFLASH,也可参考前面介绍的 BootLoader 基本原理的基础上设计出基于 SCI、CAN、SPI、McBSP 外设串行口或 GPIO、XINTF 的并行口升级 FLASH 方案。串行通信由于具有接口简单、协议灵活的特点,逐渐在工程实际应用中得到广泛的应用,因此本章我们为大家介绍 FLASH 串行通信的升级方案。这部分内容难度较大,需要掌握 CMD 文件格式、相应的 DSP 操作规则及 BootLoader 工作原理,希望读者在学习本章之后有所收获。

11.1 F2833x FLASH 烧录基础

DSP 通常使用 3 种 FLASH 编程操作,即 CCS 插件烧录方式、SDFLASH 烧录方式及用户自定义烧录方式。但无论采用哪一种,要实现 FLASH 的烧录工作,DSP 必须同时满足内部和外部的要求,否则 FLASH 依旧锁在大门的另一边令人无法企及。

11.1.1 FLASH 烧录的一般要求

1. 硬件支持

FLASH 烧录在硬件上必须是完好无损的,尤其 DSP 对 FLASH 执行擦除和编程阶段时,切记不要将系统断电,否则有可能对片上 FLASH 造成损坏。

CSM 的密码保护段必须是可用的。在第 2 章讲过 FLASH 和部分 RAM 是受 CSM 密码保护的,因而对 FLASH 的烧录必须对 DSP 进行解锁。

DSP 的编程电压必须稳定。由于 FLASH 读/写都要用这个电压作为基准,在硬件上必须滤波以保证此电压的稳定。

2. 软件算法

DSP 对 FLASH 的操作难道不就是 BootLodaer 介绍的过程? 其实不然,Boot-

第 11 章　打开 FLASH 升级的"潘多拉"盒子

Loader 是通过嵌入 DSP Boot ROM 区的代码,将外部的用户代码复制到 DSP 的 RAM 区,而 DSP 对 FLASH 操作是通过"时间边缘算法"实现的。这个算法只能在 RAM 空间进行,却不能使用中断,算法必须在 DSP 最高的系统工作频率上执行以保证编程可靠性。这个 FLASH 基本算法框架通过相应的插件、第三方烧录工具及 FLASH 自带的 API 函数实现。

11.1.2　FLASH 烧录步骤

FLASH 的烧录步骤很简单,主要分为擦写(Erase)和编程(Program),此外还会有很多参考资料上谈到的校验(Verify)过程。FLASH 存储器是由多个称之为"扇区"的区段构成,每个扇区均可单独执行这 3 个步骤而不影响其他扇区的内容。

1. 擦写过程

擦写过程是将 FLASH 某个段中所有位置 1 的过程。FLASH 擦写的单位为一个段。基于 OTP 的特点,我们只能对其编程一次操作而不能执行擦除操作。擦写算法包含 3 个步骤:首先将段中的所有位置 0;然后将所有位置 1;最后纠正段中的所有位,以保证所有位置 1。FLASH 出厂时 FLASH 所有位均置为 1,这也说明了当 CCS 仿真器连接成功后我们看到的内存空间的内容都是"0xFFFF"。

2. 编程过程

该过程与擦写过程相反,是将 FLASH 某写位置 0 的过程。当我们把程序烧录进入 FLASH 空间后,通过 CCS 可很容易地看到其内存空间中内容的变化。

3. 校验过程

尽管在擦除和编程过程存在校验过程,DSP 还提供二次校验过程。CPU 读出的内存数值与参考值进行比较。

11.2　CCS 插件升级方式

某些 CCS 版本(如 CCSv3.3)需要额外安装 FLASH 编程插件,但某些高版本 CCS(如 CCSv5.4),其 FLASH 烧录插件已经集成到 CCS 中。用户无需另外安装插件包。尽管 CCS 已经飞速发展到 CCSv6 版本以上,但目前不少科研机构依旧采用 CCSv3.3 版本进行 F28335 的开发工作。

11.2.1　CCSv3.3 版本下的 FLASH 升级

TI 将 CCS 的 FLASH 烧写插件称之为:Code Composer Studio Plug-in。它为开发 DSP 中的 FLASH 提供多样设置,并完美地与 CCS 整合到一起。

第 11 章　打开 FLASH 升级的"潘多拉"盒子

1. FLASH 烧写插件的安装

首先需要安装 CCSv3.3，CCS 的安装步骤在 TI 的官网或相关论坛有详细的安装指导，CCSv3.3 为支持多种 DSP 发布了很多升级包，增加了 CCS 安装过程的复杂程度。作者在一台 Windows XP 电脑上安装了 CCSv3.3 并安装相关插件以支持 F28335 的开发，并列出安装步骤和相关的烧写插件名称供读者参考：

① 安装 CCSv3.3 软件；
② 安装 CCS_v3.3_SR11_81.6.2 升级包；
③ 安装 F2823x_RevA_CSP FLASH 烧写插件；
④ 安装 C2000CodeGenerationTools5[2].1.0。

需要强调的一点是，在将所有的升级包及插件包安装完毕后必须重启电脑。

2. FLASH 烧写插件的使用

电脑重启后打开 CCS，选择 Tools→F28xx On Chip Flash Programmer 命令，或直接单击图 11.1 中箭头所指向的快捷键；在弹出的 CCS 烧写界面，接着进行如下操作：选择 F28335 的 API 文件，输入时钟频率和 PLLCR 的值。使用过 2812 等 DSP 的读者会非常熟悉这部分操作，相关论坛也有大量的指导说明，在此就不过多介绍 CCSv3.3 的 FLASH 烧录插件的使用方法了。

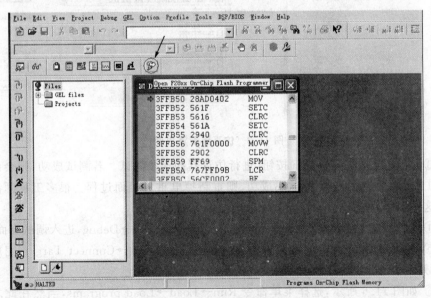

图 11.1　CCSv3.3 烧录界面

11.2.2　CCSv5.4 版本下的 FLASH 升级

CCSv5.4 版本的 FLASH 烧录插件已经集成到 CCS 中，当 CCSv5.4 完成安装时 FLASH 烧写插件随即也被安装，免去了用户额外的工作。目前 CCSv5.4 及以上

第 11 章 打开 FLASH 升级的"潘多拉"盒子

版本很广泛地应用于 F2833x 系列 DSP 的开发过程中。由于 CCSv5.4 及以上版本是基于 Eclipse 开源软件框架，与旧版本有较大差异。只要目标配置正确，若 CCSv5.4 通过 CMD 文件检测到闪存中有代码，在加载程序时会自动将代码写入闪存，使用该版本进行 FLASH 烧写请按如下步骤进行。

① 打开 CCSv5.4，用仿真器 XDS100 将电脑与 JTAG 相连。

② 选择菜单命令 View→Target Configurations，新建配置文件，选择如图 11.2 所示的仿真器和 DSP 型号并保存。

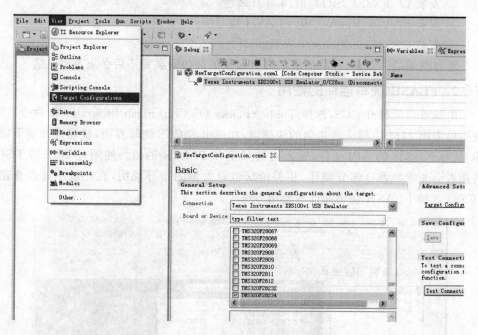

图 11.2　仿真器配置界面

③ 单击 Test Connection 按钮，进行仿真器的连接测试。若测试成功，则会出现如图 11.3 所示的界面；若测试不成功，则重新掉电重复上面过程。很多工程师都会忽略这一步骤。

④ 测试成功后（如图 11.4 所示），选择菜单命令 Run→Debug，进入调试界面。

⑤ 在如图 11.5 所示调试界面中，选择菜单命令 Run→Connect Target，完成仿真器、开发板和 PC 的连接。

⑥ 如图 11.6 所示，选择菜单命令 Run→Load→Load programs，当然在此之前也可选择 Tools→On-Chip Flash（工具→片上闪存）配置闪存设置，默认情况下为擦除、编程和校验。

⑦ 在如图 11.7 所示的对话框中单击 Browse，选择需要加载的 out 文件后单击 OK，出现如图 11.8 和图 11.9 所示的擦除、编程和校验阶段进度提示框，直至程序烧录完成。

第 11 章 打开 FLASH 升级的"潘多拉"盒子

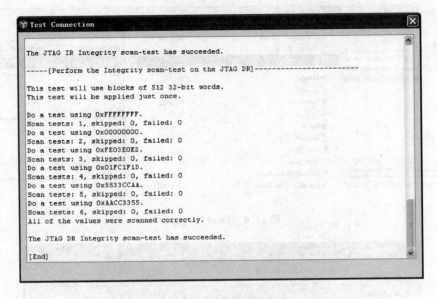

图 11.3 仿真器测试界面

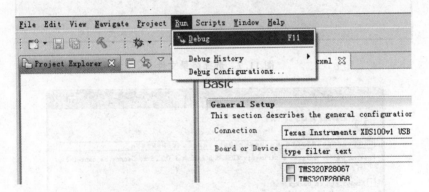

图 11.4 进入 Debug 调试界面

图 11.5 Connect Target

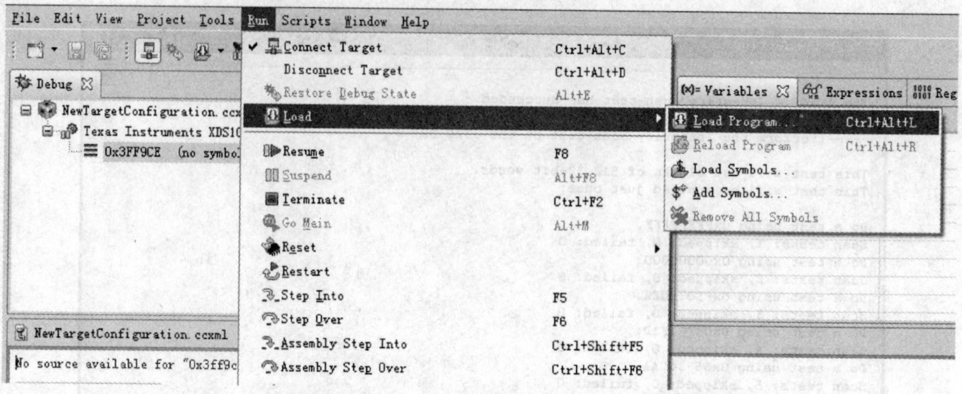

第 11 章　打开 FLASH 升级的"潘多拉"盒子

图 11.6　Load Program

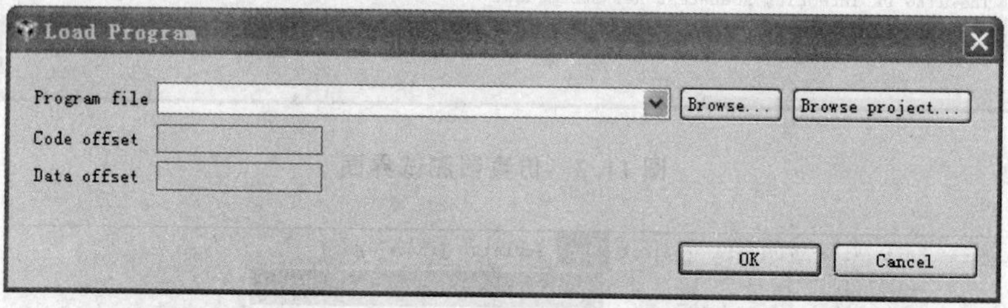

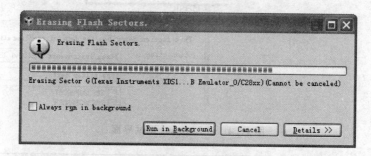

图 11.7　选择烧录文件

图 11.8　程序擦除进度提示框

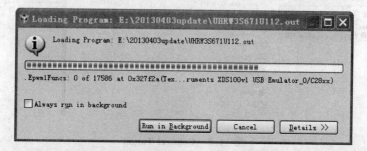

图 11.9　程序编程和校验进度提示框

11.3 SDFLASH 插件操作方式

SDFLASH 是 Spectrum Digital 公司推出的针对 TI 公司 DSP 升级 FLASH 用的 Windows 图形用户接口。由于是第三方公司的开发平台,因此它在工程的组织形式上与 CCS 不同,可不依赖于 CCS 支持 JTAG 和 SCI 串行口两种方式对 DSP 的 FLASH 实现升级。

通过 SDFLASH 的 JTAG 端口实现升级依然离不开仿真器的参与,但对大批量 DSP 升级及某些工业应用的使用很不方便,因此不作为本书讨论内容。而 SCI 串行口升级方式借用 DSP 片上 BootLoader 实现,由于其串行接口普遍,在工业中得到广泛应用。

提到 SDFLASH 就不得不提 SDFLASH 的工程,后缀名为.sdp。它是由文本文件存储用户的擦写和编程的设置,该工程文件包含 4 方面的内容:算法文件、用户自定义操作、FLASH 数据文件和驱动程序。这个工程文件可从下载得到的串行升级例程中借用,也可自行建立。

11.3.1 SDFLASH 的串行升级基本操作

1. SDFLASH 的安装

SDFLASH 的安装包可通过 TI 或 Spectrum Digital 官网下载,若使用 RS232 升级方式应选择 v1.6 及以上版本。安装程序为 sdf28xx_v3_3_serial.exe 和 setupCCSPlatinum_v30329.exe。安装完毕后默认路径为 C:\CCStudio_v3.3\specdig\sdflash\myprojects\sdf28xx_v3_3_serial\f28335。

2. 新建 sdopts.cfg 文件

该文件的路径为 C:\WINDOWS\SYSTEM32\sdopts.cfg。使用记事本打开文件,并将以下代码复制到其中的"# End of sdopts.cfg"语句之前(如果已经建立则可跳过该步骤)。

```
[EmulatorId = C1]
EmuPortAddr = 0xC1
EmuPortMode = RS232
EmuProductName = SERIAL_FLASH

[EmulatorId = C2]
EmuPortAddr = 0xC2
EmuPortMode = RS232
EmuProductName = SERIAL_FLASH

[EmulatorId = C3]
EmuPortAddr = 0xC3
```

第 11 章 打开 FLASH 升级的"潘多拉"盒子

EmuPortMode = RS232

EmuProductName = SERIAL_FLASH

[EmulatorId = C4]

EmuPortAddr = 0xC4

EmuPortMode = RS232

EmuProductName = SERIAL_FLASH

3. 打开执行程序 SDFLASH

该程序路径为 C:\CCStudio_v3.3\specdig\sdflash\bin,如图 11.10 所示。

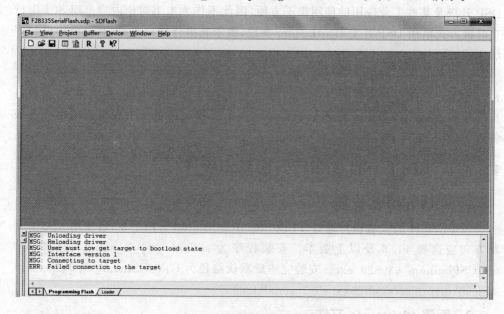

图 11.10 SDFLASH 工作界面

4. 新建工程文件

单击 File 菜单中的 New Project 命令,即弹出如图 11.11 所示界面,其中：

Project:用户可自行命名；

Location：C:\CCStudio_v3.3\specdig\sdflash\myprojects\sdf28xx_v3_3_serial\f28335；

Processor：GENERIC。

5. SDFLASH 的配置

① 在如图 11.11 所示的新建工程界面中单击"下一步"按钮就可看到如图 11.12 所示的 Target 界面,其中：

Driver(SDFLASH 驱动程序)选择路径:C:\CCStudio_v3.3\specdig\sdflash\myprojects\ sdf28xx_v3_3_serial\f2812\F281xRS232Flash.dll；

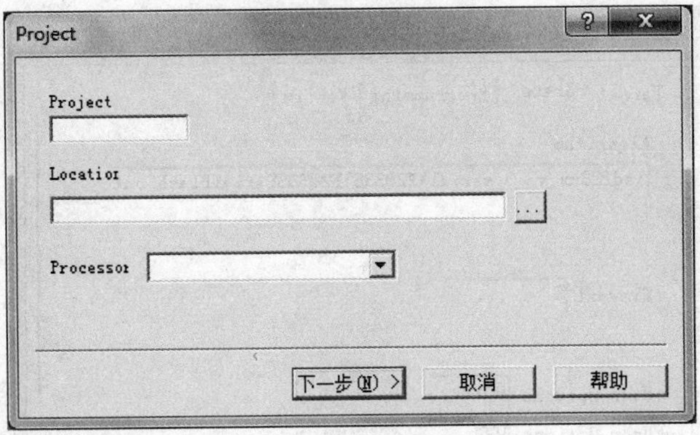

第 11 章 打开 FLASH 升级的"潘多拉"盒子

图 11.11 新建工程界面

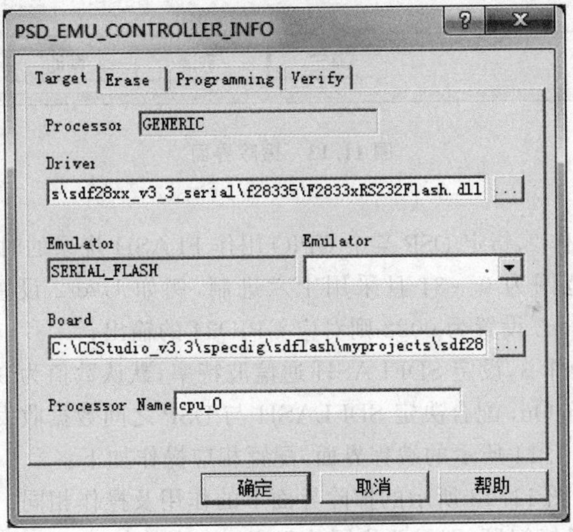

图 11.12 Target 界面

Emulator(串行口地址):C1 或者 C2,依据电脑上面的 COM 连结 COM 口;
Board(板文件,提供检测是何种设备信息):C:\CCStudio_v3.3\specdig\sdflash\myprojects\sdf28xx_v3_3_serial\f2812\ccBrd028x.dat;
Processor Name(处理器名称):cpu_0。
② 选择如图 11.13 所示的擦除界面,配置擦除操作如下:
Algorithm:填入 F28335 算法文件,参考路径为 C:\CCStudio_v3.3\specdig\sdflash\myprojects\sdf28xx_v3_3_serial\f2812\F2812SerialFlash.out;
TimeOut:主机发送擦除指令后的等待时间,通常被写入 0,与 User4 配合使用;
User1:用户操作 1,其目的是指定 FLASH 擦除的段,例如设为 1 表示擦除 SectionA,设为 F 表示擦除 SectionA~SectionD,默认情况下该值为 FF 表示擦除

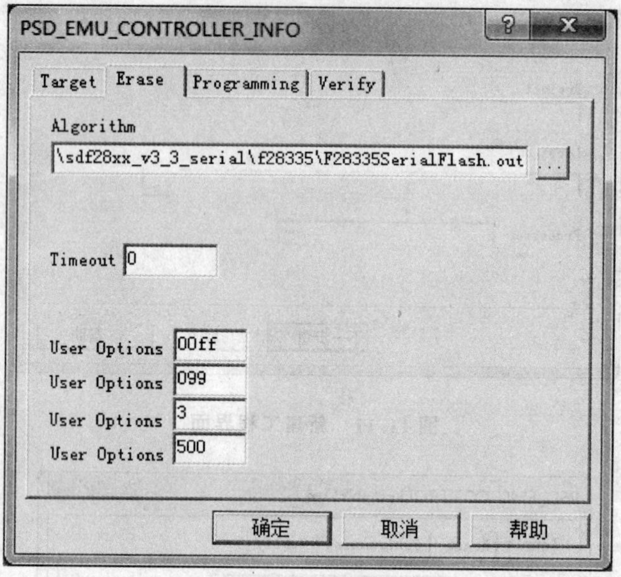

第11章　打开 FLASH 升级的"潘多拉"盒子

图 11.13　擦除界面

FLASH 所有段；

　　User2：用户操作 2，指定 DSP 某个 GPIO 用作 FLASH 烧录的时钟测试（Toggle），设定的数值大小范围为 0～34 且采用十六进制，例如 User2 设置为 0000 则对应 GPIO0 的输出，User2 设置为 0022 则对应 GPIO34 的输出；

　　User3：用户操作 3，设定 SDFLASH 通信波特率，默认数值为 3 表示 19 200；

　　User4：与 TimeOut 配合决定 SDFLASH 与 DSP 之间数据收发的时间间隔。

　　③ 选择如图 11.14 所示的编程界面，配置相应操作如下：

　　Algorithm：与图 11.13 所示的擦除界面下的作用及操作相同；

　　Flash data：目标问题，即需要烧写的程序 out 文件；

　　TimeOut：通常被写入 0，与 User4 配合使用；

　　User1～User3：默认为 0，不作任何用途；

　　User4：与 TimeOut 配合决定 SDFLASH 与 DSP 之间数据包发送的时间间隔，通常写 0。

　　④ 选择如图 11.15 所示的校验界面，配置相应操作。

　　Algorithm：与图 11.13 所示的擦除界面和图 11.14 所示的编程界面下的作用及操作相同；

　　User1～User4：默认为 0，SDFLASH 用作 RS232 串行通信时不作任何用途。

6. 保存好已建立的工程

　　单击 File 菜单下的 Save Project 命令，系统掉电，将 GPIO84～GPIO87 引脚按照 SCI_Boot 进行配置，然后系统上电，DSP 自动进入 SCI_Boot 加载模式。

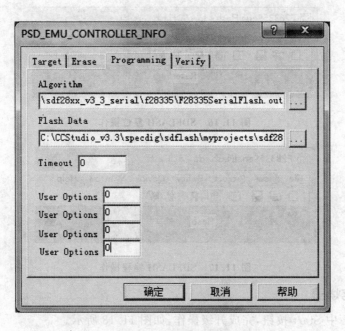

图 11.14 编程界面

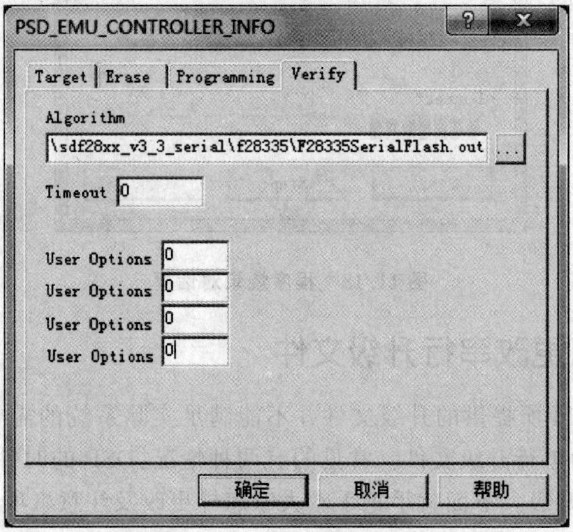

图 11.15 校验界面

7. 代码升级

单击 File 菜单下的 Open Project 命令,选择之前建立好的工程文件,单击 Reset 按钮(如图 11.16 所示),之后单击图 11.17 中所示的 Flash 按钮。

第 11 章　打开 FLASH 升级的"潘多拉"盒子

图 11.16　SDFLASH 复位操作

图 11.17　SDFLASH 编程操作

8. 程序烧录

单击界面中 Start 按钮，完成升级操作，如图 11.18 所示。

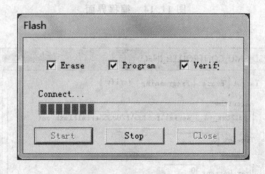

图 11.18　程序烧录对话框

11.3.2　如何更改串行升级文件

很多情况下，TI 所提供的升级文件并不能满足实际系统的需要，故需要用户额外编译生成合适的串行升级文件。常见的有两种情况：DSP 的时钟频率不满足实际需要；加密代码的升级。下面就手把手教大家怎样更改及注意事项。

1. 时钟频率的更改

当时钟频率不满足要求时的更改方法及操作步骤如下：

① 在 CCS 下打开 F28335 的 SDFLASH 串行升级的源代码工程文件，路径为 C:\CCStudio_v3.3\specdig\sdflash\mydrivers\DSP2833x_v3_3\DSP2833x_serial\build\F28335SerialFlash.pjt。

② 更改参数：
- ✓ 在 Flash28yyx_API_Config.h 文件中更改 #define CPU_RATE 6.67L；
- ✓ 在 f28xx_main.c 文件中更改 PLLCR：SysCtrlRegs.PLLCR.bit.DIV = 0x000A。

③ 重新编译工程，用所生成的 F28335SerialFlash.out 文件替代保存在如下目录下的原文件：myprojects\sdf28xx_v3_3_serial\F28235\F28235SerialFlash.out。

④ 关闭 CCS，打开 SDFLASH 烧录步骤即可。

2. 加密代码的升级

程序中已经写入了密码的情况非常常见。如此一来，就不能用自带的 SDFLASH 进行程序升级了，这时候需要自行编译算法文件。其步骤如下：

① 在 CCS 下打开 F28335 的 SDFLASH 串行升级的源代码工程文件，路径为 C:\CCStudio_v3.3\specdig\sdflash\mydrivers\DSP2833x_v3_3\DSP2833x_serial\build\F28xxPasswordMF。

② 打开 passwords.inc 文件，并写入解锁密码。

③ 通过 CCS 编译后生成的 F2833xPasswordMF.out 替代如下路径的原文件即可：myprojects\sdf28xx_v3_3_serial\F28235\F2833xPasswordMF.out。

④ 关闭 CCS，打开 SDFLASH 烧录步骤即可（注意算法文件应选择正确）。

11.4 用户自定义升级方式

通过讨论 FLASH 升级方式可知，使用仿真器对 FLASH 升级速度快，需要安装相应的仿真器驱动，一般用于程序的调试阶段不适合实际工业场合；使用 SDFLASH 进行串行升级已经不再需要仿真器了，但系统上电前硬件要将 DSP 配置为 SCI_Boot 加载模式，升级成功后再通过硬件将 DSP 配置为 FLASH 跳转启动，这种方式较之前有了很大进步，但依然需要我们手动干预才能完成 FLASH 升级，对于一个密闭的系统这种方式存在局限性。我们能否对这种方式进行改进，完全通过软件来完成 FLASH 升级呢？

11.4.1 FLASH API 的应用解析

有心的读者会发现，前面所介绍的 2 种插件升级方式都调用了 FLASH API 函数库。这个函数库起什么作用？在我们自行设计 FLASH 升级方式时，API 函数库应如何使用？

1. FLASH API 简介

FLASH API(Application Program Interface)是 TI 提供的应用程序接口，CCS 的烧写插件和 SDFLASH 的算法文件中就用到了 FLASH API 函数库。由于其具

有灵活的嵌入方式,它可以更加自由地对 FLASH 进行编程。

API 函数提供了对 DSP 的擦除、编程和校验功能,使用时须注意以下几点:
- ✓ 切勿在 FLASH 或 OTP 空间中执行 API 算法,使用时将其复制至 RAM 空间;
- ✓ 在单循环内存执行而不要在等待状态内存中执行;
- ✓ API 只能在大存储编译且只能在 C28x 目标代码下使用;
- ✓ 配置 API 正确的时钟频率,使其在 CPU 最高的时钟频率下执行;
- ✓ 在执行擦、写操作时系统切勿掉电,也不要运行或读取代码;
- ✓ 执行 API 时须禁止中断和看门狗计数器。

2. API 函数库

正如前面讨论的 FLASH 操作过程,API 函数库中包含了以下最重要的 3 种函数。

(1) FLASH 擦除

Uint16 Flash_Erase(Uint16 SectorMask, FLASH_ST * FEraseStat);

其中:SectorMask 表示擦写 FLASH 的哪一个段; * FEraseStat 表示 FLASH 状态结构指针。

(2) FLASH 编程

Uint16 Flash _ Program (Uint16 * FlashAddr, Uint16 * BufAddr, Uint32 Length, FLASH_ST * FProgStatus);

其中: * FlashAddr 表示指向要编程 FLASH 空间的首地址; * BufAddr 表示指向要编程 FLASH 空间的缓冲器指针;Length 表示要编程 16 位数据的数量; * FProgStatus 表示 FLASH 状态结构指针。

(3) FLASH 校验

Uint16 Flash _ Verify (Uint16 * StartAddr, Uint16 * BufAddr, Uint32 Length, FLASH_ST * FVerifyStat);

其中: * StartAddr 表示指向要校验 FLASH 空间的首地址; * BufAddr 表示比较缓冲器指针;Length 表示要比较的 16 位数据的数量; * FVerifyStat 表示 FLASH 状态结构指针。

3. FLASH API 配置步骤

为了将 API 函数植入到 FLASH 编程,必须按照规定的步骤进行。

① 如图 11.19 所示,增加 F28335 FLASH API 库到工程中,并添加 FLASH API 的头文件到源代码中。

② 配置 API 频率。修改 Flash2833x_API_Config.h 文件中的 CPU_RATE 来设置正确的 CPU 频率配置算法。

第 11 章 打开 FLASH 升级的"潘多拉"盒子

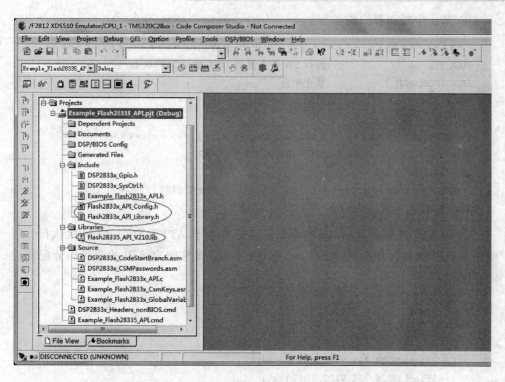

图 11.19 添加 FLASH API 库到工程中

```
/***************Flash2833x_API_Config.h***************/
#define CPU_RATE      6.667L                        //150 MHz (SYSCLKOUT)
#define SCALE_FACTOR  1048576.0L*((200L/CPU_RATE))  //IQ20
```

③ 初始化 Flash_CPUScaleFactor 全局变量：

```
/******************Flash2833x_API_Library.***************/
extern Uint32 Flash_CPUScaleFactor;
/******************FlashUpdate.c(用户代码)***************/
#include Flash2833x_API_Library.h
……
Flash_CPUScaleFactor = SCALE_FACTOR;
```

④ 初始化 PLLCR 寄存器。

⑤ 初始化 Callback 函数指针：

```
/********************Flash2833x_API_Library.***************/
extern void (*Flash_CallbackPtr)(void);
/********************FlashUpdate.c(用户代码)***************/
#include Flash2833x_API_Library.h
……
Flash_CallbackPtr = NULL;
```

⑥ 禁止中断和看门狗：

```
/****************** 禁止 API 中断,推荐代码 ******************/
PUSH ST1                   ;保存 ST1 寄存器的 INTM 和 DBGM 的状态
SETC INTM,DBGM             ;禁止中断
MOV AL, * -- SP            ;返回 ST1 并执行后续指令
LRETR
/************** 禁止 API Watchdog,推荐代码 ****************/
#define WDCR (volatile Uint16 *)0x00007029  //WDCR
asm("EALLOW");
*WDCR = (*WDCR | 0x0068);                   //禁止看门狗
asm("EDIS");
```

⑦ 将 API 复制至 RAM 区。为保证其正常运行，API 需要在 RAM 区执行。一般而言 API 函数保存在 FLASH 区，需要在 CMD 文件中为 API 的源代码分配相应的空间。

CMD 文件修改如下：

```
Flash28_API:
{
    -lFlash28234_API_V210.lib(.econst)
    -lFlash28234_API_V210.lib(.text)
}
LOAD = FLASHA,
RUN = RAML0,
LOAD_START(_Flash28_API_LoadStart),
LOAD_END(_Flash28_API_LoadEnd),
RUN_START(_Flash28_API_RunStart),
PAGE = 0
```

通过如下的符号和代码将 FLASH 装载地址复制到 RAM 区：

```
//Flash2833x_API_Library.h 文件加入如下代码
extern Uint16 Flash28_API_LoadStart;
extern Uint16 Flash28_API_LoadEnd;
extern Uint16 Flash28_API_RunStart;
//在 C 文件中加入以下代码
MemCopy(&Flash28_API_LoadStart, &Flash28_API_LoadEnd, &Flash28_API_RunStart);
void MemCopy(UINT16 *SourceAddr, UINT16 *SourceEndAddr, UINT16 *DestAddr)
{
    while(SourceAddr < SourceEndAddr)
    { *DestAddr ++ = *SourceAddr ++ ;}
    return;
}
```

11.4.2 基于 SCI 总线的远程 FLASH 加载方案

前面章节已经讨论了存储器的结构和应用、CMD 文件的结构和编写、常用的汇编语言、BootLoader 基本原理及数据流格式、API 函数库的作用及应用规则,下面我们依据所学的上述知识自行设计基于 SCI 总线的远程 FLASH 加载方案。

1. 方案介绍

(1) BootLoader 改进

在研究了 Boot ROM 中加载模式下的基本逻辑和代码之后,发现若使用 DSP 自身的 BootLoader,则需要在上电和掉电时将模式选择 GPIO 配置成合适的电平。此外,BootLoader 的通信协议和数据流格式有缺陷:以 SCI 为例,BootLoader 每收到 8 位数据都要向主机应答,这样虽然提高了数据传输的正确率,但大大降低了数据的传输速率;通信协议不够灵活,对上位机的设计增加较多工作量。

基于上述问题,我们可自行设计自己的 BootLoader。以串行通信为例,可仿照第 8 章中选用合适的通信类型及通信协议,并将设计好的加载模式放在单独为其划分的一块片上 FLASH 空间来替代原有模式。

(2) FLASH Kernel 编写

FLASH Kernel 是烧录 FLASH 的关键步骤,这个过程我们离不开 DSP 的 API 函数和严格的时序控制。FLASH Kernel 的实现方式目前有两种,一种是 TI 文档中所介绍的,通过我们自己设计的 BootLoader 将 Kernel 传到 DSP 的 RAM 区,这种方法在 FLASH 的时序配合上很不容易掌握,因此不建议大家使用;另一种是将 FLASH Kernel 与我们自行设计的 BootLoader 打包后直接写入 FLASH 的预留空间,上电后调用到 RAM 区运行,由于 Kernel 已经与 BootLoader 在程序设计过程中已经得到配合,因此这种方案推荐大家使用。

2. 存储空间的划分及改进的上电引导顺序

首先复习一下 DSP 原有的 FLASH 上电引导过程:系统上电复位后,PC 指针跳转到 0x3F FFC0 地址处并获得复位向量,其目的是将程序流的执行定位到 InitBoot(引导初始化)函数,根据检测的 GPIO 的电平状态确定为 FLASH 引导模式,完成引导初始化过程。之后 PC 指针将跳转至 0x33 FFF6 地址单元,用户需要在该地址存放一条 LB _c_init00 指令,从而实现 C 环境初始化及最终跳转到 main 函数开始执行程序代码,相关引导初始化的流程图请参见图 10.10。

如前面提到的这种方案,为了保证系统无须手动配置完全实现软件操作,需要使用 CMD 文件调整 DSP 的储存空间。其基本思路如下:

- ✓ Main 函数的用户代码存放在 FLASH 的 SectionB~SectionH 空间;
- ✓ SectionB 分出 3 个地址空间:0x33 7FFC~0x33 7FFD 存放 main 函数新的跳转地址,0x33 7FFF 用于存放 FLASH 升级标志位 Flash_Flag;

第 11 章 打开 FLASH 升级的"潘多拉"盒子

✓ 建立一个新函数 MainOrUpdate(),该函数根据 Flash_Flag 标志位的情况实现 main 函数的跳转或执行 Kernel 升级,并将该函数存放在 FLASH 的 SectionA 空间。

新的存储空间配置和改进后的 FLASH 的上电引导程序的示意图如图 11.20 所示。

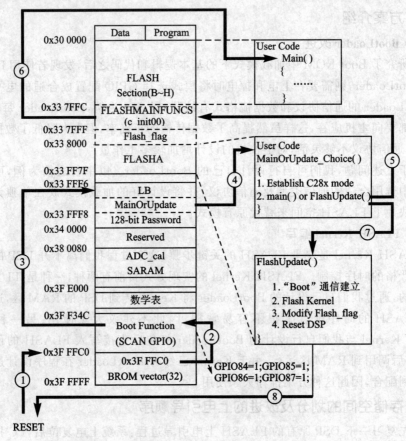

图 11.20 改进后的 FLASH 的上电引导程序示意图

系统上电后,PC 指针依旧跳转到 0x3F FFC0 地址处并获得复位向量,并由此转向执行 Boot ROM 空间的引导程序。由于片外的 GPIO 配制 DSP 为 FLASH 加载模式,则 PC 继续跳转至 0x33 FFF6 处,此时需注意,该 CodeStart 段不再存放跳转至_c_int00 的指令了,我们将其配制成跳转至 MainOrUpdate() 函数的跳转指令。

进入 MainOrUpdate() 函数后,首先必须为 DSP 建立 C28x 的工作模式,继而通过判断 Flash_Flag(地址:0x33 7FFF)的状态类决定是转向执行 main() 函数还是进行 Flash 升级操作。

若要执行 main() 函数,则程序直接跳转至 0x33 7FFC~0x33 7FFD 地址空间,执行 LB_c_int00,从而初始化 C 环境、开辟堆栈空间以及执行用户程序 main() 函数。

综上，图 11.20 中直接进入 main 函数的工作流程为①→②→③→④→⑤→⑥。

若要执行 FLASH 升级操作，则程序继续在 MainOrUpdate()中执行存放其中的 FLASH Kernel 工作流程，直至升级流程结束，软件将 DSP 复位；综上，图 11.20 中直接进入 FLASH Kernel 执行升级的工作流程为①→②→③→④→⑦→⑧。

3. 程序流程及代码解析

清楚了该方案的工作流程后，就可以进行程序设计了。

按照通信的结构分为上位机代码和 DSP 代码。上位机代码较简单，只需要按照定义的通信协议编写，使用 VC++等语言可以完成，这部分我们不作讲解。DSP 侧代码较复杂所涉及的内容较多，我们主要对此进行讨论。

图 11.21 所示为程序的总体流程框图。

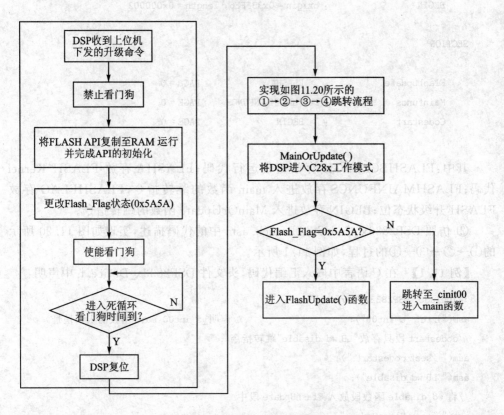

图 11.21　程序的总体流程框图

在 DSP 正常运行过程中，若收到了上位机下发的升级命令后，禁止看门狗然后将 API 函数复制至 RAM 空间运行，其目的是为了将 Flash_Flag 的状态改为 0x5A5A，以保证在软件复位 DSP 后程序能够进入 FLASH 升级流程。

还可得到重要的一点：DSP 复位后，代码不会立刻从 main 函数开始执行，而是从 MainOrUpdate()函数开始执行，通过查询 Flash_Flag 的状态来决定程序流的

第 11 章 打开 FLASH 升级的"潘多拉"盒子

分支。

由于更改了 DSP 原有的上电后的逻辑关系,在代码上应该做些什么才可保证程序流按照期望的逻辑运行?

① 通过 CMD 文件对 FLASH 空间进行划分:

```
MEMORY
{
    FLASHBCDEFGH      : origin = 0x300000, length = 0x037FFC
    FLASHMAINFUNCS    : origin = 0x337FFC, length = 0x000002
    FLASHFLAG         : origin = 0x337FFF, length = 0x000001
    FLASHA            : origin = 0x338000, length = 0x07F7F
    BEGIN             : origin = 0x33FFF6, length = 0x000002
}
SECTION
{
    FlashUpdate       : > FLASHA              PAGE = 0
    Mainfuncs         : > FLASHMAINFUNCS      PAGE = 0
    Codestart         : > BEGIN               PAGE = 0
}
```

其中:FLASHBCDEFGH 存放正常运行代码;FLASHA 存放 FLASH Kernel 代码;FLASHMAINFUNCS 存放进入 main 函数的跳转指令;FLASHFLAG 存放 FLASH 升级状态位;BEGIN 存放进入 MainOrUpdate 函数的跳转指令。

② 仿照 DSP2833x_CodeStartBranch.asm 中的代码描述,实现如图 11.20 所示的①→②→③→④的过程,如例 11.1 所示。

【例 11.1】 在 C 语言中嵌入汇编代码,头文件 DSP2833x_Device.h 中声明:

```
#include "DSP2833x_Device.h"
asm(" .ref _c_int00");                    //声明_c_int00(main 函数的入口地址)
//codestart 段只存放"LB wd_disable"跳转指令
asm(" .sect codestart ");
asm(" LB wd_disable");
//将 wd_disable 函数段放入 FlashUpdate 段中
asm(" .sect FlashUpdate");
asm(" .label wd_disable");
EALLOW;                                   //禁止看门狗
asm(" MOVZ DP, #7029h>>6");
asm(" MOV @7029h, #0068h");
EDIS;
asm(" LB _MainOrUpdate");                 //跳转至 MainOrUpdate 函数入口
```

第 11 章　打开 FLASH 升级的"潘多拉"盒子

```
//Mainfuncs 段只存放 LB _c_int00 跳转至令
asm(".sect Mainfuncs");
asm(" LB _c_int00");
//FLASHFLAG 段写入 A5A5H
asm(".sect Flash_Flag ");
asm(".WORD A5A5H ");                          //清除 FLASH 升级状态
```

③ FLASH API 初始化及复制至 RAM 区（这部分代码可参考之前内容）。
④ DSP 收到升级命令后的参考代码如下：

```
if (上位机下发的升级命令有效)
{
    DisableDog();                             //禁止看门狗
    DINT;                                     //关中断
    MemCopy(&API_LoadStart, &API_LoadEnd, &API_RunStart);
    //向 FLASH 地址 0x33 7FFF 写入 0x5A5A
    Flash_Point = (UINT16 *)0x337FFF;
    Flash_Buff[0] = 0x5A5A;
    Status = Flash_Program(Flash_Point, Flash_Buff,1,&Status)
    EnableDog();
    while(1)
    {
        asm(" NOP ");                         //复位 DSP
    }
}
```

⑤ MainOrUpdate()。MainOrUpdate() 为系统上电后经 FLASH 跳转后执行的第一个 C 程序。由于更改了上电跳转顺序，进入该函数之前我们并未实现 _c_init00 相应功能，因此必须通过编程实现 C 运行环境的初始化，此外该函数的有两个主要作用：main 函数跳转和 FlashUpdate 升级。程序代码见例 11.2。

【例 11.2】

```
MainOrUpdate()
{
    //完成 c 运行环境初始化
    asm(" MOV      @SP,#0x0000");
    asm(" SPM      0");
    asm(" SETC     OBJMODE");
    asm(" CLRC     AMODE");
    asm(" SETC     M0M1MAP");
    asm(" CLRC     PAGE0");
    asm(" MOVW     DP,#0x0000");
```

第11章　打开FLASH升级的"潘多拉"盒子

```
        asm(" CLRC    OVM");
        asm(" ASP");
        //main 函数跳转、FlashUpdate 升级选择
        if( *((UINT16 * ) 0x337FFF) == 0x5A5A)
        {   FlashUpdate();         }              //FlashUpdate 程序分支
        else
        {   asm(" LB 337FFCH");}                   //main 程序分支
}
```

⑥ FlashUpdate()。若上位机下发的升级命令有效,Flash_Flag 的状态位会被置成 0x5A5A,则程序会进入 FlashUpdate 升级分支,其程序流程如图 11.22 所示。

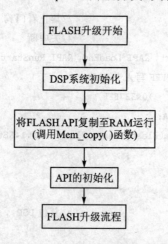

图 11.22　FlashUpdate 程序流程图

✓ 系统初始化:包括系统时钟、GPIO 及用于自定义 Boot 串行口初始化;
✓ 其他初始化:作用及实现与前面给出的例程相同,此处省略。

⑦ FLASH 升级流程就是在参考 TI 给出的 FLASH 升级操作指导说明的基础上,按照与上位机的自定义的 Boot 协议建立的 FLASH Kernel。程序流程如图 11.23 所示。

首先,上位机按照自定义通信协议发送握手关键字信息与 DSP 建立通信。若 DSP 应答正确则上位机可发送下一帧信息,若不正确则 DSP 会等待上位机发出有效信息。等待时间为 1 min,超时则 DSP 复位,上位机警告"握手失败"。

其次,上位机发送 CSM 解锁信息和 API 版本校验信息,若 DSP 正确解锁且 API 版本号与 DSP 匹配,DSP 则应答正确信息,上位机可发送下一帧,否则 DSP 复位退出升级流程。

最后,上位机发送擦除命令,DSP 开始调用 API 擦除函数将 FLASH 各个位置写 1,由于擦除操作占用的时间,DSP 会延时几秒钟后向上位机发送应答信息。至此,DSP 完成了写 FLASH 的全部准备工作。

第11章 打开FLASH升级的"潘多拉"盒子

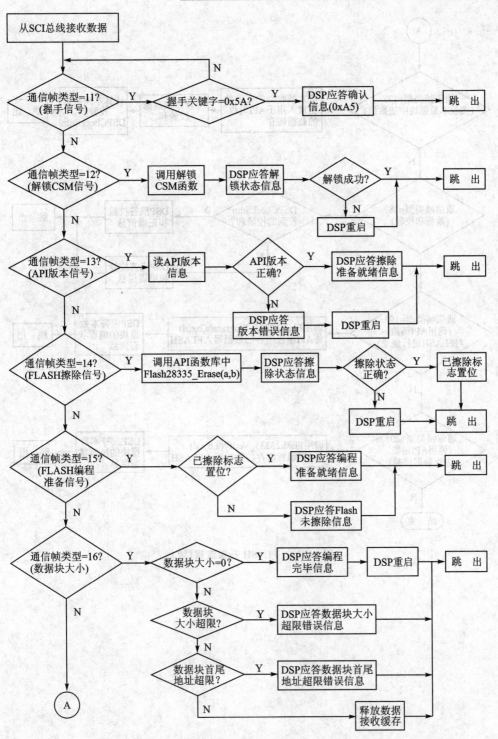

图 11.23 FLASH 升级流程

第 11 章 打开 FLASH 升级的"潘多拉"盒子

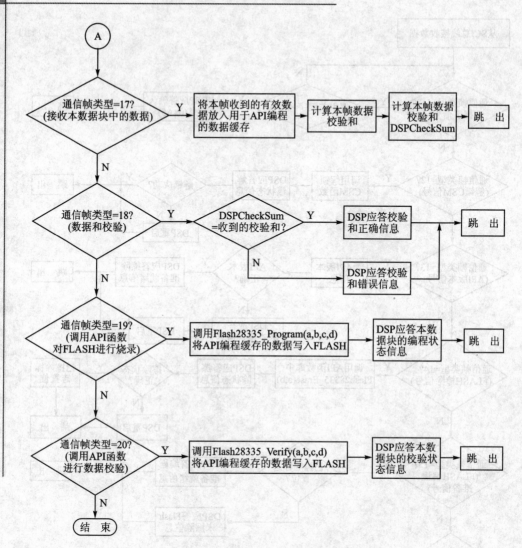

图 11.23 FLASH 升级流程（续）

第 12 章

基于 F28335 的电力电子应用案例分析

F28335 作为 C28x 中的一员,继承了 2000 系列自动化控制的优点,并进一步改进、优化了其片上功能,极大地增强了其控制速度与精度。本章将结合工程中的实例进行建模和分析。望广大读者能够将其与电力电子技术、电路、模拟电子技术相结合,以达到较好的学习效果。

12.1 数据定标

经 A/D 采样进入 DSP 后的数字量,对于定点 DSP 要有数据定标处理过程。DSP 参与运算的是 16 位的整型,但在许多情况下,数学运算过程中的数不一定都是整数。DSP 能够处理各种小数,其中的关键就是确定小数点处于 16 位中的哪一位,这就是所谓的"定标",常记作 Q 格式。

数据定标通常遵循以下几项准则:
- ✓ 对数据进行加减运算时,定标处理必须保证两个操作数的定标一致;
- ✓ 所涉及的定标处理系数应采用 2^N,以方便使用 C 语言的移位操作;
- ✓ 通常把参与控制的电流电压的额定值定标到满量程,由于 F28335 的 ADC 采样精度为 12 位,因此满量程为 4 096。

采用工程中实际的案例来分析定标处理的各个过程,详见例 12.1。

【例 12.1】 额定值为 220 V 的电压经过放大电路衰减后,变为适合的信号输入至 DSP 的 ADC 模块,输入信号的范围一定要满足 DSP 输入电平的要求,即在 0~3 V 之间。

注意:需要考虑 220 V 电压过压情况,因此在设计放大电路时要预留出过压的阈值。

本例中,放大电路的衰减倍数是 0.004 6,即 1 V 交流电经放大电路衰减后变为 0.004 6 V。

根据硬件设计的参数,那么 1 V 输入的交流电对应 DSP 采样后的数字量如式(12.1)所示:

$$\frac{0.004\ 6}{3} \times 4\ 096 \qquad (12.1)$$

额定值 220 V 输入时所对应的数字量如式(12.2)所示：

$$\frac{0.0046}{3} \times 4096 \times 220 \tag{12.2}$$

根据数据定标的准则，我们将 220 V 定标为 4 096 的满定标数字量，且定标系数选用 Q10 格式，如式(12.3)所示：

$$\frac{0.0046}{3} \times 4096 \times 220 \times \frac{K}{2^{10}} = 4096 \tag{12.3}$$

根据式(12.3)可计算得 $K = 3056$。

对于经 A/D 转换后的数字量均与定标系数 K 相乘，完成了定标过程。采用统一定标有两个优点，一方面减轻了控制中数据的处理程度，另一方面完成了数字量与实际量之间的转换。按如上定标系数计算，数字量 3 500 对应的实际量为

$$\frac{3500}{4096} \times 220 = 188 \text{（单位：V）} \tag{12.4}$$

DSP 计算的量均为定标值后的数字量。

12.2 电路基本变量数学建模及实现

电路原理是电气及电子信息类专业的重要基础课，交流电路中的基本变量电压、电流、功率、谐波（谐波处理方式不在本节论述）均是电力电子电路常用到的，因此将这些模拟量变为数字量进行 DSP 分析和处理变得尤为重要。

12.2.1 数学模型的搭建

1. 交流有效值

交流电压、交流电流需经模拟电路处理后送入 DSP 的 ADC 模块完成模拟量变为数字量的过程。由于 DSP 的 ADC 模块的输入电压在 0～3 V 之间，因此传感器输出信号还需要进一步硬件转换。电路设计上可使用如图 12.1 所示的整流处理或如图 12.2 所示的偏置处理。

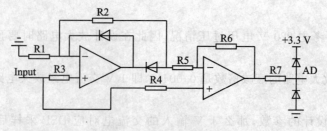

图 12.1 整流处理电路

第 12 章 基于 F28335 的电力电子应用案例分析

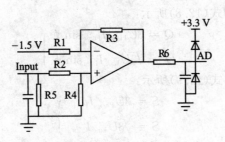

图 12.2 偏置处理电路

(1) 数学模型的搭建

根据所学的电路知识,以电压 $U(t)=\sqrt{2}U\sin(wt+\varphi_U)$ 为例,交流电压电流的有效值可由式(12.5)计算得出:

$$U_{RMS} = \frac{1}{T}\sqrt{\int_0^T [U(t)]^2} \tag{12.5}$$

其中:$T=2\pi$。

由于 DSP 只能处理离散数据,根据数学知识,将式(12.5)所示的连续的数学模型离散化,如式(12.6)所示:

$$U_{RMS} = \frac{1}{N}\sqrt{\sum_{i=0}^{N}[U(i)]^2} \tag{12.6}$$

其中:N 为一个周期的采样点;$U(i)$ 为 A/D 采样时刻的电压量。

(2) 程序代码设计

在进行算法设计前,需将 A/D 采样后的数字量进行数据定标。待数据预定标完成后可参考如图 12.3 所示的程序流程图。

2. 交流功率

功率的计算离不开采样的电压与电流,电路的处理、数据的定标已经在 12.2.1 小节详细介绍。对于三相对称负载来讲,不论是 Y 型接法还是 Delta 接法,其功率的计算均按照如下方法进行。

有功功率的计算如式(12.7)所示:

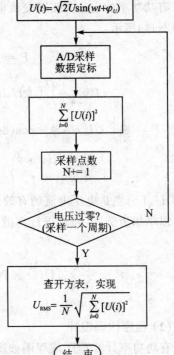

图 12.3 有效值计算程序流程图

$$\left.\begin{array}{l} P = 3U_{Phase}I_{Phase}\cos\phi \\ P = \sqrt{3}U_{Line}I_{Line}\cos\phi \end{array}\right\} \tag{12.7}$$

无功功率的计算如式(12.8)所示：

$$\left.\begin{array}{l} Q = 3U_{\text{Phase}} I_{\text{Phase}} \sin \phi \\ Q = \sqrt{3} U_{\text{Line}} I_{\text{Line}} \sin \phi \end{array}\right\} \quad (12.8)$$

视在功率的计算如式(12.9)所示：

$$\left.\begin{array}{l} S = 3U_{\text{Phase}} I_{\text{Phase}} \\ S = \sqrt{3} U_{\text{Line}} I_{\text{Line}} \end{array}\right\} \quad (12.9)$$

其中：U_{Phase}、I_{Phase}、U_{Line}、I_{Line} 分别表示相电压、相电流、线电压及线电流的有效值。

对于如何在 DSP 中实现有功功率、无功功率、视在功率及功率因数的计算，我们仍从电路原理中的数学模型入手。

(1) 数学模型的搭建

令 $U(t)=\sqrt{2}U\sin(\omega t+\varphi_U)$，$I(t)=\sqrt{2}I\sin(\omega t+\varphi_I)$，则瞬时功率如式(12.10)所示：

$$P(t) = U(t) \times I(t) \quad (12.10)$$

有功功率的定义为正弦交流电的一个周期的平均功率，以单相为例，其计算式如式(12.11)所示：

$$P = \frac{1}{T}\int_0^T [U(t) \times I(t)] dt$$

$$P = \frac{1}{T}\int_0^T [\sqrt{2}U\sin(\omega t+\varphi_U) \times \sqrt{2}I\sin(\omega t+\varphi_I)] dt$$

$$P = \frac{1}{T}\int_0^T UI[\cos\phi - \cos(2\omega t - \phi)] dt$$

$$\left.\begin{array}{l} P = UI\cos\phi \\ S = U \times I \end{array}\right\} \quad (12.11)$$

其中：U、I 分别是电压电流的有效值；$\phi = \varphi_U - \varphi_I$。

以单相为例，将公式进行离散化，如式(12.12)所示：

$$\left.\begin{array}{l} P = \frac{1}{N}\sum_{i=0}^{N} [U(i) \times I(i)] \\ S = U \times I \end{array}\right\} \quad (12.12)$$

(2) 程序代码设计

有功功率计算程序流程图如图 12.4 所示。视在功率的计算只需将计算出的电压、电流有效值相乘即可。特别需要注意数据的定标此时应左移 12 位。

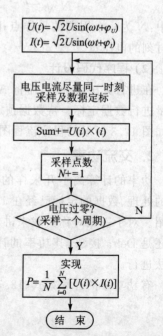

图 12.4　有功功率计算程序流程图

12.2.2 数学模型的软件实现

```c
//A/D 采样及数据定标子函数
void ADC_Sample()
{
    //电压、电流采集
    i16ADC_Volta = AdcMirror.ADCRESULT0;
    i16ADC_Voltb = AdcMirror.ADCRESULT1;
    i16ADC_Voltc = AdcMirror.ADCRESULT2;
    i16ADC_Curra = AdcMirror.ADCRESULT3;
    i16ADC_Currb = AdcMirror.ADCRESULT4;
    i16ADC_Currc = AdcMirror.ADCRESULT5;
    ……
    //数据定标,定标系数均为Q12
    i16Volta = (((INT32)i16ADC_Volta * i16KVolt)>>12;
    i16Curra = (((INT32)i16ADC_Curra * i16KCurr)>>12;
    ……                        //B、C 相的计算过程与 A 相相同,代码省略
}
//电压、电流及功率计算预处理子函数
void RMS_POWER_PreDeal()
{
    //计算电压平方和(Q20 格式)
    VoltaSum.dword += (((INT32)i16Volta * i16Volta)>>4);
    VoltbSum.dword += (((INT32)i16Voltb * i16Voltb)>>4);
    VoltcSum.dword += (((INT32)i16Voltc * i16Voltc)>>4);
    //计算电流平方和(Q20 格式)
    CurraSum.dword += (((INT32)i16Curra * i16Curra)>>4);
    CurrbSum.dword += (((INT32)i16Currb * i16Currb)>>4);
    CurrcSum.dword += (((INT32)i16Currc * i16Currc)>>4);
    //计算瞬时功率和(Q20 格式)
    ActivePowerA_Sum.dword += (((INT32)i16Volta * i16Curra)>>4);
    ActivePowerB_Sum.dword += (((INT32)i16Voltb * i16Currb)>>4);
    ActivePowerC_Sum.dword += (((INT32)i16Voltc * i16Currc)>>4);
    if(过零点检测有效)
    {
        VoltaSumCal = VoltaSum;
        CurraSumCal = CurraSum;
        ActivePowerA_SumCal = ActivePowerA_Sum;
        ActivePowerA_Sum = 0;
        VoltaSum = 0;
```

```
            CurraSum = 0;
            ……                //B、C相同理,代码省略
        }
    }
//电压、电流及功率计算子函数
void RMS_POWER_Cal()
{
    long    temp;
    //A相电压、电流有效值计算,i16PointCnt 为进入中断的次数
    temp = VoltaSumCal / i16PointCnt;
    i16VoltaRMS = isqrt(temp);                              //Q10
    temp = CurraSumCal / i16PointCnt;
    i16CurraRMS = isqrt(temp);                              //Q10
    ……                      //B、C相的计算过程同A相,代码省略
    //计算功率
    temp = ActivePowerA_SumCal.dword / i16PointCnt;
    i16PowerA = (temp >>10);                                //有功功率
    i16SA = ((((INT32)i16VoltaRMS) * i16CurraRMS)>>10);     //视在功率
    ……                      //B、C相的计算过程同A相,代码省略
}
```

12.3 电力电子常见拓扑及发波算法分析

2833x 系列 DSP 在资源配置上较之前的 DSP 有很大提高,因此 2833x 系列 DSP 能够更灵活地应用于电力电子技术中。本节将电力电子技术中常用到的拓扑结构与实际工程相结合,分析常见拓扑结构下的控制思路及发波算法。

12.3.1 单相半桥电路及 SPWM 的 DSP 应用

1. 单相半桥拓扑结构及工作原理

单相半桥电路是最基本的逆变电路。图 12.5 中所示的 S_1、S_2 为开关器件 IGBT 或 MOSFET,D1、D2 为反并联二极管用于续流通道的建立,箭头方向为流经器件的电流方向。

当 S_1 导通时,$U_{out}=U_{in}/2$;当 S_2 导通时,$U_{out}=-U_{in}/2$,电压、电流波形如图 12.6 所示。

单相半桥电路既可采用单极性调制也可采用双极性调制。单、双极性调制的根本区别在于正弦调制波在半个周期内脉冲电压为正或为负,还是在正负之间交替出现。

第 12 章 基于 F28335 的电力电子应用案例分析

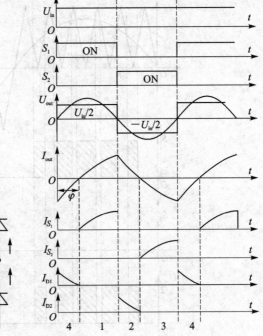

图 12.5 单相半桥电路　　　　图 12.6 单相半桥电路电压电流波形

2. 单相半桥电路单极性 SPWM 调制方式

（1）单极性调制原理

调制波为一个正弦波形，载波为三角波。当调制波与载波相交时，开关管的通断由它们的交点决定，即调制波的幅值高于载波则开关管导通，否则关断。图 12.7 所示即为半桥单极性 SPWM 调制方式，其中 S_1、S_2 分别是开关管开通、关断时刻，U_{out} 为输出的脉冲电压序列。从图中我们也能看到，单极性 SPWM 调制，在调制波的半个周期内电压脉冲序列只在正电压到零电压的范围内或负电压到零电压的范围内容变化。

（2）DSP 软件设计

单极性 SPWM 发波引脚配置如表 12.1 所列，ePWM 模块软件初始化如例 12.2 所示。

表 12.1 单极性 SPWM 发波引脚配置表

引　脚	说　明
GPIO0/EPWM1A	使用引脚复用 EPWM1A 功能，该引脚作为 S_1 及 S_2 驱动，高电平有效
GPIO1/EPWM1B	使用普通数字 I/O 功能，该引脚表示调制波的正负半周信息。 假设经环路计算出的单相调制波用变量 i16VaAction 表示： 若 i16VaAction>0,则调制波为正半轴,GPIO1=0； 若 i16VaAction<=0,则调制波为负半轴,GPIO1=1

第 12 章 基于 F28335 的电力电子应用案例分析

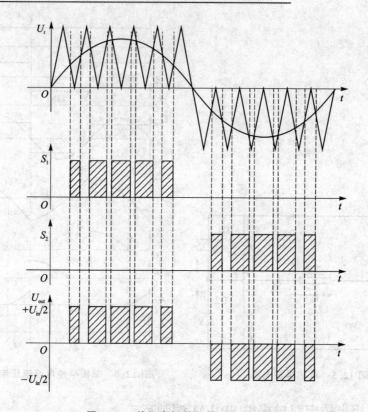

图 12.7 单相半桥单极性 SPWM 调制

【例 12.2】
```
Init_PWM()
{
    //TB 设置,关于时基的周期
    EPwm1Regs.TBPRD = PrdCnst;                      //设置 TB 周期
    EPwm1Regs.CMPA.half.CMPA = Cnst;                //CMPA 初始化
    EPwm1Regs.TBCTL.bit.CTRMODE = TB_UP_DOWN;       //TB 为连续增减模式
    EPwm1Regs.TBCTL.bit.PHSEN = TB_DISABLE;         //同步禁止
    EPwm1Regs.TBCTL.bit.PRDLD = TB_SHADOW;          //shadow 模式
    EPwm1Regs.TBCTL.bit.SYNCOSEL = TB_SYNC_DISABLE;
    //SYSCLK/(HSPCLKDIV * CLKDIV)
    EPwm1Regs.TBCTL.bit.HSPCLKDIV = TB_DIV1;        //时钟设置 TBCLK
    EPwm1Regs.TBCTL.bit.CLKDIV = TB_DIV1;
    //CC 设置,计数器比较,产生计数器匹配信号,比较操作使能 shadow 模式
    EPwm1Regs.CMPCTL.bit.SHDWAMODE = CC_SHADOW;
    EPwm1Regs.CMPCTL.bit.SHDWBMODE = CC_SHADOW;
    //当 CTR = 0 或者 PRD 时,载入 shadow 寄存器的值并生效
    EPwm1Regs.CMPCTL.bit.LOADAMODE = CC_CTR_ZERO_PRD;
```

第 12 章 基于 F28335 的电力电子应用案例分析

```
EPwm1Regs.CMPCTL.bit.LOADBMODE = CC_CTR_ZERO_PRD;
//CTR = CMPA&TBCTR 上升,EPWMA 置低,CTR = CMPA&TBCTR 下降,EPWMA 置高
EPwm1Regs.AQCTLA.bit.CAU = AQ_CLEAR;
EPwm1Regs.AQCTLA.bit.CAD = AQ_SET;
//TZ 模块,外部发生错误时即 TZn 有输入时,PWMA/PWMB 输出强制为高阻
//外部发生错误时即 TZn 有输入时,执行一次指定动作,并且 OSTFLG 置位
EALLOW
EPwm1Regs.TZCTL.bit.TZA = TZ_FORCE_HI;
EPwm1Regs.TZCTL.bit.TZB = TZ_FORCE_HI;
EPwm1Regs.TZFRC.bit.OST = 1;
EDIS;
EPwm1Regs.ETSEL.bit.INTEN = 0;              //不允许 ET 模块产生中断
}
```

发波程序流程图如图 12.8 所示。

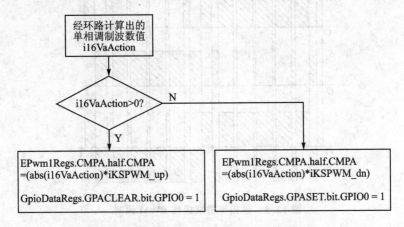

图 12.8 单相半桥单极性发波程序流程图

其中:

寄存器 EPwm1Regs.CMPA.half.CMPA 对应的输出引脚作为 S_1 与 S_2 的驱动,高电平有效;

iKpwm_up、iKpwm_dn 分别为调制波正、负半周的 PWM 调制系数,计算式如下:

$$iKpwm\_up = \frac{1}{U_{DCup}} \times U_{out} \times TBPR$$

$$iKpwm\_dn = \frac{1}{U_{DCdn}} \times U_{out} \times TBPR$$

TBPR 为时钟 T1 的周期值,由于选用的是连续增减模式,则该值可以按如下公式计算:

$$TBPR = \frac{SysClkOut}{IntFreq \times 2}$$ (SysClkOut 为 CPU 系统时钟,IntFreq 为中断频率)

U_{DCup}、U_{DCdn} 分别为正、负半轴母线电压；
U_{out} 为交流输出的额定电压，例如 220 V。

3. 单相半桥电路双极性 SPWM 调制方式

(1) 双极性调制原理

图 12.9 所示为双极性调制下的 S_1、S_2 的开关序列和输出电压 U_{out} 的脉冲序列。

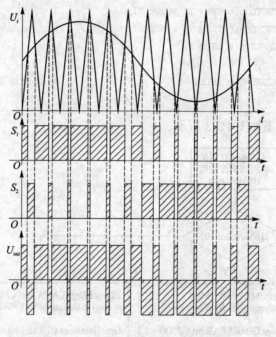

图 12.9　单相半桥双极性 PWM 调制

双极性 PWM 调制区别于单极性调制最显著的特点是，在半周期内输出电压脉冲序列在正、负两个点电平之间变化的是正负交变。单极性 PWM 调制的输出电压中、高次谐波分量较小；双极性调制能得到正弦输出电压波形，但其代价是产生了较大的开关损耗。

(2) DSP 软件设计

单极性 SPWM 发波引脚配置如表 12.2 所列，ePWM 模块软件初始化见例 12.3 所示。

表 12.2　双极性 SPWM 发波引脚配置表

引　脚	说　明
GPIO0/EPWM1A	使用引脚复用 EPWM1A 功能，该引脚作为 S_1 驱动，高电平有效
GPIO1/EPWM1B	使用引脚复用 EPWM1B 功能，该引脚作为 S_2 驱动，高电平有效。EPWM1A 与 EPWM1B 互补导通

【例 12.3】

```
Init_PWM()
{
    //TB 设置,关于时基的周期
    EPwm1Regs.TBPRD = PrdCnst;                          //设置 TB 周期
    EPwm1Regs.CMPA.half.CMPA = Cnst;                    //CMPA 初始化
    EPwm1Regs.TBCTL.bit.CTRMODE = TB_UP_DOWN;           //TB 为连续增减模式
    EPwm1Regs.TBCTL.bit.PHSEN = TB_DISABLE;             //同步禁止
    EPwm1Regs.TBCTL.bit.PRDLD = TB_SHADOW;              //shadow 模式
    EPwm1Regs.TBCTL.bit.SYNCOSEL = TB_SYNC_DISABLE;
    //时钟设置 TBCLK = SYSCLK/(HSPCLKDIV * CLKDIV)
    EPwm1Regs.TBCTL.bit.HSPCLKDIV = TB_DIV1;
    EPwm1Regs.TBCTL.bit.CLKDIV = TB_DIV1;
    //CC 设置,使能 shadow 模式。当 CTR = 0 或者 PRD 时寄存器载入并生效
    EPwm1Regs.CMPCTL.bit.SHDWAMODE = CC_SHADOW;
    EPwm1Regs.CMPCTL.bit.SHDWBMODE = CC_SHADOW;
    EPwm1Regs.CMPCTL.bit.LOADAMODE = CC_CTR_ZERO_PRD;
    EPwm1Regs.CMPCTL.bit.LOADBMODE = CC_CTR_ZERO_PRD;
    //AQ 设置
    //CTR = CMPA&TBCTR 上升,EPWMA 置低,CTR = CMPA&TBCTR 下降,EPWMA 置高
    EPwm1Regs.AQCTLA.bit.CAU = AQ_CLEAR;
    EPwm1Regs.AQCTLA.bit.CAD = AQ_SET;
    //DB 设置,上升沿、下降沿都加入死区 EPWMAx 输出高有效,EPWMBx 输出低有效
    EPwm1Regs.DBCTL.bit.OUT_MODE = DB_FULL_ENABLE;
    EPwm1Regs.DBCTL.bit.POLSEL = DB_ACTV_HIC;
    EPwm1Regs.DBFED = FED_Cnst;                         //下降沿
    EPwm1Regs.DBRED = RED_Cnst;                         //上升沿
    //TZ 模块,外部发生错误时即 TZn 有输入时,PWMA/PWMB 输出强制为高阻
    //外部发生错误时即 TZn 有输入时,执行一次指定动作,并且 OSTFLG 置位
    EALLOW;
    EPwm1Regs.TZCTL.bit.TZA = TZ_FORCE_HI;
    EPwm1Regs.TZCTL.bit.TZB = TZ_FORCE_HI;
    EPwm1Regs.TZFRC.bit.OST = 1;
    EDIS;
    //ET 设置,事件触发模块
    EPwm1Regs.ETSEL.bit.INTEN = 0;                      //不允许 ET 模块产生中断
}
```

第12章 基于F28335的电力电子应用案例分析

发波流程图如图12.10所示。

其中：

寄存器EPwm1Regs.CMPA.half.CMPA对应的输出引脚作为S_1的驱动，高电平有效；

寄存器EPwm1Regs.CMPB对应的输出引脚作为S_2的驱动，高电平有效；

iKPWM为调制波的PWM调制系数，有：

$$\text{iKPWM} = \frac{1}{U_{DC}} \times U_{out} \times \frac{\text{TBPR}}{2}$$

U_{DC}为母线电压，可看作$U_{DCup}+U_{DCdn}$；U_{out}为交流输出的额定电压，例如230 V；

TBPR为时钟T1的周期值，由于选用的是连续增减模式，则该值可以按如下公式计算：

$$\text{TBPR} = \frac{\text{SysClkOut}}{\text{IntFreq} \times 2}$$ （SysClkOut为CPU系统时钟，IntFreq为中断频率）

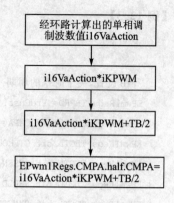

图12.10 发波流程图

12.3.2 单相全桥电路及单极倍频SPWM

单相全桥电路在很多文献中也简称为"桥式电路"或"H桥电路"，在此基础上将该电路适当变化可得到很多电力电子的衍生拓扑。

1. 电路的基本拓扑

电路的基本拓扑结构如图12.11所示。

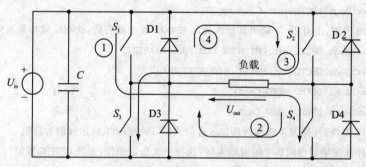

图12.11 单相桥式电路

当S_1、S_4同时导通时，$U_{out}=U_{in}$；当S_2、S_3同时导通时，$U_{out}=-U_{in}$，电压电流波形如图12.6类似。与半桥结构的不同点在于：相同母线电压的情况下，全桥结构开关器件所输出的电压幅值为半桥结构的2倍，换句话讲，在输出相同电压等级的情况下，全桥结构中开关器件的应力选择余量较大。当然调制方式也存在两种方式：双极性调制和单极性调制。

2. 单相全桥电路单极性调制方式

单极性调制原理如下：

与单相半桥电路相比，4个开关器件需要引入方向控制信号。这里将 S_1、S_2 分别作为正、负半周的 PWM 调制信号，S_3、S_4 分别作为正、负半周的方向导通信号。

如图 12.11 所示，正半周时，S_1 为 PWM 脉冲，S_4 完全开通，S_2、S_3 关断。当 S_1、S_4 同时开通时，电流如图 12.11 中的①所示；当 S_1 处于关断时刻，S_4 处于导通时刻时，处于续流状态如图 12.11 中的②所示。负半周时，S_2 为 PWM 脉冲，S_3 完全开通，S_1、S_4 关断。当 S_2、S_3 同时开通，电流如图 12.11 中的③所示，当 S_2 处于关断时刻，S_3 处于导通时刻时，处于续流状态如图 12.11 中的④所示。

此外，可选 S_1、S_3 作为 PWM 信号，S_3、S_4 作为方向选择信号，这时候续流状态的电流路径会发生改变，读者可以自行分析。依照本例中开关器件的分配情况，全桥单极性 PWM 调制波形如图 12.12 所示。

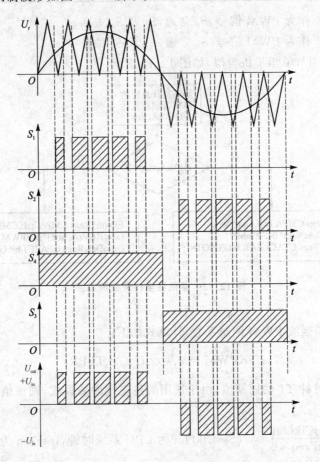

图 12.12 全桥单极性调制

第 12 章 基于 F28335 的电力电子应用案例分析

DSP 中 PWM 模块的初始化方式与单极性半桥类似,不同的是需增加 2 个输出引脚用以驱动额外的开关器件,可参考如表 12.3 所列的 DSP 的引脚配置表。由于只需使用 1 个 ePWM 模块,而且 EPWMA 依旧作为有效驱动,因此 PWM 模块初始化同单相半桥单极性调制相同。

表 12.3 单极性全桥 SPWM 发波引脚配置表

引脚	说明
GPIO0/EPWM1A	使用引脚复用 EPWM1A 功能,该引脚作为 S_1 及 S_2 驱动,高电平有效
GPIO1/EPWM1B	使用普通数字 I/O 功能,该引脚表示调制波的正负半周信息,作为 S_3 及 S_4 驱动,高电平有效。 假设经环路计算出的单相调制波用变量 i16VaAction 表示: 若 i16VaAction>0,调制波为正半轴,GPIO1=1; 若 i16VaAction≤0,调制波为负半轴,GPIO1=0

正半轴:S_1 作为 PWM 信号,S_4 常通,S_2 及 S_3 关断;
负半轴:S_2 作为 PWM 信号,S_3 常通,S_1 及 S_4 关断。
软件流程图与单相半桥类似,如图 12.13 所示。

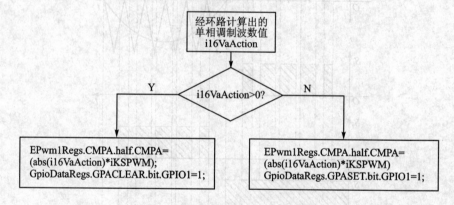

图 12.13 单极性全桥发波流程图

其中:
iKPWM 调制波 PWM 调制系数,计算式如下:

$$iKPWM = \frac{1}{U_{DC}} \times U_{out} \times TBPR$$

TBPR 为时钟 T1 的周期值,由于选用的是连续增减模式,则该值可以按如下公式计算:

$$TBPR = \frac{SysClkOut}{IntFreq \times 2}$$ (SysClkOut 为 CPU 系统时钟,IntFreq 为中断频率)

U_{DC} 为母线电压,这里为 U_{in};
U_{out} 为交流输出的额定电压,例如 220 V。

3. 单相全桥电路双极性调制方式

(1) 双极性调制原理

与全桥单极性相比,S_3、S_4 不再作为方向导通信号,而是与对角的 S_2、S_3 的驱动波形一致,如图 12.14 所示。

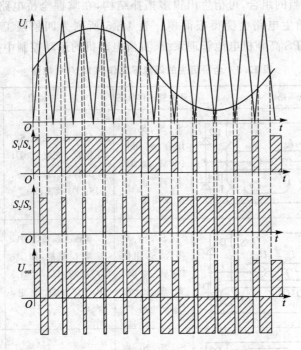

图 12.14 单相全桥双极性 PWM 调制波形

(2) DSP 软件设计

与单极性全桥 PWM 调制方式相比,双极性的硬件结构简单且不需要方向信号,PWM 模块的初始化方式与半桥双极性 PWM 调制方式相同。注意:在 PWM 模块死区设置过程中,需要考虑所选择开关器件的导通、关断时间(具体请参考器件的数据手册),从而将同一桥臂的死区时间合理设置。读者可参考表 12.4 中所列的 DSP 的引脚配置表。

表 12.4 PWM 引脚配置表

引脚	说明
GPIO0/EPWM1A	使用引脚复用 EPWM1A 功能,S_1 驱动,高电平有效
GPIO0/EPWM1A	使用引脚复用 EPWM1A 功能,S_4 驱动,高电平有效
GPIO1/EPWM1B	使用引脚复用 EPWM1B 功能,S_2 驱动,高电平有效
GPIO1/EPWM1B	使用引脚复用 EPWM1B 功能,S_3 驱动,高电平有效

第12章 基于 F28335 的电力电子应用案例分析

全桥双极性调制方式与半桥双极性调制方式类似,软件流程图如图 12.10 所示。发波系数也与半桥双极性相同,在此不作过多的阐述。需注意的是,全桥双极性调制用于 PWM 输出的 DSP 引脚与半桥相同,只是在设计驱动电路时作为分路考虑即可。为了提高母线电压利用率,常采用全桥的结构。此外,将全桥结构中的开关器件开通状态进行适当的组合,可衍生出很多拓扑结构,在掌握全桥电路控制、发波基础上,分析相关的衍生电路会变得很简单。表 12.5 所列为四象限工作的 DC/DC 电路。该电路在 UPS 高频机电池管理系统、直流电动机的运动控制中很常见到。

表 12.5 全桥衍生的四象限工作的 DC/DC 电路

电路	开关管工作状态	电路工作说明	工作区间
(电路图1)	S_2、S_3、S_4 均闭合,S_1 用作 PWM 调制,实现正向 Buck 电路	S_1 导通,U_{in} 通过 S_1、S_4 给 U_{out} 充电,如①;S_1 关断,电流经 U_{out}、L、S_4、$D3$ 续流,如②	工作第一象限
(电路图2)	S_1、S_2、S_4 均闭合,S_3 用作 PWM 调制,实现正向 Boost 电路	S_3 导通,U_{in} 通过 D4、S_3 给 L 储能,如①;S_3 关断,U_{out} 经 L、D4、D1 为 U_{in} 充电,如②	工作第四象限
(电路图3)	S_1、S_3、S_4 均闭合,S_2 用作 PWM 调制,实现反向 Buck 电路	S_2 导通,U_{in} 通过 S_2、S_3 给 U_{out} 充电,如①;S_2 关断,电流经 U_{out}、L、D1、S_3 续流,如②	工作第三象限
(电路图4)	S_1、S_2、S_3 均闭合,S_4 用作 PWM 调制,实现反向 Boost 电路	S_4 导通,U_{out} 通过 D3、S_4 给 L 储能,如①;S_3 关断,U_{out} 经 L、D3、D2 为 U_{in} 充电,如②	工作第二象限

4. 单相全桥电路单极倍频调制方式

(1) 单极倍频原理

单极倍频存在于全桥结构中,半桥结构不能实现。单极倍频与单极性 SPWM 控制完全一致,只是三角载波为双极性。

图 12.15 所示为单极倍频 SPWM 驱动信号的形成电路。

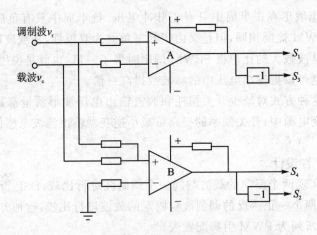

图 12.15 单极倍频 SPWM 驱动信号形成电路

比较逻辑如下：
- $\nu_r > \nu_c$ 时，比较器 A 输出端为正，S_1 导通，S_3 截止；
- $\nu_r < \nu_c$ 时，比较器 A 输出端为负，S_1 截止，S_3 导通；
- $\nu_r + \nu_c > 0$ 时，比较器 B 输出端为正，S_4 导通，S_2 截止；
- $\nu_r + \nu_c < 0$ 时，比较器 B 输出端为负，S_4 截止，S_2 导通。

图 12.16 所示为单极性 SPWM 和单极倍频 SPWM 波形对比图。单极倍频

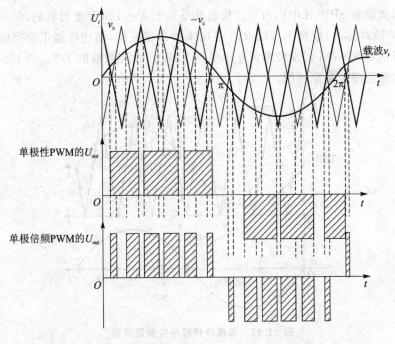

图 12.16 单极倍频与单极性 PWM 发波比较

第 12 章 基于 F28335 的电力电子应用案例分析

SPWM 控制输出波形在正半周中只有正脉冲电压,负半周中只有负脉冲电压,这一点与单极性 SPWM 控制相同,但是又由于其三角波为双极性,在载波比相同的时候,其输出电压中脉波数大约比单极 SPWM 调制时多了一倍,也就是说用同样的开关频率单极倍频调制可以把输出电压中的脉波数提高一倍。

单极倍频这种方式对减少开关损耗和改善输出电压波形质量都是有益的,尤其在大功率的逆变电源中,开关频率的提高可减小逆变器输出滤波电感值,降低逆变器的设计成本。

(2) DSP 软件设计

DSP 很难实现两个反向的载波与同一个调制波进行比较,DSP 资源很难支持这种配置方式;但两个一正一反的调制波与固定的载波进行比较,这种方式实现起来很简单。表 12.6 所列为 PWM 引脚配置表。

表 12.6 PWM 引脚配置表

引 脚	说 明
GPIO0/EPWM1A	使用引脚复用 EPWM1A 功能,S_1 驱动,高电平有效
GPIO1/EPWM1B	使用引脚复用 EPWM1B 功能,S_3 驱动,高电平有效
GPIO2/EPWM2A	使用引脚复用 EPWM2A 功能,S_2 驱动,高电平有效
GPIO3/EPWM2B	使用引脚复用 EPWM2B 功能,S_4 驱动,高电平有效

在单极倍频 SPWM 中相当于三角载波是关于 $X=TBPR/2$ 对称的,但是正弦波是关于 X 轴对称的,故加上 TBPR/2 是用来抬高正弦波,使比较能正常完成。也就是说单极倍频 SPWM 的发波系数是单极性 SPWM 发波系数的 1/2。图 12.17 所示为单极倍频程序控制原理图。

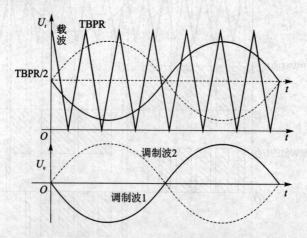

图 12.17 单极倍频程序控制原理图

假设单相控制电压为 i16VaAction,实现程序为:

第12章 基于F28335的电力电子应用案例分析

TBPR/2 + i16VaAction(TBPR/2 + coswt * TBPR/2)→EPwm1Regs.CMPA.half.CMPA;
TBPR/2 - i16VaAction(TBPR/2.coswt * TBPR/2)→EPwm2Regs.CMPA.half.CMPA;

其中：EPwm1Regs.CMPA.half.CMPA 和 EPwm2Regs.CMPA.half.CMPA 相当于图12.17中所示的调制波1和调制波2。

ePWM 模块初始化如例12.4所示，注意 EPWM1 和 EPWM2 模块应建立同步信号。发波流程如图12.18所示。

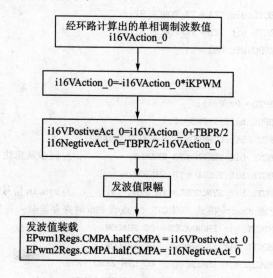

图12.18 单极倍频程序流程图

【例12.4】

```
Init_PWM()
{
    //EPWM1 配置
    EPwm1Regs.TBPRD = PrdCnst;
    EPwm1Regs.TBPHS.half.TBPHS = 0;
    EPwm1Regs.TBCTL.bit.CTRMODE = TB_COUNT_UPDOWN;
    EPwm1Regs.TBCTL.bit.PHSEN = TB_DISABLE;           //主模块
    EPwm1Regs.TBCTL.bit.PRDLD = TB_SHADOW;            //shadow 模式
    EPwm1Regs.TBCTL.bit.SYNCOSEL = TB_CTR_ZERO;       //过零发同步信号
    //CC 设置,使能 shadow 模式。当 CTR = 0 或者 PRD 时寄存器载入并生效
    EPwm1Regs.CMPCTL.bit.SHDWAMODE = CC_SHADOW;
    EPwm1Regs.CMPCTL.bit.SHDWBMODE = CC_SHADOW;
    EPwm1Regs.CMPCTL.bit.LOADAMODE = CC_CTR_ZERO_PRD;
    EPwm1Regs.CMPCTL.bit.LOADBMODE = CC_CTR_ZERO_PRD;
    //AQ 设置,EPWMA 电平设置
    EPwm1Regs.AQCTLA.bit.CAU = AQ_CLEAR;
    EPwm1Regs.AQCTLA.bit.CAD = AQ_SET;
```

第 12 章 基于 F28335 的电力电子应用案例分析

```
//DB 设置,上升沿、下降沿都加入死区 EPWMAx 输出高有效,EPWMBx 输出低有效
EPwm1Regs.DBCTL.bit.OUT_MODE = DB_FULL_ENABLE;
EPwm1Regs.DBCTL.bit.POLSEL = DB_ACTV_HIC;
EPwm1Regs.DBFED = FED_Cnst;                        //下降沿
EPwm1Regs.DBRED = RED_Cnst;                        //上升沿
//TZ 模块
EALLOW;
EPwm1Regs.TZCTL.bit.TZA = TZ_FORCE_HI;
EPwm1Regs.TZCTL.bit.TZB = TZ_FORCE_HI;
EPwm1Regs.TZFRC.bit.OST = 1;
EDIS;
//EPWM2 配置
EPwm2Regs.TBPRD = PrdCnst;
EPwm2Regs.TBPHS.half.TBPHS = 0;
EPwm2Regs.TBCTL.bit.CTRMODE = TB_COUNT_UPDOWN;
EPwm2Regs.TBCTL.bit.PHSEN = TB_ENABLE;             //同步从模块
EPwm2Regs.TBCTL.bit.PRDLD = TB_SHADOW;
EPwm2Regs.TBCTL.bit.SYNCOSEL = TB_SYNC_IN;         //syncin 信号为同步
//CC 设置,使能 shadow 模式。当 CTR = 0 或者 PRD 时寄存器载入并生效
EPwm2Regs.CMPCTL.bit.SHDWAMODE = CC_SHADOW;
EPwm2Regs.CMPCTL.bit.SHDWBMODE = CC_SHADOW;
EPwm2Regs.CMPCTL.bit.LOADAMODE = CC_CTR_ZERO_PRD;
EPwm2Regs.CMPCTL.bit.LOADBMODE = CC_CTR_ZERO_PRD;
//AQ 设置,EPWMA 电平设置
EPwm2Regs.AQCTLA.bit.CAU = AQ_CLEAR;
EPwm2Regs.AQCTLA.bit.CAD = AQ_SET;
EPwm2Regs.DBCTL.bit.OUT_MODE = DB_FULL_ENABLE;
EPwm2Regs.DBCTL.bit.POLSEL = DB_ACTV_HIC;
EPwm2Regs.DBFED = FED_Cnst;                        //下降沿
EPwm2Regs.DBRED = RED_Cnst;                        //上升沿
EALLOW;
EPwm2Regs.TZCTL.bit.TZA = TZ_FORCE_HI;
EPwm2Regs.TZCTL.bit.TZB = TZ_FORCE_HI;
EPwm2Regs.TZFRC.bit.OST = 1;
EDIS;
}
```

12.3.3 三相桥式电路及 SVPWM 相关算法应用

三相桥式电路是构成变频器、UPS 不间断供电电源、伺服控制器等电压型逆变器以及光伏逆变器、风能逆变器、APF 有源滤波器等电流型逆变器最常见的结构。其基本拓扑结构如图 12.19 所示。对于该拓扑结构常见的有两种发波方式:正弦脉

第 12 章 基于 F28335 的电力电子应用案例分析

宽调制 SPWM 和空间矢量调制 SVPWM。

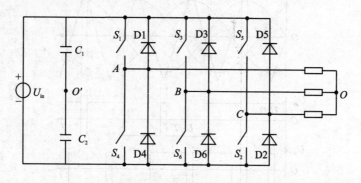

图 12.19 三相桥式电路

1. 正弦脉宽 SPWM 调制技术

(1) 调制原理

如图 12.19 所示,该电路有 3 个桥臂分别作为三相 A、B、C 的输出,该调制方式相当于单相半桥调制的三相延伸,也可将三相桥式电路看作 3 个单相半桥结构的组合,因而可将 3 个桥臂独立控制。为保证三相对称,3 个载波的角度差为 120°。同样的三相 SPWM 调制必然也会存在载波和调制波,按照载波与调制波的频率调整可分为 3 种方式:

- ✓ 同步方式:载波比是常数,逆变器输出的每个周期内所产生的脉冲数是一定的。逆变器的输出波形完全对称,由于在低频段 SPWM 的脉冲个数过少,谐波分量过大。
- ✓ 异步方式:载波频率固定不变,当调制波频率发生变化时载波比会发生变化。正因为如此,它不存在低频谐波分量大的缺点,但会造成逆变器输出不对称的现象。
- ✓ 分段同步方式:结合两者的特点,在低频段用异步控制,其他频段用同步控制。

数字控制中常采用异步控制方式。为消除偶次谐波及输出电压的余弦分量,载波比常取值 3 的整数倍,$m=3n$(n 取值为奇数)。图 12.20 所示的 SPWM 是 $m=3$ 时的波形。

其中:

$$U_{OO'} = \frac{1}{3}(U_{AO'} + U_{BO'} + U_{CO'}) \tag{12.13}$$

$$\left.\begin{array}{l} U_{AO} = U_{AO'} - U_{OO'} \\ U_{BO} = U_{BO'} - U_{OO'} \\ U_{CO} = U_{CO'} - U_{OO'} \end{array}\right\} \tag{12.14}$$

第 12 章 基于 F28335 的电力电子应用案例分析

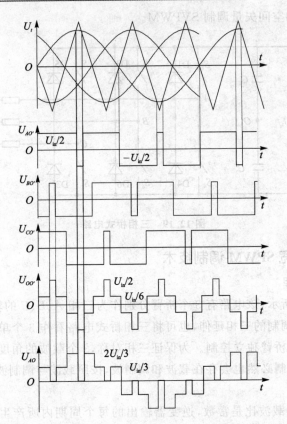

图 12.20 SPWM 调制比 $m=3$ 时的波形

(2) 软件设计

DSP 资源配置表可参考表 12.7。其中 EPWM1 模块互补的 2 个输出作为 A 桥臂上管、下管的驱动;EPWM2 的 2 个输出作为 B 桥臂的驱动;EPWM3 的 2 个输出作为 C 桥臂的驱动。由于三相控制方式需要用到 3 个 PWM 模块,根据 F28335 的 EPWM 模块的设计特点,需设置模块的同步方式,而 EPWM 模块初始化代码参考单相全桥电路方式,在此不再赘述。三相桥式 SPWM 的 C 语言发波算法在例 12.5 给出。

表 12.7 三相 PWM 资源配置表

引 脚	说 明
GPIO0/EPWM1A	使用引脚复用 EPWM1A 功能,S_1 驱动,高电平有效
GPIO1/EPWM1B	使用引脚复用 EPWM1B 功能,S_4 驱动,高电平有效
GPIO2/EPWM2A	使用引脚复用 EPWM2A 功能,S_3 驱动,高电平有效
GPIO3/EPWM2B	使用引脚复用 EPWM2B 功能,S_6 驱动,高电平有效
GPIO4/EPWM3A	使用引脚复用 EPWM3A 功能,S_5 驱动,高电平有效
GPIO5/EPWM3B	使用引脚复用 EPWM3B 功能,S_2 驱动,高电平有效

第 12 章 基于 F28335 的电力电子应用案例分析

【例 12.5】 三相桥式 SPWM 发波算法。

i16VaAct、i16VbAct、i16VcAct 分别为三相相差 120°的调制波；iUd 和 iUq 分别是双环控制输出的 d 轴、q 轴分量。除作用量定标为 Q12 外，其余系数的定标为 Q10。

```
void SPWM_Generation()
{
    //旋转/静止变换
    Alpha = (iUd * iCosRef - iUq * iSinRef)>>10;
    Beta  = (iUd * iSinRef + iUq * iCosRef )>>10;
    //2→3 变换
    i16VaAct = Alpha;
    i16VbAct = ((-Alpha * Cnst1Div2) + (Beta * CnstSqrt3Div2))>>10;
    i16VcAct = ((-Alpha * Cnst1Div2) - (Beta * CnstSqrt3Div2))>>10;
    //发波系数折算
    i16VaAct = (i16VaAct * i16Kpwm>>10);
    i16VbAct = (i16VbAct * i16Kpwm>>10);
    i16VcAct = (i16VcAct * i16Kpwm>>10);
    //CMPR1 = i16T1Period /2 + i16VaAct
    i16VaAct += (i16T1Period>>1);
    //CMPR2 = i16T1Period /2 + i16VbAct
    i16VbAct += (i16T1Period>>1);
    //CMPR3 = i16T1Period /2 + i16VcAct
    i16VcAct += (i16T1Period>>1);
    //限幅处理
    i16Temp1 = i16T1Period - 100;
    i16Temp2 = 100;
    LMT16(i16VaAct, i16Temp1, i16Temp2);
    LMT16(i16VbAct, i16Temp1, i16Temp2);
    LMT16(i16VcAct, i16Temp1, i16Temp2);
    //全比较寄存器赋值
    EPwm1Regs.CMPA.half.CMPA = i16VaAct;
    EPwm2Regs.CMPA.half.CMPA = i16VbAct;
    EPwm3Regs.CMPA.half.CMPA = i16VcAct;
}
```

其中：

LMT16(V,Max,Min)为宏定义：

#define LMT16(V,Max,Min) {V = (V<= Min)? Min:V; V = (V>= Max)? Max:V}

i16KPWM 为调制系数采用 Q10 格式定标：

$$iKPWM = \frac{1}{U_{DC}} \times U_{out} \times i16T1Period$$

2. 空间矢量调制 SVPWM

SVPWM 是近年发展起来的一种较新颖的控制方法。与传统的正弦 PWM 不同,它是从三相输出电压的整体效果出发,着眼于如何使电机获得理想圆形磁链轨迹。SVPWM 技术与 SPWM 相比较,使得电机转矩脉动降低,旋转磁场更逼近圆形,大大提高直流母线电压的利用率,且更易于实现数字化。

(1) SVPWM 的基本原理

设逆变器输出的三相相电压分别为 $U_A(t)$、$U_B(t)$、$U_C(t)$,可写成如式(12.15)所示的数学表达式:

$$\left. \begin{array}{l} U_A(t) = U_{MAX}\cos(wt) \\ U_B(t) = U_{MAX}\cos(wt - 2\pi/3) \\ U_C(t) = U_{MAX}\cos(wt + 2\pi/3) \end{array} \right\} \quad (12.15)$$

其中:$w=2\pi f$,U_{MAX} 为峰值电压。进一步我们也可将三相电压写成矢量的形式:

$$U(t) = U_A(t) + U_B(t)e^{j2\pi/3} + U_C(t)e^{j4\pi/3} = \frac{3}{2}U_{MAX}e^{j\theta} \quad (12.16)$$

其中:$U(t)$ 是旋转的空间矢量,其幅值为相电压峰值的 1.5 倍,以角频率 $w=2\pi f$ 按逆时针方向匀速旋转。换句话讲,$U(t)$ 在三相坐标轴上投影就是对称的三相正弦量。

三相桥式电路共有 6 个开关器件,依据同一桥臂上、下管不能同时导通的原则,开关器件一共有 2^3 个组合。若令上管导通时 $S=1$,下管导通时 $S=0$,则 (S_A, S_B, S_C) 一共构成如表 12.8 所列的 8 种矢量。

表 12.8 8 种开关组合

U_0	U_1	U_2	U_3	U_4	U_5	U_6	U_7
000	001	010	011	100	101	110	111

假设开关状态处于 U_3 状态,就会存在如式(12.17)的方程组:

$$\left. \begin{array}{l} U_{AB} = -U_{in} \\ U_{BC} = 0 \\ U_{CA} = U_{in} \\ U_{AO} - U_{BO} = U_{AB} \\ U_{CO} - U_{AO} = U_{CA} \\ U_{AO} + U_{BO} + U_{CO} = 0 \end{array} \right\} \quad (12.17)$$

解得该方程组 $U_{BO} = U_{CO} = \frac{1}{3}U_{in}$,$U_{AO} = -\frac{2}{3}U_{in}$。同理可依据上述方式计算出其他开关组合下的空间矢量,如表 12.9 所列。

由表 12.9 可知:8 个矢量中有 6 个模长为 $\frac{2}{3}U_{in}$ 的非零矢量,矢量间隔 60°;剩余 2 个零矢量位于中心。每 2 个相邻的非零矢量构成的区间叫作扇区,共有 6 个扇区,如图 12.21 所示。

表 12.9　开关状态与电压之间的关系

(S_A, S_B, S_C)	矢量符号	相电压		
		U_{AO}	U_{BO}	U_{CO}
(0,0,0)	U_0	0	0	0
(1,0,0)	U_4	$2U_{in}/3$	$-U_{in}/3$	$-U_{in}/3$
(1,1,0)	U_6	$U_{in}/3$	$U_{in}/3$	$-2U_{in}/3$
(0,1,0)	U_2	$-U_{in}/3$	$-U_{in}/3$	$-U_{in}/3$
(0,1,1)	U_3	$-2U_{in}/3$	$U_{in}/3$	$U_{in}/3$
(0,0,1)	U_1	$-U_{in}/3$	$-U_{in}/3$	$2U_{in}/3$
(1,0,1)	U_5	$U_{in}/3$	$-2U_{in}/3$	$U_{in}/3$
(1,1,1)	U_7	0	0	0

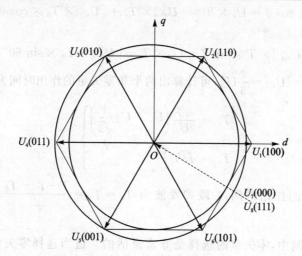

图 12.21　电压空间矢量图

在每一个扇区,选择相邻的 2 个电压矢量以及零矢量,即可合成每个扇区内的任意电压矢量,如式(12.18)所示:

$$\left. \begin{array}{l} \bm{U}_{ref} \times T = \bm{U}_x \times T_x + \bm{U}_y \times T_y + \bm{U}_0 \times T_0 \\ T_x + T_y + T_0 \leqslant T \end{array} \right\} \quad (12.18)$$

其中:U_{ref} 为电压矢量;T 为采样周期;T_x、T_y、T_0 分别为电压矢量 U_x、U_y 和零电压矢量 U_0 的作用时间。

由于三相电压在空间向量中可合成一个旋转速度是电源角频率旋转电压,因此可利用电压向量合成技术,由某一矢量开始,每到一个开关频率增量加 1。该增量是由扇区内相邻的 2 个基本非零向量与零电压向量合成。如此反复,从而达到电压空间向量脉宽调制的目的。

(2) SVPWM 的数值计算

电压矢量 U_{ref} 在第 1 扇区(如图 12.22 所示)。欲用 U_4、U_6 及非零矢量 U_0 合成,根据式(12.18)可得 $U_{ref} \times T = U_4 \times T_4 + U_6 \times T_6 + U_0 \times T_0$。

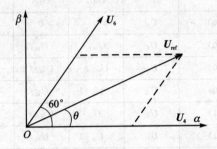

图 12.22 电压矢量在第 1 扇区的合成

对于 α 轴有
$$|U_{ref}| \times T \times \cos\theta = U_\alpha \times T = |U_4| \times T_4 + |U_6| \times T_6 \times \cos 60° \tag{12.19}$$

对于 β 轴有
$$|U_{ref}| \times T \times \sin\theta = U_\beta \times T = |U_6| \times T_6 \times \sin 60° \tag{12.20}$$

又因为 $|U_6| = |U_4| = \dfrac{2}{3} U_{in}$,可计算出两个非零矢量的作用时间为

$$\left. \begin{array}{l} T_4 = \dfrac{3T}{2U_{in}} \left(U_\alpha - U_\beta \dfrac{1}{\sqrt{3}} \right) \\[2mm] T_6 = \sqrt{3} T \dfrac{U_\beta}{U_{in}} \end{array} \right\} \tag{12.21}$$

进而得到零矢量的作用时间:7 段式发波为 $T_0 = T_7 = \dfrac{T - T_4 - T_6}{2}$;5 段式发波为 $T_7 = T - T_4 - T_6$。

SVPWM 调制中,零矢量的选择是非常灵活的。适当选择零矢量,可最大限度地减少开关次数,同时最大限度地减少开关损耗。最简单的合成方法为 5 段式对称发波和 7 段式对称发波:7 段式发波开关次数较多而谐波含量较小,5 段式发波减少了开关次数,但增大了谐波含量。

5 段式对称 SVPWM 矢量合成公式如下:
$$U_{ref} T = U_0 \dfrac{T_0}{2} + U_1 \dfrac{T_x}{2} + U_2 T_y + U_1 \dfrac{T_x}{2} + U_0 \dfrac{T_0}{2} \tag{12.22}$$

7 段式对称 SVPWM 矢量合成公式如下:
$$U_{ref} T = U_0 \dfrac{T_0}{4} + U_1 \dfrac{T_x}{2} + U_2 \dfrac{T_y}{2} + U_7 \dfrac{T_0}{2} + U_2 \dfrac{T_y}{2} + U_1 \dfrac{T_x}{2} + U_0 \dfrac{T_0}{4} \tag{12.23}$$

表 12.10 给出了两种发波方式的开关器件的在第 1 扇区内的切换顺序对照序,读者可对照分析这两种发波方式。

第 12 章 基于 F28335 的电力电子应用案例分析

表 12.10 两种发波方式开关器件的切换顺序

扇区	5 段式发波	7 段式发波
1	···4,6,7,7,6,4···	···0,4,6,7,7,6,4,0···
2	···2,6,7,7,6,2···	···0,2,6,7,7,6,2,0···
3	···2,3,7,7,3,2···	···0,2,3,7,7,3,2,0···
4	···1,3,7,7,3,1···	···0,1,3,7,7,3,1,0···

续表 12.10

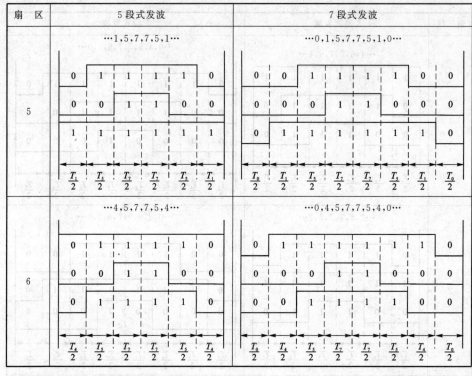

(3) SVPWM 的算法过程

扇区号的确定——由 U_α 和 U_β 所决定的空间电压矢量所处的扇区,得到表 12.11 所列的扇区判断的充分必要条件。

表 12.11 扇区判断的充分必要条件

扇 区	落入此扇区的充分必要条件	扇 区	落入此扇区的充分必要条件
1	$U_\alpha>0$, $U_\beta>0$ 且 $U_\beta/U_\alpha<\sqrt{3}$	4	$U_\alpha<0$, $U_\beta<0$ 且 $U_\beta/U_\alpha<\sqrt{3}$
2	$U_\alpha>0$, 且 $U_\beta/|U_\alpha|>\sqrt{3}$	5	$U_\beta<0$ 且 $U_\beta/|U_\alpha|>\sqrt{3}$
3	$U_\alpha<0$, $U_\beta>0$ 且 $U_\beta/U_\alpha<\sqrt{3}$	6	$U_\alpha>0$, $U_\beta<0$ 且 $U_\beta/U_\alpha<\sqrt{3}$

进一步分析该表,定义 3 个参考变量 U_{ref1}、U_{ref2} 和 U_{ref3} 及式(12.24)所示的表达式:

$$\left. \begin{array}{l} U_{ref1} = U_\beta \\ U_{ref2} = \dfrac{\sqrt{3}}{2}U_\alpha - \dfrac{1}{2}U_\beta \\ U_{ref3} = -\dfrac{\sqrt{3}}{2}U_\alpha - \dfrac{1}{2}U_\beta \end{array} \right\} \quad (12.24)$$

再定义 3 个符号变量 A_1、A_2、A_3 及如下判断条件:

第 12 章　基于 F28335 的电力电子应用案例分析

if($U_{ref1} \geq 0$)\{$A_1 = 1$;\}　　if($U_{ref2} \geq 0$)\{$A_2 = 1$;\}　　if($U_{ref3} \geq 0$)\{$A_3 = 1$;\}
else\{$A_1 = 0$;\}　　　　else\{$A_2 = 0$;\}　　　　else\{$A_3 = 0$;\}

则扇区号 Vector_Num=$A_1+2\times A_2+4\times A_3$，扇区对应关系如表 12.12 所列。

表 12.12　扇区对应关系

Vector_Num	3	1	5	4	6	2
扇区号	1	2	3	4	5	6

作用时间计算——使用式(12.24)定义的 3 个参考变量，将式(12.21)进行改写，可得

$$\left. \begin{array}{l} T_4 = \dfrac{\sqrt{3}T}{U_{in}}U_{ref2} \\ T_6 = \sqrt{3}T\dfrac{U_{ref1}}{U_{in}} \end{array} \right\} \quad (12.25)$$

按照上述方法可以计算出其他扇区非零矢量作用时间，如表 12.13 所列。

表 12.13　其他扇区非零矢量作用时间

扇区	作用时间	扇区	作用时间
1	$T_x = T_4 = \dfrac{\sqrt{3}T}{U_{in}}U_{ref2}$ $T_y = T_6 = \dfrac{\sqrt{3}T}{U_{in}}U_{ref1}$	4	$T_x = T_1 = \dfrac{\sqrt{3}T}{U_{in}}U_{ref1}$ $T_y = T_3 = \dfrac{\sqrt{3}T}{U_{in}}U_{ref2}$
2	$T_x = T_2 = \dfrac{\sqrt{3}T}{U_{in}}U_{ref2}$ $T_y = T_6 = \dfrac{\sqrt{3}T}{U_{in}}U_{ref3}$	5	$T_x = T_1 = \dfrac{\sqrt{3}T}{U_{in}}U_{ref3}$ $T_y = T_5 = \dfrac{\sqrt{3}T}{U_{in}}U_{ref2}$
3	$T_x = T_2 = \dfrac{\sqrt{3}T}{U_{in}}U_{ref1}$ $T_y = T_3 = \dfrac{\sqrt{3}T}{U_{in}}U_{ref3}$	6	$T_x = T_1 = \dfrac{\sqrt{3}T}{U_{in}}U_{ref3}$ $T_y = T_5 = \dfrac{\sqrt{3}T}{U_{in}}U_{ref2}$

注意：为了使该算法适应各种电压等级，表 12.13 中的变量均是经过归一化处理之后的数据。

三相 PWM 波形合成——按照上述过程，就能得到每个扇区相邻两电压空间矢量和零电压矢量的作用时间。再根据 PWM 调制原理，计算出每一相对应比较器的值，式(12.26)为 7 段式 SVPWM 发波值计算式，式(12.27)为 5 段式 SVPWM 发波值计算式。

$$\left. \begin{array}{l} NT_3 = (T - T_x - T_y)/2 \\ NT_2 = NT_3 + T_y \\ NT_1 = NT_2 + T_x \end{array} \right\} \quad (12.26)$$

第 12 章　基于 F28335 的电力电子应用案例分析

$$\left.\begin{array}{l} NT_3 = 0 \\ NT_2 = T_y \\ NT_1 = NT_2 + T_x \end{array}\right\} \quad (12.27)$$

以 7 段式 SVPWM 发波为例,各个扇区的比较值赋值如表 12.14 所列。

表 12.14　7 段式 SVPWM 比较值赋值表

扇区	作用时间	扇区	作用时间
1	CMPR1=TBPR−NT_2 CMPR2=TBPR−NT_1 CMPR3=TBPR−NT_3	4	CMPR1=TBPR−NT_3 CMPR2=TBPR−NT_2 CMPR3=TBPR−NT_1
2	CMPR1=TBPR−NT_1 CMPR2=TBPR−NT_3 CMPR3=TBPR−NT_2	5	CMPR1=TBPR−NT_3 CMPR2=TBPR−NT_1 CMPR3=TBPR−NT_2
3	CMPR1=TBPR−NT_1 CMPR2=TBPR−NT_2 CMPR3=TBPR−NT_3	6	CMPR1=TBPR−NT_2 CMPR2=TBPR−NT_3 CMPR3=TBPR−NT_1

(4) SVPWM 的例程分析

DSP 的 PWM 模块初始化设置与 SPWM 初始化相同;DSP 的 PWM 引脚分配参见表 12.7;SVPWM 发波程序参见例 12.6。

【例 12.6】 SVPWM 发波程序。

iUd 和 iUq 分别是双环控制输出的 d 轴、q 轴分量。除作用量的定标为 Q12 外,其余系数的定标为 Q10。

```
void SVPWM_Generation()
{
    //旋转→静止变换
    iAlpha = (iUd * iCosRef.iUq * iSinRef)>>10;
    iBeta = (iUd * iSinRef + iUq * iCosRef)>>10;
    //计算参考轴
    Uref1 = iBeta;
    Uref2 = ( iAlpha * KSqrt3Div2_Cnst - iBeta * K1Div2_Cnst)>>10;
    Uref3 = ( - iAlpha * KSqrt3Div2_Cnst - iBeta * K1Div2_Cnst)>>10;
    //扇区号计算
    iVectNumber = sign(Uref1) + (sign(Uref2)<<1) + (sign(Uref3)<<2);
    //参考轴定标
    Uref1 = abs((Uref1 * iKSVPWM)>>12);
    Uref2 = abs((Uref2 * iKSVPWM)>>12);
    Uref3 = abs((Uref3 * iKSVPWM)>>12);
```

```c
//计算2个矢量作用时间，$T_x$ 为扇区后矢量作用时间，$T_y$ 为扇区前矢量作用时间
switch(iVectNumber)
{
    case 0:
    case 1:                              //1 扇区
        Tx = Uref2;
        Ty = Uref3;
        break;
    case 2:                              //2 扇区
        Tx = Uref3;
        Ty = Uref1;
        break;
    case 3:                              //3 扇区
        Tx = Uref2;
        Ty = Uref1;
        break;
    case 4:                              //4 扇区
        Tx = Uref1;
        Ty = Uref2;
        break;
    case 5:                              //5 扇区
        Tx = Uref1;
        Ty = Uref3;
        break;
    case 6:                              //6 扇区
        Tx = Uref3;
        Ty = Uref2;
        break;
}
//饱和处理，$T_x + T_y <$ i16T1Period
iSaturation = Tx + Ty;
if(iSaturation > i16T1Period)
{
    iSaturation = (i16T1Period <<10)/ iSaturation;
    Tx = (Tx * iSaturation)>>10;
    Ty = (Ty * iSaturation)>>10;
}
NT3 = ((i16T1Period   - Tx - Ty)>>1);   //$T_0/2$
NT2 = NT3 + Ty;                         //$T_0/2 + T_y$
NT1 = NT2 + Tx;                         //$T_0/2 + T_y + T_x$
LMT16(NT3,    i16T1Period - 300, 300);
```

第12章 基于F28335的电力电子应用案例分析

```
    LMT16(NT2,    i16T1Period - 300, 300);
    LMT16(NT1,    i16T1Period - 300, 300);
    //三相PWM发波合成
    switch(iVectNumber)
    {
        case 1:                                    //1扇区
            EPwm1Regs.CMPA.half.CMPA = NT2;
            EPwm2Regs.CMPA.half.CMPA = NT1;
            EPwm3Regs.CMPA.half.CMPA = NT3;
        break;
        case 2:                                    //2扇区
            EPwm1Regs.CMPA.half.CMPA = NT1;
            EPwm2Regs.CMPA.half.CMPA = NT3;
            EPwm3Regs.CMPA.half.CMPA = NT2;
        break;
        case 3:                                    //3扇区
            EPwm1Regs.CMPA.half.CMPA = NT1;
            EPwm2Regs.CMPA.half.CMPA = NT2;
            EPwm3Regs.CMPA.half.CMPA = NT3;
        break;
        case 4:                                    //4扇区
            EPwm1Regs.CMPA.half.CMPA = NT3;
            EPwm2Regs.CMPA.half.CMPA = NT2;
            EPwm3Regs.CMPA.half.CMPA = NT1;
        break;
        case 5:                                    //5扇区
            EPwm1Regs.CMPA.half.CMPA = NT3 ;
            EPwm2Regs.CMPA.half.CMPA = NT1;
            EPwm3Regs.CMPA.half.CMPA = NT2;
        break;
        case 6:                                    //6扇区
            EPwm1Regs.CMPA.half.CMPA = NT2;
            EPwm2Regs.CMPA.half.CMPA = NT3;
            EPwm3Regs.CMPA.half.CMPA = NT1;
        break;
    }
}
```

3. SVPWM的简易实现

通过仿真和实验可知,SVPWM实际上是在SPWM的调制波叠加了零序分量而形成的马鞍波,这个零序分量是通过在调制过程中增加的零矢量来构成的,也就是

第12章 基于 F28335 的电力电子应用案例分析

说是通过上面的算法调制出来的。

只要非零矢量的作用时间保持不变,零序分量的加入不影响合成的电压矢量,只影响 SVPWM 的发波时序而已。按照这种思路可找到一种实现 SVPWM 的简单方法,也就是说能否使用三相载波构造出一个零序分量,直接注入目标调制波而构成马鞍形调制波?这样既能达到提高电压利用率、减少开关管的开关次数的目的,又可减少程序代码段。

按照这种思路,首先我们先取三相载波电压的最大值、最小值:

$$U_{MIN} = MIN(U_A, U_B, U_C)$$
$$U_{MAX} = MAX(U_A, U_B, U_C)$$

零序分量可由式(12.28)表示:

$$U_{COM} = -\frac{U_{MAX} + U_{MIN}}{2} \tag{12.28}$$

将零序分量加入三相 SPWM 载波中得到新的三相马鞍形波形:

$$U'_A = U_A + U_{COM}$$
$$U'_B = U_B + U_{COM} \tag{12.29}$$
$$U'_C = U_C + U_{COM}$$

将叠加零序分量的三相载波 U'_A、U'_B、U'_C 做 SPWM 调制即可得到与例 12.7 相同的调制结果。程序流程图如图 12.23 所示。

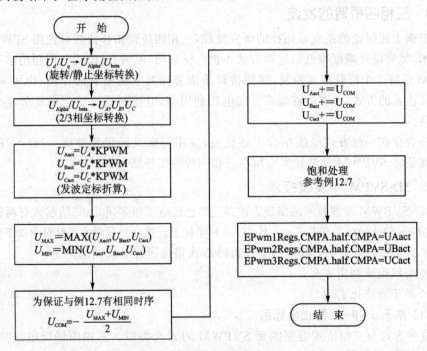

图 12.23 SVPWM 的简易实现程序流程图

12.3.4 三相四桥臂电路及 3D-SVPWM 算法应用

三相四桥臂逆变器是在三相桥式逆变器的基础上增加了一个桥臂,通过该桥臂直接控制中性点电压,所产生的电流使逆变器可适应不平衡负载的需要。图 12.24 为该拓扑电路结构的示意图。增加一个由 S_7、S_8、D7、D8 所构成的中线桥臂,使其他 3 个桥臂与该桥臂构成逆变器输出的三相电压。在高频机模块化 UPS 中,即互动式、在线式 UPS 的逆变器设计过程中,该拓扑得到广泛应用。

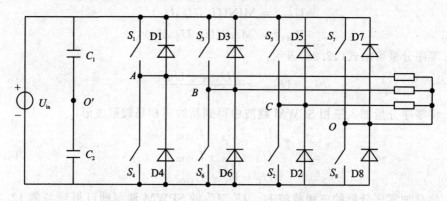

图 12.24 三相四桥臂拓扑电路结构

1. 三相四桥臂的发波

根据上述讨论的逆变器拓扑的研究发现,三相四桥臂拓扑依然可使用 SPWM 发波技术,尽管设计难度很低但这种方式不被广泛采用,原因有:母线电压利用率不高,SPWM 是将 3 个桥臂独立控制,第四桥臂没能发挥其平衡负载的作用;也可采用 3 次谐波注入的方式,尽管能够提高母线电压利用率,但控制器设计会很复杂,应用难度较高。

是否存在一种方式既能结合上述优点,应用起来又能很便捷呢？3D-SVPWM 技术就是将 SVPWM 发波技术应用在三相四桥臂拓扑结构中。

2. 3D-SVPWM 发波技术

3D-SVPWM 发波技术的实现方法在业界已经有了很多研究,归纳起来有两种:基于 α-β-γ 静止坐标系和基于 A-B-C 三相坐标系。这两种实现方式都具有如下特点:
- ✓ 4 个桥臂结合在一起统一进行调制,3 次谐波通过算法调制产生;
- ✓ 母线电压利用率高;
- ✓ 易于数字化实现。

(1) 基于 α-β-γ 静止坐标系

这种方式与三相桥式电路实现 SVPWM 的方式类似。三相四桥臂电路共有 8 个开关器件,依据同一桥臂上下管不能同时导通的原则,开关器件一共有 2^4 个组合。若令上管导通时 $S=1$,下管导通时 $S=0$,则 (S_A, S_B, S_C, S_O) 一共构成如表 12.15 所

第12章 基于F28335的电力电子应用案例分析

列的16种矢量。

表12.15 α-β-γ静止坐标系下构成的16种矢量

开关序列 (S_A,S_B,S_C,S_O)	U_A	U_B	U_C	A-B-C静止坐标系变换	U_α	U_β	U_γ
(0,0,0,0)	0	0	0		0	0	0
(0,0,0,1)	$-U_{in}$	$-U_{in}$	$-U_{in}$		0	0	$-U_{in}$
(0,0,1,0)	0	0	U_{in}		$-U_{in}/3$	$-U_{in}/\sqrt{3}$	$U_{in}/3$
(0,0,1,1)	$-U_{in}$	$-U_{in}$	0	$\begin{bmatrix} U_\alpha \\ U_\beta \\ U_\gamma \end{bmatrix} =$	$-U_{in}/3$	$-U_{in}/\sqrt{3}$	$-2U_{in}/3$
(0,1,0,0)	0	U_{in}	0		$-U_{in}/3$	$U_{in}/\sqrt{3}$	$U_{in}/3$
(0,1,0,1)	$-U_{in}$	0	$-U_{in}$		$-U_{in}/3$	$U_{in}/\sqrt{3}$	$-2U_{in}/3$
(0,1,1,0)	0	U_{in}	U_{in}	$\frac{2}{3}\begin{bmatrix} 1 & -\frac{1}{2} & -\frac{1}{2} \\ 0 & \frac{\sqrt{3}}{2} & -\frac{\sqrt{3}}{2} \\ \frac{1}{2} & \frac{1}{2} & \frac{1}{2} \end{bmatrix} \cdot$	$-2U_{in}/3$	0	$2U_{in}/3$
(0,1,1,1)	U_{in}	0	0		$-2U_{in}/3$	0	$-U_{in}/3$
(1,0,0,0)	U_{in}	0	0		$2U_{in}/3$	0	$U_{in}/3$
(1,0,0,1)	0	$-U_{in}$	$-U_{in}$	$\begin{bmatrix} U_A \\ U_B \\ U_C \end{bmatrix}$	$2U_{in}/3$	0	$-2U_{in}/3$
(1,0,1,0)	U_{in}	0	U_{in}		$U_{in}/3$	$-U_{in}/\sqrt{3}$	$2U_{in}/3$
(1,0,1,1)	0	$-U_{in}$	0		$U_{in}/3$	$-U_{in}/\sqrt{3}$	$-U_{in}/3$
(1,1,0,0)	U_{in}	U_{in}	0		$U_{in}/3$	$U_{in}/\sqrt{3}$	$2U_{in}/3$
(1,1,0,1)	0	0	$-U_{in}$		$U_{in}/3$	$U_{in}/\sqrt{3}$	$-U_{in}/3$
(1,1,1,0)	U_{in}	U_{in}	U_{in}		0	0	U_{in}
(1,1,1,1)	0	0	0		0	0	0

有2个零矢量和14个非零矢量。将这16个矢量画在空间构成12面体。其中2个零矢量位于12面体的中央,14个非零矢量分别位于12面体的交点处,如图12.25所示。

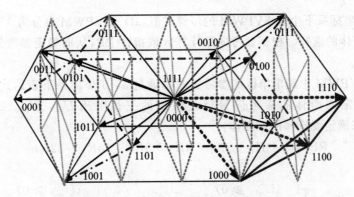

图12.25 α-β-γ坐标系下的矢量分布

第 12 章　基于 F28335 的电力电子应用案例分析

按照二维空间下 SVPWM 波形的实现步骤，α-β-γ 静止坐标系下的 3D-SVPWM 需要按如下步骤进行：确定棱柱体→确定棱柱体中的四面体→对各个四面体进行非零矢量作用时间的计算。如此看来，计算量很大将耗费 DSP 过多的时钟周期，不利于系统的实时性。

(2) 基于 A-B-C 坐标系

3D-SVPWM 的实现方式可通过二维坐标系下 SVPWM 的实现方式推广得到。表 12.16 所列的开关器件的开关组合可构成 16 种空间矢量。

表 12.16　A-B-C 坐标系下构成的 16 种矢量

矢量	开关序列 (S_A,S_B,S_C,S_O)	三相坐标系 U_A	U_B	U_C	矢量	开关序列 (S_A,S_B,S_C,S_O)	三相坐标系 U_A	U_B	U_C
U_1	(0,0,0,0)	0	0	0	U_5	(1,0,0,0)	U_{in}	0	0
U_9	(0,0,0,1)	$-U_{in}$	$-U_{in}$	$-U_{in}$	U_{13}	(1,0,0,1)	0	$-U_{in}$	$-U_{in}$
U_2	(0,0,1,0)	0	0	U_{in}	U_6	(1,0,1,0)	U_{in}	0	U_{in}
U_{10}	(0,0,1,1)	$-U_{in}$	$-U_{in}$	0	U_{14}	(1,0,1,1)	0	$-U_{in}$	0
U_3	(0,1,0,0)	0	U_{in}	0	U_7	(1,1,0,0)	U_{in}	U_{in}	0
U_{11}	(0,1,0,1)	$-U_{in}$	0	$-U_{in}$	U_{15}	(1,1,0,1)	0	0	$-U_{in}$
U_4	(0,1,1,0)	0	U_{in}	U_{in}	U_8	(1,1,1,0)	U_{in}	U_{in}	U_{in}
U_{12}	(0,1,1,1)	$-U_{in}$	0	0	U_{16}	(1,1,1,1)	0	0	0

这 16 个空间矢量在 A-B-C 坐标系下构成如图 12.26 所示的空间 12 面体。其中 14 个非零矢量位于 12 面体的顶点处，2 个零矢量位于 12 面体的中心。

这 16 个矢量的生成方式与 α-β-γ 静止坐标系下很相似，不同的是该方式无须经过坐标系的变换，所组成的空间 12 面体是在 A-B-C 坐标系下直接得到，读者可将表 12.16 与图 12.26 结合起来分析。这里所介绍的实现方式就是基于 A-B-C 坐标系的。

与二维坐标系下生成 SVPWM 的步骤类似，3D-SVPWM 也分为 3 个步骤。

① 四面体的选择。根据参考向量计算区域指针 RP，从而确定参考矢量位于哪个四面体中。

平面 SVPWM 中确定扇区的参考矢量是通过 α-β 坐标系下表达式构成；3D-SVPWM 确定四面体的参考向量就是输入的三相电压 U_{refA}、U_{refB}、U_{refC}。可由式(12.30)来确定要选择的四面体：

$$RP = 1 + K_1 + 2K_2 + 4K_3 + 8K_4 + 16K_5 + 32K_6 \qquad (12.30)$$

其中：

$$K_1 = \begin{cases} 1 & (U_{refA} \geqslant 0) \\ 0 & (U_{refA} < 0) \end{cases} \qquad K_2 = \begin{cases} 1 & (U_{refB} \geqslant 0) \\ 0 & (U_{refB} < 0) \end{cases}$$

第 12 章　基于 F28335 的电力电子应用案例分析

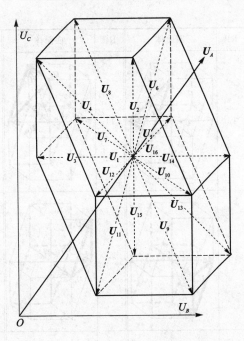

图12.26　A-B-C 坐标系下 16 个矢量形成的 12 面体

$$K_3 = \begin{cases} 1 & (U_{refC} \geqslant 0) \\ 0 & (U_{refC} < 0) \end{cases} \qquad K_4 = \begin{cases} 1 & (U_{refA} - U_{refB} \geqslant 0) \\ 0 & (U_{refA} - U_{refB} < 0) \end{cases}$$

$$K_5 = \begin{cases} 1 & (U_{refB} - U_{refC} \geqslant 0) \\ 0 & (U_{refB} - U_{refC} < 0) \end{cases} \qquad K_6 = \begin{cases} 1 & (U_{refA} - U_{refC} \geqslant 0) \\ 0 & (U_{refA} - U_{refC} < 0) \end{cases}$$

RP 为区域指针,取值范围为 1~64。

由于 K_i 的取值并不完全独立,RP 只能有 24 个可能的数值,也就是说正好对应如表 12.17 所列的 24 个四面体。通过计算 RP 得到参考矢量在三维空间的位置,从而确定非零矢量。

表 12.17　式(12.30)所生成的 24 个四面体

RP	四面体	RP	四面体	RP	四面体	RP	四面体
1		5		7		8	

第12章 基于F28335的电力电子应用案例分析

续表12.17

RP	四面体	RP	四面体	RP	四面体	RP	四面体
9		13		14		16	
12		19		23		24	
41		42		46		48	
49		51		52		56	
57		58		60		64	

第12章 基于F28335的电力电子应用案例分析

② 计算开关矢量作用时间。将参考矢量投影在开关矢量上计算出每个非零开关矢量的作用时间。例如：在表12.17所对应24个四面体中，选取RP=1时的四面体。非零开关矢量分别为$U_9=[-1,-1,-1]^T$，$U_{10}=[-1,-1,0]^T$和$U_{12}=[-1,0,0]^T$，则每个开关矢量对应的占空比为

$$U_{ref}=U_9 d_1+U_{10}d_2+U_{12}d_3 \tag{12.31}$$

其中：U_2、U_{10}、U_{13}的作用时间分别为d_1、d_2、d_3，零矢量的作用时间是$d_0=1-d_1-d_2-d_3$。

将式(12.32)展开，得

$$\begin{bmatrix}U_{refA}\\U_{refB}\\U_{refC}\end{bmatrix}=\begin{bmatrix}-1\\-1\\-1\end{bmatrix}d_1+\begin{bmatrix}-1\\-1\\0\end{bmatrix}d_2+\begin{bmatrix}-1\\0\\0\end{bmatrix}d_3 \tag{12.32}$$

解得

$$\left.\begin{matrix}d_1=-U_{refC}\\d_2=U_{refC}-U_{refB}\\d_3=U_{refB}-U_{refA}\end{matrix}\right\} \tag{12.33}$$

按照相同方法可计算出其他23个四面体中非零矢量的作用时间，这里不再赘述。

③ 将开关矢量进行排序。每个四面体中的3个非零矢量确定后，需要确定开关的排序，即开关矢量的作用顺序。根据不同的零矢量加入方式可以组合出许多种开关样式，常见的有5段对称式和7段对称式。图12.27所示为RP=1时的7段对称式排序，只增加了一种零矢量，该方式在一个工频周期内，每个开关管都有1/3的时间不动作，开关损耗较小。

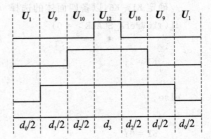

图12.27 RP=1时的7段对称式排序方式

一旦开关矢量的顺序确定，调制波就可以产生了。在数字控制中，这一步计算也可以通过查表实现。

下面我们来进行例程分析。

DSP的PWM模块初始化设置与SPWM初始化相同；DSP的PWM引脚分配表参见表12.18；SVPWM发波程序参见例12.7。

表12.18 三相四桥臂PWM资源配置表

引脚	相应的寄存器	说明
GPIO0/EPWM1A	EPwm1Regs.CMPA.half.CMPA	S_1驱动，高电平有效
GPIO1/EPWM1B	EPwm1Regs.CMPB	S_4驱动，高电平有效

第12章 基于F28335的电力电子应用案例分析

续表12.18

引 脚	相应的寄存器	说 明
GPIO2/EPWM2A	EPwm2Regs.CMPA.half.CMPA	S_3驱动,高电平有效
GPIO3/EPWM2B	EPwm2Regs.CMPB	S_6驱动,高电平有效
GPIO4/EPWM3A	EPwm3Regs.CMPA.half.CMPA	S_5驱动,高电平有效
GPIO5/EPWM3B	EPwm3Regs.CMPB	S_2驱动,高电平有效
GPIO6/EPWM4A	EPwm4Regs.CMPA.half.CMPA	S_7驱动,高电平有效
GPIO7/EPWM4B	EPwm4Regs.CMPB	S_8驱动,高电平有效

【例12.7】 三相四桥臂3D-SVPWM发波子函数。

i16VrefA、i16VrefB、i16VrefC分别为控制器产生的三相调制波;i16KSVPWM为发波系数。

```
void 3D_SVPWM()
{
    //定标处理
    i16VrefA_SCALE = i16VrefA * VIN_SCAL;
    i16VrefB_SCALE = i16VrefB * VIN_SCAL;
    i16VrefC_SCALE = i16VrefC * VIN_SCAL;
    //确定K1~K6,以备四面体的选择
    if(i16VrefA_SCALE>=0)
    {
        K1 = 1;
    }
    else
    {
        K1 = 0;
    }
    if(i16VrefB_SCALE>=0)
    {
        K2 = 1;
    }
    else
    {
        K2 = 0;
    }
    if(i16VrefC_SCALE>=0)
    {
        K3 = 1;
    }
    else
```

```
        K3 = 0;
    }
    if(i16VrefA_SCALE >= i16VrefB_SCALE)
    {
        K4 = 1;
    }
    else
    {
        K4 = 0;
    }
    if(i16VrefB_SCALE >= i16VrefC_SCALE)
    {
        K5 = 1;
    }
    else
    {
        K5 = 0;
    }
    if(i16VrefA_SCALE >= i16VrefC_SCALE)
    {
        K6 = 1;
    }
    else
    {
        K6 = 0;
    }
    //四面体的选择
    RP = 1 + K1 + 2 * K2 + 4 * K3 + 8 * K4 + 16 * K5 + 32 * K6;
    //在此之前还需进行发波系数的折算
    i16VrefA_SVM = ((INT32)i16VrefA_SCALE * i16KSVPWM) >>10;
    i16VrefB_SVM = ((INT32)i16VrefB_SCALE * i16KSVPWM) >>10;
    i16VrefC_SVM = ((INT32)i16VrefC_SCALE * i16KSVPWM) >>10;
    //饱和处理,T_1 = T_1 * i16T1Period /(T_1 + T_2)
    //T_2 = T_2 * i16T1Period /(T_1 + T_2)
    iIntA = i16VrefA_SVM + i16VrefB_SVM + i16VrefC_SVM;
    if(iIntA > i16T1Period)
    {
        iIntA = ((INT32)( i16T1Period)<<10)/iIntA;
        i16VrefA_SVM = ((INT32)(i16VrefA_SVM) * iIntA) >>10;
        i16VrefB_SVM = ((INT32)(i16VrefB_SVM) * iIntA) >>10;
        i16VrefC_SVM = ((INT32)(i16VrefC_SVM) * iIntA) >>10;
```

第12章 基于F28335的电力电子应用案例分析

```
    }
    //每一个四面体中的向量选择及发波排序
    switch(RP)
    {
        case 1:
            D1 = - i16VrefC_SVM;
            D2 = - i16VrefB_SVM + i16VrefC_SVM;
            D3 = - i16VrefA_SVM + i16VrefB_SVM;
            D4 = i16T1Period.D1.D2.D3;
            EPwm1Regs.CMPA.half.CMPA = D4>>1;
            EPwm2Regs.CMPA.half.CMPA = D3 + D4/2;
            EPwm3Regs.CMPA.half.CMPA = D2 + D3 + D4/2;
            EPwm4Regs.CMPA.half.CMPA = D1 + D2 + D3 + D4/2;
        break;
        case 5:
            D1 = i16VrefC_SVM;
            D2 = - i16VrefB_SVM;
            D3 = - i16VrefA_SVM + i16VrefB_SVM;
            D4 = i16T1Period.D1.D2.D3;
            EPwm1Regs.CMPA.half.CMPA = D4/2;
            EPwm2Regs.CMPA.half.CMPA = D3 + D4/2;
            EPwm3Regs.CMPA.half.CMPA = D1 + D2 + D3 + D4/2;
            EPwm4Regs.CMPA.half.CMPA = D2 + D3 + D4/2;
        break;
        case 7:
            D1 = - i16VrefB_SVM + i16VrefC_SVM;
            D2 = i16VrefB_SVM;
            D3 = - i16VrefA_SVM;
            D4 = i16T1Period.D1.D2.D3;
            EPwm1Regs.CMPA.half.CMPA = D4/2;
            EPwm2Regs.CMPA.half.CMPA = D2 + D3 + D4/2;
            EPwm3Regs.CMPA.half.CMPA = D1 + D2 + D3 + D4/2;
            EPwm4Regs.CMPA.half.CMPA = D3 + D4/2;
        break;
        case 8:
            D1 = - i16VrefB_SVM + i16VrefC_SVM;
            D2 = - i16VrefA_SVM + i16VrefB_SVM;
            D3 = i16VrefA_SVM;
            D4 = i16T1Period.D1.D2.D3;
            EPwm1Regs.CMPA.half.CMPA = D3 + D4/2;
            EPwm2Regs.CMPA.half.CMPA = D2 + D3 + D4/2;
            EPwm3Regs.CMPA.half.CMPA = D1 + D2 + D3 + D4/2;
```

```
            EPwm4Regs.CMPA.half.CMPA = D4/2;
    break;
    case 9:
            D1 = - i16VrefC_SVM;
            D2 = - i16VrefA_SVM + i16VrefC_SVM;
            D3 = i16VrefA_SVM.i16VrefB_SVM;
            D4 = i16T1Period.D1.D2.D3;
            EPwm1Regs.CMPA.half.CMPA = D3 + D4/2;
            EPwm1Regs.CMPA.half.CMPA = D4/2;
            EPwm1Regs.CMPA.half.CMPA = D2 + D3 + D4/2;
            EPwm1Regs.CMPA.half.CMPA = D1 + D2 + D3 + D4/2;
    break;
    case 13:
            D1 = i16VrefC_SVM;
            D2 = - i16VrefA_SVM;
            D3 = i16VrefA_SVM.i16VrefB_SVM;
            D4 = i16T1Period.D1.D2.D3;
            EPwm1Regs.CMPA.half.CMPA = D3 + D4/2;
            EPwm2Regs.CMPA.half.CMPA = D4/2;
            EPwm3Regs.CMPA.half.CMPA = D1 + D2 + D3 + D4/2;
            EPwm4Regs.CMPA.half.CMPA = D2 + D3 + D4/2;
    break;
    case 14:
            D1 = - i16VrefA_SVM + i16VrefC_SVM;
            D2 = i16VrefA_SVM;
            D3 = - i16VrefB_SVM;
            D4 = i16T1Period.D1.D2.D3;
            EPwm1Regs.CMPA.half.CMPA = D2 + D3 + D4/2;
            EPwm2Regs.CMPA.half.CMPA = D4/2;
            EPwm3Regs.CMPA.half.CMPA = D1 + D2 + D3 + D4/2;
            EPwm4Regs.CMPA.half.CMPA = D3 + D4/2;
    break;
    case 16:
            D1 = - i16VrefA_SVM + i16VrefC_SVM;
            D2 = i16VrefA_SVM.i16VrefB_SVM;
            D3 = i16VrefB_SVM;
            D4 = i16T1Period.D1.D2.D3;
            EPwm1Regs.CMPA.half.CMPA = D2 + D3 + D4/2;
            EPwm2Regs.CMPA.half.CMPA = D3 + D4/2;
            EPwm3Regs.CMPA.half.CMPA = D1 + D2 + D3 + D4/2;
            EPwm4Regs.CMPA.half.CMPA = D4/2;
    break;
```

```
……                    //篇幅有限,RP 为其他值时的 PWM 分配请读者自行完成
case 60:
    D1 = i16VrefA_SVM.i16VrefB_SVM;
    D2 = i16VrefB_SVM;
    D3 = - i16VrefC_SVM;
    D4 = i16T1Period.D1.D2.D3;
    EPwm1Regs.CMPA.half.CMPA = D1 + D2 + D3 + D4/2;
    EPwm2Regs.CMPA.half.CMPA = D2 + D3 + D4/2;
    EPwm3Regs.CMPA.half.CMPA = D4/2;
    EPwm4Regs.CMPA.half.CMPA = D3 + D4/2;
break;
case 64:
    D1 = i16VrefA_SVM.i16VrefB_SVM;
    D2 = i16VrefB_SVM.i16VrefC_SVM;
    D3 = i16VrefC_SVM;
    D4 = i16T1Period.D1.D2.D3;
    EPwm1Regs.CMPA.half.CMPA = D1 + D2 + D3 + D4/2;
    EPwm2Regs.CMPA.half.CMPA = D2 + D3 + D4/2;
    EPwm3Regs.CMPA.half.CMPA = D3 + D4/2;
    EPwm4Regs.CMPA.half.CMPA = D4/2;
break;
    }
}
```

12.3.5 三电平电路及 DSP 应用

多电平电路是近年来的研究热点,通过对直流侧的分压和开关动作的不同组合,可实现多电平阶梯波输出电压,使波形更加接近正弦波。而三电平电路在实际应用中以其成熟的技术在逆变器电源的设计中得到了广泛应用。

1. 什么是三电平电路

常见的三相桥式的拓扑结构如图 12.28(a)所示。逆变桥的输出端对电源中点的电压差为正、负母线电压($U_{d+}=U_{in}/2, U_{d-}=-U_{in}/2$),这种逆变器称为两电平逆变器,也称双极性逆变器(两电平双极性逆变器)。图 12.28(b)所示电路为二极管箝位三电平拓扑,由日本学者在 20 世纪 80 年代提出,经过近 30 年的发展,现已广泛应用于电力电子技术的各个领域。

输出电压为正时,逆变桥的输出端交替连接到母线的正端或零点,输出电压为负时,逆变桥的输出端交替连接到母线的负端或零点。也就是说逆变桥的输出端与电源中点的电压差为正、负母线电压或 $0(U_{d+}=U_{in}/2, 0, U_{d-}=-U_{in}/2)$,这种逆变器称为三电平逆变器,也称单极性逆变器[1](每个工频周期有正母线、负母线和零电平

3种变化),即三电平单极性逆变器。由此看来,该拓扑结构的优势在于各个开关管承受的反向电压为直流母线电压的一半,可以用较低电压等级的开关管,组成较高电压等级的变流器。

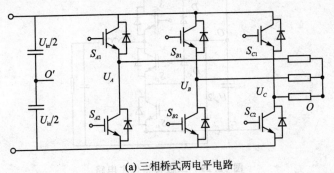

(a) 三相桥式两电平电路

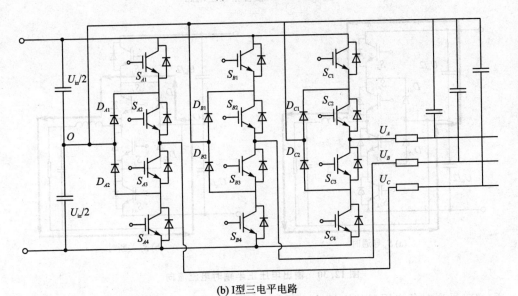

(b) I型三电平电路

图 12.28 两电平与三电平示意图

2. 三电平电路的特点

三电平电路有两种常见结构,一种是如图 12.28(b)所示的 I 型三电平电路,还有一种是 T 型三电平。两种结构的工作原理类似。图 12.29 所示为二极管箝位三电平电路的一个桥臂。

输出电压正半轴时,管 S_{A2} 长通,管 S_{A4} 长闭,管 S_{A1}、S_{A3} PWM 互补导通。S_{A1} 导通时正半周母线电压为电感充电并给负载供电如图 12.30(a)所示;当管 S_{A1} 截止时二极管续流,由电感给负载供电,如图 12.30(b)所示。

输出电压负半轴时,管 S_{A3} 一直导通,管 S_{A1} 一直关闭,管 S_{A2}、S_{A4} PWM 互补导

第 12 章　基于 F28335 的电力电子应用案例分析

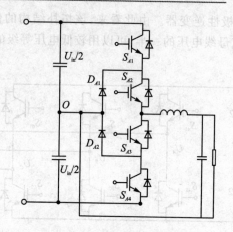

图 12.29　二极管箝位主电路

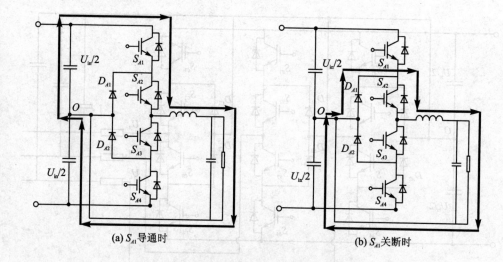

(a) S_{A1} 导通时　　　　　　　　　　　(b) S_{A1} 关断时

图 12.30　输出电压正半轴时电流流向

通。S_{A2} 导通时负半周母线电压为电感充电并给负载供电如图 12.31(a)所示；当管 S_{A4} 截止时二极管续流，由电感给负载供电，如图 12.31(b)所示。

3. 发波逻辑

根据上述的原理分析与两电平相比，此处会增加一路 GPIO 用于相位选择信号。发波逻辑参考表 12.19。

表 12.19　三相四桥臂电路发波逻辑

I/O 口信号逻辑 \ 开关器件开关状态	S_1	S_2	S_3	S_4
GPIO=0(正半周)	PWM(正半周)	1	$\overline{\text{PWM}}$(正半周)	0
GPIO=1(负半周)	0	$\overline{\text{PWM}}$(负半周)	1	PWM(负半周)

第 12 章 基于 F28335 的电力电子应用案例分析

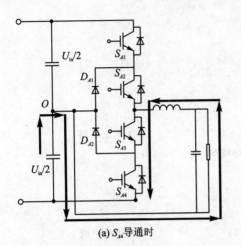
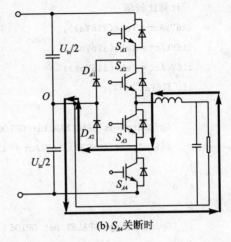

(a) S_{A4} 导通时　　　　(b) S_{A4} 关断时

图 12.31　输出电压负半轴时电流流向

4. 程序设计

DSP 的 PWM 模块初始化设置与 SPWM 初始化相同；DSP 的 PWM 引脚分配表参见表 12.20；SVPWM 发波程序参见例 12.8。

表 12.20　三相四桥臂 PWM 资源配置表

引脚	相应的寄存器	说　明
EPWM1A	EPwm1Regs.CMPA.half.CMPA	S_1 驱动，高电平有效
EPWM1B	EPwm1Regs.CMPB	S_4 驱动，高电平有效
EPWM2A	EPwm2Regs.CMPA.half.CMPA	S_3 驱动，高电平有效
EPWM2B	EPwm2Regs.CMPB	S_6 驱动，高电平有效
EPWM3A	EPwm3Regs.CMPA.half.CMPA	S_5 驱动，高电平有效
EPWM3B	EPwm3Regs.CMPB	S_2 驱动，高电平有效
GPIO6	GpioDataRegs.GPASET.bit.GPIO6 GpioDataRegs.GPACLEAR.bit.GPIO6	A 相波形状态。 0：正半周；1：负半周
GPIO7	GpioDataRegs.GPASET.bit.GPIO7 GpioDataRegs.GPACLEAR.bit.GPIO7	B 相波形状态。 0：正半周；1：负半周
GPIO9	GpioDataRegs.GPASET.bit.GPIO9 GpioDataRegs.GPACLEAR.bit.GPIO9	B 相波形状态。 0：正半周；1：负半周

【例 12.8】　三电平发波子函数 i16Va、i16Vb、i16Vc 是控制器输出的三相调制波。

```
void 3D_SVPWM_Generation()
{
```

```c
//计算比较值
i16VaAct = (abs(i16Va));
i16VbAct = (abs(i16Vb));
i16VcAct = (abs(i16Vc));
if (i16Va > 0)
{
    GpioDataRegs.GPACLEAR.bit.GPIO6 = 1;          //A相正半周
    i16VaAct = ((INT32)i16VaAct * i16KSPWM_UP)>>10;
}
else
{
    GpioDataRegs.GPASET.bit.GPIO6 = 1;            //A相负半周
    i16VaAct = ((INT32)i16VaAct * i16KSPWM_DN)>>10;
}
if (i16Vb > 0)
{
    GpioDataRegs.GPACLEAR.bit.GPIO7 = 1;          //B相正半周
    i16VbAct = ((INT32)i16VbAct * i16KSPWM_UP)>>10;
}
else
{
    GpioDataRegs.GPASET.bit.GPIO7 = 1;            //B相负半周
    i16VbAct = ((INT32)i16VbAct * i16KSPWM_DN)>>10;
}
if (i16Vc > 0)
{
    GpioDataRegs.GPACLEAR.bit.GPIO9 = 1;          //C相正半周
    i16VcAct = ((INT32)i16VcAct * i16KSPWM_UP)>>10;
}
else
{
    GpioDataRegs.GPASET.bit.GPIO9 = 1;            //C相负半周
    i16VcAct = ((INT32)i16VcAct * i16KSPWM_DN)>>10;
}
……                                                //饱和处理省略
//三相发波
EPwm1Regs.CMPA.half.CMPA = i16VaAct;              //A桥臂脉冲
EPwm2Regs.CMPA.half.CMPA = i16VbAct;              //B桥臂脉冲
```

```
EPwm3Regs.CMPA.half.CMPA = i16VcAct;            //C 桥臂脉冲
}
```

其中:

i16KSPWM_UP 为正半周的发波系数 Q10 定标,为 $(220 * i16T1Period)/U_{DC+}$;

i16KSPWM_DN 为负半周的发波系数 Q10 定标,为 $(220 * i16T1Period)/U_{DC-}$。

注意:例 12.8 的程序只是 DSP 中实现的 PWM 输出波形程序。DSP 后端须加入 CPLD 或 FPGA 用于发波逻辑处理判断,基本的逻辑判断已在表 12.20 中列出,读者可按照此逻辑自行设计,并在设计中注意逆变器开通时内管先于外管工作,逆变器关闭时外管先于内管关闭。

12.4 三相 PWM 整流器设计

整流器的拓扑结构主要分为相控和脉宽调制控制方式两种,分别采用 SCR 和 IGBT 两种开关器件,但由于 SCR 整流器不可避免的牺牲输入功率因素,需要设计无源滤波器来补偿 SCR 整流带来的无功,但这样会增加装置的成本。脉宽调制控制方式应运而生,本节将讨论三相整流器的设计,希望能为读者带来有意义的参考价值。

12.4.1 三相坐标变换基础

分析三相模型中,通常将三相坐标系变换为直流坐标系下进行分析,一般按照三相静止坐标系→两相静止坐标系→两相旋转坐标系的顺序进行变换,各坐标之间的关系如图 12.32 所示。

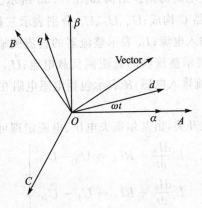

图 12.32 坐标系之间的关系

- ✓ 三相静止坐标系的 A 轴、B 轴、C 轴依次滞后 120°;
- ✓ 三相静止坐标系的 A 轴与两相静止坐标系的 α 轴重合;
- ✓ 两相静止坐标系的 β 轴滞后 α 轴 90°。

设从三相静止坐标系变换到两相静止坐标系的变换矩阵为 $T_{ABC \to \alpha\beta}$，从两相静止坐标系变换到三相静止坐标系的变换矩阵为 $T_{\alpha\beta \to ABC}$；设从两相静止坐标系变换到两相旋转坐标系的变换矩阵为 $T_{\alpha\beta \to dq}$，从两相旋转坐标系变换到两相静止坐标系的变换矩阵为 $T_{dq \to \alpha\beta}$，其分别如式(12.34a)、(12.34b)、(12.34c)、(12.34d)所示。

$$T_{ABC \to \alpha\beta} = \sqrt{\frac{2}{3}} \begin{bmatrix} 1 & -\frac{1}{2} & -\frac{1}{2} \\ 0 & \frac{\sqrt{3}}{2} & -\frac{\sqrt{3}}{2} \\ \frac{\sqrt{2}}{2} & \frac{\sqrt{2}}{2} & \frac{\sqrt{2}}{2} \end{bmatrix} \quad (12.34a)$$

$$T_{\alpha\beta \to ABC} = \sqrt{\frac{2}{3}} \begin{bmatrix} 1 & 0 & \frac{\sqrt{2}}{2} \\ -\frac{1}{2} & \frac{\sqrt{3}}{2} & \frac{\sqrt{2}}{2} \\ -\frac{1}{2} & -\frac{\sqrt{3}}{2} & \frac{\sqrt{2}}{2} \end{bmatrix} \quad (12.34b)$$

$$T_{\alpha\beta \to dq} = \begin{bmatrix} \cos\omega t & \sin\omega t \\ -\sin\omega t & \cos\omega t \end{bmatrix} \quad (12.34c)$$

$$T_{dq \to \alpha\beta} = \begin{bmatrix} \cos\omega t & -\sin\omega t \\ \sin\omega t & \cos\omega t \end{bmatrix} \quad (12.34d)$$

12.4.2 三相 PWM 整流器的数学模型

三相 PWM 整流器主电路的拓扑结构如图 12.33 所示。S_1、S_2、S_3、S_4、S_5、S_6 为开关器件；直流侧由电容器 C 构成；U_A、U_B、U_C 分别表示三相电网电压；I_A、I_B、I_C 分别表示整流器的交流侧输入电流；I_{DC} 表示整流器的直流侧输出电流；I_{cap} 表示整流器的直流侧电容电流；I_{load} 表示整流器的直流侧负载电流；U_{DC} 表示整流器的输出直流电压；L 表示整流器的交流输入电感；R 表示包括电感电阻在内的线路阻抗；RL 表示整流器的直流侧负载。

设半导体器件是理想开关，由基尔霍夫电压、电流定理可得出

$$\left. \begin{aligned} L\frac{dI_A}{dt} + RI_A &= U_A - U_{AO} \\ L\frac{dI_B}{dt} + RI_B &= U_B - U_{BO} \\ L\frac{dI_C}{dt} + RI_C &= U_C - U_{CO} \end{aligned} \right\} \quad (12.35)$$

定义 S_A、S_B、S_C 分别表示三相桥臂的开关函数；
其中：$S=1$，代表对应桥臂上管导通，下管关断；$S=0$，代表对应桥臂下管导通，

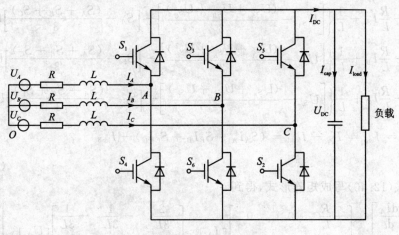

图 12.33 主电路拓扑结构

上管关断。

式(12.35)可写成以下形式:

$$\left. \begin{array}{l} \left(U_A - I_A R - L\dfrac{dI_A}{dt} - S_A U_{DC}\right) = \left(U_B - I_B R - L\dfrac{dI_B}{dt} - S_B U_{DC}\right) = \\ \left(U_C - I_C R - L\dfrac{dI_C}{dt} - S_C U_{DC}\right) \\ C\dfrac{dU_{DC}}{dt} = I_{cap} = I_{DC} - I_{load} = (S_A I_A + S_B I_B + S_C I_C) - I_{load} \end{array} \right\} \quad (12.36)$$

将式(12.36)作如下变化:

$$3U_A - 2I_A R - 2L\frac{dI_A}{dt} - 3S_A U_{DC} =$$

$$(U_A + U_B + U_C) - (I_B + I_C)R - L\frac{d(I_B + I_C)}{dt} - (S_A U_{DC} + S_B U_{DC} + S_C U_{DC})$$

$$(12.37)$$

图 12.33 所示为三相无中线系统,因此有 $I_A + I_B + I_C = 0$,整理式(12.37)得:

$$3U_A - 3I_A R - 3L\frac{dI_A}{dt} - 3S_A U_{DC} = (U_A + U_B + U_C) - (S_A U_{DC} + S_B U_{DC} + S_C U_{DC})$$

$$(12.38)$$

$$\frac{dI_A}{dt} = -\frac{R}{L}I_A + \frac{1}{L}\left\{\left[U_{S_A} - \frac{(U_{S_A} + U_{S_B} + U_{S_C})}{3}\right] - \left[S_A - \frac{(S_A + S_B + S_C)}{3}\right]U_{DC}\right\}$$

$$(12.39)$$

假设 3 相输入是对称的,可以得到式(12.40)

第12章 基于F28335的电力电子应用案例分析

$$\left. \begin{aligned} \frac{dI_A}{dt} &= -\frac{R}{L}I_A + \frac{1}{L}\left\{\left[U_{S_A} - \frac{(U_{S_A}+U_{S_B}+U_{S_C})}{3}\right] - \left[S_A - \frac{(S_A+S_B+S_C)}{3}\right]U_{DC}\right\} \\ \frac{dI_B}{dt} &= -\frac{R}{L}I_B + \frac{1}{L}\left\{\left[U_{S_B} - \frac{(U_{S_A}+U_{S_B}+U_{S_C})}{3}\right] - \left[S_B - \frac{(S_A+S_B+S_C)}{3}\right]U_{DC}\right\} \\ \frac{dI_C}{dt} &= -\frac{R}{L}I_C + \frac{1}{L}\left\{\left[U_{S_C} - \frac{(U_{S_A}+U_{S_B}+U_{S_C})}{3}\right] - \left[S_C - \frac{(S_A+S_B+S_C)}{3}\right]U_{DC}\right\} \\ C\frac{dU_{DC}}{dt} &= I_{cap} = I_{DC} - I_{load} = (S_AI_A + S_BI_B + S_CI_C) - I_{load} \end{aligned} \right\} \quad (12.40)$$

将式(12.40)写成矩阵形式,得到

$$\left. \begin{aligned} \begin{bmatrix} \frac{dI_A}{dt} \\ \frac{dI_B}{dt} \\ \frac{dI_C}{dt} \end{bmatrix} &= \begin{bmatrix} -\frac{R}{L} & 0 & 0 \\ 0 & -\frac{R}{L} & 0 \\ 0 & 0 & -\frac{R}{L} \end{bmatrix} \begin{bmatrix} I_A \\ I_B \\ I_B \end{bmatrix} + \begin{bmatrix} \frac{2}{3L} & -\frac{1}{3L} & -\frac{1}{3L} \\ -\frac{1}{3L} & \frac{2}{3L} & -\frac{1}{3L} \\ -\frac{1}{3L} & -\frac{1}{3L} & \frac{2}{3L} \end{bmatrix} \begin{bmatrix} U_A \\ U_B \\ U_C \end{bmatrix} - \\ & \begin{bmatrix} \frac{2}{3L} & -\frac{1}{3L} & -\frac{1}{3L} \\ -\frac{1}{3L} & \frac{2}{3L} & -\frac{1}{3L} \\ -\frac{1}{3L} & -\frac{1}{3L} & \frac{2}{3L} \end{bmatrix} \begin{bmatrix} S_A \\ S_B \\ S_C \end{bmatrix} U_{DC} \\ C\frac{dU_{DC}}{dt} &= \begin{bmatrix} S_A & S_B & S_C \end{bmatrix} \begin{bmatrix} I_A \\ I_B \\ I_B \end{bmatrix} - I_{load} \end{aligned} \right\} \quad (12.41)$$

将 $T_{abc \to \alpha\beta}$ 乘到式(12.41)两侧的各项上,且定义如式(12.42)所示的等式变换形式:

$$\left. \begin{aligned} \begin{bmatrix} \frac{dI_\alpha}{dt} \\ \frac{dI_\beta}{dt} \\ \frac{dI_\gamma}{dt} \end{bmatrix} &= T_{ABC \to \alpha\beta} \begin{bmatrix} \frac{dI_A}{dt} \\ \frac{dI_B}{dt} \\ \frac{dI_C}{dt} \end{bmatrix} \quad \Rightarrow \quad \begin{bmatrix} U_\alpha \\ U_\beta \\ U_\gamma \end{bmatrix} = T_{ABC \to \alpha\beta} \begin{bmatrix} U_A \\ U_B \\ U_C \end{bmatrix} \\ \begin{bmatrix} I_\alpha \\ I_\beta \\ I_\gamma \end{bmatrix} &= T_{ABC \to \alpha\beta} \begin{bmatrix} I_A \\ I_B \\ I_B \end{bmatrix} \qquad \begin{bmatrix} S_\alpha \\ S_\beta \\ S_\gamma \end{bmatrix} = T_{ABC \to \alpha\beta} \begin{bmatrix} S_A \\ S_B \\ S_C \end{bmatrix} \end{aligned} \right\} \quad (12.42)$$

从三相坐标下变为静止坐标系,经整理可得式(12.43):

$$\begin{bmatrix} \dfrac{\mathrm{d}I_\alpha}{\mathrm{d}t} \\ \dfrac{\mathrm{d}I_\beta}{\mathrm{d}t} \\ \dfrac{\mathrm{d}I_\gamma}{\mathrm{d}t} \end{bmatrix} = \begin{bmatrix} -\dfrac{R}{L} & 0 & 0 \\ 0 & -\dfrac{R}{L} & 0 \\ 0 & 0 & -\dfrac{R}{L} \end{bmatrix} \begin{bmatrix} I_\alpha \\ I_\beta \\ I_\gamma \end{bmatrix} + \begin{bmatrix} \dfrac{1}{L} & 0 & 0 \\ 0 & \dfrac{1}{L} & 0 \\ 0 & 0 & \dfrac{1}{L} \end{bmatrix} \begin{bmatrix} U_\alpha \\ U_\beta \\ 0 \end{bmatrix} - \begin{bmatrix} \dfrac{1}{L} & 0 & 0 \\ 0 & \dfrac{1}{L} & 0 \\ 0 & 0 & \dfrac{1}{L} \end{bmatrix} \begin{bmatrix} S_\alpha \\ S_\beta \\ 0 \end{bmatrix} U_{\mathrm{DC}}$$

$$C\dfrac{\mathrm{d}U_{\mathrm{DC}}}{\mathrm{d}t} = \left(\sqrt{\dfrac{3}{2}} \begin{bmatrix} 1 & -\dfrac{1}{2} & -\dfrac{1}{2} \\ 0 & \dfrac{\sqrt{3}}{2} & -\dfrac{\sqrt{3}}{2} \\ \dfrac{\sqrt{2}}{2} & \dfrac{\sqrt{2}}{2} & \dfrac{\sqrt{2}}{2} \end{bmatrix} \begin{bmatrix} S_A \\ S_B \\ S_C \end{bmatrix} \right)^{\mathrm{T}} \begin{bmatrix} I_\alpha \\ I_\beta \\ I_\gamma \end{bmatrix} - I_{\mathrm{load}} = \dfrac{3}{2}[S_\alpha \quad S_\beta \quad S_\gamma] \begin{bmatrix} I_\alpha \\ I_\beta \\ I_\gamma \end{bmatrix} - I_{\mathrm{load}}$$

(12.43)

忽略掉零序分量,有

$$\begin{bmatrix} \dfrac{\mathrm{d}I_\alpha}{\mathrm{d}t} \\ \dfrac{\mathrm{d}I_\beta}{\mathrm{d}t} \end{bmatrix} = \begin{bmatrix} -\dfrac{R}{L} & 0 \\ 0 & -\dfrac{R}{L} \end{bmatrix} \begin{bmatrix} I_\alpha \\ I_\beta \end{bmatrix} + \begin{bmatrix} \dfrac{1}{L} & 0 \\ 0 & \dfrac{1}{L} \end{bmatrix} \begin{bmatrix} U_\alpha \\ U_\beta \end{bmatrix} - \begin{bmatrix} \dfrac{1}{L} & 0 \\ 0 & \dfrac{1}{L} \end{bmatrix} \begin{bmatrix} S_\alpha \\ S_\beta \end{bmatrix} U_{\mathrm{DC}}$$

$$C\dfrac{\mathrm{d}U_{\mathrm{DC}}}{\mathrm{d}t} = \dfrac{3}{2}[S_\alpha \quad S_\beta] \begin{bmatrix} I_\alpha \\ I_\beta \end{bmatrix} - I_{\mathrm{load}}$$

(12.44)

$T_{\alpha\beta \to dq}$ 乘到式(12.44)的左右两侧的各项上,且定义如式(12.45)所示的等式:

$$\begin{aligned} \begin{bmatrix} I_d \\ I_q \end{bmatrix} &= T_{\alpha\beta \to dq} \begin{bmatrix} I_\alpha \\ I_\beta \end{bmatrix} \\ \begin{bmatrix} S_d \\ S_q \end{bmatrix} &= T_{\alpha\beta \to dq} \begin{bmatrix} S_\alpha \\ S_\beta \end{bmatrix} \\ \begin{bmatrix} U_d \\ U_q \end{bmatrix} &= T_{\alpha\beta \to dq} \begin{bmatrix} U_\alpha \\ U_\beta \end{bmatrix} \end{aligned}$$

(12.45)

将静止坐标系转换到旋转坐标下,整理可得

$$T_{\alpha\beta \to dq} \begin{bmatrix} \dfrac{\mathrm{d}I_\alpha}{\mathrm{d}t} \\ \dfrac{\mathrm{d}I_\beta}{\mathrm{d}t} \end{bmatrix} = \begin{bmatrix} -\dfrac{R}{L} & 0 \\ 0 & -\dfrac{R}{L} \end{bmatrix} \begin{bmatrix} I_d \\ I_q \end{bmatrix} + \begin{bmatrix} \dfrac{1}{L} & 0 \\ 0 & \dfrac{1}{L} \end{bmatrix} \begin{bmatrix} U_d \\ U_q \end{bmatrix} + \begin{bmatrix} \dfrac{1}{L} & 0 \\ 0 & \dfrac{1}{L} \end{bmatrix} \begin{bmatrix} S_d \\ S_q \end{bmatrix} U_{\mathrm{DC}}$$

$$C\dfrac{\mathrm{d}U_{\mathrm{DC}}}{\mathrm{d}t} = \dfrac{3}{2} \left(\begin{bmatrix} \cos\omega t & \sin\omega t \\ -\sin\omega t & \cos\omega t \end{bmatrix} \begin{bmatrix} S_\alpha \\ S_\beta \end{bmatrix} \right)^{\mathrm{T}} \begin{bmatrix} I_d \\ I_q \end{bmatrix} - I_{\mathrm{load}} = \dfrac{3}{2}[S_d \quad S_q] \begin{bmatrix} I_d \\ I_q \end{bmatrix} - I_{\mathrm{load}}$$

(12.46)

又因为有如下等式:

$$\begin{bmatrix} \dfrac{dI_d}{dt} \\ \dfrac{dI_q}{dt} \end{bmatrix} = \dfrac{d}{dt}\begin{bmatrix} I_\alpha \cos\omega t + I_\beta \sin\omega t \\ -I_\alpha \sin\omega t + I_\beta \cos\omega t \end{bmatrix} =$$

$$\begin{bmatrix} \dfrac{dI_\alpha}{dt}\cos\omega t + \dfrac{dI_\beta}{dt}\sin\omega t - I_\alpha \omega \sin\omega t + I_\beta \omega \cos\omega t \\ -\dfrac{dI_\alpha}{dt}\sin\omega t + \dfrac{dI_\beta}{dt}\cos\omega t - I_\alpha \omega \cos\omega t - I_\beta \omega \sin\omega t \end{bmatrix} =$$

$$\begin{bmatrix} \cos\omega t & \sin\omega t \\ -\sin\omega t & \cos\omega t \end{bmatrix}\begin{bmatrix} \dfrac{dI_\alpha}{dt} \\ \dfrac{dI_\beta}{dt} \end{bmatrix} - \omega\begin{bmatrix} \sin\omega t & -\cos\omega t \\ \cos\omega t & \sin\omega t \end{bmatrix}\begin{bmatrix} I_\alpha \\ I_\beta \end{bmatrix} =$$

$$\begin{bmatrix} \cos\omega t & \sin\omega t \\ -\sin\omega t & \cos\omega t \end{bmatrix}\begin{bmatrix} \dfrac{dI_\alpha}{dt} \\ \dfrac{dI_\beta}{dt} \end{bmatrix} - \begin{bmatrix} 0 & -\omega \\ \omega & 0 \end{bmatrix}\begin{bmatrix} I_d \\ I_q \end{bmatrix} \tag{12.47}$$

把式(12.47)代入式(12.46)得

$$\left.\begin{aligned} \begin{bmatrix} \dfrac{dI_d}{dt} \\ \dfrac{dI_q}{dt} \end{bmatrix} &= \begin{bmatrix} -\dfrac{R}{L} & 0 \\ 0 & -\dfrac{R}{L} \end{bmatrix}\begin{bmatrix} I_d \\ I_q \end{bmatrix} + \begin{bmatrix} \dfrac{1}{L} & 0 \\ 0 & \dfrac{1}{L} \end{bmatrix}\begin{bmatrix} U_d \\ U_q \end{bmatrix} + \begin{bmatrix} \dfrac{1}{L} & 0 \\ 0 & \dfrac{1}{L} \end{bmatrix}\begin{bmatrix} S_d \\ S_q \end{bmatrix}U_{DC} + \begin{bmatrix} 0 & \omega \\ -\omega & 0 \end{bmatrix}\begin{bmatrix} I_d \\ I_q \end{bmatrix} \\ C\dfrac{dU_{DC}}{dt} &= \dfrac{3}{2}\begin{bmatrix} S_d & S_q \end{bmatrix}\begin{bmatrix} I_d \\ I_q \end{bmatrix} - I_{load} = \dfrac{3}{2}(S_d I_d + S_q I_q) - I_{load} \end{aligned}\right\} \tag{12.48}$$

进一步整理可得

$$\begin{bmatrix} \dfrac{dI_d}{dt} \\ \dfrac{dI_q}{dt} \\ \dfrac{dU_{DC}}{dt} \end{bmatrix} = \begin{bmatrix} -\dfrac{R}{L} & \omega & -\dfrac{S_d}{L} \\ -\omega & -\dfrac{R}{L} & -\dfrac{S_q}{L} \\ \dfrac{3S_d}{2C} & \dfrac{3S_q}{2C} & 0 \end{bmatrix}\begin{bmatrix} I_d \\ I_q \\ U_{DC} \end{bmatrix} + \begin{bmatrix} \dfrac{1}{L} & 0 & 0 \\ 0 & \dfrac{1}{L} & 0 \\ 0 & 0 & -\dfrac{1}{C} \end{bmatrix}\begin{bmatrix} U_d \\ U_q \\ I_{load} \end{bmatrix} \tag{12.49}$$

根据式(12.49)可以得到如图 12.34 所示的控制对象框图。

12.4.3 控制器的数学模型及系统设计

使用反馈线形化,把控制对象中的耦合解除掉,如图 12.35 所示。

在两相旋转坐标系模型中,整流器的 d、q 电流相互耦合,仅靠电流内环控制效果还不够理想,可以引入电流状态反馈解耦。

式(12.49)所示的整流器模型的电感电流满足

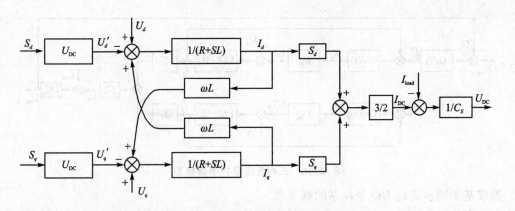

图 12.34 三相整流器数学模型

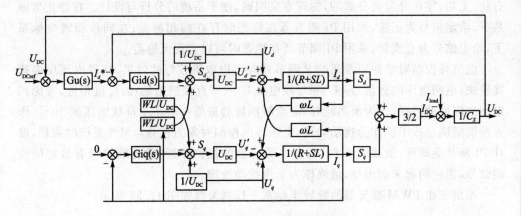

图 12.35 三相整流器控制器模型

$$\left.\begin{array}{l} L\dfrac{\mathrm{d}I_d}{\mathrm{d}t} = -I_dR + I_q\omega L + U_d - U'_d \\ L\dfrac{\mathrm{d}I_q}{\mathrm{d}t} = -I_qR + I_d\omega L + U_q - U'_q \end{array}\right\} \quad (12.50)$$

可以看到,式(12.50)中 d、q 轴电流除受控制量 U'_d、U'_q 的影响外,还受耦合电压 $I_q\omega L$、$I_d\omega L$ 和电网电压 U_d、U_q 扰动,所以单纯地对 d、q 轴电流作负反馈并没有解除 d、q 轴之间的电耦合。将上述外界扰动项前馈补偿到控制量 S_d 和 S_q 中,抵消其对电感电流的影响,可以简化控制对象,使电感电流满足

$$\left.\begin{array}{l} L\dfrac{\mathrm{d}I_d}{\mathrm{d}t} = -I_dR - U'_d = -I_dR - S_dU_{\mathrm{DC}} \\ L\dfrac{\mathrm{d}I_q}{\mathrm{d}t} = -I_qR - U'_q = -I_qR - S_qU_{\mathrm{DC}} \end{array}\right\} \quad (12.51)$$

在式(12.51)所示的 d、q 电流子系统中,d、q 轴电流是独立控制的,而且控制对象也很简单,相当于对一个一阶对象的控制。简化的控制器模型如图 12.36 所示。

在 PWM 整流器的电流控制方案中,可以使用基于三相静止 ABC 坐标系的调节

第 12 章 基于 F28335 的电力电子应用案例分析

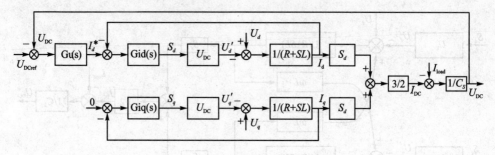

图 12.36 三相整流器控制器模型

器或基于同步旋转 DQ 坐标系的调节器。

在静止坐标系下,电流的有功、无功、零序分量不是分离的;在同步旋转坐标系下有功、无功、零序分量是分离的,物理意义明确,便于系统的分析与设计。在静止坐标系下,给定信号为正弦,采用 PI 调节器在稳态时存在幅相静差;在同步旋转坐标系下,给定信号为直流量,采用 PI 调节器在稳态时可以实现无静差。

电流环控制对象使用普通的 P 调节器应可以取得较好的效果,使得内环反应速度较快;电网电压的分量 U_d、U_q 和母线电压 U_{DC}(即直接控制量)的量值相近,考虑到电网适应性的问题,作为前馈较好;电流解耦量的量值一般小于母线电压的 10%,作为前馈解耦量或干脆作为扰动均可;电压环的控制对象为积分与惯性系统的乘积,设计 PI 调节器即可;负载电流 I_{load} 与各电流分量的量值相近,作为前馈量有最好的控制效果,但检测起来有困难,最终作为系统扰动处理。

本例三相 PWM 整流器的旋转坐标系下控制策略如图 12.37 所示。

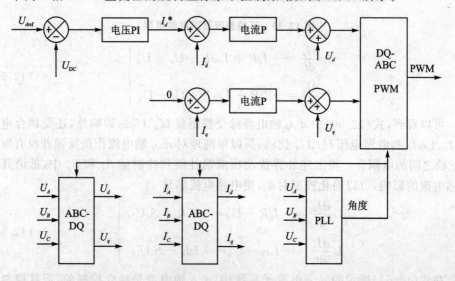

图 12.37 软件控制策略

首先,三相电网相电压(U_A、U_B、U_C)经求模及锁相环后计算跟踪角度;三相相电流(I_A、I_B、I_C)经三相静止到旋转坐标变换求出相电流在旋转坐标系下的分量:有功电流(I_d)、无功电流(I_q)。

其次,母线电压给定(U_{dref})和电压反馈(U_d)的误差,经母线电压调节器后形成有功电流给定(I_d^*)。各电流给定(I_d^*、I_q^*,其中 I_q^* 通常为0)与各电流反馈(I_d、I_q)的差分别经电流调节器,与电压前馈相加后经旋转到静止坐标变换和 PWM 发生器后,驱动开关管。

另外应当指出,U_q 在稳态运行时近似为 0。但在系统动态时,尤其是电网电压或频率突变时,系统锁相环的输出锁相角度与实际电网电压矢量角度将会产生偏差,此时 U_q 可能较大,不加入此部分前馈的话,可能会使直流母线输出不稳定。

12.5 数字锁相环设计

锁相环(PLL)是一种电路或者模块,其作用是对接收到的信号进行处理,并从其中提取某个时钟的相位信息。或者说对于接收到的信号,仿制一个时钟信号,使得这两个信号从某种角度来看是同步的。锁相环最早用于改善电视接收机的行同步和帧同步,以提高抗干扰能力。20世纪60年代初随着数字通信系统的发展,锁相环应用越来越广,例如在调制解调、建立位同步等领域。DSP 的时钟电路就将外部的晶振产生的低时钟经 PLL 电路之后倍频成 DSP 的系统时钟,只不过这部分工作是通过 DSP 相关的寄存器进行设置的而不是通过用户软件算法实现。

近年来在工控领域,尤其在多逆变器并联工作时,需要保证各台逆变器所输出电压的幅值和相位一致,从而保证并联系统中的各台逆变器之间的环流达到指标要求,这就需要利用软件的相关算法去考虑 PLL 模块的设计。

12.5.1 锁相环的工作原理

锁定情形下(完成捕获后),该虚构的时钟信号相对于接收到的时钟信号具有固定的相差,故将其形象地称之为锁相器。一般情况下,锁相器是一个负反馈环路结构,故又称为锁相环。

如图 12.38 所示,锁相环通常由鉴相器(Phase Detector,PD)、环路滤波器(Loop Filter,LF)和压控振荡器(Voltage Controlled Oscillator,VCO)3 部分组成。

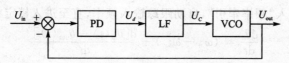

图 12.38 PLL 结构组成

锁相环中的鉴相器又称为相位比较器,它的作用是检测输入信号 U_{in} 和输出信号 U_{out} 的相位差,并将检测出的相位差信号转换成 U_d 电压信号输出。该信号经低通滤波器滤波后形成压控振荡器的控制电压 U_C，对振荡器输出信号的频率实施控制。

1. 鉴相器

锁相环中的鉴相器通常由模拟乘法器组成，利用模拟乘法器组成的鉴相器如图 12.39 所示。

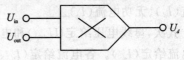

图 12.39 模拟乘法器

设：$U_{in}(t) = U_{inMAX}\sin[\omega_{in}t + \theta_{in}(t)]$，$U_{out}(t) = U_{outMAX}\sin[\omega_{out}t + \theta_{out}(t)]$

则 $U_d(t) = U_{in}(t)U_{out}(t) = U_{inMAX}U_{outMAX}\sin[\omega_{in}t + \theta_{in}(t)]\sin[\omega_{out}t + \theta_{out}(t)]$

(12.52)

进一步整理得

$$U_d(t) = \frac{1}{2}U_{inMAX}U_{outMAX}\{\sin[(\omega_{in} - \omega_{out})t + \theta_{in}(t) - \theta_{out}(t)] + \sin[(\omega_{in} + \omega_{out})t + \theta_{in}(t) + \theta_{out}(t)]\}$$

(12.53)

2. 环路滤波器

环路滤波器通常为低通滤波器，主要作用是将鉴相器产生的"和频信号"滤除，其目的是为了得到输入和输出信号之间的相位夹角。因此有

$$U_C(t) = \frac{1}{2}U_{inMAX}U_{outMAX}\sin[(\omega_{in} - \omega_{out})t + \theta_{in}(t) - \theta_{out}(t)]$$

(12.54)

3. 压控振荡器

如图 12.40 所示，将经环路滤波器之后输出的相角差 $U_C(t)$ 在基频 ω_0（即图 12.40 中的原点 O）上开始调节，硬件上相当于积分环节。$\omega_{out}(t)$ 的计算式如下：

$$\omega_{out}(t) = \omega_0 + K_{integral}\int U_C(t)$$

压控振荡器 VCO 输出作为鉴相器的输入构成负反馈。当上式为 0 时，即输入和输出的频率和初始相位保持恒定不变的状态；$U_C(t)$ 为恒定值，意味着锁相环进入相位锁定状态；当不等于 0

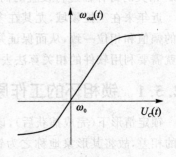

图 12.40 VCO 工作原理

时，输入和输出的频率不等，$U_C(t)$ 随时间变化，导致压控振荡器的振荡频率也随时间变化，锁相环进入"频率牵引"，自动跟踪输入频率，直至进入锁定状态。

$$\frac{d\theta_d}{dt} = (\omega_{in} - \omega_{out}) + \frac{d[\theta_{in}(t) - \theta_{out}(t)]}{dt}$$

(12.55)

12.5.2 锁相环的数学建模

1. 鉴相器

鉴相器的作用是比较输入信号与输出信号的相位，同时输出一个对应于两信号相位差的误差电压,为了反映其快速性,使用一个比例环节就足够了,如图 12.41 所示。

2. 环路滤波器

环路滤波器可看作是模拟系统中的

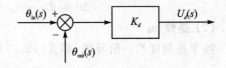

图 12.41 鉴相器数学模型

滤波电路,其作用是消除误差电压中的高频分量和系统噪声。为保证环路所要求的性能和稳定性,也就是说要尽可能的消除鉴相器所输出的静差。因此误差调节器不能简单地设计成一个比例调节器,可采用如图 12.42 所示的经典 PI 控制。

3. 压控振荡器

压控振荡器是一种电压/频率变换装置。由于经前两个环节输出的是频率,而对于最终的输出,我们需要的是瞬时相位,而不是瞬时频率,需要对 $\omega_0 t$ 进行积分而得到相位信息,因此该环节相当于一个积分环节,如图 12.43 所示。

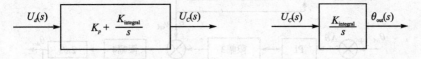

图 12.42 环路滤波器数学模型   图 12.43 压控振荡器数学模型

12.5.3 算法分析

工控领域中锁相通常分为单相正弦波锁相、三相正弦波锁相、工频方波锁相。下面介绍最常见的三相正弦波锁相环设计。如图 12.44 所示,U_{ref} 为参考电压矢量,θ_{ref} 为 U_{ref} 的矢量角,U_{des} 为期望输出的电压矢量,θ_{des} 为 U_{des} 的矢量角。

为了实现 PLL 只需要解决两个问题即可:如何快速得到输出与参考电压之间的相角差 $\Delta\theta$;如何得到基频 ω_0,从而使得 $\Delta\theta$ 能够在基频 ω_0 基础上进行环路调节。

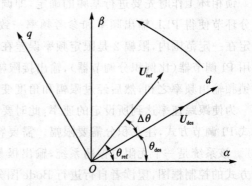

图 12.44 旋转坐标系下参考角与目标角

(1) 相角差 $\Delta\theta$

如图 12.44 所示,$\Delta\theta$ 可通过在两相静止坐标系下进行简单的三角变换得到

$$\Delta\theta = \theta_{ref} - \theta_{des} = \arctan\frac{U_{ref\beta}}{U_{ref\alpha}} - \arctan\frac{U_{des\beta}}{U_{des\alpha}},$$

但这种做法会耗费 DSP 较多的时钟周期,不适应实际应用场合。考虑到锁相功能通常在中断进行,因此 $\Delta\theta$ 的值很小,考虑到正弦函数的性质我们可牺牲一部分精度,采用式(12.56)所示的计算方法:

第 12 章 基于 F28335 的电力电子应用案例分析

$$\Delta\theta = \theta_{\text{ref}} - \theta_{\text{des}} \approx \sin(\theta_{\text{ref}} - \theta_{\text{des}}) \tag{12.56}$$

(2) 基频 ω_0

频率是角度的一阶导数,如式(12.57)所示:

$$\omega_0 = \frac{\mathrm{d}\theta}{\mathrm{d}t} \tag{12.57}$$

频率也可理解为是角度的变化率,如式(12.58)所示。上一次中断的角度与本次中断角度之差可看作是基频 ω_0,软件实现依旧可利用正弦函数的性质实现,如式(12.59)所示。

$$\omega_0 = \theta_{\text{ref}}(n) - \theta_{\text{ref}}(n-1) \tag{12.58}$$

$$\omega_0 = \theta_{\text{ref}}(n) - \theta_{\text{ref}}(n-1) \approx \sin[\theta_{\text{ref}}(n) - \theta_{\text{ref}}(n-1)] \tag{12.59}$$

解决了上述的两个问题,我们就可得到锁相环的算法控制框图,如图 12.45 所示。

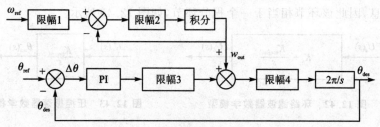

图 12.45 锁相环的算法控制框图

锁相环工作时先要进行基频的确定,即调频。调频主要是一个积分环节,通过该积分环节使得 PLL 输出频率和参考频率一致。调频环节中的限幅 1 是将参考频率限定在一定范围内,限幅 2 是限定频率误差在一定范围内,这样可加快锁频。锁相环采用 PI 调节器(比例积分调节器),输出接限幅 3。最终的输出频率为锁相输出频率与锁频输出频率之和,然后经过限幅和角度变换得到锁相环角度。

为使跟踪速率达到所设定的速率,此时要对 PI 调节器进行改造。一般可选用增量式 PI 调节方式,注意积分需要限幅。需要特别注意的是"比例限幅串联积分的方式"。该系统是一个无阻尼振荡系统,输出极易振荡。因此,图 12.46 所示为两种控制方式的控制框图,望读者自行进行 Bode 图分析以得出上述结论。

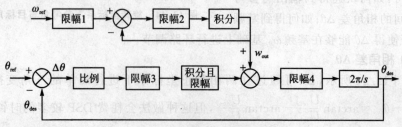

(a) 比例限幅串联积分式

图 12.46 两种控制方式的控制框图

第 12 章 基于 F28335 的电力电子应用案例分析

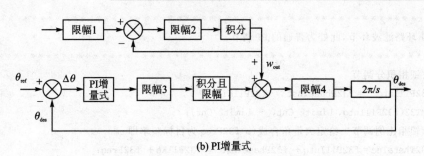

(b) PI增量式

图 12.46 两种控制方式的控制框图(续)

12.5.4 软件代码详解

根据控制框图就可进行软件设计了。锁相环的逻辑设计如图 12.47 所示,基频的软件流程图如图 12.48 所示。

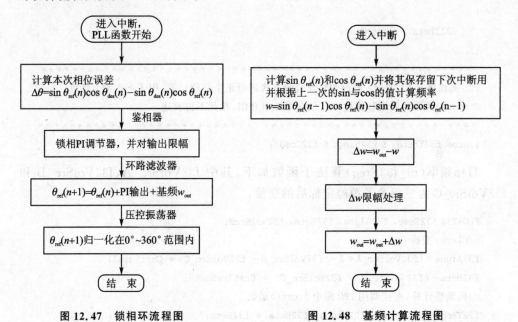

图 12.47 锁相环流程图　　　图 12.48 基频计算流程图

【例 12.9】 由于使用 F28335 的 FPU 模块,故不需要额外考虑定标问题。三相锁相环程序算法子函数如下:

```
/************************************************************
① 鉴相环节,跟踪相差计算
其中:f32SinQ 为锁相角的正弦量,f32SinQSrcRef 为目标锁相角的正弦量
*************************************************************/
f32PhaseInst = f32SinQ * f32CosQSrcRef - f32CosQ * f32SinQSrcRef;
LMT32(f32PhaseInst, Limit1_Cnt, - Limit1_Cnt);
```

```
/************************************************************
② 环路滤波环节,此处为普通的 PI 调节
************************************************************/
//锁相积分调节
f32PllIntg += f32PhaseInst * f32PllKi;
LMT32(f32PllIntg, Limit2_Cnt, - Limit2_Cnt);
//锁相比例调节 + 给定矢量角合成(m_f32Freq 为目标频率即 $\omega_0$)
f32ThetaInc = f32PllIntg + f32PhaseInst * f32PllKp + f32Freq;
LMT32(f32ThetaInc, Limit2_Cnt, - Limit2_Cnt);
/************************************************************
③ VCO 环节,相当于积分环节,加入 0°~360°的归一化处理
************************************************************/
f32Theta += f32ThetaInc;
if (f32Theta > 2pi_Cnst)
{
    f32Theta -= 2pi_Cnst;
}
/************************************************************
PLL 锁相角 m_f32Theta 通过 FPU 查表的方式进行正余弦值计算,用于下次 PLL 计算。
Sincos()函数的调用和优化方式已在第 9 章介绍,在此不再赘述
************************************************************/
sincos(f32Theta, & f32SinQ, & f32CosQ);
```

目标频率(m_f32Freq)算法子函数如下,其中 f32VolSrc_A、f32VolSrc_B 和 f32VolSrc_C 为三相参考源经定标后的变量:

```
FLOAT32 f32Temp, f32Alpha, f32Beta, f32VolSrcM;
//Clarke 变换
f32Alpha = (f32VolSrc_A * 2 - f32VolSrc_B - f32VolSrc_C) * Cnst1div3;
f32Beta = (f32VolSrc_B - f32VolSrc_C) * CnstInvSqrt3;
//模倒数计算,直接调用 FPU 库中 isqrt()函数
f32Temp = f32Alpha * f32Alpha + f32Beta * f32Beta;
f32VolSrcM = isqrt(f32Temp);
//相角处理
f32SinQSrcRef = f32Beta * f32VolSrcM;
f32CosQSrcRef = f32Alpha * f32VolSrcM;
//参考源瞬时频率
f32Freq = f32SinQSrcRef * f32CosQSrcPre - f32CosQSrcRef * f32SinQSrcPre;
//变量备份
f32SinQSrcPre = f32SinQSrcRef;
f32CosQSrcPre = f32CosQSrcRef;
```

12.6 数字滤波器的设计

数字滤波器的设计是将数字信号处理应用到实际工程中最常见的领域。与模拟系统相比，数字处理方式避免了模拟系统的固有参数和元器件稳态差异性的限制，更能体现出其设计的灵活性，尤其在自适应滤波器的算法设计中，数字滤波器的设计应用范围更广泛。

图 12.49 所示为数字滤波器的一般模型。数字滤波器是一种对输入信号（经 A/D 转换后的数字信号或抽样信号）进行离散时间处理的系统，是利用计算机编写程序实现数字滤波。

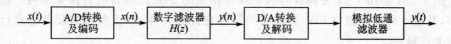

图 12.49 数字滤波器的一般模型

滤波算法的设计常配合窗函数的参数设计，常见的有矩形窗、汉明窗、切比雪夫滤波器等。本节旨在介绍如何将其数学模型按照设定的滤波参数进行程序设计，并讨论数字信号处理中最常用的两种滤波算法：有限长冲击响应滤波器（FIR）算法和无限长冲击响应滤波器（IIR）算法。

12.6.1 FIR 滤波器的数学模型及算法设计

FIR 滤波器可以实现严格的线性相位，这对语音/图像处理、视频及数据信号的传输等都具有重要作用。由于 $h(n)$ 是有限长的，因而可以用快速傅里叶算法（FFT）来过滤信号，大幅提高运算效率。且 $H(z)$ 仅在 z 平面原点处有有限个极点，因而它还是稳定的。FIR 滤波器的设计目前常用的是窗函数设计法。

1. FIR 滤波器数学模型

FIR 滤波器的单位冲击响应 $h(n)$ 在 $0 \leqslant n \leqslant N-1$ 范围内有值，其系统函数为

$$H(z) = \sum_{n=0}^{N-1} h(n) Z^{-n} \tag{12.60}$$

对应的常系数线性差分方程如式（12.61）所示，也可知 FIR 滤波器没有输出到输入的反馈。

$$y(n) = \sum_{n=0}^{N-1} h_k x(n-k) \tag{12.61}$$

FIR 滤波器的结构有直接型、级联型等。级联型比直接型所需乘法次数要少，每一级滤波器均可根据系统要求设定参数，因此滤波效果较好，但其程序实现必然复杂。这里介绍直接型的应用方法。根据系统函数可得 FIR 滤波器的直接型结构，如图 12.50 所示。

第12章 基于 F28335 的电力电子应用案例分析

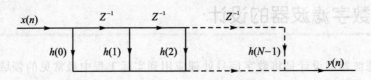

图 12.50 FIR 滤波器的直接型结构

若有限长的实序列满足偶对称条件(即式(12.62))或奇对称条件(即式(12.63)),则它们对应的频率特性具有线性相位。

$$h(n) = h(N-1-n) \tag{12.62}$$
$$h(n) = -h(N-1-n) \tag{12.63}$$

图 12.51 给出了 N 为偶数时满足线性相位的 FIR 滤波器的直接型结构。限于篇幅,其他 4 种线性相位 FIR 滤波器的特性在此不再详述,感兴趣的读者请自行查阅相关资料。

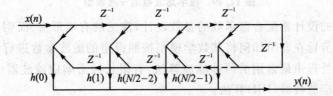

图 12.51 FIR 滤波器的线性相位(N 为偶数时)直接型结构

对比图 12.50 和图 12.51 不难看出,利用 FIR 滤波器的线性相位特性实现的滤波器结构比直接型结构节省一半乘法次数。

2. 软件设计

根据上面得到的数学模型,FIR 的程序设计思想可以用图 12.52 来表示。

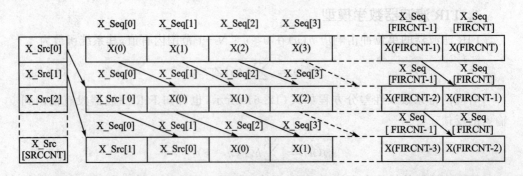

图 12.52 FIR 程序设计思想

其中:X_Src[n]为经过 A/D 采样量化后的离散点;X_Seq[n]为排序器;FIR 的阶数为数组 X_Seq[n]的长度。计算每一时刻的滤波输出时,将该时刻的 X_Src[n]

值取出放入排序器首端,舍弃排序器末端数据,排序结束后与窗函数的对应时刻的幅值作乘加运算,即可求得对应时刻滤波器的输出,程序实例见例 12.10。

【例 12.10】 FIR 算法。

变量解释如下:

f32X_Src[n]为经过 A/D 采样量化后的滤波器输入,点数为 SrcCNT;

f32X_Seq[n]为参与 FIR 运算的排序,点数为 FIRCNT;

f32Y_Out[n]为参与 FIR 运算的输出,点数为 SrcCNT;

h[n]为窗函数的滤波加权。

```
void FIR_Alg()
{
    Float32 f32temp, f32Sumtemp;
    for (i = 0; i<SrcCNT; i++)
    {
        for (j = 0; p<FIRCNT-1; j++)
        {
            f32X_Seq[FIRCNT -j-1] = f32X_Seq[FIRCNT -j-2];
        }
        f32X_Seq [0] = f32X_Src[i];
        f32temp = 0;
        f32Sumtemp = 0;
        for (k = 0; k<FIRCNT; k++)
        {
            f32temp = f32X_Seq[k] * h[k];
            f32Sumtemp += f32temp;
        }
        f32Y_Out[i] = f32Sumtemp;
    }
}
```

12.6.2 IIR 滤波器的数学模型及算法设计

IIR 滤波器与 FIR 滤波器设计方法是不同的,这是由于它们有着不同的系统函数。在滤波器性能要求相同的情况下,FIR 滤波器的阶次要高于 IIR 滤波器,因此对于非线性相位的滤波器用 IIR 滤波器实现,阶数较小,成本较低。

IIR 滤波器的设计一般从给定的数字滤波器技术指标出发,转换为模拟滤波器指标,再设计模拟滤波器,最后经映射得到所要求的数字滤波器。

1. IIR 滤波器的数学模型

IIR 滤波器的单位冲击响应 $h(n)$ 是无限长的。其系统函数如下:

第 12 章 基于 F28335 的电力电子应用案例分析

$$H(z) = \frac{\sum_{k=0}^{M} b_k z^{-k}}{1 + \sum_{k=1}^{N} a_k z^{-k}} \quad (12.64)$$

对应的常系数线性差分方程为

$$y(n) = \sum_{k=0}^{M} b_k x(n-k) - \sum_{k=1}^{N} a_k y(n-k) \quad (12.65)$$

从式(12.65)可知,IIR 滤波器必须至少有一个 $a_k \neq 0$,也就是说一定存在输出到输入的反馈。

IIR 滤波器的结构可分为直接 I 型、直接 II 型、级联型以及并联型等。综合比较,并联型具有运算速度快、误差小等优点。虽然有高阶极点时,部分分式展开比较麻烦,但用 MATLAB 很容易克服。下面重点介绍并联型结构。

当采用并联型结构时,式(12.64)可以转化为

$$H(z) = \sum_{k=1}^{K} \frac{B_{2k} + B_{1k}z^{-1} + z^{-2}}{A_{2k} + A_{1k}z^{-1} + z^{-2}} + \sum_{k=0}^{M-N} C_k z^{-k} \quad (12.66)$$

当某些 B_{1k}、A_{1k} 为 0 时,就得到其并联二阶基本节。当 $M=N$ 时,等式右端第二项为常数 C_0;当 $M<N$ 时,第二项为 0。并联型结构的基本结构如图 12.53 所示。

其中,第 K 个二阶基本节的系统函数可看作

$$H_k(z) = \frac{B_{2k} + B_{1k}z^{-1} + z^{-2}}{A_{2k} + A_{1k}z^{-1} + z^{-2}} \quad (12.67)$$

$H_k(z)$ 可以化简成 2 个系统函数的乘积,即

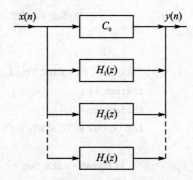

图 12.53 并联结构的示意图($M=N$)

$$H_k(z) = H_{k1}(z) \times H_{k2}(z) = \frac{Y(z)}{W(z)} \times \frac{W(z)}{X(z)} \quad (12.68)$$

其中:$\frac{W(z)}{X(z)} = \frac{1}{A_{2k} + A_{1k}z^{-1} + z^{-2}}$,$\frac{Y(z)}{W(z)} = B_{2k} + B_{1k}z^{-1} + z^{-2}$。

我们将 z 平面转换到离散平面得到的 2 个公式如下:

$$\left.\begin{aligned} x(n) &= \omega(n-2) + A_{1k}\omega(n-1) + A_{2k}\omega(n) \\ y(n) &= \omega(n-2) + B_{1k}\omega(n-1) + B_{2k}\omega(n) \end{aligned}\right\} \quad (12.69)$$

其中,$\omega(n)$ 可看作中间信号,那么 $\omega(n-1)$ 可看作前一时刻的离散点,为方便起见将其记作 $\omega_k = \omega(n-k)$。

2. 软件程序设计

将式(12.69)所示的公式写成信号流图的形式,如图 12.54 所示。

这样得到了 IIR 滤波器的数学模型。针对这个二阶基本节就可设计出相关的算

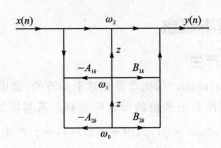

图 12.54 二阶基本节的信号流图

法,见例 12.11。

【例 12.11】 IIR 算法。

变量解释如下:

f32X_Src[n]为经过 AD 采样量化后的滤波器输入,点数为 SrcCNT;

f32Y_Out[n]为参与 FIR 运算的输出,点数为 SrcCNT;

a[n]、b[n]为窗函数的滤波加权。

```
void IIR_Alg()
{
    for (i = 0; i<SrcCNT; i++)
    {
        w2 = f32X_Src[i].a[1] * w1.a[2] * w0;
        f32Y_Out[i] = b[0] * w2 + b[1] * w1 + b[2] * w0;
        w0 = w1;
        w1 = w2;
    }
}
```

进一步可用宏定义的方式简化上面的 IIR 计算公式:

#define IIR(f32In, f32InPre, f32Out, f32OutPre) {(f32Out = Ka * f32OutPre + Kb * (f32In + f32InPre));(f32OutPre = f32Out);(f32InPre = f32In);}

12.7 基于 F28335 有源滤波器设计

有源电力滤波器 APF(Active Power Filter)是一种用于动态抑制谐波、补偿无功的新型电力电子装置。之所以称为有源,是相对于无源 LC 滤波器而言的。无源滤波器只能吸收固定频率与大小的谐波,而有源滤波器可以通过采样负载电流并进行各次谐波和无功的分离,快速抵消负载中相应谐波及无功电流,实现了动态跟踪补偿。

12.7.1 谐波的基本概念

1. 谐波的定义及产生

电力系统中谐波(Harmonic)的概念是相对于基波的,是电流含有的频率为基频的整数倍的电量,是周期性非正弦量的傅里叶分解。若基波的定义为 $\sin(\omega t+\theta)$,那么谐波可定义为 $\sum_n \sin(n\omega t+\varphi)$,其中 $n=2,3,4,\cdots$。产生谐波的因素很多,概括起来有以下 2 种:

✓ 交流电路中存在的非线性负载(正弦电压加在非线性负载上产生的电流);
✓ 电网存在阻抗,由于谐波电流的存在,电压波形所产生的失真。

2. 线性负载和非线性负载

线性负载:加在负载两端的电压与流经该负载的电流呈线性关系,即欧姆定律所定义的关系。电流与电压之间可能存在着固定的相位差;这类负载中没有任何有源电子器件,只有电阻、电感和电容构成。非线性负载的阻抗在一个周期内是变化的,电流和电压之间的关系也不再是线性的了。这类负载有整流器、逆变器及开关电源等。

3. 谐波的基本参数

(1) 谐波电流有效值

有效值的概念和计算方法在 12.2 节已经讨论过了。如果令 I_{Hirms} 为第 i 次谐波的有效值,那么总谐波的电流有效值定义为

$$I_{Hrms} = \sum \sqrt{(I_{Hirms})^2} \tag{12.70}$$

(2) 谐波含量

即该次谐波电流的有效值与基波电流有效值之比,这个百分数就代表了各次谐波的含量。i 次谐波的失真度为

$$H_i\% = \frac{I_{Hirms}}{I_{1rms}} \times 100\% \tag{12.71}$$

(3) 谐波失真度

由于系统非线性负载的存在,电流、电压会同时产生失真。电流正弦波的总失真度用式(12.72)来表示,电压正弦波的总失真度用式(12.73)来表示。

$$\text{THD}_i\% = \frac{\sum \sqrt{(I_{Hirms})^2}}{I_{1rms}} \times 100\% \tag{12.72}$$

$$\text{THD}_u\% = \frac{\sum \sqrt{(U_{Hirms})^2}}{U_{1rms}} \times 100\% \tag{12.73}$$

4. 谐波的影响

谐波的影响主要体现在 3 个方面:供电设备的危害、用电设备的危害及电网的

危害。

它会使得供电设备中电力变压器和发电机损耗增大;电缆过热加速绝缘老化;电力电容器介质损耗增大,过热,甚至爆炸;极易使得敏感负载受干扰,例如计算机出错;伺服电机产生脉动,交流电机产生振动,噪声增大;数字传输故障,通信广播间断;照明设备和显示器产生闪烁。

由于谐波的影响造成电网的品质变坏,波形失真增大,甚至发生频率改变;过度消耗电网中的无功功率使得电网的负担加重,可用容量下降。

因此,电网中常加入相关的装置进行谐波和功率因数的补偿。如何实现这部分工作正是我们下面要讨论的内容。

12.7.2 并联 APF 工作原理

有源滤波器分为并联式有源滤波器、串联式有源滤波器及混联式有源滤波器。有的文献中总结并联式有源滤波器的主要作用为处理负载电流谐波,而串联式有源滤波器的主要作用是处理电流谐波带来的系统问题。随着电力电子技术、DSP 技术的发展,并联式有源滤波器逐渐作为研究的热点。其工作的基本原理是从补偿对象中检测出谐波电流,然后产生一个与该谐波电流大小相等、极性相反的补偿电流,使电网电流中只生成基波电流即可,并联 APF 示意图如图 12.55 所示。

业界做过很多并联式 APF 的功率拓扑的研究,主要分为两大类:电流型 APF 和电压型 APF。尽管电压型 APF 消除谐波是通过控制母线电压实现的,不像电流型那样直接输出谐波电流,但电压型采用电容储能方式,存储效率远高于电感线圈储能方式,而且

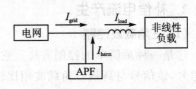

图 12.55 并联 APF 示意图

电流型大电感线圈的成本也较高,因此目前绝大多数 APF 所采用的拓扑结构均为电压型。下面以并联电压型 APF 为例进行理论分析。

1. 指令电流的生成

要实现谐波补偿,关键的两点是:谐波电流(指令电流)的提取和补偿电流的产生。学术界和工程界围绕这两点进行了大量的研究,也提出了很多解决方案。指令电流即如何产生控制理论中的电流环指令。

(1) 瞬时空间矢量法

有的文献将瞬时空间矢量法称为基于无功功率理论的瞬间矢量法。该方法是目前三相电力有源滤波器中应用最广的一种指令电流运算方法,由日本学者 H·Akagi 于 1984 年提出,仅适用于对称三相电路,后经不断改进,现已包括 $p-q$ 法、$ip-iq$ 法以及 $d-q$ 法等。

其中的基于同步旋转变换的 $d-q$ 法是目前研究最多的方案,其基本思路就是通

第 12 章　基于 F28335 的电力电子应用案例分析

过矢量旋转的方法计算出基波电流的有功分量,从负载电流中消去基波有功分量,即剩下的是要补偿的谐波电流和无功分量,将它们作为电流环的给定统一进行补偿。

这种方法很直观,软件实现较方便,但由于采用全补偿方式,这种方法有一定的局限性:一是由于补偿谐波包括了某些敏感次谐波,容易引发振荡;二是不能针对具体某次谐波进行补偿,不符合 APF 发展趋势。

(2) 基于傅里叶变换(DFT)法

将数字信号处理的相关知识用于电力电子领域,这目前最通用的方法。其基本思想是将负载电流进行 DFT 分解,计算出负载电流中的基波有功分量和无功分量、需补偿的各次谐波分量,将其适当进行加权组合就形成电流环的给定。

这种方法比较灵活,可以比较精确地补偿指定次数的谐波,缺点在于计算量很大,受芯片资源的限制,理论上做到全补偿比较难实现。但随着 DSP 技术的发展,F28335 的 FPU 模块已经很适应 APF 的应用了,因而这种方法得到了大家的广泛关注。

(3) 其他方式

除了上述两种常用的指令电流的计算方法外,很多大学也展开了研究,例如小波分析法、神经网络分析法、模糊控制分析法等。这些方法目前大多还停留在理论研究阶段。

2. 补偿电流产生

(1) 三角载波控制

这是一种最简单的控制方法。它以指令电流与实际补偿电流之间的差值作为调整信号,该信号与高频三角载波相比较,从而得到逆变器开关器件所需的控制信号。其优点是动态响应好,开关频率固定。其缺点是开关损耗较大,且输出波形中含有载波频率及其谐波频率的高频畸变分量。这种方式的应用非常广泛。

(2) 滞环电流控制

这种控制方法是将指令电流与实际补偿电流的差值输入到具有滞环特性的比较器中,然后用比较器的输出来控制逆变器的开关器件。与三角载波控制方式相比,该方法开关损耗小,动态响应快。但是,该方法的开关频率不固定,受负载影响大,滤波器设计困难,易引起脉冲电流和开关噪声。

(3) 无差拍控制

该方法是一种全数字化的控制技术,利用前一时刻的指令电流值和实际补偿电流值,根据空间矢量理论计算出逆变器下一时刻应满足的开关模式。其优点是动态响应很快,易于计算机执行;缺点是计算量大,对系统参数依赖性较大。它是目前也是学术界的研究热点。

三角载波控制方式是我们最熟悉的控制方式。下面将基于此模式控制下对两种指令电流的生成方式进行分析,并给出控制框图供广大读者参考。

12.7.3 数学模型及算法分析

1. 瞬时空间法

基于如图 12.55 所示的拓扑结构,瞬时空间法的系统控制框图如图 12.56 所示。

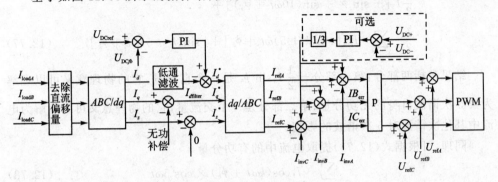

图 12.56 瞬时空间法 PWM 控制方式

对三相负载电流 I_{loadA}、I_{loadB}、I_{loadC} 进行采样后,删除其零序电流分量,再利用 3/2 变换将其变换到与电网电压同步旋转的参考坐标系($d-q$)中。在该坐标系中,基波的有功电流分量为直流量,可利用低通滤波器滤出,即为 $I_{dfilter}$;其他次谐波有功分量为交流量。将直流侧电压控制的调节量 I_{ref} 与 $I_{dfilter}$ 相减经 2/3 反变换后,得到负载电流三相基波电流有功分量 I_{refA}、I_{refB}、I_{refC}。再与三相逆变电流 I_{invA}、I_{invB}、I_{invC} 相减,即成为三相补偿电流指令 I_{Aerr}、I_{Berr}、I_{Cerr},其中包含非线性负载电流中的基波无功分量、谐波分量等。

除此之外,考虑到正负母线电压的平衡,系统中可适当加入平衡控制环节,为提高环路的响应速度故加入电网电压的前馈。通过该方法可得知,这种方式不能针对负载电流中的特定谐波进行分析和处理,有一定的局限性。

2. DFT 变换法

DFT 变换法就是通过傅里叶变换将谐波进行提取,针对特定谐波进行补偿。这种方法主要分成谐波的提取、数字滤波及波形的合成 3 部分。F28335 中浮点模块为 DFT 的数字实现建立了非常好的硬件支持,FPU 模块的使用和相关指令已经在第 9 章中介绍过,这里主要介绍 DFT 在 APF 的实现及控制器的设计。

(1) 波形的提取

设电网电压瞬时值为 $U(t)$:

$$U(t) = \sum_{k=1,3,5,7,\cdots} U_k \cos(k\omega t) \tag{12.74}$$

由于非线性负载的影响,电流会有一个相位上的偏差,用下式表示:

$$I(t) = \sum_{k=1,3,5,7,\cdots} I_k \cos(k\omega t + \phi_k) \tag{12.75}$$

假设我们要提取第 5 次谐波,首先对式(12.75)进行变换,可得

$$\sum_{k=1,3,5,7,\cdots} I_k \cos(k\omega t + \phi_k) \times \sin 5\omega t \tag{12.76}$$

化简后可得

$$\frac{1}{2} I_5 [-\sin \phi_5 + \sin(10\omega t + \phi_5)] +$$

$$\frac{1}{2} \sum_{k=1,3,7,\cdots} I_k \{[\sin(k+5)\omega t + \phi_k] + [\sin(k-5)\omega t + \phi_k]\} \tag{12.77}$$

结果包括两部分:第一部分 $-\frac{1}{2} I_5 \sin \phi_5$ 是一个直流量,它的物理意义可以理解为第 5 次谐波自身的无功分量;第二部分是一个交流量,它的物理意义可以理解为电流中其他次谐波对 5 次谐波的影响。

同理,可根据式(12.78)提取电流中的有功分量

$$\sum_{k=1,3,5,7,\cdots} I_k \cos(k\omega t + \phi_k) \times \cos 5\omega t \tag{12.78}$$

化简后可得

$$\frac{1}{2} I_5 [\cos \phi_5 + \cos(10\omega t + \phi_5)] +$$

$$\frac{1}{2} \sum_{k=1,3,7,\cdots} I_k \{[\cos(k+5)\omega t + \phi_k] + [\cos(k-5)\omega t + \phi_k]\} \tag{12.79}$$

(2) 低通滤波

我们的目标是提取第 n 次谐波,滤掉其他次谐波。式(12.79)就是提取其中的直流分量而滤除交流分量,可通过数字滤波器实现。如前所述,数字滤波器包括 IIR 和 FIR 两种形式;若选择 IIR 滤波则只需 2 个一阶 IIR 滤波器串联;若选择 FIR 滤波则滤波点数可以设置为一个周期内的中断次数。

通过数字滤波可从式(12.77)和式(12.79)中提取出第 5 次谐波的有功直流分量、无功直流分量。

$$I_p = \frac{1}{2} I_5 \cos \phi_5 \qquad I_q = -\frac{1}{2} I_5 \sin \phi_5$$

(3) DFT 波形的合成

将第 5 次谐波根据傅里叶变换重新合成,可得

$$I_{\text{ref}} = 2 \times \left(\frac{1}{2} I_5 \cos \phi_5 \times \cos 5\omega t - \frac{1}{2} I_5 \sin \phi_5 \times \sin 5\omega t \right) \tag{12.80}$$

整理式(12.80)就可以清楚地看到,经过上面的数学变化复现出我们所要补偿的第 5 次谐波:

$$I_{\text{ref}} = I_5 (\cos 5\omega t + \phi_5) \tag{12.81}$$

类似的其他次谐波也可通过上述过程进行提取,如图 12.57 所示。

将图 12.57 所示的流程图进行改进得到如图 12.58 所示的 DFT 方式的程序流程图。

第 12 章 基于 F28335 的电力电子应用案例分析

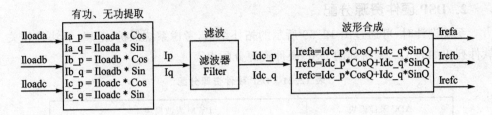

图 12.57 DFT 谐波提取框图

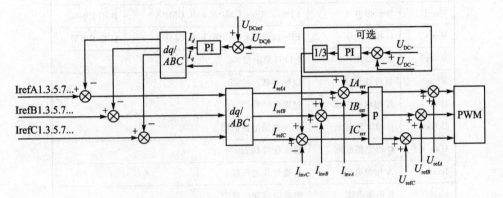

图 12.58 DFT 法 PWM 控制方式

12.7.4 DFT 变换法控制器系统设计

1. APF 硬件拓扑

图 12.59 所示为常用的并联式有源滤波器基本结构——三相四线制拓扑结构。

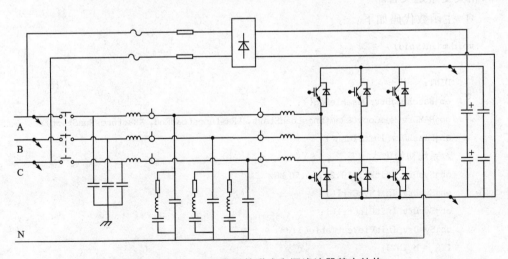

图 12.59 三相四线制并联式有源滤波器基本结构

第 12 章 基于 F28335 的电力电子应用案例分析

2. DSP 硬件资源分配

系统设计时,可通过图 12.59 所示的拓扑结构,考虑系统保护、逻辑、算法等相关软件列出如表 12.21 所列的 DSP 硬件资源分配表。

表 12.21 DSP 硬件资源分配

ADC 采样模块		PWM 发波模块	
VsrcA	A 相相电压	EPwm1Regs.CMPA.half.CMPA	A 相 PWM
VsrcB	B 相相电压	EPwm2Regs.CMPA.half.CMPA	B 相 PWM
VsrcC	C 相相电压	EPwm3Regs.CMPA.half.CMPA	C 相 PWM
Vbus	正母线电压	I/O 口数字量	
Vbus	负母线电压	接触器状态检测	
ILA	A 相电感电流	过温信号检测	
ILB	B 相电感电流	系统辅助电源故障	
ILC	C 相电感电流	输入保险状态	
IscrA	A 相源电流	直流母线过压保护	
IscrB	B 相源电流	滤波电容保险状态	
IscrC	C 相源电流	桥臂过流信号	

12.7.5 软件算法关键代码解析

程序采用 C++完成,下面只给出 APF 的关键程序代码并对其作出必要的注释,相关变量定义省略。

① 主函数代码如下:

```
void main(void)
{
    DINT;
    objWatchDogDrv.DisableDog();
    objRAMDrv.MemCopy(&RamfuncsLoadStart, &RamfuncsLoadEnd, &RamfuncsRunStart);
    objFlashDrv.InitFlash();
    //系统初始化
    objSysDrv.InitPll(10,2);//150 MHz
    objSysDrv.InitSysCtrl();
    objSysDrv.InitPieCtrl();
    objSysDrv.InitPieVectTable();
    IER |= M_INT3;
    IFR = 0x0000;
    //外设初始化,其他模块初始化省略
```

第12章 基于 F28335 的电力电子应用案例分析

```
objPWMDrv.InitPWM();
objADCDrv.InitADC();
//变量初始化
objAlg.InitVar();
EINT;
while(1)
{
    objSrc.Dat_Rms();            //有效值计算
    objWatchDog.KickDog();
    objBus.DCBusControl();       //母线电压缓启动
    ……
}
}
```

② 中断服务程序代码如下：

```
interrupt void PWM1IntService(void)
{
    EPwm1Regs.ETCLR.bit.INT = 1;          //清除 INT
    PieCtrlRegs.PIEACK.all = PIEACK_GROUP3;
    objADC.SampleADCResult();             //AD 采样结果
    objAlg.IinvDeal();                    //逆变电流定标预处理
    objSrc.VIctsrcDeal();                 //CT 采样电流及源电压预处理
    objBus.VbusDeal();                    //母线电压处理
    objAlg.PhaseLock();                   //锁相环
    if (母线软启动完毕且电压稳定)
    {    //篇幅有限,下面仅分析基波及 5 次谐波,其他次谐波处理方式相同
        objFundamental.Alg_Analyse();
        objHarmonic5.Alg_Analyse(5);
        objFundamental.Alg_Synthesis();   //基波合成
        objHarmonic5.Alg_Synthesis();     //谐波合成
        objAlg.Alg_IrefSyn();             //指令电流给定合成
        ……
        objBus.DCBusRegulator();          //母线稳压调节(含正负母线均压调节)
        objAlg.CurrRegulator();           //控制器环路
        objAlg.SPWM();                    //SPWM 发波
    }
    else
    {
        ……                               //DFT 相关积分清 0
    }
}
```

第 12 章 基于 F28335 的电力电子应用案例分析

③ 谐波分析子函数代码如下：

```cpp
//目的是对负载电流 m_f32IctA、m_f32IctB、m_f32IctC 进行谐波分析
void Class_Harmonic::Alg_Analyse(INT16 i16Order)
{
    //谐波相角计算
    f32ThetaHarmonic = objAlg.m_f32ThetaRef * i16Order;
    m_f32Theta = fmod(f32ThetaHarmonic, Cnst2pi);
    if (m_f32Theta < 0)
    {
        m_f32Theta += Cnst2pi;
    }
    else if (m_f32Theta >= Cnst2pi)
    {
        m_f32Theta -= Cnst2pi;
    }
    //谐波相角正余弦值计算
    sincos(m_f32Theta, &m_f32SinQ0, &m_f32CosQ0);
    //A 相 DFT 与滤波
    m_f32IhAp = objSrc.m_f32IctA * m_f32CosQ0;
    IIR(m_f32IhAp, m_f32IhApPre, m_f32IhApFlt, m_f32IhApFltPre);
    m_f32IhAq = objSrc.m_f32IctA * m_f32SinQ0;
    IIR(m_f32IhAq, m_f32IhAqPre, m_f32IhAqFlt, m_f32IhAqFltPre);
    //B 相、C 相 DFT 与滤波请参考 A 相处理过程
    ……
}
```

④ 谐波合成子函数代码如下：

```cpp
void Class_Harmonic::Alg_Synthesis(void)
{
    //谐波相角正余弦值计算
    sincos(m_f32Theta, &m_f32SinQ, &m_f32CosQ);
    //谐波补偿给定量合成
    m_f32IrefA = m_f32IhApFlt * m_f32CosQ + m_f32IhAqFlt * m_f32SinQ;
    m_f32IrefB = m_f32IhBpFlt * m_f32CosQ + m_f32IhBqFlt * m_f32SinQ;
    m_f32IrefC = m_f32IhCpFlt * m_f32CosQ + m_f32IhCqFlt * m_f32SinQ;
}
```

⑤ 基波无功分析子函数代码如下：

```cpp
void Class_Fundamental::Alg_Analyse()
{
    FLOAT32 f32Temp;
```

```
//基波 A 相相角正余弦值计算，m_f32ThetaRef 为锁相角
f32Temp = objAlg.m_f32ThetaRef;
if (f32Temp < 0)
{
    f32Temp += Cnst2pi;
}
else if (f32Temp >= Cnst2pi)
{
    f32Temp -= Cnst2pi;
}
sincos(f32Temp, &m_f32SinQ, &m_f32CosQ);
//基波 B 相相角正余弦值计算
f32Temp = objAlg.m_f32ThetaRef + Cnst4div3pi;
if (f32Temp < 0)
{
    f32Temp += Cnst2pi;
}
else if (f32Temp >= Cnst2pi)
{
    f32Temp -= Cnst2pi;
}
sincos(f32Temp, &m_f32SinQ120, &m_f32CosQ120);
……                          //C 相相角正余弦分析参考 B 相处理
//A 相 DFT 与滤波
m_f32IfAp = objSrc.m_f32IctA * m_f32CosQ;
Fil(m_f32IfAp, m_f32IfApPre, m_f32IfApFlt, m_f32IfApFltPre);
m_f32IfAq = objSrc.m_f32IctA * m_f32SinQ;
Fil (m_f32IfAq, m_f32IfAqPre, m_f32IfAqFlt, m_f32IfAqFltPre);
//B 相 DFT 与滤波
m_f32IfBp = objSrc.m_f32IctB * m_f32CosQ120;
Fil (m_f32IfBp, m_f32IfBpPre, m_f32IfBpFlt, m_f32IfBpFltPre);
m_f32IfBp = objSrc.m_f32IctB * m_f32SinQ120;
Fil (m_f32IfBp, m_f32IfBpPre, m_f32IfBpFlt, m_f32IfBpFltPre);
……                          //C 相 DFT 与滤波请参考 A、B 相处理过程,代码省略
}
```

⑥ 基波无功补偿子函数代码如下：

```
void Class_Fundamental::Alg_Synthesis(void)
{
    FLOAT32 f32Kcompa, f32Kcompb, f32Kcompc;    //补偿系数
    FLOAT32 f32Temp;
    //基波 B 相相角正余弦值计算
```

第12章 基于F28335的电力电子应用案例分析

```
    f32Temp = objAlg.m_f32ThetaRef + Cnst4div3pi;
    if (f32Temp >= Cnst2pi)
    {
        f32Temp -= Cnst2pi;
    }
    m_f32CosQ120Ref = cos(f32Temp);
    ……                         //基波C相相角正余弦值计算参考B相处理
    //基波无功补偿给定量合成
    m_f32IrefA = m_f32IfAqFlt * objAlg.m_f32CosQRef;
    m_f32IrefB = m_f32IfAqFlt * m_f32CosQ120Ref;
    m_f32IrefC = m_f32IfAqFlt * m_f32CosQ240Ref;
    m_f32IrefA = m_f32IrefA * m_f32KcmpA;
    m_f32IrefB = m_f32IrefB * m_f32KcmpB;
    m_f32IrefC = m_f32IrefC * m_f32KcmpC;
}
```

⑦ 指令电流合成子函数,基波无功功率分析及合成参考谐波处理过程如下:

```
void Class_Alg::Alg_IrefSynthesis(void)
{
    m_f32IrefA = objFundamental.m_f32IrefA + objHarmonic5.m_f32IrefA;
    m_f32IrefB = objFundamental.m_f32IrefB + objHarmonic5.m_f32IrefB;
    m_f32IrefC = objFundamental.m_f32IrefC + objHarmonic5.m_f32IrefC;
}
```

⑧ 母线电压调节子函数代码如下:

```
void Class_DCBus::Alg_DCBusReg(void)
{
    FLOAT32 f32VoltErr, f32Alpha, f32Beta;
    //全母线电压误差计算
    f32VoltErr = m_f32VbusRef - m_f32Vbus;
    UPDNLMT32(f32VoltErr, LMTUP, LMTDN);          //误差限幅
    //母线稳压积分调节
    m_f32DcIntg += f32VoltErr * m_f32KiBus;
    UPDNLMT32(m_f32IntgBus, LMTUP, LMTDN);
    //作用量 = 比例 + 积分调节
    m_f32DcReg = m_f32DcIntg + f32VoltErr * m_f32KpBus;
    UPDNLMT32(m_f32DcReg, LMTUP, LMTDN);
    //旋转逆变换
    f32Alpha = m_f32DcReg * objAlg.m_f32CosQ0Ref;
    f32Beta = m_f32DcReg * objAlg.m_f32SinQ0Ref;
    //静止逆变换
    m_f32DcRega = f32Alpha;
```

```
    m_f32DcRegb = -0.5 * f32Alpha - CnstSqrt3Div2 * f32Beta;
    m_f32DcRegc = -0.5 * f32Alpha + CnstSqrt3Div2 * f32Beta;
}
```

⑨ 控制器环路子函数代码如下:

```
//m_f32IlA、m_f32IlB、m_f32IlC 为三相电感电流
void Class_Alg::Alg_CurrReg(void)
{
    FLOAT32 f32Err;
    //A 相补偿电流误差计算
    f32Err = m_f32IrefA - objBus.m_f32DcRega - objAlg.m_f32IlA;
    UPDNLMT32(f32Err, LMTUP, LMTDN);
    //A 相作用量(电压前馈)
    m_f32CurrRega = f32Err * m_f32KpCurr + objSrc.m_f32VsrcA;
    UPDNLMT32(m_f32CurrRega, LMTUP, LMTDN);
    //B 相补偿电流误差计算
    f32Err = m_f32IrefB - objBus.m_f32DcRegb + objAlg.m_f32IlB;
    UPDNLMT32(f32Err, LMTUP, LMTDN);
    //B 相作用量(电压前馈)
    m_f32CurrRegb = f32Err * m_f32KpCurr + objSrc.m_f32VsrcB;
    UPDNLMT32(m_f32CurrRegb, LMTUP, LMTDN);
    //C 相补偿电流误差计算
    f32Err = m_f32IrefC - objBus.m_f32DcRegc - objAlg.m_f32IlC;
    UPDNLMT32(f32Err, LMTUP, LMTDN);
    //C 相作用量(电压前馈)
    m_f32CurrRegc = f32Err * m_f32KpCurr + objSrc.m_f32VsrcC;
    UPDNLMT32(m_f32CurrRegc, LMTUP, LMTDN);
}
```

附录 A

CRC 数据表

CRC 数据表如下：

```c
const BYTE byCRCHiArray[] = {
0x00, 0xC1, 0x81, 0x40, 0x01, 0xC0, 0x80, 0x41, 0x01, 0xC0, 0x80, 0x41, 0x00, 0xC1,
0x81, 0x40, 0x01, 0xC0, 0x80, 0x41, 0x00, 0xC1, 0x81, 0x40, 0x00, 0xC1, 0x81, 0x40,
0x01, 0xC0, 0x80, 0x41, 0x01, 0xC0, 0x80, 0x41, 0x00, 0xC1, 0x81, 0x40, 0x00, 0xC1,
0x81, 0x40, 0x01, 0xC0, 0x80, 0x41, 0x00, 0xC1, 0x81, 0x40, 0x01, 0xC0, 0x80, 0x41,
0x01, 0xC0, 0x80, 0x41, 0x00, 0xC1, 0x81, 0x40, 0x01, 0xC0, 0x80, 0x41, 0x00, 0xC1,
0x81, 0x40, 0x00, 0xC1, 0x81, 0x40, 0x01, 0xC0, 0x80, 0x41, 0x00, 0xC1, 0x81, 0x40,
0x01, 0xC0, 0x80, 0x41, 0x01, 0xC0, 0x80, 0x41, 0x00, 0xC1, 0x81, 0x40, 0x00, 0xC1,
0x81, 0x40, 0x01, 0xC0, 0x80, 0x41, 0x01, 0xC0, 0x80, 0x41, 0x00, 0xC1, 0x81, 0x40,
0x01, 0xC0, 0x80, 0x41, 0x00, 0xC1, 0x81, 0x40, 0x00, 0xC1, 0x81, 0x40, 0x01, 0xC0,
0x80, 0x41, 0x01, 0xC0, 0x80, 0x41, 0x00, 0xC1, 0x81, 0x40, 0x00, 0xC1, 0x81, 0x40,
0x01, 0xC0, 0x80, 0x41, 0x00, 0xC1, 0x81, 0x40, 0x01, 0xC0, 0x80, 0x41, 0x01, 0xC0,
0x80, 0x41, 0x00, 0xC1, 0x81, 0x40, 0x00, 0xC1, 0x81, 0x40, 0x01, 0xC0, 0x80, 0x41,
0x01, 0xC0, 0x80, 0x41, 0x00, 0xC1, 0x81, 0x40, 0x01, 0xC0, 0x80, 0x41, 0x00, 0xC1,
0x81, 0x40, 0x00, 0xC1, 0x81, 0x40, 0x01, 0xC0, 0x80, 0x41, 0x00, 0xC1, 0x81, 0x40,
0x01, 0xC0, 0x80, 0x41, 0x01, 0xC0, 0x80, 0x41, 0x00, 0xC1, 0x81, 0x40, 0x01, 0xC0,
0x80, 0x41, 0x00, 0xC1, 0x81, 0x40, 0x00, 0xC1, 0x81, 0x40, 0x01, 0xC0, 0x80, 0x41,
0x01, 0xC0, 0x80, 0x41, 0x00, 0xC1, 0x81, 0x40, 0x00, 0xC1, 0x81, 0x40, 0x01, 0xC0,
0x80, 0x41, 0x00, 0xC1, 0x81, 0x40, 0x01, 0xC0, 0x80, 0x41, 0x01, 0xC0, 0x80, 0x41,
0x00, 0xC1, 0x81, 0x40
};

const BYTE byCRCLoArray[] = {
0x00, 0xC0, 0xC1, 0x01, 0xC3, 0x03, 0x02, 0xC2, 0xC6, 0x06, 0x07, 0xC7, 0x05, 0xC5,
0xC4, 0x04, 0xCC, 0x0C, 0x0D, 0xCD, 0x0F, 0xCF, 0xCE, 0x0E, 0x0A, 0xCA, 0xCB, 0x0B,
0xC9, 0x09, 0x08, 0xC8, 0xD8, 0x18, 0x19, 0xD9, 0x1B, 0xDB, 0xDA, 0x1A, 0x1E, 0xDE,
0xDF, 0x1F, 0xDD, 0x1D, 0x1C, 0xDC, 0x14, 0xD4, 0xD5, 0x15, 0xD7, 0x17, 0x16, 0xD6,
0xD2, 0x12, 0x13, 0xD3, 0x11, 0xD1, 0xD0, 0x10, 0xF0, 0x30, 0x31, 0xF1, 0x33, 0xF3,
0xF2, 0x32, 0x36, 0xF6, 0xF7, 0x37, 0xF5, 0x35, 0x34, 0xF4, 0x3C, 0xFC, 0xFD, 0x3D,
0xFF, 0x3F, 0x3E, 0xFE, 0xFA, 0x3A, 0x3B, 0xFB, 0x39, 0xF9, 0xF8, 0x38, 0x28, 0xE8,
0xE9, 0x29, 0xEB, 0x2B, 0x2A, 0xEA, 0xEE, 0x2E, 0x2F, 0xEF, 0x2D, 0xED, 0xEC, 0x2C,
```

附录 A CRC 数据表

```
0xE4, 0x24, 0x25, 0xE5, 0x27, 0xE7, 0xE6, 0x26, 0x22, 0xE2, 0xE3, 0x23, 0xE1, 0x21,
0x20, 0xE0, 0xA0, 0x60, 0x61, 0xA1, 0x63, 0xA3, 0xA2, 0x62, 0x66, 0xA6, 0xA7, 0x67,
0xA5, 0x65, 0x64, 0xA4, 0x6C, 0xAC, 0xAD, 0x6D, 0xAF, 0x6F, 0x6E, 0xAE, 0xAA, 0x6A,
0x6B, 0xAB, 0x69, 0xA9, 0xA8, 0x68, 0x78, 0xB8, 0xB9, 0x79, 0xBB, 0x7B, 0x7A, 0xBA,
0xBE, 0x7E, 0x7F, 0xBF, 0x7D, 0xBD, 0xBC, 0x7C, 0xB4, 0x74, 0x75, 0xB5, 0x77, 0xB7,
0xB6, 0x76, 0x72, 0xB2, 0xB3, 0x73, 0xB1, 0x71, 0x70, 0xB0, 0x50, 0x90, 0x91, 0x51,
0x93, 0x53, 0x52, 0x92, 0x96, 0x56, 0x57, 0x97, 0x55, 0x95, 0x94, 0x54, 0x9C, 0x5C,
0x5D, 0x9D, 0x5F, 0x9F, 0x9E, 0x5E, 0x5A, 0x9A, 0x9B, 0x5B, 0x99, 0x59, 0x58, 0x98,
0x88, 0x48, 0x49, 0x89, 0x4B, 0x8B, 0x8A, 0x4A, 0x4E, 0x8E, 0x8F, 0x4F, 0x8D, 0x4D,
0x4C, 0x8C, 0x44, 0x84, 0x85, 0x45, 0x87, 0x47, 0x46, 0x86, 0x82, 0x42, 0x43, 0x83,
0x41, 0x81, 0x80, 0x40
};
```

附录 B

SCI Boot 参考代码

```c
//*************************************************************
// Uint32 SCI_Boot(void)是 SCI_Boot 主函数
//通过 SCIA 端口收发数据,程序返回值为程序执行的入口地址
//*************************************************************
Uint32 SCI_Boot()
{
    Uint32 EntryAddr;
    GetWordData = SCIA_GetWordData;
    SCIA_Init();                              //SCIA 初始化
    SCIA_AutobaudLock();                      //SCI 波特率自动锁定
    // 若关键字与 0x08AA 不匹配,则退出 BootLoader
    if (SCIA_GetWordData() != 0x08AA) return FLASH_ENTRY_POINT;
    ReadReservedFn();                         //读数据预留区
    EntryAddr = GetLongData();                //读程序执行的入口地址
    CopyData();                               //数据由 SCIA 模块复制至 RAM 区
    return EntryAddr;
}
//SCIA 模块使能功能
inline void SCIA_Init()
{
    EALLOW;
    SysCtrlRegs.PCLKCR0.bit.SCIAENCLK = 1;    //SCIA 时钟使能
    SysCtrlRegs.LOSPCP.all = 0x0002;
    SciaRegs.SCIFFTX.all = 0x8000;
    SciaRegs.SCICCR.all = 0x0007;             //1 位停止位,无奇偶校验位,8 位数据位
    SciaRegs.SCICTL1.all = 0x0003;            //SCI 收发功能使能
    SciaRegs.SCICTL2.all = 0x0000;            //中断禁止
    SciaRegs.SCICTL1.all = 0x0023;            //软件复位后释放 SCI-A 功能
    // GPIO28\29 配置 SCI 功能
    GpioCtrlRegs.GPAMUX2.bit.GPIO28 = 1;
    GpioCtrlRegs.GPAMUX2.bit.GPIO29 = 1;
    GpioCtrlRegs.GPAPUD.bit.GPIO28 = 0;       //GPIO28/29 内部上拉
```

```c
    GpioCtrlRegs.GPAPUD.bit.GPIO29 = 0;
    // Input qual for SCI - A RX is asynch
    GpioCtrlRegs.GPAQSEL2.bit.GPIO28 = 3;
    EDIS;
    return;
}
//**************************************************************
// void SCIA_AutobaudLock(void)
//波特率自动锁定功能,该函数没有超时退出功能
//**************************************************************
inline void SCIA_AutobaudLock()
{
    Uint16 byteData;
    SciaRegs.SCILBAUD = 1;
    SciaRegs.SCIFFCT.bit.CDC = 1;           //使能波特率检测功能(CDC=1,ABD=0)
    SciaRegs.SCIFFCT.bit.ABDCLR = 1;
    //等待指导收到"A"或"a"字符
    while(SciaRegs.SCIFFCT.bit.ABD != 1){}
    //波特率锁定,ABD、CDC 标志位需清 0
    SciaRegs.SCIFFCT.bit.ABDCLR = 1;
    SciaRegs.SCIFFCT.bit.CDC = 0;
    while(SciaRegs.SCIRXST.bit.RXRDY != 1){}
    byteData = SciaRegs.SCIRXBUF.bit.RXDT;
    SciaRegs.SCITXBUF = byteData;
    return;
}
//##############################################################
// Uint16 SCIA_GetWordData(void)
//SCI 接收数据单位是字节,先接收 LSB 再接收 MSB,之后组成一个 16 位数据
Uint16 SCIA_GetWordData()
{
    Uint16 wordData;
    Uint16 byteData;
    wordData = 0x0000;
    byteData = 0x0000;
    //DSP 先接收 LSB,再向主机应答
    while(SciaRegs.SCIRXST.bit.RXRDY != 1){}
    wordData = (Uint16)SciaRegs.SCIRXBUF.bit.RXDT;
    SciaRegs.SCITXBUF = wordData;
    //DSP 再接收 MSB,再向主机应答
    while(SciaRegs.SCIRXST.bit.RXRDY != 1){}
    byteData = (Uint16)SciaRegs.SCIRXBUF.bit.RXDT;
```

附录 B　SCI Boot 参考代码

```c
    SciaRegs.SCITXBUF = byteData;
    wordData |= (byteData << 8);        //组成16位数据 MSB:LSB
    return wordData;
}


void CopyData()
{
    struct HEADER {
        Uint16 BlockSize;
        Uint32 DestAddr;
    } BlockHeader;
    Uint16 wordData;
    Uint16 i;
    // 接收第一个数据块的大小
    BlockHeader.BlockSize = (*GetWordData)();
    // 若数据块大小不为0,则接收数据放置 RAM 区,否则退出
    while(BlockHeader.BlockSize != (Uint16)0x0000)
    {
        BlockHeader.DestAddr = GetLongData();
        for(i = 1; i <= BlockHeader.BlockSize; i++)
        {
            wordData = (*GetWordData)();
            *(Uint16 *)BlockHeader.DestAddr++ = wordData;
        }
        // 接收下一个数据块的大小
        BlockHeader.BlockSize = (*GetWordData)();
    }
    return;
}
```

参考文献

[1] Texas Instruments Incorporated. TMS320C28x DSP/BIOS Application Programming Interface (API) Reference Guide. 2004.

[2] Texas Instruments Incorporated. TMS320C28x Floating Point Unit and Instruction Set Reference Guide. 2008.

[3] Texas Instruments Incorporated. TMS320F2833x/2823x Multichannel Buffered Serial Port (McBSP) Reference Guide. 2011.

[4] Texas Instruments Incorporated. TMS320x2833x/2823x Inter-Integrated Circuit (I^2C) Module Reference Guide. 2011.

[5] Texas Instruments Incorporated. TMS320x2833x/2823x Boot ROM Reference Guide. 2008.

[6] Texas Instruments Incorporated. TMS320C28x CPU and Instruction Set Reference Guide. 2009.

[7] Texas Instruments Incorporated. TMS320x281x to TMS320x2833x or 2823x Migration Overview. 2009.

[8] Texas Instruments Incorporated. TMS320x2833x/2823x System Control and Interrupts Reference Guide. 2010.

[9] 张卿杰,等.手把手教你学DSP——基于TMS320F28335[M].北京:北京航空航天大学出版社,2015.

[10] 刘陵顺,等.TMS320F28335 DSP原理及开发编程[M].北京:北京航空航天大学出版社,2011.

[11] 侯其立,等.DSP原理及应用——跟我动手学TMS320F2833x[M].北京:机械工业出版社,2015.

[12] 杨家强.TMS320F2833x DSP原理与应用教程[M].北京:清华大学出版社,2014.

[13] 马骏杰,高晗璎,王旭东,等.基于正弦波细分的能量回馈系统的研究[J].电测与仪表,2007(09):1-4.

[14] 余腾伟,王旭东,马骏杰.TCU控制器的EMI分析[J].电力电子技术,2007(12):27-29.

[15] 马骏杰.王旭东.一种新颖的能量回馈系统的研究[C]//中国电工技术学会电力电子学会六届五次理事会议暨中国电力电子产业发展研讨会论文集.桂林:中国电工技术学会:56-61.

参考文献

[1] Texas Instruments Incorporated. TMS320C28x IQ Flash APIs Application Programming Interface (API) Reference Guide, 2008.

[2] Texas Instruments Incorporated. TMS320C28x Floating Point Unit and Instruction Set Reference Guide, 2009.

[3] Texas Instruments Incorporated. TMS320F2833x/2823x Multichannel Buffered Serial Port (McBSP) Reference Guide, 2011.

[4] Texas Instruments Incorporated. TMS320x2833x, 2823x Inter-Integrated Circuit (I2C) Module Reference Guide, 2011.

[5] Texas Instruments Incorporated. TMS320x2833x, 2823x Boot ROM Reference Guide, 2008.

[6] Texas Instruments Incorporated. TMS320C28x CPU and Instruction Set Reference Guide, 2009.

[7] Texas Instruments Incorporated. TMS320x281x to TMS320x2833x Migration Overview, 2008.

[8] Texas Instruments Incorporated. TMS320x2833x, 2823x System Control and Interrupts Reference Guide, 2010.

[9] 顾卫钢. 手把手教你学DSP——基于TMS320F28335（第2版）. 北京: 北京航空航天大学出版社, 2015.

[10] 张卿杰. 手把手教你学DSP——TMS320F28335. 北京: 北京航空航天大学出版社, 2015.

[11] 符晓. EMS320F28335 DSP原理及C程序开发. 北京: 北京航空航天大学出版社, 2011.

[12] 张东亮. DSP原理及应用——基于TI公司TMS320F28335. 北京: 机械工业出版社, 2016.

[13] 李文杰. TMS320F28335 DSP原理与开发教程. 北京: 清华大学出版社, 2016.

[14] 刘陵顺, 高艳丽, 张树团, 等. TMS320F28335 DSP原理及开发编程. 北京: 北京航空航天大学出版社, 2011.

[15] 苏奎峰, 吕强, 常天庆, 等. TMS320X281X DSP原理及C程序开发. 北京: 北京航空航天大学出版社, 2008.

[16] 彭启琮, 李玉柏, 管庆. DSP技术的发展与应用. 北京: 高等教育出版社, 2002.